U0184807

核电安全与技术丛书

核电厂设施抗震分析及应用

姚伟达　姚彦贵　编著

上海科学技术出版社

图书在版编目（CIP）数据

核电厂设施抗震分析及应用 / 姚伟达，姚彦贵编著
. -- 上海 : 上海科学技术出版社，2021.12
（核电安全与技术丛书）
ISBN 978-7-5478-5560-7

Ⅰ. ①核… Ⅱ. ①姚… ②姚… Ⅲ. ①核电厂一防震设计一研究 Ⅳ. ①TU271.5

中国版本图书馆CIP数据核字(2021)第241658号

本书出版由上海科技专著出版资金资助

核电厂设施抗震分析及应用
姚伟达　姚彦贵　编著

丛书顾问：林诚格　郁祖盛

上海世纪出版(集团)有限公司
上 海 科 学 技 术 出 版 社 出版、发行
(上海市闵行区号景路 159 弄 A 座 9F - 10F)
邮政编码 201101　　www.sstp.cn
上海展强印刷有限公司印刷
开本 787×1092　1/16　印张 23.5
字数 325 千字
2021 年 12 月第 1 版　2021 年 12 月第 1 次印刷
ISBN 978 - 7 - 5478 - 5560 - 7/TM · 74
定价：178.00 元

内 容 提 要

众所周知,地震对核电厂设施造成的破坏力与影响是巨大的,因此抗震设计分析对核电厂的安全性和经济性提出特定的要求。本书从核电厂设施的特定抗震要求出发,对抗震设计分析中涉及的基础理论进行了详细系统的解析,将特定的随机信号理论、振动分析等知识与抗震分析实践密切结合,形成一整套完整的核电厂设施抗震分析与试验基础性的理论,使读者阅后不仅清楚核电厂设施抗震分析是怎么做的,还明白为什么要那么做。本书可供从事核电相关工作的工程师、研究人员和高等院校师生阅读和参考。

前言 | Foreword

自 1954 年人类发明和开始利用核能发电以来，经过 60 多年的发展，核能已经成为世界能源三大支柱之一，并从中积累了超过 1 400 堆年的运行经验。随着经济的发展，对能源需求进一步增加，对环境的保护意识也不断提高，更多国家和地区对绿色能源之一的核能发展表现出越来越高的兴趣和热情。

我国核电发展的愿望也与国际同步，随着高科技的发展，核电今后的发展方向，以第三代核电厂作为标杆已成为主要潮流，其最主要的设计理念是提高核电厂的安全性与经济性。

核电厂的安全性要求是多种多样的，而其中很重要的一项是如何确保整个核电厂能抵御强烈的地震。众所周知，地震对地面设施造成的破坏力与影响是令人震惊的，对核电厂设施的影响也同样是巨大的。如 2007 年 7 月 16 日，日本新潟发生 6.8 级地震，震中距离日本东京电力公司的柏崎刈羽核电厂仅 9 km，所引起的地震烈度已超出了该核电厂的设计基准地震(DBE)。更严重的是 2011 年 3 月 11 日，日本东北部海域发生 9 级地震，引起海啸侵入福岛第一核电厂，由于超出设计地震设防基准及防海啸的高度，使核电厂断电断水，最终导致堆芯熔化的严重事故而关停了该厂 4 个机组。

这些事故告诉我们，对于核电厂设施的抗震设计是十分重要的，为确保核电厂在设计基准地震作用下的安全性能，就要求与安全相关的构筑物、系统和部件(SSC)必须保持其完整性与可运行性。为此，核电厂设计中一项十分重要的工作就是准确无误地对所有安全相关的SSC进行抗震设计,抗震设计的主要内容包括分析(或试验)与评定。一般情况下,其抗震设计总金额可能会占到核电厂总建造金额的5%左右,可见抗震设计对核电厂而言是何等重要。

从事核电厂抗震设计与分析的工程师们会发现,抗震设计的知识是由多学科如地震学、振动理论、随机信号理论、弹塑性理论、计算机技术与材料性能等有机组合而成的。由于核电厂抗震设计工程师和研究人员的专业需求也是多种多样的,所以编著本书的目的是将振动理论与随机信号分析技术作为抗震设计特性的引论,即在抗震分析时,从最基本的原理出发,将其中分析的基础理论尽量详细深入地阐述,使读者在理解了最初几章中所述的基本原理后,为今后文献阅读与研究以及核电厂安全相关的SSC抗震设计中难度高的工程问题处理打下良好的基础,也就是在抗震分析时用最简易的基本理论来揭示其中最本质的问题,使读者能明白“抗震分析究竟是什么?为什么是这样”的问题。

本书第3章从单自由度振动分析与随机信号的基本理论出发,重点阐述核电厂地震楼面反应谱函数是如何得到的,并对功率谱密度函数与反应谱函数之间关系密切等问题进行解析。

第4章从两自由度的振动分析基本理论出发,重点阐述核电厂大小不同抗震系统如何正确分解成主系统与子系统,分析抗震系统的解耦必要条件与解耦后反应等问题。

第5章从多自由度振动理论出发,重点阐述核电厂抗震分析中的模态叠加法,从抗震分析中最基本特点“从地面至楼层均以SSC的特定‘基础’作为地震波输入”这一概念出发,结合第3章单自由度振动问题的解,从而建立抗震分析中完整的模态分离与叠加分析的方法。这可以直接理解成抗震系统分解为n个独立的模态系统后所具备的特有性质和优点。

第6章简要阐述了一个核电厂在建造阶段按核安全法规要求需要完成SSC的抗震分析、抗震鉴定试验、电厂地震监测与停堆要求,以及对于超设计地震基准条件下的抗震裕度评估等抗震鉴定方面的步骤和内容。

10个附录中,附录A结合第4章列出可供工程师直接查阅的抗震系统解耦表。附录B结合第3章列出楼面反应谱精确计算的理论推演文本。附录C结合第1章与第6章描述第三代先进核电厂对抗震设计中的基本要求。附录D结合第6章中有关如何正确合理地设计地震试验模型的基本理论说明了相似准则推导过程,包括"流-固耦合"与"液态晃动"这两个相矛盾的相似准则如何在同一模型中的处理方法。附录E阐述了在抗震分析与试验中如何正确处理加速度时程变换成速度和位移时程的方法,并列举了12个考题作为验证点。附录F结合第5章多跨弹性振动梁的模态分析列举了1~10跨梁的模态振型曲线的理论解,可作为验证分析软件计算准确性的基础。附录G列举了有间隙单元下梁非线性模态叠加方法的应用。附录H由于在振动分析与数学上处理功率谱与相关函数之间的傅里叶变换关系式表达式的差异,论证了其统一表示方法的重要性。附录I结合第3章简要阐述了功率谱密度函数中一系列谱参数的含义和表达形式。附录J列出了核电厂开关柜抗震鉴定试验中所能通用的楼面反应谱。

综上所述,本书不是去探讨地震和地震波的成因与传播,而是侧重于论述当核电厂区域出现地震波作用时(后)所有设施受到的动态反应以及如何评价动态反应是否在允许范围内,以确保核电厂与安全相关的SSC是安全可行的。

为此本书的阅读对象可以是从事核电厂SSC抗震设计与分析的专业技术人员、运行核电厂的有关技术人员或管理人员、对核电厂作安全评审的有关专业技术人员或管理人员,也可以是非核专业常规设施抗震分析的专业技术人员,还可以是高等院校、研究机构相关专业教学或研究人员。

数年前,鉴于国内对核电厂抗震设计与分析方面的工作大量开展,深感很有必要向我国相关读者系统而深入地介绍抗震设计分析中更深层次的基础理论知识,解决技术人员只知抗震设计分析怎么做,但不知为什么要这么做的问题。于是萌发了将几十年来从事抗震分析工作有关基础理论与工程经验积累（包括前人的）的笔记、讲课有关内容以及在有关科技期刊上发表的论文相对完整地编辑成册的意愿，这一想法得到了作者所在核电行业同事们的大力支持，上海核工程研究设计院谢永诚、钱浩、黄小林、朱翊洲和邓晶晶等同事提供了相关参考资料，杨仁安先生对最终稿作了认真的审核，在此一并表示衷心的感谢！同时也衷心欢迎读者对本书提出宝贵意见，以进一步改进。

目录 | Contents

第 1 章 绪 论

1.1 地震对人类的危害

地震是一种常见的自然现象,是地壳运动的一种表现。强烈的地震会对人类的生命和财产造成巨大损失,并对环境造成严重破坏。地震直接造成的灾害主要有房屋建筑物倒塌和人员伤亡,桥梁、铁路、公路、码头、机场和电力工程等设施遭到破坏。地震还造成次生灾害,山体崩塌,形成滑坡、泥石流和堰塞湖等,水坝、河堤决口,沿海发生海啸;震后流行瘟疫、火灾等。

近百年来国内外由于特大地震造成的人员伤亡统计如表 1.1.1 和表 1.1.2 所示,可见地震造成危害是非常严重的。

表 1.1.1 国外典型特大地震灾害统计

时间	地点	震级	死伤人数
1906 年 4 月 18 日 5 时 13 分	美国旧金山	7.8 级	超过 3 000 人死亡
1908 年 12 月 28 日 5 时 25 分	意大利墨西拿	7.5 级	十多万人
1923 年 9 月 1 日 11 时 58 分	日本关东	8.1 级	约 10 万人
1960 年 5 月 21 日 15 时	智利	9.5 级	几千人死亡,约 200 万人无家可归
1985 年 9 月 19 日 7 时 19 分	墨西哥	8.1 级	7 000 多人死亡,约 1.1 万人受伤

（续表）

时　　间	地　点	震级	死 伤 人 数
2004 年 12 月 26 日	印度洋海域	9.1 级	超过 29 万人死亡
2010 年 1 月 13 日 5 时 53 分	海地	7.3 级	超过 22 万人死亡
2010 年 2 月 27 日 14 时 34 分	智利	8.8 级	约 800 人死亡
2011 年 3 月 11 日 13 时 46 分	日本	9.0 级	海啸淹没东北部海岸，约 2 万人死亡，2 500 多人失踪

表 1.1.2　国内典型特大地震灾害统计

时　　间	地　点	震级	死 伤 人 数
1920 年 12 月 16 日	宁夏海原	8.5 级	超过 28 万人死亡
1933 年 8 月 25 日 15 时 50 分	四川茂汶北叠溪	7.5 级	约 7 000 人死亡
1966 年 3 月 8 日 5 时 29 分	河北邢台	6.8 级	约 8 000 人死亡，3.8 万人受伤
1976 年 7 月 28 日 3 时 42 分	河北唐山	7.8 级	约 24.2 万人死亡，16 万人受伤
1988 年 11 月 6 日 21 时 2 分	云南澜沧、耿马	7.6 级	约 700 人死亡，4 000 人受伤
2008 年 5 月 12 日 14 时 28 分	四川汶川	8 级	约 7 万人死亡、1.8 万人失踪，37 万多人受伤
2010 年 4 月 14 日 7 时 49 分	青海玉树	7.1 级	2 000 多人死亡

1.2　地震对核电厂的危害

核电厂设施由大量的构筑物、系统、设备和部件（SSEC）所组成，每一个设施必须合理地设计、制造、安装和运行，以确保在使用寿期内的结构完整性和可运行性。

地震是影响核电厂安全的最重要外部事件之一。从核能开发时起，各国都把地震对核电厂影响的研究放在重要的位置，制定了调查与评价方法，并随着核能发展的实践和地震知识的不断积累,开发了很多研究方法,提高了设计基准地震动水准,并对早期的设计增加了防震措施。即使如此,2007年7月16日日本新潟县发生海域地震,震级为6.8,震源深度约为17 km,震中距离日本东京电力公司的柏崎刈羽核电厂仅9 km,使核电厂因地震造成损害。该核电厂共有7台机组,总发电量为821万kW,是世界上最大的核能集中地带。地震时,运行中的3,4,7号机组和启动试验中的2号机组自动停堆,其他3台机组因定期检修处在停堆状态。依据日本的报告,这次地震造成3号机组的变压器发生火灾,6号机组反应堆厂房屋顶起重机驱动轴破坏、过滤水槽屈曲、从构筑物与管道和电缆支架的裂缝中流入2 000 t雨水、全部乏燃料池漏水、个别地方漏油、电路机房4线中2线丧失功能。这次地震过去还不到4年,于2011年3月11日13时46分,日本东北部太平洋海域发生的地震并引发的海啸袭击了日本东部沿海地区,地震震中发生在俯冲到北美板块之下的太平洋板块区,震级为9.0级,这是日本有史以来最严重的一次地震。震源位于北纬38.1°,东经142.6°,震源深度为20 km。该次地震引发的地震运动波及范围非常广,从日本东北部地区一直延伸到关东地区。随后海啸连续掀起7次高浪,袭击了日本东北地区,导致561 km^2区域被洪潮水淹,约有25 000人死亡或失踪。

日本福岛第一核电厂反应堆厂房基础上监测到的地面加速度反应谱已超出了部分周期段内的标准地面运动加速度反应谱。

3月11日15时27分(地震发生后41分钟),海啸第一波巨浪袭击了福岛第一核电厂,15时35分第二波来袭,海啸最大高度为14~15 m,远远超出建造许可证申请文件中的最大设计基准海啸高度(2002年重新评估为5.7 m)。虽然强地震时反应堆控制棒均紧急落棒,使所有堆紧急停堆,但海啸引发的海水侵袭厂区,使所有机组设备冷却水系统中的海水泵被淹没并失效。安装在反应堆厂房和汽轮机厂房地下室内的应急柴油机和配电盘均被淹没并失效。为此,3月11日15时37分全厂交流电源全部丧失,反应堆堆芯水位下降,燃料裸露,紧接着堆芯开始熔化,燃料熔融物掉落并堆积在反应堆压力容器(RPV)底部,RPV底部可能受到破损,使部分熔融物可能掉落并堆积在干阱R/W底板基础上。

3月12日14时30分进行安全壳(PCV)的湿井排气,随着RPV温度升高,锆合金与水发生化学反应,产生大量氢气,由于PCV泄漏原因,使反应堆厂房上部空间聚集大量氢气,从而引发氢爆炸[见图1.2.1(a)]。而2号机组的氢气爆炸则发生在PCV的泄压池内[见图1.2.1(b)]。

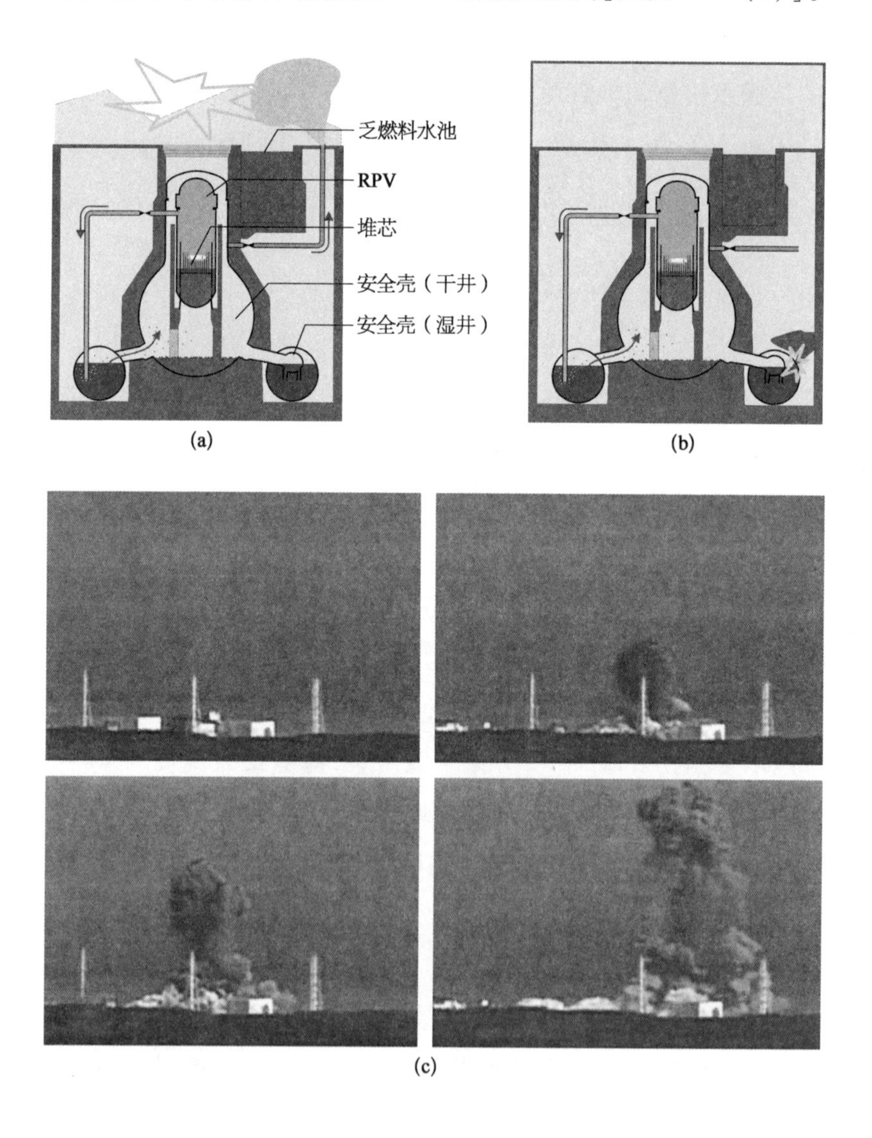

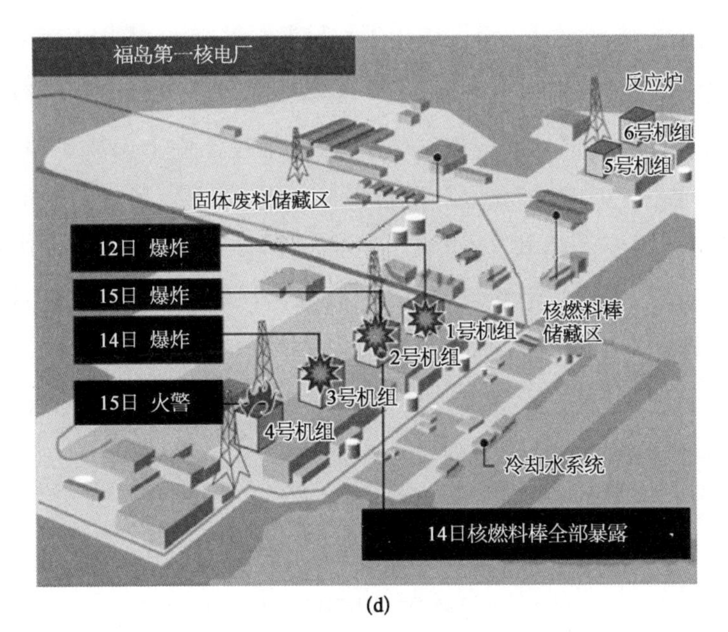

(d)

图 1.2.1　堆芯熔化并引发氢气爆炸

(a) 1 号和 3 号机组;(b) 2 号机组;(c) 氢爆炸现场照片;(d) 严重事故进程

4 月 12 日,日本原子力安全保安院将福岛核电厂事故定为核事故最高等级 7 级(特大事故)。

可见,2011 年 3 月 11 日发生在福岛核电厂的核事故是由史上罕见的大规模强震加海啸引发,是一场史无前例的严重事故,同时波及多座反应堆。

1.3　核电厂抗震设计的必要性

千百年来,人们很难对地震的来临作出准确无误的预测,所以当地震迅猛来袭时,人们手足无措。地震对核电厂的构筑物、系统、设备与部件等会造成不同程度的损伤,轻则反应堆停堆,重则堆芯熔融,不仅造成经济损失,更是严重威胁到核电厂的安全。因此,地震作为影响核电厂安全性的重要因素之一,在核电厂的选址和设计时需特别考虑。

鉴于核电厂的复杂性以及核事故的重大危害性,必须确保地震破坏作用不会使得核电厂对公众产生危害,为此,核电厂的抗震设计不同于常规民用结构的抗震设计，要求在设计上对地震破坏作用作特殊考虑。核电厂抗震设计的特殊性主要反映在：① 规定两级设计地震，一级是核电厂使用寿命内可能遇到的地震，核电厂在此地震条件下仍能正常运转，使核电厂功能不受影响，即核电厂运行基准地震（OBE）；另一级是极限安全地震，作为极限安全要求，确保核电厂能达到安全停堆，防止或减轻事故后果，即核电厂安全停堆地震（SSE）。这种多级抗震设防思想最早在核电厂的抗震设计中提出，后来广泛应用到了其他结构的抗震设计中。② 核电厂抗震设计要求周密地考虑可能遭遇地震动的特性。核电厂抗震设计地震动参数还包括两个水平方向和一个竖向峰值参数、设计反应谱以及加速度时程等。

因此，采用不同于常规结构抗震设计的方法对核电厂进行抗震设计是非常必要的，其目的是确保地震破坏作用不会使得核电厂严重损坏并对公众产生危害。

1.4 核电厂抗震设计的方法论

SSEC 抗震设计分析一般归属于动态分析范畴，通过推算随时间变化的载荷输入 SSEC 后的反应特性，再进一步评价其安全性。其动态分析方法过程一般通过 3 个阶段进行：

（1）载荷体系的模型化。

（2）结构物的模型化。

（3）安全性评价。

动态分析一般分为确定论和非确定论两类方法。例如，地震加速度波反应分析中，采取了历史记录的强震信号作为地震载荷体系来校验反应的形式，作为评价安全性的一种方法。不管这种强震记录信号随时间变化多么复杂，但由于是实时记录，在时间历程中已包含了全部信息。因此，用该方法评价 SSEC 的安全性可能会得出不是 100%安全，但也可能包含了 100%损坏的结论，也就是能确保 SSEC 在寿期使用年限内的安全性，用这种方法可从经验上确保某种程度的定性评价可能,但缺少可靠的定量评价。

在遭受地震振动、风载、液体晃动等自然界影响的结构物上,应特别关注这些因素共同的统计性质。例如,同一块地基上由地震仪检测到相同震级的地震波,不会重复出现相同的时程曲线。也就是说,这些波形具有强非重复性。因此,可以认为这种记录的地震波形是按概率准则支配的。

随机振动理论就是采用概率论方法来分析振幅随时间非确定性变化的动态载荷,定量地评价结构物的安全性。所以,在随机振动分析中将载荷体系作为随机过程加以模型化,并用概率来定量评价结构物在载荷作用下具有何种程度的安全裕度。当采用确定性定量分析时,仍将结构物本身作为确定参数来处理,但通常将载荷输入作为随机量来处理。

第 2 章 地震分析中所应用的随机过程基本理论

2.1 振动数据的分类

表示振动动态现象中所有能观察到的数据，都可以广义地分为确定性和随机性两类。能用准确的数学关系式描述的数据称为确定性数据，如图 2.1.1 所示的弹簧质量系统，其中弹簧刚度为 k，质量为 m。当初始时刻 $t=0$ 时给予一个位移 $x=x_0$后突然被释放，则该系统将以固有圆频率 $\omega_0=\sqrt{k/m}$ 做周期性振动，可以得到位移随时间变化的关系为

$$x(t)=x_0\sin\omega_0 t \tag{2.1.1}$$

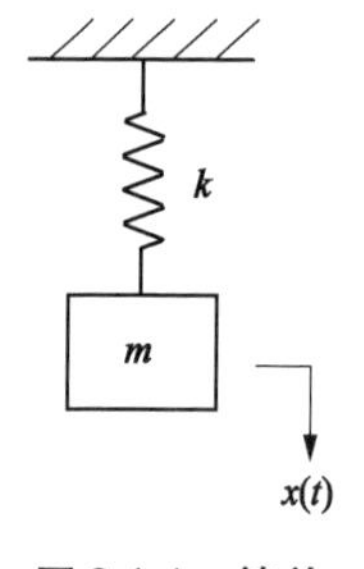

图 2.1.1　简单弹簧质量系统

$x(t)$ 确定了质量在 $t\geqslant 0$ 时某时刻下的精确位置，因此可认为该系统的振动数据是确定性的（图 2.1.1）。

但在许多振动中，所产生的数据并不是确定性的，例如在岩层中传播的地震波、在空气中传播的噪声波等都不能用确定的数学关系式来描述，并不能获得未来预期时刻的精确值，因此这些数据在性质上被归为随机性的，只能用概率术语统计平均来描述。

对于实际中物理量数据是确定性的还是随机性的，在学术界存在一定的争议，因为实际中真正确定性的物理数据与真正随机性的物理数据是不存在的。由于总有一些意料之外的因素影响所产生的

数据，找出与原始数据偏离的规律，并有足够的认识，才有可能用精确的数学公式来描述，因此，判断物理数据是确定性的还是随机性的，人们通常是以试验来检验这些数据是否重复性再现为依据。

这种分类方法是从分析观点来选择的，一般是将物理数据视为时间历程函数给予适当讨论，但如果需要，也可以用其他任何变量来代替时间。

2.2　确定性数据的分类

一般确定性的物理现象数据，可分为周期的和非周期的两类，周期数据可进一步分解为正弦周期数据和复杂周期数据两类；非周期数据可以进一步分为准周期和瞬时两类。图 2.2.1 为确定性数据如何分类的路径图。

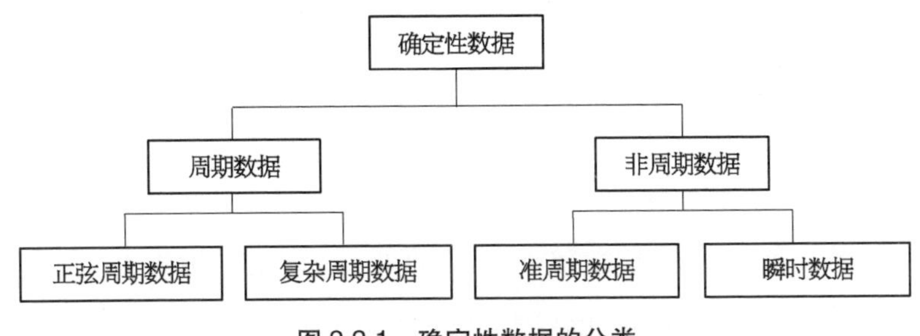

图 2.2.1　确定性数据的分类

2.2.1　正弦周期数据

正弦波数据可用时程函数表示为

$$x(t) = X\sin\omega_0 t \tag{2.2.1}$$

式中，X 为正弦波幅值，ω_0 为圆频率。式(2.2.1)可用时程图或频谱图加以描述。

正弦曲线完成一个循环周期所需的时间称为周期 T_0，在单位时间内的循环数称为频率 f_0，两者关系为

$$T_0 = \frac{1}{f_0} = \frac{2\pi}{\omega_0} \tag{2.2.2}$$

图 2.2.2 的频谱图由单一频率 ω_0(或 f_0)上的幅值 X 组成,这种频谱相对于连续谱而言称为“离散谱”或“线谱”。

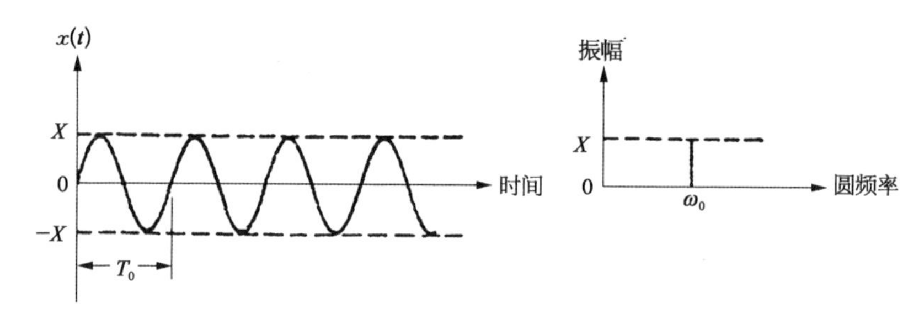

图 2.2.2　正弦数据的时程和频谱

实际振动中会形成近似的正弦波数据,是时变数据中最简易的形式。

2.2.2　复杂周期数据

复杂周期数据能用周期性时间变化函数表示为

$$x(t) = x(t + nT_p) \quad (n = 1, 2, 3, \cdots) \tag{2.2.3}$$

该函数具有基波的整数倍所组成的波形,与正弦数据相同,其中 T_p 为一个循环的周期时间,单位时间内的循环数称为“基频 $\omega_1(\omega_1 = 2\pi f_1)$”,显然,正弦数据是复杂周期数据在 $f_1 = f_0$ 时的一个特例。

复杂周期数据均可以将 $x(t)$ 展开成傅里叶级数:

$$x(t) = \frac{a_0}{2} + \sum_{n=1}^{\infty} (a_n \cos n\omega_1 t + b_n \sin n\omega_1 t) \tag{2.2.4}$$

式中,$\omega_1 = 2\pi f_1 = \frac{2\pi}{T_p}$,系数 $a_0 = \frac{1}{T_p}\int_0^{T_p} x(t)\mathrm{d}t$,$a_n = \frac{2}{T_p}\int_0^{T_p} x(t)\cos n\omega_1 t\mathrm{d}t$,$b_n = \frac{2}{T_p}\int_0^{T_p} x(t)\sin n\omega_1 t\mathrm{d}t$ $(n = 1, 2, 3, \cdots)$。

式(2.2.4)可用幅值和相位角的另一种形式来表示:

$$x(t) = X_0 + \sum_{n=1}^{\infty} X_n \cos(n\omega_1 t - \theta_n) \tag{2.2.5}$$

式中，$X_0 = \frac{a_0}{2}$，$X_n = \sqrt{a_n^2 + b_n^2}$，$\theta_n = \arctan\left(\frac{b_n}{a_n}\right)$。

a_0表示一个非周期性的并在频域上为 0 频率的分量，是常数静态项，对动态曲线而言可以被忽略。对式(2.2.5)可以用图 2.2.3 所示的离散谱来表征。这里要注意，对于复杂周期数据有时只包含几个分量，有时基本分量也可没有。例如某周期函数 $x(t)$ 只包含 60，75，100 Hz，它们的最高公约数为 5，故这合成的周期数 $T_p = 0.2$ s，即 $f_1 = 5$ Hz，因此展开傅里叶级数时，除 $n = 12, 15, 20$ 这 3 项以外，所有 X_n值均为零。

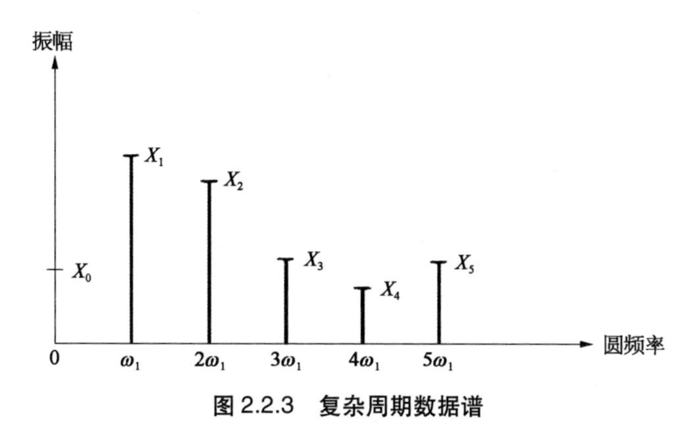

图 2.2.3　复杂周期数据谱

本书附录 E 专门阐述了某些复杂周期函数怎么应用三角级数模型方法。

2.2.3　准周期数据

如 2.2.2 节所述，周期数据一般可以简化成一系列频率成比例的正弦波。反过来，两个或几个频率成比例的正弦波叠加在一起将组合成一个周期数据。但要注意任意频率的两个或几个正弦波之和通常不会形成周期数据，具体来说，只有当每一对频率之比为有理数时，两个或几个正弦波之和才会形成周期数据。如

$$x(t)=X_1\sin(2t+\theta_1)+X_2\sin(3t+\theta_2)+X_3\sin(7t+\theta_3)$$

因基本周期 $T_P=1$，$\omega_1/\omega_2=2/3$，$\omega_1/\omega_3=2/7$，$\omega_2/\omega_3=3/7$ 均为有理数,所以 $x(t)$ 应为周期性的。

对于

$$x(t)=X_1\sin(2t+\theta_1)+X_2\sin(3t+\theta_2)+X_3\sin(\sqrt{50}t+\theta_3)$$

则不是周期性的,因为 $\omega_1/\omega_3=2/\sqrt{50}$，$\omega_2/\omega_3=3/\sqrt{50}$ 不是有理数,称该函数的时间历程具有“准周期”特性。

准周期数据是一种非周期数据,可用交变函数表示为

$$\begin{cases}x(t)=\sum_{n=1}^{\infty}X_n\sin(\omega_n t+\theta_n)\\ \omega_n=2\pi f_n\end{cases}\tag{2.2.6}$$

$\omega_n/\omega_m(f_n/f_m)$ 在任何情况下均不是有理数。对准周期数据的一个重要性质是,假设式(2.2.6)中的相位角 θ_n 可以忽略时,则 $x(t)$ 可用如图 2.2.4 所示的离散谱来表示。这与处理那些复杂周期性数据类似,其差异仅在于各分量对应的频率不再是有理数比例关系。

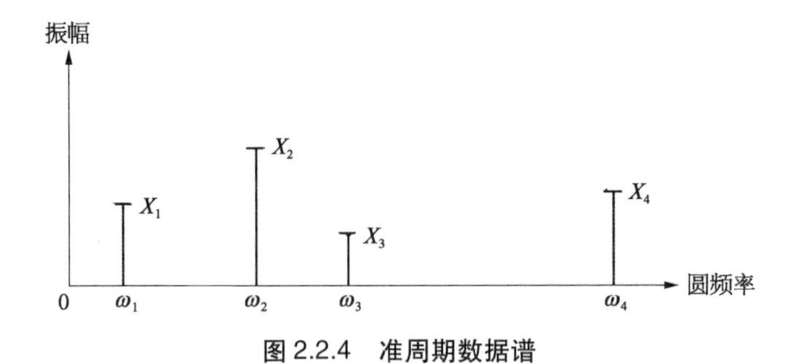

图 2.2.4　准周期数据谱

2.2.4　瞬时非周期数据

瞬时数据属于除 2.2.3 节所述的准周期数据以外的非周期数据。表 2.2.1 给出了瞬时数据的 3 个简单例子。

表 2.2.1　瞬时数据特例

序号	$x(t)$ 表达式	$x(t)$ 图示	$X(\omega)$ 图示
(a)	$x(t)=\begin{cases}Ae^{-at} & t\geqslant 0\\ 0 & t<0\end{cases}$		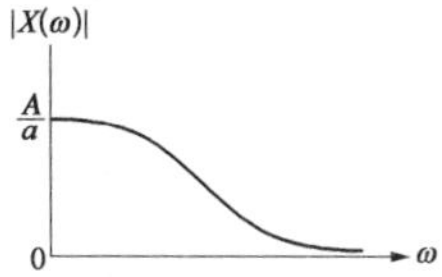
(b)	$x(t)=\begin{cases}Ae^{-at}\cos bt & t\geqslant 0\\ 0 & t<0\end{cases}$		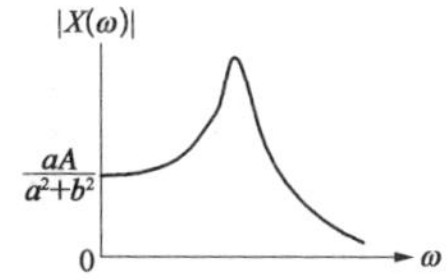
(c)	$x(t)=\begin{cases}A & c\geqslant t\geqslant 0\\ 0 & c<t<0\end{cases}$	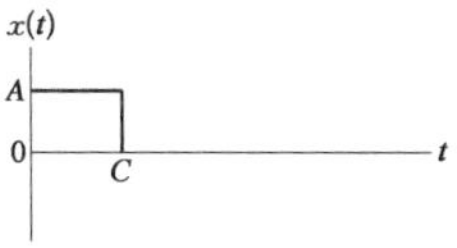	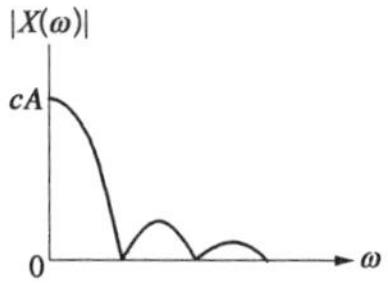

非周期数据与周期、准周期数据不同，其中一个很重要特征是其函数不能采用离散谱来表征，但可以用傅里叶积分变换方法来表征连续谱：

$$X(\omega)=\int_{-\infty}^{\infty}x(t)\mathrm{e}^{-\mathrm{j}\omega t}\mathrm{d}t \tag{2.2.7}$$

其逆变换表达为

$$x(t)=\frac{1}{2\pi}\int_{-\infty}^{\infty}X(\omega)\mathrm{e}^{\mathrm{j}\omega t}\mathrm{d}\omega \tag{2.2.8}$$

傅里叶谱 $X(\omega)$ 是一个复数，可用幅值 $|X(\omega)|$ 与幅角 $\theta(\omega)$ 表示为

$$X(\omega)=|X(\omega)|\mathrm{e}^{-\mathrm{j}\theta(\omega)} \tag{2.2.9}$$

表 2.2.1 给出了 3 个瞬时时间历程对立的傅里叶谱，$X(\omega)$ 的幅值用 $|X(\omega)|$ 来表示。

2.3　随机数据的分类

如 2.2 节所述，对于随机现象的数据不能用精确的数学关系式描述。如图 2.3.1 所示，某随机数据不同时刻的样本记录是不相同的。

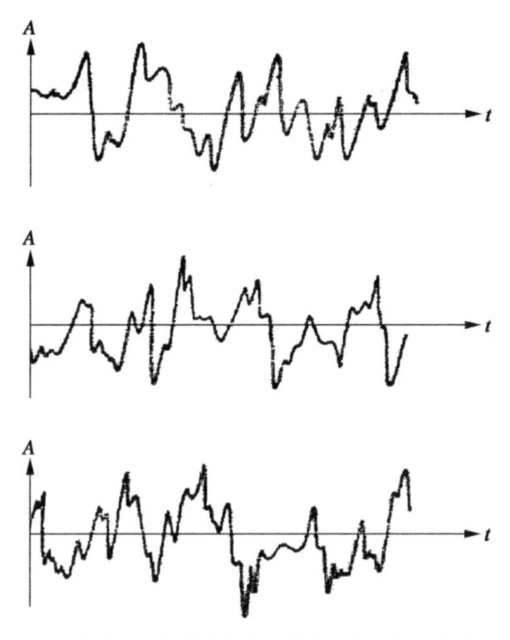

图 2.3.1　随机数据不同时刻的样本记录曲线

表征随机现象的单个时间历程，被称为样本函数。在有限时间区间上观察，被称为样本记录。随机现象可能产生的全部样本函数的集合被称为随机过程。因此，随机物理现象的一个样本记录可以认为是该随机过程的一个物理现象。

随机过程一般分为平稳和非平稳两类，平稳随机过程又可分为各态历经和非各态历经两种，非平稳随机过程按非平稳特性分成特殊的种类，如图 2.3.2 所示。

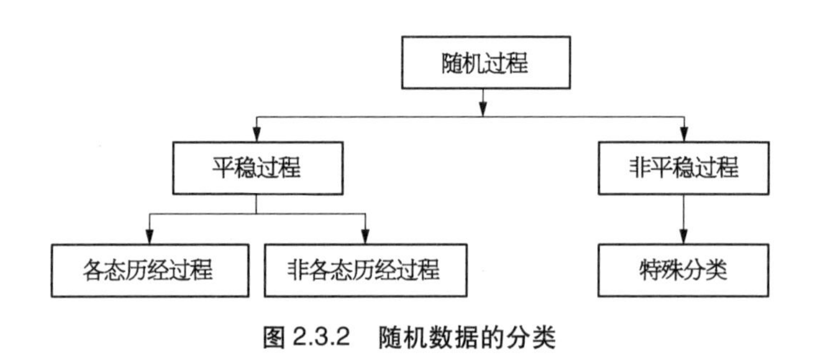

图 2.3.2　随机数据的分类

2.3.1　平稳随机过程

当任何时刻 t 的特性可以用随机过程样本函数集合的平均值来描述时则可定义为平稳随机过程。

例如,由图 2.3.3 所示随机过程的样本函数集合(通常也称为总体),随机过程在某一时刻 t_1 上的均值(一阶矩),可以将 t_1 总体中各个样本函数的瞬时值相加,然后除以样本函数的个数而获得总体平均值。类似的对随机过程两个不同时刻之值的相关性(二阶矩),可由 t_1 和 $(t_1+\tau)$ 两时刻值乘积的总体平均获得,这样随机过程 $\{x(t)\}$ 用均值 $\mu_x(t_1)$ 和自相关函数 $R_x(t_1,\ t_1+\tau)$ 来表示,其数学表达式为

$$\begin{cases} \mu_x(t_1) = \lim\limits_{N\to\infty} \dfrac{1}{N} \sum\limits_{i=1}^{N} x_i(t_1) \\ R_x(t_1,\ t_1+\tau) = \lim\limits_{N\to\infty} \dfrac{1}{N} \sum\limits_{i=1}^{N} x_i(t_1) x_i(t_1+\tau) \end{cases} \tag{2.3.1}$$

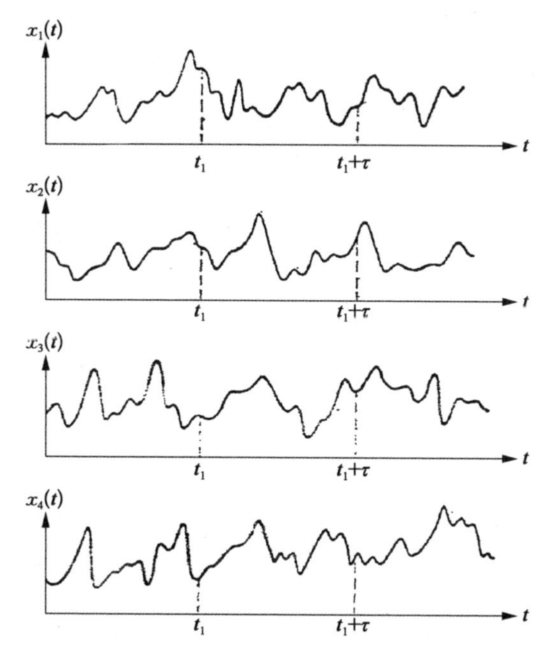

图 2.3.3　随机过程的样本函数取总体平均

通常情况下，式(2.3.1)中 $\mu_x(t_1)$ 和 $R_x(t_1, t_1+\tau)$ 是随时刻 t 的改变而改变的，该随机过程 $\{x(t)\}$ 称为非平稳的样本函数。只有在特定情况下，当 $\mu_x(t_1)$ 和 $R_x(t_1, t_1+\tau)$ 不随 t_1 变化时，则该随机过程 $\{x(t)\}$ 称为平稳的样本函数，这时对于平稳随机过程的均值 $\mu_x(t_1)=\mu_x$ 是常数，自相关函数 $R_x(t_1, t_1+\tau)=R_x(\tau)$ 只与相关时间 τ(或称时间位移)有关。

为了得到描述随机过程的总体概率分布函数，需要计算随机过程 $\{x(t)\}$ 中无限个高阶矩和联合矩。当所有的矩和联合矩均不随时间变化时，则称该随机过程 $\{x(t)\}$ 为强平稳，或是严格平稳。在许多实际应用中，若能够证明该过程为弱平稳性时，往往也可近似归入强平稳随机过程。

2.3.2 各态历经随机过程

2.3.1 节专门讨论了如何用具体时刻上的总体平均来确定随机过程中的一些统计特性。但是，大多数情况下，也可以用总体中取出某样本函数的时间平均来确定平稳随机过程的统计特性。

例如，图 2.3.3 所示随机过程中相应的样本函数，其均值 $\mu_x(k)$ 和自相关函数 $R_x(\tau, k)$ 分别为

$$\begin{cases} \mu_x(k)=\lim\limits_{T\to\infty}\dfrac{1}{T}\displaystyle\int_0^T x_k(t)\,\mathrm{d}t \\ R_x(\tau, k)=\lim\limits_{T\to\infty}\dfrac{1}{T}\displaystyle\int_0^T x_k(t)x_k(t+\tau)\,\mathrm{d}t \end{cases} \tag{2.3.2}$$

如果随机过程 $\{x(t)\}$ 是平稳的，而且采用不同样本函数计算式(2.3.2)所得到的 $\mu_x(k)$ 和 $R_x(\tau, k)$ 的值都一样时，则称该随机过程为各态历经的。对于各态历经的随机过程，按时间平均的均值 μ_x 和自相关函数 $R_x(\tau)$ 将等于相应的随机过程总体平均值，即

$$\begin{cases} \mu_x(k)=\mu_x \\ R_x(\tau, k)=R_x(\tau) \end{cases} \tag{2.3.3}$$

应注意的是，只有平稳随机过程才可能是平稳的，反之也说明各态历经必然是一种平稳随机过程。也就是说，各态历经是平稳随机过程的充分必要条件。

各态历经随机过程的所有统计特性可以用单个样本函数上的时间平均来描述，因此，各态历经随机过程显然是随机过程中很重要的一类。大量实践表明，平稳物理现象的随机现象大多数属于各态历经的，为此都可以用单个观察到的时间历程记录来测定平稳随机现象的统计特性。

2.3.3　非平稳随机过程

非平稳随机过程包括所有不满足 2.3.1 节中关于平稳特性要求的随机过程。非平稳随机过程的特性通常是统计值随时间而变化，它只能用随机过程中样本函数的总体瞬时平均来确定。在实际中很不易获取非平稳随机过程足够数量的样本记录来精确测量其总体平均的统计特性。

在很多情况中，许多物理现象所产生的非平稳数据，可以进一步分解为一系列的特殊类别，以便简化测量和分析方法。例如，某些随机数据可以采用样本函数 $y(t)$ 来描述非平稳随机过程：

$$y(t)=A(t)x(t) \tag{2.3.4}$$

式中，$x(t)$ 为平稳随机过程 $\{x(t)\}$ 的样本函数，$A(t)$ 为一个确定性乘法因子（或称为加权系数）。这类数据可以用一个具有共同确定性时间趋势的样本函数组成的非平稳随机过程来表征。如果该非平稳随机数据可以用这一类模型拟合时，则描述该类数据就不一定要用总体平均。有时可与各态历经平稳数据类似，用单个样本记录估计各种需要的统计特性，如模拟地震加速度波时间历程常用非平稳随机过程模型 $f(t)$ 来表征：

$$f(t)=g(t)x(t) \tag{2.3.5}$$

式中，$g(t)$ 为时间 t 的确定性函数，$x(t)$ 为平均值为 0 的平稳高斯随机过程函数。

2.3.4 平稳样本的记录

2.3.1 节所讨论和定义的平稳性概念是指随机过程的总体平均特性而言的，但在实践中通常称随机现象的单个时间历程记录数据为平稳或非平稳的。

为了帮助理解，考虑单个样本记录 $\{x_k(t)\}$，它由随机过程 $\{x(t)\}$ 中相应于 k 的样本函数得到。假定在短时间区间 T 上按时间加以平均，设起始时间为 t_1 所得到的均值和自相关函数为

$$\begin{cases} \mu_x(t_1,\ k) = \dfrac{1}{T}\displaystyle\int_{t_1}^{t_1+T} x_k(t)\,\mathrm{d}t \\ R_x(t_1,\ t_1+\tau,\ k) = \dfrac{1}{T}\displaystyle\int_{t_1}^{t_1+T} x_k(t)x_k(t+\tau)\,\mathrm{d}t \end{cases} \tag{2.3.6}$$

通常情况下，若式(2.3.6)所确定样本记录的性质是随起始时间 t_1 的变化而有明显变化时，此时就称单个样本记录为非平稳的。只有在特定情况下，式(2.3.6)所定义的样本记录的性质不随 t_1 的变化而有明显的变化时，则称此样本记录是平稳的。因此如果假设在各态历经条件下，只需验证“单个样本”所记录的平稳性即可有效地认为此记录所在的随机过程能满足平稳性和各态历经。式(2.3.3)中，当 μ_x 和 R_x 与 t_1 无关时，属于平稳性质；当与 k 无关时，则属于各态历经的，只有是平稳随机过程才有可能存在各态历经。

2.4 随机数据的基本特性

在实际工程应用中通常采用 4 种主要统计函数来描述随机数据的基本特性：① 均方值；② 概率密度函数；③ 自相关函数；④ 功率谱密度函数。其中均方值是提供数据强度方面的基本描述；概率密度函数提供数据在振幅域内的有关特性；自相关函数和功率谱密度函数分别在时域和频域上提供有关信息。

下面以平稳随机数据为出发点阐述这些特性,并假设数据是各态历经的,从而可以用单个样本记录的时间统计平均来确定这些特性。

2.4.1　均方值(均值与方差)

任何一组随机数据的一般强度可用均方值来描述,它是时间历程平方值的简单平均值。样本时间历程记录 $x(t)$ 的均方值 ψ_x^2 可表示为

$$\psi_x^2 = \lim_{T\to\infty} \frac{1}{T}\int_0^T x^2(t)\,\mathrm{d}t \tag{2.4.1}$$

均方值的平方根 ψ_x 称为均方根值,此物理数据可以认为是由静态分量(不随时间变化的分量)和动态分量(波动分量)之和所组成。静态分量可用均值来描述,即所有值的简单平均:

$$\mu_x = \lim_{T\to\infty} \frac{1}{T}\int_0^T x(t)\,\mathrm{d}t \tag{2.4.2}$$

动态分量可以用与均值的方差 σ_x^2 来描述,是关于均值的简单均方值:

$$\sigma_x^2 = \lim_{T\to\infty} \frac{1}{T}\int_0^T [x(t) - \mu_x]^2\mathrm{d}t \tag{2.4.3}$$

方差的平方根 σ_x 称为标准差,由式(2.4.3)可以得到方差等于均方值减去均值的平方,即

$$\sigma_x^2 = \lim_{T\to\infty} \frac{1}{T}\int_0^T [x^2(t) - 2x(t)\mu_x + \mu_x^2]\,\mathrm{d}t = \psi_x^2 - \mu_x^2 \tag{2.4.4}$$

2.4.2　概率密度函数

随机数据的概率函数表示瞬时数据值落在某指定范围内的概率。考虑图 2.4.1 所示的样本时间历程所记录的 $x(t)$,对于 $x(t)$ 值落在 x 和 $(x + \Delta x)$ 范围内的概率可由 T_x/T 之比得到,这里 T_x 是在观察时间 T 内,$x(t)$ 落在 $(x, x + \Delta x)$ 范围内的总时间,当 T 趋向于无穷大时,此值将趋于一个确切的概率值 P_{rob}。

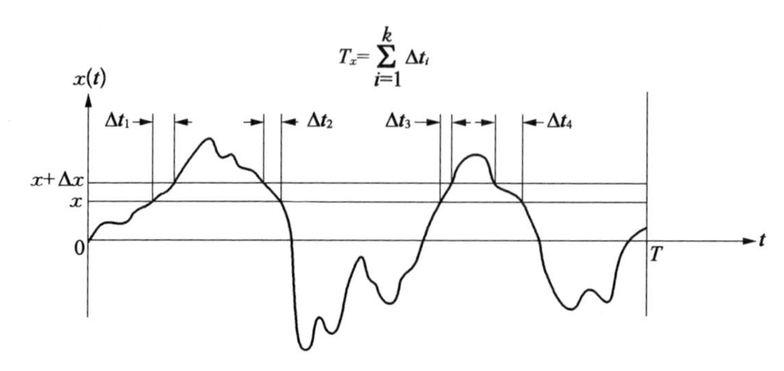

图 2.4.1　概率测量方法

$$P_{\text{rob}}[x < x(t) \leqslant x + \Delta x] = \lim_{T\to\infty}\left(\frac{T_x}{T}\right) \tag{2.4.5}$$

当 Δx 趋于无穷小时,可用概率密度函数 $p(x)$ 表示为

$$P_{\text{rob}}[x < x(t) \leqslant x + \Delta x] \approx p(x)\Delta x \tag{2.4.6}$$

从中可推出 $p(x)$ 为

$$p(x) = \lim_{\Delta x\to 0}\frac{P_{\text{rob}}[x < x(t) \leqslant x + \Delta x]}{\Delta x} = \lim_{\Delta x\to 0}\frac{1}{\Delta x}\left[\lim_{T\to\infty}\left(\frac{T_x}{T}\right)\right] \tag{2.4.7}$$

瞬时值 $x(t)$ 小于或等于某值 x 的概率定义为 $P(x)$, 它等于概率密度函数 $p(x)$ 从 $-\infty$ 到 x 的积分。$P(x)$ 称概率分布函数或累积概率分布函数,不应与概率密度函数 $p(x)$ 相混淆,可表示为

$$\begin{cases} P(x) = P_{\text{rob}}[x(t) \leqslant x] = \displaystyle\int_{-\infty}^{x} p(\xi)\,\mathrm{d}\xi \\ P(x) = \begin{cases} 0 & x(t) \to -\infty \\ 1 & x(t) \to \infty \end{cases} \end{cases} \tag{2.4.8}$$

因为当 $x(t)$ 趋向 $-\infty$ 的概率为 0 时, $x(t)$ 趋向 ∞ 的概率为 1,所以概率分布函数的值一般应在 0 与 1 之间变化。

落在任何区域 (x_1, x_2) 内的概率为

$$P(x_2) - P(x_1) = P_{\text{rob}}[x_1 \leqslant x(t) \leqslant x_2] = \int_{x_1}^{x_2} p(x)\,\mathrm{d}x \tag{2.4.9}$$

当用概率密度函数 $p(x)$ 来表示 $x(t)$ 的均值时，其值为 $x(t)$ 在所有 x 值上的加权线性之和，可表示为

$$\mu_x = \int_{-\infty}^{\infty} xp(x)\,\mathrm{d}x \tag{2.4.10}$$

类似的，均方值可认为是 $x^2(t)$ 在所有 x 值的加权线性之和，可表示为

$$\psi_x^2 = \int_{-\infty}^{\infty} x^2 p(x)\,\mathrm{d}x \tag{2.4.11}$$

［**例 1**］　在实际测量中可能存在的 4 种样本时间历程记录：① 正弦波；② 正弦波加随机噪声；③ 窄带随机噪声；④ 宽带随机噪声。典型的时程记录如图 2.4.2 所示。所有记录假设均值为零 ($\mu_x = 0$)。

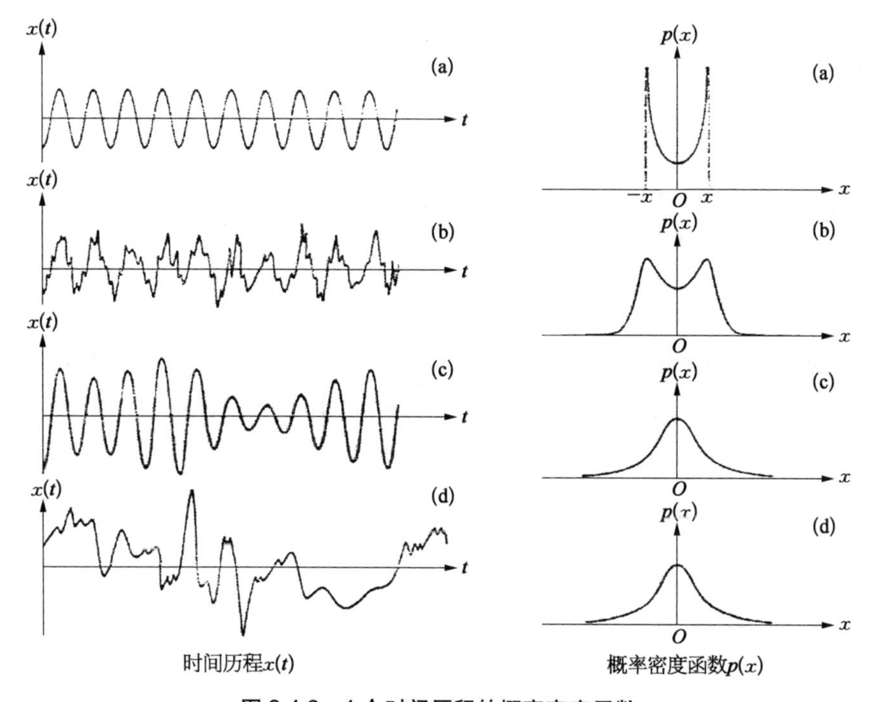

图 2.4.2　4 个时间历程的概率密度函数

(a) 正弦波；(b) 正弦波加随机噪声；(c) 窄带随机噪声；(d) 宽带随机噪声

图 2.4.2(a) 是正弦波的盆状概率密度函数曲线，对于正弦波曲线 $x(t) = X\sin(\omega_0 t + \theta)$ 的概率密度函数为

$$p(x)=\lim_{\Delta x\to 0}\frac{1}{\Delta x}\left[\lim_{T\to\infty}\left(\frac{T_x}{T}\right)\right]=\lim_{\Delta x\to\infty}\frac{1}{\Delta x}\left[\lim_{T\to 0}\frac{\sum_{i=1}^{k}\Delta t_i}{T}\right]$$

$$=\lim_{\Delta x\to 0}\lim_{T\to\infty}\frac{1}{2}\left(\frac{\Delta x}{\Delta t}\right)\left(\frac{1}{T}\right)=\begin{cases}(\pi\sqrt{X^2-x^2})^{-1} & |x|<X\\ 0 & |x|\geqslant X\end{cases}$$

(2.4.12)

对于图 2.4.2(c),(d)所示的铃状概率密度图,分别表示为典型的窄带和宽带随机数据,这些概率密度取为经典的零均值高斯分布形式:

$$p(x)=\frac{1}{\sqrt{2\pi}\sigma_x}e^{-\left(\frac{x^2}{2\sigma_x^2}\right)} \tag{2.4.13}$$

图 2.4.2(b)给出了正弦加随机噪声的概率密度图,该曲线具有图 2.4.2(a),(c)[或(d)]两种情况的综合特点。

概率密度函数主要应用于描述数据瞬时值的概率,也可以用作确定性数据和随机数据的区分。

2.4.3 自相关函数

随机数据的自相关函数主要是描述一个时刻的数据与另一个时刻数据之间的相互关系。对图 2.4.3 所示样本在时间历程记录 $x(t)$ 上作在 t 时刻和 $(t+\tau)$ 时刻之间的相关性估计时,则可以在总时间区间 T 内由这两个值的乘积对时间 t 的平均得到。当 T 趋于无穷时,平均乘积的极限值将接近一个确切的自相关函数。

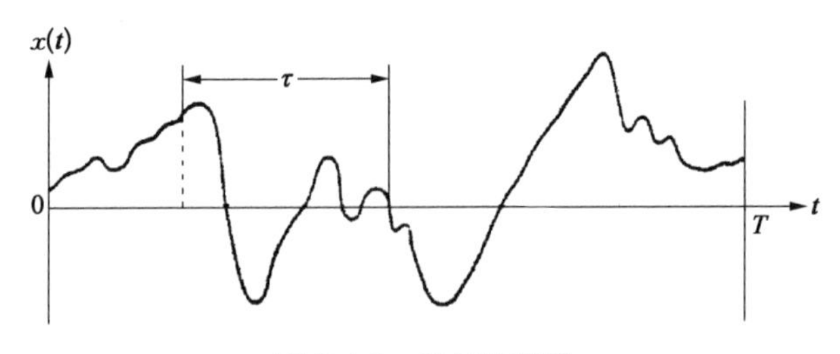

图 2.4.3 自相关测量

自相关函数可表示为

$$R_x(\tau) = \lim_{T\to\infty} \frac{1}{T}\int_0^T x(t)x(t+\tau)\,\mathrm{d}t \tag{2.4.14}$$

$R_x(\tau)$ 是恒定的实偶函数,在 $\tau = 0$ 时有最大值,即

$$\begin{cases} R(\tau) = R(-\tau) \\ R(0) \geqslant |R(\tau)| \end{cases} \tag{2.4.15}$$

由 $R_x(\tau)$ 的性质可知, $x(t)$ 的均值和均方值为

$$\begin{cases} \mu_x = \sqrt{R_x(\infty)} \\ \psi_x^2 = R_x(0) \end{cases} \tag{2.4.16}$$

［**例 2**］　图 2.4.4 给出了图 2.4.2 中 4 个时间历程所对应的自相关函数 $R(\tau)$-时间位移 τ 的曲线。

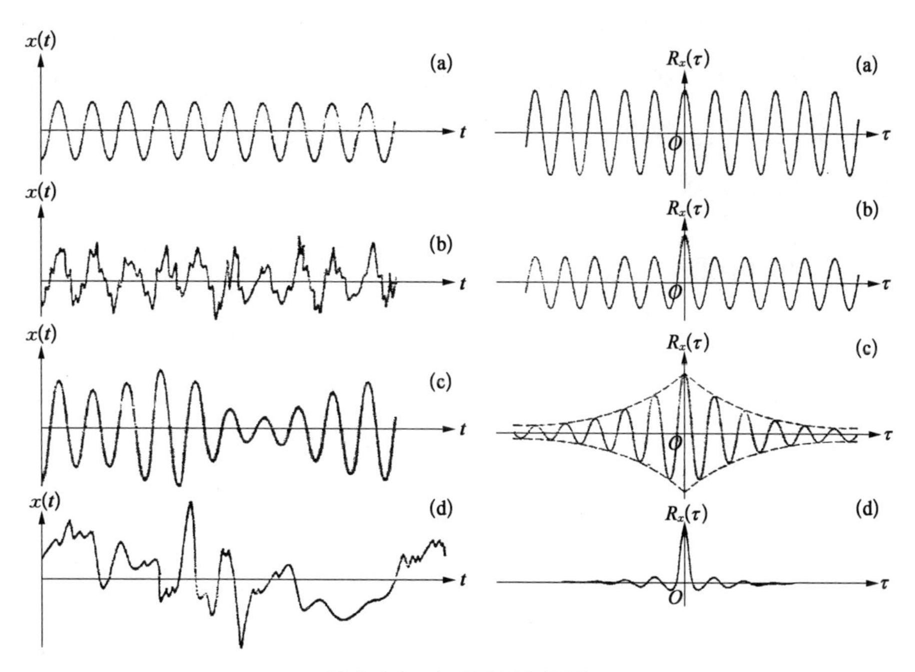

图 2.4.4　自相关函数图形

(a) 正弦波;(b) 正弦波加随机噪声;(c) 窄带随机噪声;(d) 宽带随机噪声

图 2.4.4(a)为一个正弦波 $X\sin\omega_0\tau$ 所对应的自相关函数：

$$R_x(\tau)=\frac{X^2}{2}\cos\omega_0\tau \tag{2.4.17}$$

在 $R(\tau)$ 对于时间位移 τ 历程上，具有与原始正弦波相同的周期（或频率 ω_0），但其相位角消失了。

图 2.4.4(d)是宽带随机数据典型的自相关函数图，$R(\tau)$ 随时间位移 τ 很快衰减至零（如均值 μ_x 不为零时，则自相关函数衰减到 μ_x^2 值）。若是白噪声的极限状况，对应的 $R(\tau)$ 在 $\tau=0$ 处是一个 δ 脉冲函数。

图 2.4.4(b)是正弦波加随机函数所对应的 $R(\tau)$，这是正弦波的自相关图与随机函数的自相关函数之和。

图 2.4.4(c)是窄带随机噪声所对应的 $R(\tau)$，这是正弦波自相关函数出现衰减形状曲线，当时间位移 τ 很大时，自相关函数将趋于零（假设 $\mu_x=0$）。该图说明了从正弦波到宽带随机噪声信号，对应自相关函数 $R(\tau)$ 与概率密度函数一样，有明确变化趋势的确定性统计值数据，所以相关函数的功能主要是能够检测和辨别出混淆在随机信号中的确定性信号数据。自相关函数的傅里叶变换是自功率谱密度函数，它们分别表征在时域 τ 上和频域上的有关信息。

2.4.4 功率谱密度函数

自功率谱密度函数定义为随机信号数据 $x(t)$ 通过中心频率为 f、带宽为 Δf 的窄带滤波器后，获得时间历程 $x(t, f, \Delta f)$ 的均方值。当带宽 Δf 趋向于零、平均周期 T 趋向无穷大时，其均方值 $\psi_x^2(f, \Delta f)$ 的极限称为随机信号 $x(t)$ 的功率谱密度函数（PSD）。其表达式为

$$G_x(f)=\lim_{\Delta f\to 0}\frac{\psi_x^2(f, \Delta f)}{\Delta f}=\lim_{\Delta f\to 0}\frac{1}{\Delta f}\left[\lim_{T\to\infty}\frac{1}{T}\int_0^T x^2(t, f, \Delta f)\Delta t\right] \tag{2.4.18}$$

自功率谱密度函数 $G_x(f)$ 恒为一个非负的实数数值。它的一个重要

的性质是与自相关函数相互成傅里叶变换关系。

$$G_x(f) = 2\int_{-\infty}^{\infty} R_x(\tau)\mathrm{e}^{-\mathrm{j}2\pi f\tau}\mathrm{d}\tau = 4\int_0^{\infty} R_x(\tau)\cos 2\pi f\tau\mathrm{d}\tau \tag{2.4.19}$$

而 $R_x(\tau)$ 为 $G_x(f)$ 的傅里叶反变换，即

$$R_x(\tau) = 4\int_0^{\infty} G(f)\cos 2\pi f\tau\mathrm{d}\tau \tag{2.4.20}$$

在不同书籍中使用的功率谱密度函数表达方式是不同的，最常见的是采用圆频率 ω 作为变量定义为双边功率谱密度函数 $S_x(\omega)$，$S_x(\omega)$ 与 $R_x(\tau)$ 之间的傅里叶变换关系为

$$\begin{cases} S_x(\omega) = \dfrac{1}{2\pi}\displaystyle\int_{-\infty}^{\infty} R(\tau)\mathrm{e}^{-\mathrm{j}\omega\tau}\mathrm{d}\tau = \dfrac{1}{\pi}\displaystyle\int_0^{\infty} R(\tau)\mathrm{e}^{-\mathrm{j}\omega\tau}\mathrm{d}\tau \\ R_x(\tau) = \displaystyle\int_{-\infty}^{\infty} S_x(\omega)\mathrm{e}^{\mathrm{j}\omega\tau}\mathrm{d}\omega = 2\displaystyle\int_0^{\infty} S_x(\omega)\cos\omega\tau\mathrm{d}\omega \end{cases} \quad (-\infty < \omega < \infty) \tag{2.4.21}$$

双边功率谱密度函数 $S_x(\omega)$ 与单边功率谱密度函数 $G_x(f)$ 之间关系式为

$$G_x(f) = 4\pi S_x(\omega) \tag{2.4.22}$$

另外，也有文献将 $S_x(\omega)$ 中变量圆频率 ω 用频率 f 来表示，其 f 的区域扩展至 $(-\infty < \omega < \infty)$ 范围。这时 $S_x(f)$ 与 $G_x(f)$ 的关系为

$$G_x(f) = \begin{cases} 2S_x(f) & 0 < f < \infty \\ 0 & \text{其他} f \end{cases} \tag{2.4.23}$$

综上，有关系式

$$\begin{cases} G_x(f) = 2\pi G_x(\omega) = 4\pi S_x(\omega) \\ S_x(f) = 2\pi S(\omega) \end{cases} \tag{2.4.24}$$

对于 $S_x(\omega)$ 和 $G_x(\omega)$ 之间的关系如图 2.4.5 所示，即将偶函数 $S_x(\omega)$ 的后半部折算到右边再叠加起来就等于 $G_x(\omega)$，乘上 2π 就等于 $G_x(f)$。

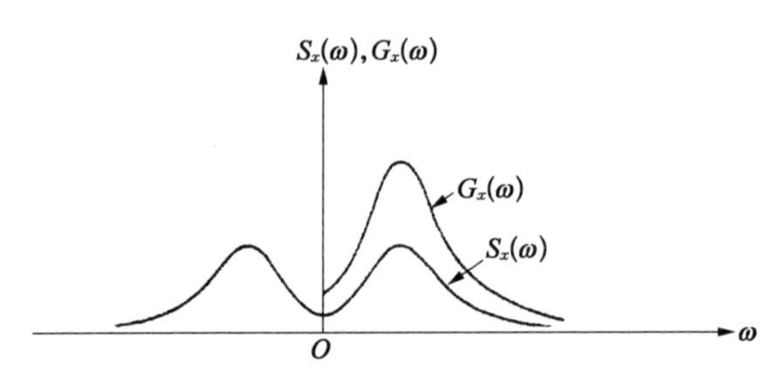

图 2.4.5 功率谱密度函数 $S_x(\omega)$ 和 $G_x(\omega)$ 之间关系

要注意的是,不同书籍和文献中所采用的双边功率谱密度函数 $S_x(\omega)$ 与相关函数 $R_x(\tau)$ 之间的傅里叶变换与式(2.4.21)基本形式有差别,附录 H 专门论述不同傅里叶变换格式对 PSD 估计是没有任何影响的。

功率谱密度函数与均方值之间的关系可用如下方法来推导。设 $A_x(\omega)$ 为 $x(t)$ 的傅里叶谱,为复函数。

$$A_x(\omega) = \int_{-\infty}^{\infty} x(t) e^{-j\omega t} dt \tag{2.4.25}$$

则 $A_x(\omega)$ 的傅里叶反变换为

$$x(t) = \frac{1}{2\pi}\int_{-\infty}^{\infty} A_x(\omega) e^{-j\omega t} d\omega \tag{2.4.26}$$

$x(t)$ 的均方值定义为

$$\psi_x^2 = \lim_{T\to\infty} \frac{1}{T}\int_0^T x^2(t) dt \tag{2.4.27}$$

$$\begin{cases} \displaystyle\int_0^T x^2(t) dt = \int_0^T \left[\frac{1}{2\pi}\int_{-\infty}^{\infty} A_x(\omega) e^{j\omega t} d\omega\right] x(t) dt \\ \displaystyle\qquad = \frac{1}{2\pi}\int_{-\infty}^{\infty} A_x(\omega) [\int_0^T x(t) e^{j\omega t} dt] d\omega = \frac{1}{2\pi}\int_{-\infty}^{\infty} A_x(\omega) A^*(\omega) d\omega \\ \displaystyle\qquad = \frac{1}{2\pi}\int_{-\infty}^{\infty} | A_x(\omega) |^2 d\omega = T\int_{-\infty}^{\infty} S(\omega) d\omega \end{cases} \tag{2.4.28}$$

式中, $A^*(\omega)$ 为 $A(\omega)$ 的共轭复数,即 $A^*(j\omega) = A(-j\omega)$。

由式(2.4.28)可得到

$$S_x(\omega)=\frac{1}{2\pi T}\mid A_x(\omega)\mid^2 \tag{2.4.29}$$

同时代入式(2.4.27)得到

$$\psi_x^2=\int_{-\infty}^{\infty}S_x(\omega)\,\mathrm{d}\omega \tag{2.4.30}$$

由式(2.4.22)中 $G_x(f)$ 与 $S_x(\omega)$ 的关系,可得

$$\psi_x^2=\int_0^{\infty}G_x(f)\,\mathrm{d}f \tag{2.4.31}$$

图 2.4.6 展示了 6 种有代表性的 $S_x(\omega)$ 和 $R_x(\tau)$ 之间关系图汇总结果,图 2.4.6(e)中功率谱密度等于常数[$S_x(\omega)$ = 常数],称之为“白噪声”,其 $S_x(\omega)$ 和 ω 轴所围的面积 $\int_0^{\infty}S_x(\omega)\,\mathrm{d}\omega\Rightarrow\infty$,即均方值为无限大,是实际上不存在的随机过程。但由于 $S_x(\omega)$ 的表达式简单,在理论分析上还经常得到应用。

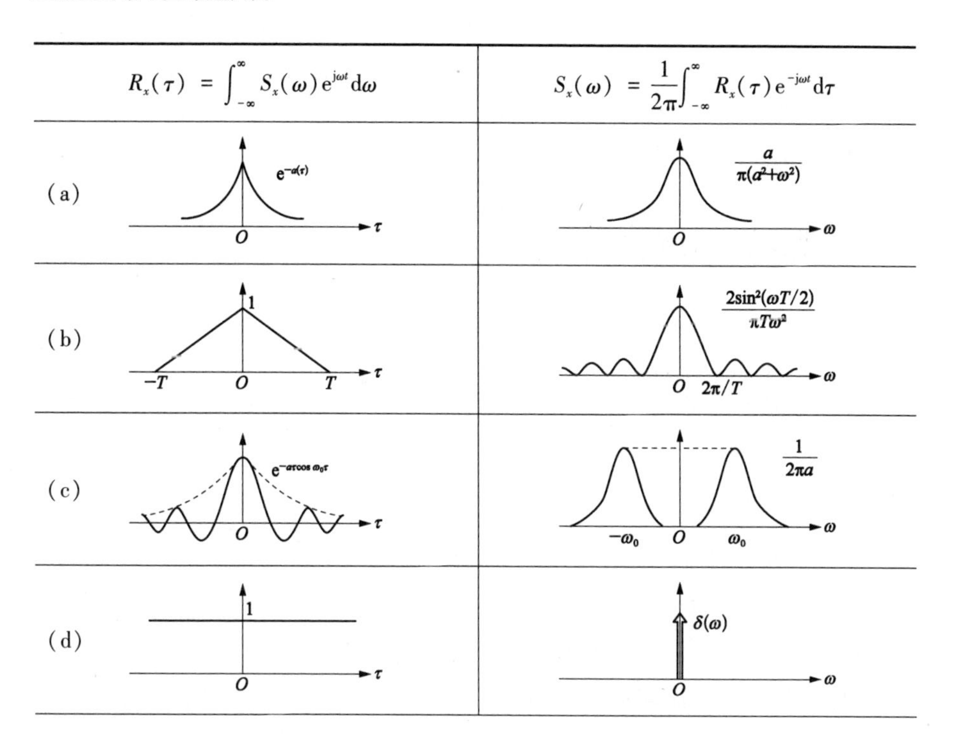

（续表）

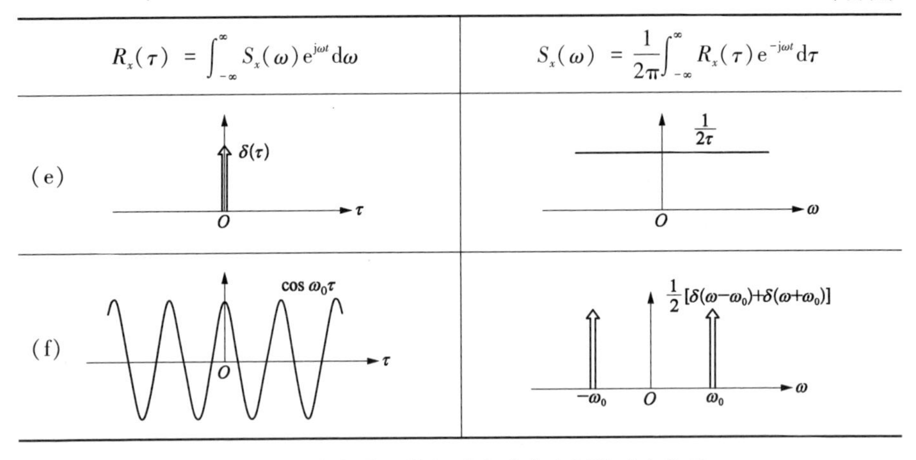

图 2.4.6 自相关函数与功率谱密度函数对应关系

[**例 3**] 图 2.4.7 给出了图 2.4.2 中 4 个相同时间历程所对应的功率谱密度函数 $S(\omega)$ 对于频率 ω 的关系图。

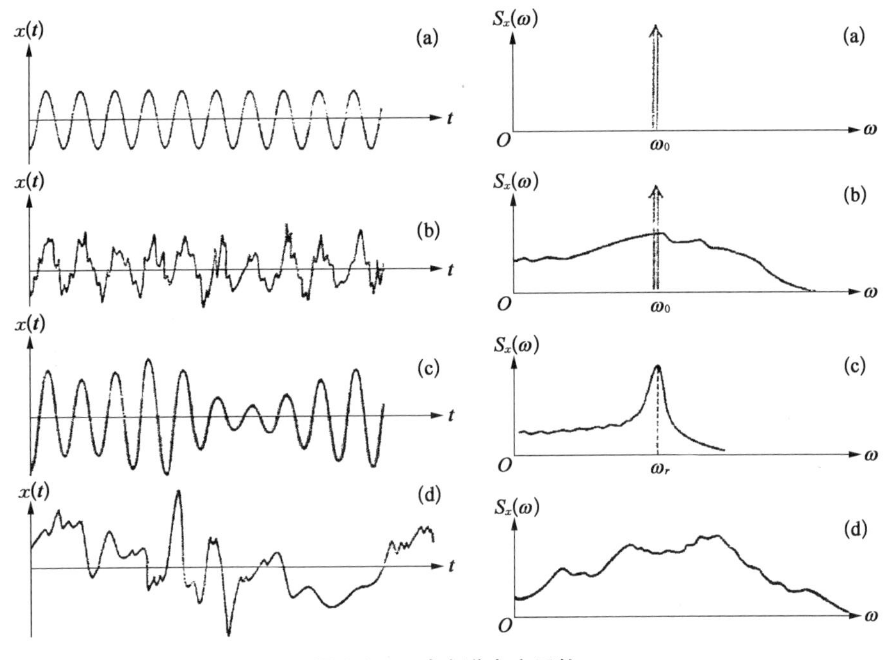

图 2.4.7 功率谱密度函数

(a) 正弦波；(b) 正弦波加随机噪声；(c) 窄带随机噪声；(d) 宽带随机噪声

图 2.4.7(a)表示式(2.2.1)正弦波的功率谱密度函数:

$$
\begin{cases}
S_x(\omega)=\dfrac{X^2}{2}[\delta(\omega-\omega_0)+\delta(\omega+\omega_0)] \\
\delta(\omega\pm\omega_0)=\begin{cases}\infty & \omega=\pm\omega_0 \\ 0 & \omega\neq\omega_0\end{cases}
\end{cases}
\tag{2.4.32}
$$

在 $\omega=0\sim\infty$ 范围的 $S_x(\omega)$ 积分的均方值为 $\dfrac{X^2}{2}$。

图 2.4.7(d)所示的功率谱密度曲线比较宽,也比较平滑,这也是取"宽带"这名词的实质依据。如果是白噪声,则 $S_x(\omega)=$ 常数,即在整个 ω 区域上是均匀分布的。

图 2.4.7(b)表示简单正弦波加随机噪声的功率谱密度函数相加的 $S_x(\omega)$。

图 2.4.7(c)表示窄带噪声功率谱密度函数,具有正弦波的那种尖峰,但又相似于随机噪声那样平滑过渡。

图 2.4.7 所示的 4 个例子再次表明从正弦波到宽带随机噪声的功率谱密度函数具有明显变化的趋势。

功率谱密度函数很重要的用途是用来建立数据信号的频率特性。如振动系统反应的传递函数为 $H(\mathrm{j}\omega)$ 时,假设输入是一个平稳随机信号的 $S_x(\omega)$,则振动系统的反应输出也将是一个平稳随机信号的 $S_y(\omega)$。

$$
S_y(\omega)=|H(\mathrm{j}\omega)|^2S_x(\omega) \tag{2.4.33}
$$

2.5　互相关函数与互功率谱密度函数

2.5.1　互相关函数

表示两个随机过程 $x(t)$ 和 $y(t)$ 记录数据之间相关性的统计值称为互相关函数。

图 2.5.1 所示的 $x(t)$ 在 t 时刻值与 $y(t)$ 在 $(t+\tau)$ 时刻值之间的互相

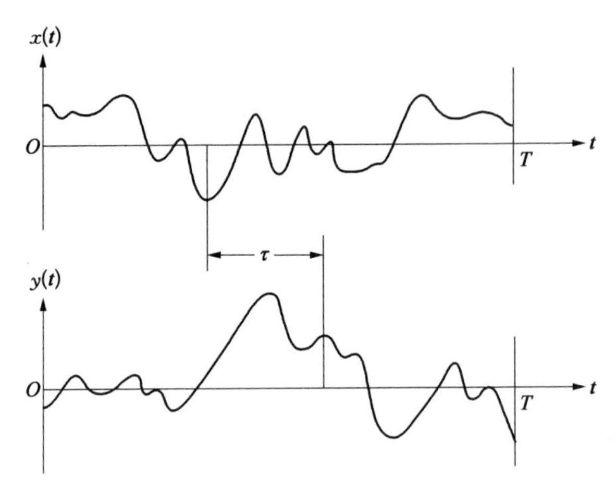

图 2.5.1　互相关函数的测量

关函数可用观察时刻周期 T 上两个值的平均乘积得到其统计值。当 T 趋于无穷大时，平均乘积将趋于正确的“互相关函数”，即

$$R_{xy}(\tau)=\lim_{T\to\infty}\frac{1}{T}\int_0^T x(t)y(t)\,\mathrm{d}t \tag{2.5.1}$$

$R_{xy}(\tau)$ 总是一个可正可负的实函数，当 x，y 互换时，$R_{xy}(\tau)$ 是对称于纵坐标的，即满足：

$$R_{xy}(-\tau)=R_{yx}(\tau) \tag{2.5.2}$$

如下两个不等式成立：

$$|R_{xy}(\tau)|^2\leqslant R_x(0)R_y(0) \tag{2.5.3}$$

$$|R_{xy}(\tau)|\leqslant\frac{1}{2}[R_x(0)+R_y(0)] \tag{2.5.4}$$

当 $R_{xy}(\tau)=0$ 时，称 $x(t)$ 和 $y(t)$ 不相关；当某时间位移 τ 上出现峰值时，则认为该时刻上的 $x(t)$ 和 $y(t)$ 具有强的相关性。如图 2.5.2 表明两个时间位移 τ 上有较高的相关特征。

对应均值 $\mu_x=\mu_y=0$ 时，则可用相关函数系数 $\rho_{xy}(\tau)$ 来表示互相关特性：

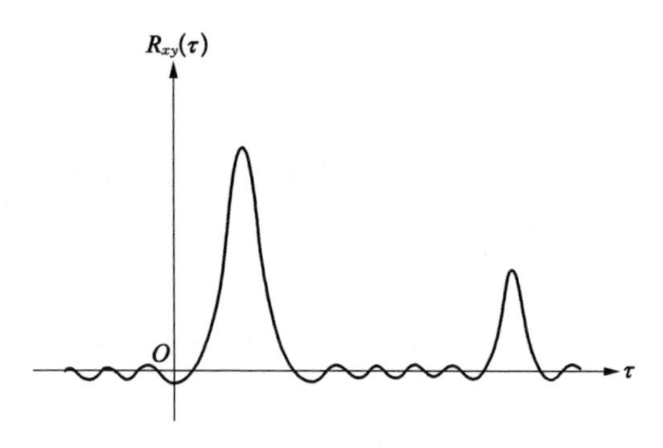

图 2.5.2　典型的互相关函数

$$\rho_{xy}(\tau)=\frac{R_{xy}(\tau)}{R_x(0)R_y(0)} \tag{2.5.5}$$

ρ_{xy} 是在 0~1 之间变化的实数值,等于 1 时完全相关,等于零时不相关。

互相关函数在工程实际中主要有两方面的应用:

(1) 传递通道的确定。用互相关函数可以建立时间滞后,从而可以直接来确定传递通道。例如在主控制室中要确定何种机械运转所引起的噪声和振动传递通道时,可建立和测量几种通道的设定(如建筑结构、空气传递等)。对于每个通道的输入和输出之间的相关性可通过互相关函数来测定,每个通道均具有不同的滞后时间,因此对输出如有明显影响的每个通道都会在互相关函数图中出现各自的峰值,从最短的位移时间和最明显的互相关值 $R_{xy}(\tau)$[或 $\rho_{xy}(\tau)$]上可找到噪声通道的源和最短时间通道路径。

(2) 噪声中信号的拾取。对于隐藏在噪声中有用信号的检测,采用互相关函数比自相关函数更为有利,因为自相关分析不能从外部噪声中分离出所需要捡拾的有用无噪信号,而互相关分析可以提供一个更高的信噪比分析结果。

2.5.2　互功率谱密度函数

两组随机信号数据可直接从互相关函数的傅里叶变换获得互功率谱密度函数,即

$$S_{xy}(\omega)=\frac{1}{2\pi}\int_{-\infty}^{\infty}R_{xy}(\tau)\mathrm{e}^{-\mathrm{j}\omega\tau}\mathrm{d}\tau \tag{2.5.6}$$

由于互相关函数不是偶函数,故互功率谱密度函数式(2.5.6)可以分解为实部 $C_{xy}(\omega)$ 和虚部 $Q_{xy}(\omega)$ 两部分。

$$\begin{aligned}S_{xy}(\omega)&=\frac{1}{2\pi}\int_{-\infty}^{\infty}R_{xy}(\tau)\cos\omega\tau\mathrm{d}\tau-\frac{\mathrm{j}}{2\pi}\int_{-\infty}^{\infty}R_{xy}(\tau)\sin\omega\tau\mathrm{d}\tau\\&=C_{xy}(\omega)+\mathrm{j}Q_{xy}(\omega)\end{aligned} \tag{2.5.7}$$

式中,实部 $C_{xy}(\omega)$ 称为余谱(co-spectrum),虚部 $Q_{xy}(\omega)$ 称为象限谱(quad-spectrum)。

$$\begin{cases}C_{xy}(\omega)=\dfrac{1}{2\pi}\displaystyle\int_{-\infty}^{\infty}R_{xy}(\tau)\cos\omega\tau\mathrm{d}\tau\\Q_{xy}(\omega)=-\dfrac{1}{2\pi}\displaystyle\int_{-\infty}^{\infty}R_{xy}(\tau)\sin\omega\tau\mathrm{d}\tau\end{cases} \tag{2.5.8}$$

根据上式可知,

$$\begin{cases}C_{xy}(\omega)=C_{xy}(-\omega)\\Q_{xy}(\omega)=-Q_{xy}(-\omega)\end{cases} \tag{2.5.9}$$

即 $C_{xy}(\omega)$ 是 ω 的偶函数,$Q_{xy}(\omega)$ 是 ω 的奇函数,同时也可证明 $C_{xy}(\omega)$ 和 $Q_{xy}(\omega)$ 另一个性质:

$$\begin{cases}C_{xy}(\omega)=C_{yx}(\omega)\\Q_{xy}(\omega)=-Q_{yx}(\omega)\end{cases} \tag{2.5.10}$$

将式(2.5.6)用极坐标表示为

$$S_{xy}(\omega)=|S_{xy}(\omega)|\mathrm{e}^{-\mathrm{j}\theta_{xy}(\omega)} \tag{2.5.11}$$

式中,幅值与相位角分别为

$$\begin{cases}|S_{xy}(\omega)|=[C_{xy}(\omega)+Q_{xy}(\omega)]^{1/2}\\\theta_{xy}(\omega)=\arctan\left[\dfrac{Q_{xy}(\omega)}{C_{xy}(\omega)}\right]\end{cases}$$

图 2.5.3 给出了一对典型随机时间历程的互功率谱密度与频率的关系曲线,该图给出了幅值和相位角。

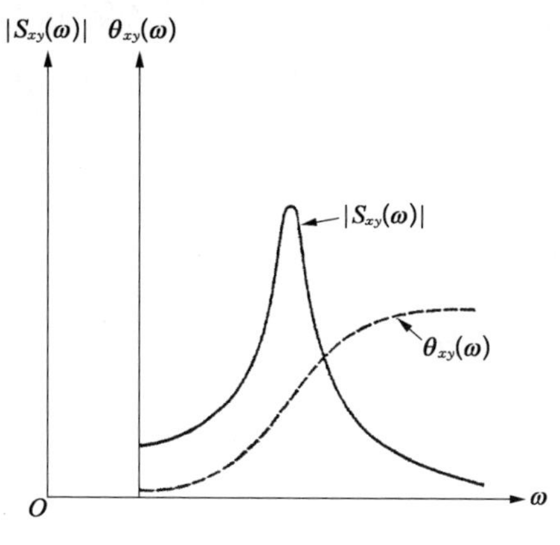

图 2.5.3　典型的互功率谱密度

另一个很有用关系式为

$$|S_{xy}(\omega)|^2 \leqslant S_x(\omega)S_y(\omega) \tag{2.5.12}$$

为此,互功率谱密度函数用在振动信号处理问题时,常采用相干函数 $\gamma_{xy}^2(\omega)$ 来定义。

$$\gamma_{xy}^2(\omega) = \frac{|S_{xy}(\omega)|^2}{S_x(\omega)S_y(\omega)} \tag{2.5.13}$$

根据式(2.5.12)性质可知:

$$0 \leqslant \gamma_{xy}(\omega) \leqslant 1 \tag{2.5.14}$$

式(2.5.12)表明了当 $x(t)$ 和 $y(t)$ 在统计上如果是完全独立的(或完全相干),则 $\gamma_{xy} = 1$; 如果是完全不独立的(或完全不相干),则 $\gamma_{xy} = 0$。

在实际中主要有以下两方面的应用:

(1) 频率反应函数的测量。应用在振动系统测量时可以从振动系统的输入 $x(t)$ 和输出 $y(t)$ 信号获得互功率谱密度函数 $S_{xy}(\omega)$ 和输入自功率谱密度 $S_x(\omega)$ 的关系

$$S_{xy}(\omega) = H(\mathrm{j}\omega)S_x(\omega) \tag{2.5.15}$$

式中，$H(\mathrm{j}\omega)$ 称为振动系统的传递函数，也可以根据式(2.5.15)按 $H(\mathrm{j}\omega)=S_{xy}(\omega)/S_x(\omega)$ 来计算，其置信度可通过相干函数获得。

(2) 滞后时间的测量。当振动系统的输入输出之间互谱的相位角为 $\theta_{xy}(\omega)$ 时，式(2.5.11)表明系统在频率域 ω 处的相位差，则可得到输入与输出信号之间的滞后时间 $\tau=\theta_{xy}(\omega)/\omega$。

2.5.3 随机过程的微分

随机信号 $x(t)$ 的微分为

$$\dot{x}(t)=\frac{\mathrm{d}x(t)}{\mathrm{d}t}=\lim_{\varepsilon\to\infty}\frac{x(t+\varepsilon)-x(t)}{\varepsilon} \tag{2.5.16}$$

若对于 $x(t)$ 的所有样本函数对上式中的极限都存在时，则 $\dot{x}(t)=\frac{\mathrm{d}x(t)}{\mathrm{d}t}$ 与通常确定性函数微分具有相同的意义。

也就是说对 $x(t)$ 在统计的均方值意义上存在上述极限的话，则称为在均方值意义上的 $x(t)$ 存在可微分，数学上表示方差形式为

$$\lim_{\varepsilon\to\infty}E\left\{\left[\frac{x(t+\varepsilon)-x(t)}{\varepsilon}-\dot{x}(t)\right]^2\right\}=0 \tag{2.5.17}$$

若满足式(2.5.17)的条件时，则认为 $x(t)$ 在统计意义上可微，也就是根据式(2.5.16)可得到

$$\begin{aligned}E[\dot{x}(t)]&=E\left[\lim_{\varepsilon\to\infty}\frac{x(t+\varepsilon)-x(t)}{\varepsilon}\right]\\&=\lim_{\varepsilon\to\infty}\frac{E[x(t+\varepsilon)]-E[x(t)]}{\varepsilon}\\&=\frac{\mathrm{d}E[x(t)]}{\mathrm{d}t}\end{aligned} \tag{2.5.18}$$

由上式可知，$x(t)$ 求导的期望值等于 $x(t)$ 期望值的微分。

$\dot{x}(t)$ 在 t_1, t_2 时刻的自相关函数可取为

$$R_{\dot{x}}(t_1, t_2) = E[\dot{x}(t_1)\dot{x}(t_2)] \tag{2.5.19}$$

式中，$\dot{x}(t) = \dfrac{\mathrm{d}x(t)}{\mathrm{d}t}$。

两个随机过程 $x(t)$ 和 $\dot{x}(t)$ 的互相关函数定义为

$$R_{x\dot{x}}(t_1, t_2) = E[x(t_1)\dot{x}(t_2)] \tag{2.5.20}$$

由于

$$E\left[x(t)\,\frac{x(t+\varepsilon) - x(t)}{\varepsilon}\right] = \frac{R_x(t_1, t_2+\varepsilon) - R_x(t_1, t_2)}{\varepsilon}$$

当 $\varepsilon \to 0$ 时，则

$$R_{x\dot{x}}(t_1, t_2) = \frac{\partial R_x(t_1, t_2)}{\partial t_2} \tag{2.5.21}$$

同理，由于

$$E\left[\frac{x(t+\varepsilon) - x(t)}{\varepsilon}\dot{x}(t_2)\right] = \frac{R_{x\dot{x}}(t_1+\varepsilon, t_2) - R_{x\dot{x}}(t_1, t_2)}{\varepsilon}$$

当 $\varepsilon \to 0$ 时，则

$$R_{\dot{x}}(t_1, t_2) = \frac{\partial R_{x\dot{x}}(t_1, t_2)}{\partial t_1} \tag{2.5.22}$$

将式(2.5.21)代入式(2.5.22)后得到

$$R_{\dot{x}}(t_1, t_2) = \frac{\partial^2 R_x(t_1, t_2)}{\partial t_1 \partial t_2} \tag{2.5.23}$$

即为 $\dot{x}(t)$ 的自相关函数，可按 $x(t)$ 的自相关函数对 t_1，t_2求偏导后得到。

当特定的 $x(t)$ 为平稳随机过程时，式(2.5.20)~式(2.5.23)中取 $t_1 - t_2 = \tau$ 代入后得

$$\begin{cases} R_{x\dot{x}}(\tau) = E[x(t)\dot{x}(t+\tau)] = \dfrac{\mathrm{d}R_x(\tau)}{\mathrm{d}\tau} \\ R_{\dot{x}x}(\tau) = E[\dot{x}(t)x(t+\tau)] = -\dfrac{\mathrm{d}R_x(\tau)}{\mathrm{d}\tau} \end{cases} \tag{2.5.24}$$

由此可得到

$$R_{\dot{x}}(\tau)=E[\dot{x}(t)\dot{x}(t+\tau)]=-\frac{\mathrm{d}^2R_x(\tau)}{\mathrm{d}\tau^2} \tag{2.5.25}$$

当上式取 $\tau=0$, 则

$$R_{\dot{x}}(\tau)=E\{[\dot{x}(t)]^2\}=-\frac{\mathrm{d}^2R_x(0)}{\mathrm{d}\tau^2} \tag{2.5.26}$$

通常对应高次微分的通式可得到

$$R_{x^{(n)}y^{(m)}}(\tau)=E\left[\frac{\mathrm{d}^n x(t)}{\mathrm{d}t^n}\frac{\mathrm{d}^m y(t+\tau)}{\mathrm{d}t^m}\right]=(-1)^n\frac{\mathrm{d}^{(n+m)}R_{xy}(\tau)}{\mathrm{d}\tau^{(n+m)}} \tag{2.5.27}$$

第 3 章 单自由度系统的线性振动反应分析

3.1 引　言

核电厂设施在地震分析与评估中常常用到结构固有频率、阻尼、地震输入的反应谱等参数，为此本章从最简单的单自由系统振动基础理论入手逐个解剖这些基本概念，重点包括以下几个方面：

（1）单自由度有阻尼系统的线性反应分析。

（2）地震输入的反应谱生成技术。

（3）由地震反应谱生成人工时间历程技术。

（4）地面加速度时程、地面加速度反应谱与功率谱之间的联系。

3.2 单自由度系统的自由振动

3.2.1 单自由度系统的自由振动基本方程

振动物体的黏性阻尼认为其运动受到的阻力近似地假定为与物体运动速度成正比，类似于物体沿润滑表面运动或在流体中低速运动所承受的阻力，其他各种阻尼对振动的影响可以简化为黏性阻尼来计及，在工程上近似应用也能获得有用的结果。

图 3.2.1 是质量为 m、刚度为 k 和阻尼为 c 的振动系统，$z(t)$ 为质量 m 的绝对位移，质量运动惯性力 $m\ddot{z}$ 与弹性恢复力 kz、黏性阻尼力 $c\dot{z}$ 相平

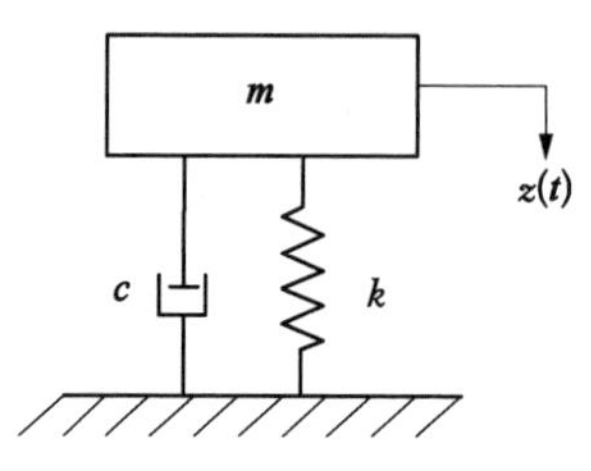

图 3.2.1　黏性阻尼振动系统

衡,其运动方程为

$$m\ddot{z} + c\dot{z} + kz = 0 \tag{3.2.1}$$

引入无量纲阻尼比 ξ 与无阻尼固有频率 ω,式(3.2.1)可转化为

$$\ddot{z} + 2\xi\omega_0\dot{z} + \omega_0^2 z = 0 \tag{3.2.2}$$

式中,ω_0 为无阻尼固有频率,$\omega_0 = \sqrt{\dfrac{k}{m}}$;$\xi$ 为阻尼比,$\xi = \dfrac{c}{c_c} = \dfrac{c}{2\sqrt{mk}}$;$c_c$ 为临界阻尼系数,$c_c = 2m\omega_0 = 2\sqrt{mk}$。

为求式(3.2.2)的通解,设:$z = e^{st}$ 代入式(3.2.2)得到的特征方程为

$$s^2 + 2\xi\omega_0 s + \omega_0^2 = 0 \tag{3.2.3}$$

其特征方程的两个根为

$$s_{1,2} = -\xi\omega_0 \pm \sqrt{\xi^2 - 1}\cdot\omega_0 \tag{3.2.4}$$

方程的通解为

$$z = Ae^{s_1 t} + Be^{s_2 t} \tag{3.2.5}$$

式中,A, B 为待定常数。

从式(3.2.5)可以证明,当阻尼比 $\xi \geqslant 1$ 时,系统不能出现振动,只有 $\xi < 1$ 时,即在小阻尼条件下,系统才存在衰减振动。

3.2.2　阻尼比 ξ>1 时的自由振动

当 $\xi > 1$ 时,由式(3.2.4)可知,s_1 和 s_2 是不相等的负实数,代入方程式(3.2.5)可得

$$z = e^{-\xi\omega_0 t}(A\sinh\sqrt{\xi^2 - 1}\,\omega_0 t + B\cosh\sqrt{\xi^2 - 1}\,\omega_0 t) \tag{3.2.6}$$

式中,A, B 为待定常数,由初始条件 $t = 0$, $z = z_0$ 和 $z = \dot{z}_0$ 确定可得

$$\begin{cases} A = \dfrac{1}{\sqrt{\xi^2 - 1}\omega_0}(\dot{z}_0 + \xi\omega_0 z_0) \\ B = z_0 \end{cases} \tag{3.2.7}$$

代入式(3.2.6)后得

$$z = e^{-\xi\omega_0 t}\left[\frac{1}{\sqrt{\xi^2 - 1}\omega_0}(\dot{z}_0 + \xi\omega_0 z_0)\sinh\sqrt{\xi^2 - 1}\omega_0 t + z_0\cosh\sqrt{\xi^2 - 1}\omega_0 t\right] \tag{3.2.8}$$

位移 $z(t)$ 随时间变化曲线如图 3.2.2 所示，由图可知，不管初始速度 $\dot{z}_0 > 0$，$\dot{z}_0 = 0$ 还是 $\dot{z}_0 < 0$ 条件下，当 $z(t)$ 离开 $t = 0$ 初始位移 z_0 平衡位置以后，中间最多振荡一次并最终趋向至零。在这种 $\xi > 1$ 的大阻尼作用下，系统运动将不会产生反复振动。

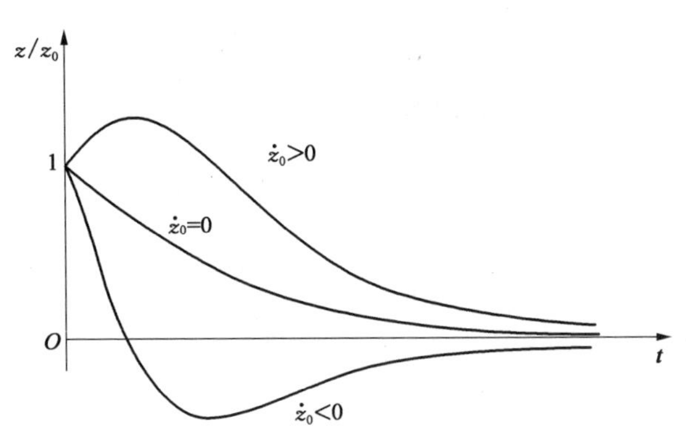

图 3.2.2　大阻尼下的 $z(t)$ 反应曲线

3.2.3　阻尼比 $\xi = 1$ 时的自由振动

当 $\xi = 1$ 时，即阻尼等于临界阻尼 $c = c_c$ 情况下，式(3.2.3)可知其代数方程为重根 $s_{1,2} = -\omega_0$，为此方程的通解为

$$z = (A + Bt)e^{-\omega_0 t} \tag{3.2.9}$$

同理，积分常数 A，B 由初始条件 $t = 0$，$z = z_0$ 和 $\dot{z} = \dot{z}_0$ 确定，可得

$$z = [z_0 + (\dot{z}_0 + \omega_0 z_0)t]e^{-\omega_0 t} \tag{3.2.10}$$

由此可知,该系统的运动仍属于非周期的衰减曲线。图 3.2.3 展示了初始速度 $\dot{z}_0 > 0$, $\dot{z}_0 = 0$ 或 $\dot{z}_0 < 0$ 条件下,当 $z(t)$ 离开 $t = 0$ 初始位移 z_0 平衡位置之后,其间最多振荡一次最终衰减到零位。

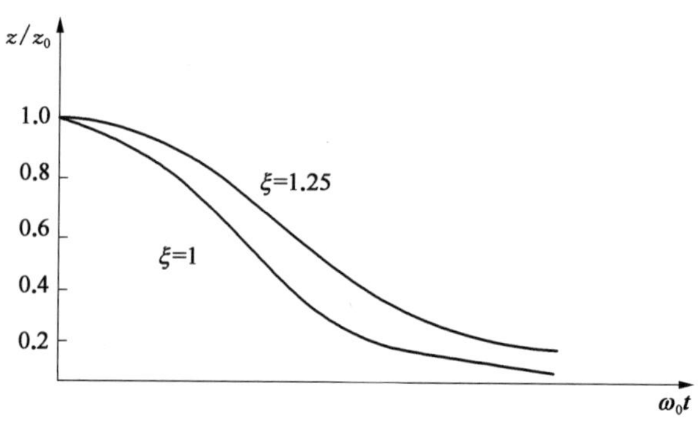

图 3.2.3　临界阻尼 $z(t)$ 反应曲线

3.2.4　阻尼比 ξ<1 时的自由振动

当 $\xi < 1$ 时,即小阻尼条件下,很容易求解方程(3.2.3)的两个根为

$$s_{1,2} = -\xi\omega_0 \pm j\sqrt{1-\xi^2}\,\omega_0 = -\xi\omega_0 \pm jp \tag{3.2.11}$$

式中, $p = \sqrt{1-\xi^2}\,\omega_0$ 为系统的共振频率。

式(3.2.2)位移和速度的解为

$$z = e^{-\xi\omega_0 t}(A\cos pt + B\sin pt)$$

$$\dot{z} = \omega_0 e^{-\xi\omega_0 t}[A(\xi\cos pt + \sqrt{1-\xi^2}\sin pt) + B(\xi\sin pt - \sqrt{1-\xi^2}\cos pt)] \tag{3.2.12}$$

A, B 为积分常数,可由初始条件 $t = 0$ 时 $z = z_0$ 和 $\dot{z} = \dot{z}_0$ 代入式(3.2.12)后求得。

$$\begin{cases} A = z_0 \\ B = \dfrac{\dot{z}_0 + \xi\omega_0 z_0}{p} \end{cases} \tag{3.2.13}$$

则通解为

$$z = \mathrm{e}^{-\xi\omega_0 t}\left[z_0 \cos pt + \left(\frac{\dot{z}_0 + \xi\omega_0 z_0}{p}\right)\sin pt\right] \tag{3.2.14}$$

通解式(3.2.14)通常有下列两种表示形式。

（1）由初始条件直接表示。

$$\begin{cases} z = \mathrm{e}^{-\xi\omega_0 t}\left[\left(\cos pt + \dfrac{\xi}{\sqrt{1-\xi^2}}\sin pt\right) z_0 + \left(\dfrac{1}{\sqrt{1-\xi^2}}\sin pt\right)\dfrac{\dot{z}_0}{\omega_0}\right] \\ \dot{z} = \omega_0 \mathrm{e}^{-\xi\omega_0 t}\left[-\left(\dfrac{1}{\sqrt{1-\xi^2}}\sin pt\right) z_0 + \left(\cos pt - \dfrac{\xi}{\sqrt{1-\xi^2}}\sin pt\right)\dfrac{\dot{z}_0}{\omega_0}\right] \\ \ddot{z} = \omega_0^2 \mathrm{e}^{-\xi\omega_0 t}\left[\left(\dfrac{\xi}{\sqrt{1-\xi^2}}\sin pt - \cos pt\right) z_0 - \left(\dfrac{1-2\xi^2}{\sqrt{1-\xi^2}}\sin pt + 2\xi\cos pt\right)\dfrac{\dot{z}_0}{\omega_0}\right] \end{cases} \tag{3.2.15}$$

（2）由更简洁的方法表示。

在式(3.2.12)中常数 A 和 B 由幅值 C 和相位角 ϕ 来替代。

设幅值　$C = \sqrt{A^2 + B^2} = \left[z_0^2 + \left(\dfrac{\dot{z}_0 + \xi\omega_0 z_0}{p}\right)^2\right]^{1/2}$

相位　$\sin\phi = \dfrac{A}{C} = \dfrac{z_0}{C}$

$\cos\phi = \dfrac{B}{C} = \left(\dfrac{\dot{z}_0 + \xi\omega_0 z_0}{pC}\right)$

代入式(3.2.14)得到 z 的简易表达式为

$$z = C\mathrm{e}^{-\xi\omega_0 t}\sin(pt + \phi) \tag{3.2.16}$$

由此对式(3.2.16)求导后可求得速度为

$$\begin{aligned}\dot{z} &= Ce^{-\xi\omega_0 t}[-\xi\omega_0\sin(pt+\phi)+p\cos(pt+\phi)]\\ &= C\omega_0 e^{-\xi\omega_0 t}\cos(pt+\phi+\theta)\end{aligned} \tag{3.2.17}$$

设：

$$\sin\theta=\xi$$

$$\cos\theta=\sqrt{1-\xi^2}$$

$$\tan\theta=\frac{\xi}{\sqrt{1-\xi^2}}$$

加速度可由式(3.2.2)直接求得

$$\begin{aligned}\ddot{z} &= -2\xi\omega_0\dot{z}-\omega_0^2 z\\ &= -C\omega_0^2 e^{-\xi\omega_0 t}[(1-2\xi^2)\sin(pt+\phi)+2\xi\sqrt{1-\xi^2}\cos(pt+\phi)]\end{aligned} \tag{3.2.18}$$

设：

$$\sin 2\theta = 2\sin\theta\cos\theta = 2\xi\sqrt{1-\xi^2}$$

$$\cos 2\theta = 1-2\sin^2\theta = (1-2\xi^2)$$

$$\tan 2\theta = \frac{2\xi\sqrt{1-\xi^2}}{(1-2\xi^2)}$$

代入式(3.2.18)整理得

$$\ddot{z} = -C\omega_0^2 e^{-\xi\omega_0 t}\sin(pt+\phi+2\theta)$$

式中，$p=\sqrt{1-\xi^2}\,\omega_0$。

将位移、速度与加速度汇总得

$$\begin{cases} z = Ce^{-\xi\omega_0 t}\sin(pt+\phi)\\ \dot{z} = C\omega_0 e^{-\xi\omega_0 t}\cos(pt+\phi+\theta)\\ \ddot{z} = -C\omega_0^2 e^{-\xi\omega_0 t}\sin(pt+\phi+2\theta)\end{cases} \tag{3.2.19}$$

从以上两种不同表达形式的解可清楚地看出，该系统的运动属于小阻尼作用下的振动，其振动频率 $p = \sqrt{1 - \xi^2}\,\omega_0$ 小于系统无阻尼下的固有频率 ω_0。对于何种初始条件下，系统的位移、速度与加速度幅值随时间变化均按指数形式衰减，最终趋向零位（见图 3.2.4）。

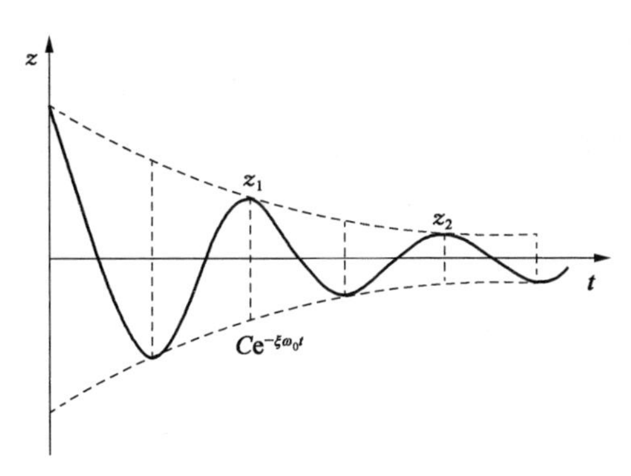

图 3.2.4　小阻尼下的对数衰减曲线

从图 3.2.4 可明显观察到，在对数衰减曲线上任意相邻两次振动的振幅 z_1 和 z_2 之比为

$$\frac{z_1}{z_2} = \frac{Ce^{-\xi\omega_0 t}\sin(pt + \phi)}{Ce^{-\xi\omega_0(t+T_d)}\sin[p(t + T_d) + \phi]}$$

由于正弦函数满足周期性质，故上式简化为

$$\frac{z_1}{z_2} = \frac{e^{-\xi\omega_0 t}}{e^{-\xi\omega_0(t+T_d)}} = e^{\xi\omega_0 T_d} \tag{3.2.20}$$

该比值取 e 为底的对数后称为“对数衰减率”，即

$$\delta = \ln\left(\frac{z_1}{z_2}\right) = \ln e^{\xi\omega_0 T_d} = \xi\omega_0 T_d \tag{3.2.21}$$

式中，衰减振动的周期 T_d 为

$$T_d = \frac{2\pi}{p} = \frac{2\pi}{\sqrt{1 - \xi^2}\,\omega_0} \tag{3.2.22}$$

将 T_d 代入式(3.2.21)后得对数衰减率为

$$\delta = \frac{2\pi\xi}{\sqrt{1-\xi^2}} \tag{3.2.23}$$

当 $\xi \ll 1$ 时,近似为

$$\delta = 2\pi\xi \tag{3.2.24}$$

在对数衰减率曲线上有连续 n 次振动时,振幅 $z_1, z_2, z_3, \cdots, z_n$ 有如下关系:

$$\frac{z_1}{z_2} = \frac{z_2}{z_3} = \cdots = \frac{z_n}{z_{n+1}} = e^{\delta}$$

则

$$\frac{z_1}{z_{n+1}} = \frac{z_1}{z_2} \cdot \frac{z_2}{z_3} \cdot \cdots \cdot \frac{z_n}{z_{n+1}} = e^{n\delta} \tag{3.2.25}$$

两端取对数得

$$\delta = \frac{1}{n}\ln\left(\frac{z_1}{z_{n+1}}\right) \tag{3.2.26}$$

式(3.2.26)表示,小阻尼下,只要测量衰减振动中的第 1 次和第 $n+1$ 次的振幅之比,即可估计出对数衰减率,从而按(3.2.24)确定阻尼比的大小。

$$\xi = \frac{\delta}{2\pi} = \frac{1}{2\pi n}\ln\left(\frac{z_1}{z_{n+1}}\right) \tag{3.2.27}$$

3.2.5 例题

[**例 1**] 已知: $m = 9.8\ \mathrm{kg}$, $k = 25 \times 980\ \mathrm{N/m}$, $c = 0.1 \times 980\ \mathrm{N \cdot s/m}$。当初始振幅和速度分别为 $z_0 = 10\ \mathrm{mm}$, $\dot{z} = 0$ 时,求:对数衰减率 δ,并估计使振幅衰减至初始值的 1%所需要的振动次数和时间。

解:

无阻尼固有圆频率 $\omega_0 = \sqrt{\dfrac{k}{m}} = \sqrt{\dfrac{25 \times 980}{9.8}} = 50\ (1/\mathrm{s})$

阻尼比　$\xi = \frac{c}{2m\omega_0} = \frac{0.1 \times 980}{2 \times 9.8 \times 50} = 0.1$

求得振动衰减率　$\delta \approx 2\pi\xi = 0.628$

设在振动 n 次后,振幅衰减至原振幅的 1%,则

$$\delta = \frac{1}{n}\ln\left(\frac{z_1}{z_{n+1}}\right)$$

得到　$n = \frac{1}{\delta}\ln\left(\frac{z_1}{z_{n+1}}\right) = \frac{1}{\delta}\ln\left(\frac{100}{1}\right) = 7.33$

所需的时间为

$$t = nT_d = \frac{2\pi n}{\omega_0} = \frac{2\pi \times 7.33}{50} = 0.921\ (\text{s})$$

[**例 2**]　已知: $m = 150$ kg, $k = 32.14$ kN/m。求:

(1) 系统的临界阻尼系数;(2) 该系统的 $c = 0.685$ kN · s/m 时,问经过多长时间振幅减至 10%;(3) 衰减的周期是多少?

解:

(1) $\omega_0 = \sqrt{\frac{k}{m}} = \sqrt{\frac{32.14 \times 10^3}{150}} = 14.64(1/\text{s})$

$c_c = 2m\omega_0 = 2 \times 150 \times 14.64 = 4.39(\text{kN} \cdot \text{s/m})$

(2) $\xi = \frac{c}{c_c} = \frac{0.685}{4.39} = 0.156$

$$\delta = \frac{2\pi\xi}{\sqrt{1 - \xi^2}} = \frac{2\pi \times 0.156}{\sqrt{1 - 0.156^2}} = 0.993$$

$$n = \frac{1}{\delta}\ln\left(\frac{z_1}{z_{n+1}}\right) = \frac{1}{0.993}\ln\left(\frac{100}{10}\right) = 2.32$$

$$t = nT_d = \frac{2\pi n}{\sqrt{1 - \xi^2}\,\omega_0} = \frac{2\pi \times 2.32}{\sqrt{1 - 0.156^2} \times 14.64} = 1.01(\text{s})$$

(3) $T_d = \frac{t}{n} = \frac{1.01}{2.32} = 0.434(\text{s})$

3.3 单自由度系统的强迫振动

3.3.1 单自由度系统强迫振动的基本方程

质量-弹簧-阻尼系统中对于不同的输入方式有两种形式，一种如图 3.3.1 所示的外部激励力 $f(t)$ 直接作用在质量 m 上，根据力平衡条件其强迫振动方程可表示为

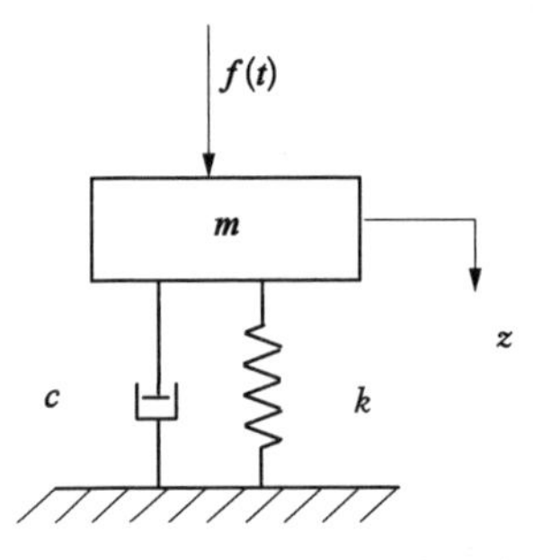

图 3.3.1 单自由度振动系统激励力输入

$$m\ddot{z} + c\dot{z} + kz = f(t) \tag{3.3.1}$$

也可表示为

$$\ddot{z} + 2\xi\omega_0\dot{z} + \omega_0^2 z = \frac{f}{m} \tag{3.3.2}$$

式中，$\omega_0 = \sqrt{k/m}$，为无阻尼下固有圆频率；$\xi = \frac{c}{c_c} = \frac{c}{2\sqrt{mk}}$，为阻尼比；$c_c = 2m\omega_0 = 2\sqrt{mk}$，为临界阻尼系数。

另外一种如图 3.3.2 所示的外部位移 $x(t)$ 作用在系统的基础上，其强迫振动方程可表示为

$$m\ddot{z} + c(\dot{z} - \dot{x}) + k(z - x) = 0 \tag{3.3.3}$$

设相对于基础的位移为

$$y = z - x \tag{3.3.4}$$

代入式(3.3.3)后用相对位移 y 表示的振动方程为

$$m\ddot{y} + c\dot{y} + ky = -m\ddot{x}(t) \tag{3.3.5}$$

也可表示为

$$\ddot{y} + 2\xi\omega_0\dot{y} + \omega_0^2 y = -\ddot{x}(t) \tag{3.3.6}$$

绝对加速度 $\ddot{z}$ 由式(3.3.3)直接得到

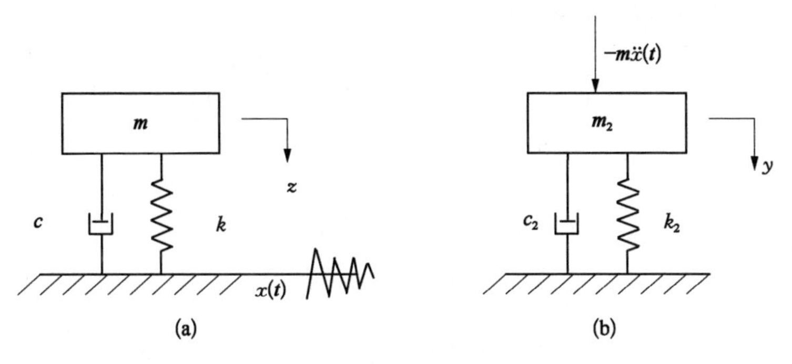

图 3.3.2　单自由度振动系统基础位移输入

(a) 原系统;(b) 等效系统

$$\ddot{z} = -2\xi\omega_0\dot{y} - \omega_0^2 y \tag{3.3.7}$$

对于式(3.3.5)与式(3.3.1)在振动方程的表达形式上完全相一致,其等效振动系统相当于图 3.3.2(b)所示,其中等效对应的参数为

$$\begin{cases} y \Leftrightarrow z \\ -m\ddot{x} \Leftrightarrow f \end{cases} \tag{3.3.8}$$

一般设施的抗震分析中常以地面(或楼面)的基础输入为主,所以本书讨论的强迫振动均以式(3.3.6)和式(3.3.7)作为基本振动方程进行求解。另外抗震分析常常采用地震反应谱分析方法。

3.3.2　单自由度系统强迫振动的通解与特解

首先从式(3.3.6)作为相对位移 $y(t)$ 入手,求解 $y(t)$ 时可设为其解分为通解 y_1 和特解 y_2 的线性叠加。

$$y = y_1 + y_2 \tag{3.3.9}$$

通解 y_1 从齐次方程中求得,即

$$\ddot{y}_1 + 2\xi\omega_0\dot{y}_1 + \omega_0^2 y_1 = 0 \tag{3.3.10}$$

其通解可参照 3.2.4 节中自由振动的解得到

$$y_1 = e^{-\xi\omega_0 t}(A_1\cos pt + B_1\sin pt) \tag{3.3.11}$$

$$\dot{y}_1 = -\omega_0 e^{-\xi\omega_0 t}[A_1(\xi\cos pt + \sqrt{1-\xi^2}\sin pt) + B_1(\xi\sin pt - \sqrt{1-\xi^2}\cos pt)] \tag{3.3.12}$$

式中，$p = \sqrt{1-\xi^2}\omega_0$ 为系统固有圆频率；A_1 和 B_1 为积分常数，可根据总位移 y 在初始时间 $t = 0$ 时的位移 y_0 和速度 $\dot{y}_0$ 求得。

对于式(3.3.6)的特解 y_2，可以采用通解 y_1 中的常数变量方法求解，即将通解 y_1 中积分常数 A_1 和 B_1 假设为是时间 t 的函数，即方程通解(3.3.11)可改为

$$y_2(t) = e^{-\xi\omega_0 t}[A_2(t)\cos pt + B_2(t)\sin pt] \tag{3.3.13}$$

$y_2(t)$ 对 t 求导得

$$\begin{aligned}\dot{y}_2(t) = &-\omega_0 e^{-\xi\omega_0 t}[A_2(\xi\cos pt + \sqrt{1-\xi^2}\sin pt) + \\ &B_2(\xi\sin pt - \sqrt{1-\xi^2}\cos pt] + e^{-\xi\omega_0 t}(\dot{A}_2\cos pt + \dot{B}_2\sin pt)\end{aligned} \tag{3.3.14}$$

令

$$\dot{A}_2\cos pt + \dot{B}_2\sin pt = 0 \tag{3.3.15}$$

则 $\dot{y}_2(t)$ 表达式与式(3.3.12)形式上完全相同，可表示为

$$\begin{aligned}\dot{y}_2(t) = &\omega_0 e^{-\xi\omega_0 t}[A_2\cos(pt + 2\theta) + B_2\sin(pt + 2\theta)] - \\ &\omega_0 e^{-\xi\omega_0 t}[\dot{A}_2\sin(pt + \theta) + \dot{B}_2\cos(pt + \theta)]\end{aligned} \tag{3.3.16}$$

同理对 $\dot{y}_2(t)$ 求导可得到

$$\begin{aligned}\ddot{y}_2(t) = &-\omega_0^2 e^{-\xi\omega_0 t}[A_2\cos(pt + 2\theta) + B_2\sin(pt + 2\theta)] - \\ &\omega_0 e^{-\xi\omega_0 t}[\dot{A}_2\sin(pt + \theta) + \dot{B}_2\cos(pt + \theta)]\end{aligned} \tag{3.3.17}$$

式中，

$$\begin{cases}\sin\theta = \xi \\ \cos\theta = \sqrt{1-\xi^2} \\ \sin 2\theta = 2\xi\sqrt{1-\xi^2} \\ \cos 2\theta = (1-2\xi^2)\end{cases} \tag{3.3.18}$$

将式(3.3.13)、式(3.3.16)和式(3.3.17)代入振动方程式(3.3.6)后，考虑到 A_2 和 B_2 满足齐次方程解的条件，经整理后得

$$\ddot{y}_2 + 2\xi\omega_0\dot{y}_2 + \omega_0^2 y_2 = -\omega_0 e^{-\xi\omega_0 t}[\dot{A}_2\sin(pt+\theta) - \dot{B}_2\cos(pt+\theta)] = -\ddot{x}(t) \tag{3.3.19}$$

由式(3.3.15)与式(3.3.19)可得到 $\dot{A}_2(t)$ 和 $\dot{B}_2(t)$ 二元一次代数方程式。

$$\begin{cases}\dot{A}_2\cos pt + \dot{B}_2\sin pt = 0 \\ \dot{A}_2\sin(pt+\theta) - \dot{B}_2\cos(pt+\theta) = \dfrac{1}{\omega_0}e^{\xi\omega_0 t}\ddot{x}(t)\end{cases} \tag{3.3.20}$$

这里第二个方程还可化简为

$$\dot{A}_2\sin(pt+\theta) - \dot{B}_2\cos(pt+\theta) = \sqrt{1-\xi^2}(\dot{A}_2\sin pt + \dot{B}_2\cos pt) \tag{3.3.21}$$

式(3.3.20)变成为

$$\begin{cases}\dot{A}_2\cos pt + \dot{B}_2\sin pt = 0 \\ \dot{A}_2\sin pt - \dot{B}_2\cos pt = \dfrac{1}{p}e^{\xi\omega_0 t}\ddot{x}(t)\end{cases} \tag{3.3.22}$$

由此可求得 $\dot{A}_2$ 和 $\dot{B}_2$ 为

$$\begin{cases}\dot{A}_2 = \dfrac{1}{p}\ddot{x}(t)e^{\xi\omega_0 t}\sin pt \\ \dot{B}_2 = -\dfrac{1}{p}\ddot{x}(t)e^{\xi\omega_0 t}\cos pt\end{cases} \tag{3.3.23}$$

将 A_2，B_2定为(0, t)域内对 τ 的定积分后，得到 A_2和 B_2为

$$\begin{cases} A_2 = -\dfrac{1}{p}\displaystyle\int_0^t \ddot{x}(\tau)\mathrm{e}^{\xi\omega_0\tau}\sin p\tau \mathrm{d}\tau \\ B_2 = -\dfrac{1}{p}\displaystyle\int_0^t \ddot{x}(\tau)\mathrm{e}^{\xi\omega_0\tau}\cos p\tau \mathrm{d}\tau \end{cases} \tag{3.3.24}$$

代入式(3.3.13)并整理后得到特解 $y_2(t)$为

$$\begin{aligned} y_2(t) &= \mathrm{e}^{-\xi\omega_0 t}(A_2\cos pt + B_2\sin pt) \\ &= -\frac{1}{p}\int_0^t \ddot{x}(\tau)\mathrm{e}^{-\xi\omega_0(t-\tau)}\sin p(t-\tau)\mathrm{d}\tau \end{aligned} \tag{3.3.25}$$

将 A_2，B_2代入式(3.3.14)整理后得

$$\begin{aligned} \dot{y}_2(t) = &-\omega_0\mathrm{e}^{-\xi\omega_0 t}[A_2(\xi\cos pt+\sqrt{1-\xi^2}\sin pt)+B_2(\xi\sin pt-\sqrt{1-\xi^2}\cos pt)] + \\ &\frac{1}{\sqrt{1-\xi^2}}\int_0^t \ddot{x}(\tau)\mathrm{e}^{-\xi\omega_0(t-\tau)}[\xi\sin p(t-\tau) + \sqrt{1-\xi^2}\cos p(t-\tau)]\mathrm{d}\tau \end{aligned} \tag{3.3.26}$$

将 y_2和 $\dot{y}_2$ 代入式(3.3.7)后可得绝对加速度 $\ddot{z}_2$ 的解：

$$\begin{aligned} \ddot{z} = &-(2\xi\omega_0\dot{y}_2 + \omega_0^2 y_2) + \frac{\omega_0}{\sqrt{1-\xi^2}}\int_0^t \ddot{x}(\tau)\mathrm{e}^{-\xi\omega_0(t-\tau)}\sin p(t-\tau)\mathrm{d}\tau + \\ &\frac{\omega_0}{\sqrt{1-\xi^2}}\int_0^t \ddot{x}(\tau)\mathrm{e}^{-\xi\omega_0(t-\tau)}[(1-2\xi^2)\sin p(t-\tau)+2\xi\sqrt{1-\xi^2}\cos p(t-\tau)]\mathrm{d}\tau \end{aligned} \tag{3.3.27}$$

将式(3.3.11)和式(3.3.12)得到的通解 y_1，$\dot{y}_1$，式(3.3.25)和式(3.3.26)得到的特解 y_2，$\dot{y}_2$ 分别代入式(3.3.9)得到 y 和 $\dot{y}$ 的全解为

$$\begin{aligned} y = y_1 + y_2 = &\mathrm{e}^{-\xi\omega_0 t}(A_1\cos pt + B_1\sin pt) - \\ &\frac{1}{p}\int_0^t \ddot{x}(\tau)\mathrm{e}^{-\xi\omega_0(t-\tau)}\sin p(t-\tau)\mathrm{d}\tau \end{aligned} \tag{3.3.28}$$

$$
\begin{aligned}
\dot{y} &= \dot{y}_1 + \dot{y}_2 \\
&= -\omega_0 e^{-\xi\omega_0 t}\left[A_1(\xi\cos pt + \sqrt{1-\xi^2}\sin pt) + B_1(\xi\sin pt - \sqrt{1-\xi^2}\cos pt)\right] + \\
&\quad \frac{1}{\sqrt{1-\xi^2}}\int_0^t \ddot{x}(\tau)e^{-\xi\omega_0(t-\tau)}\left[\xi\sin p(t-\tau) + \sqrt{1-\xi^2}\cos p(t-\tau)\right]d\tau
\end{aligned}
\tag{3.3.29}
$$

式中，A_1和 B_1积分常数由初始条件 $t=0$ 时 $y=y_0$ 和 $\dot{y}=\dot{y}_0=0$ 来确定，从式(3.3.28)和式(3.3.29)注意到特解 y_2和 $\dot{y}_2$ 在 $t=0$ 时，$y_2=\dot{y}_2=0$，因此 A_1和 B_1常数与 3.2.4 节中自由振动解完全相同，由式(3.2.13)可推算得到

$$
\begin{cases}
A_1 = y_0 \\
B_1 = \dfrac{\dot{y}_0 + \xi\omega_0 y_0}{p}
\end{cases}
\tag{3.3.30}
$$

代入式(3.3.28)和式(3.3.29)后整理得到全解 y 和 $\dot{y}$ 为

$$
\begin{aligned}
y &= \frac{e^{-\xi\omega_0 t}}{\sqrt{1-\xi^2}}\left[y_0(\sqrt{1-\xi^2}\cos pt + \xi\sin pt) + (\sin pt)\frac{\dot{y}_0}{\omega_0}\right] - \\
&\quad \frac{1}{p}\int_0^t \ddot{x}(\tau)e^{-\xi\omega_0(t-\tau)}\sin p(t-\tau)d\tau
\end{aligned}
\tag{3.3.31}
$$

$$
\begin{aligned}
\dot{y} &= \frac{\omega_0 e^{-\xi\omega_0 t}}{\sqrt{1-\xi^2}}\left[-y_0\sin pt + \left(\frac{\dot{y}_0}{\omega_0}\right)(\sqrt{1-\xi^2}\cos pt - \xi\sin pt)\right] + \\
&\quad \frac{1}{\sqrt{1-\xi^2}}\int_0^t \ddot{x}(\tau)e^{-\xi\omega_0(t-\tau)}\left[\xi\sin p(t-\tau) - \sqrt{1-\xi^2}\cos p(t-\tau)\right]d\tau
\end{aligned}
\tag{3.3.32}
$$

绝对加速度 $\ddot{z}$ 为

$$
\begin{aligned}
\ddot{z} &= -2\xi\omega_0\dot{y} - \omega_0^2 y \\
&= \frac{\omega_0^2 e^{-\xi\omega_0 t}}{\sqrt{1-\xi^2}}\Big\{(\xi\sin pt - \sqrt{1-\xi^2}\cos pt)y_0 - \left[(1-2\xi^2)\sin pt + 2\xi\sqrt{1-\xi^2}\cos pt\right]\frac{\dot{y}_0}{\omega_0} +
\end{aligned}
$$

$$\frac{\omega_0}{\sqrt{1-\xi^2}}\int_0^t \ddot{x}(\tau)\mathrm{e}^{-\xi\omega_0(t-\tau)}\left[(1-2\xi^2)\sin p(t-\tau)+2\xi\sqrt{1-\xi^2}\cos p(t-\tau)\right]\mathrm{d}\tau\Big\}$$

(3.3.33)

也可用类似式(3.2.24)更简洁的表达式来表示:

$$\begin{cases} y = C\mathrm{e}^{-\xi\omega_0 t}\sin(pt+\phi) - \dfrac{1}{p}\displaystyle\int_0^t \ddot{x}(\tau)\mathrm{e}^{-\xi\omega_0(t-\tau)}\sin p(t-\tau)\mathrm{d}\tau \\ \dot{y} = C\omega_0\mathrm{e}^{-\xi\omega_0 t}\cos(pt+\phi+\theta) - \\ \qquad \dfrac{1}{\sqrt{1-\xi^2}}\displaystyle\int_0^t \ddot{x}(\tau)\mathrm{e}^{-\xi\omega_0(t-\tau)}\cos[p(t-\tau)+\theta]\mathrm{d}\tau \\ \ddot{z} = -C\omega_0^2\mathrm{e}^{-\xi\omega_0 t}\sin(pt+\phi+2\theta) - \\ \qquad \dfrac{\omega_0}{\sqrt{1-\xi^2}}\displaystyle\int_0^t \ddot{x}(\tau)\mathrm{e}^{-\xi\omega_0(t-\tau)}\sin[p(t-\tau)+2\theta]\mathrm{d}\tau \end{cases}$$

(3.3.34)

式中,常数

$$\begin{cases} C = \left[y_0^2 + \left(\dfrac{\dot{y}_0+\xi\omega_0 y_0}{p}\right)^2\right]^{1/2} \\ \tan\phi = \dfrac{y_0 p}{(\dot{y}_0 + y_0\xi\omega_0)} \\ \tan\theta = \dfrac{\xi}{\sqrt{1-\xi^2}} \\ \tan 2\theta = \dfrac{2\xi\sqrt{1-\xi^2}}{(1-2\xi^2)} \end{cases} \tag{3.3.35}$$

3.3.3 谐波激励反应

设基础输入加速度时程为简谐激励时,其加速度 $\ddot{x}(t)$ 为

$$\ddot{x}(t) = a\sin\omega t \tag{3.3.36}$$

式中,a 为谐波振幅,ω 为谐波激励频率。

将式(3.3.36)代入单自由度强迫振动的解式(3.3.31)得到强迫项的积分式特解为

$$y_2 = -\frac{a}{p}\int_0^t e^{-\xi\omega_0(t-\tau)}\sin p(t-\tau)\sin\omega\tau d\tau \tag{3.3.37}$$

将积分式中 $t-\tau=t_1$ 后该积分可变为

$$\begin{aligned}y_2 &= -\frac{a}{p}\int_0^t e^{-\xi\omega_0 t_1}\sin\omega(t-t_1)\sin pt_1 dt_1\\ &= -\frac{a}{p}\left[\sin\omega t\int_0^t e^{-\xi\omega_0 t_1}\cos\omega t_1\sin pt_1 dt_1 - \cos\omega t\int_0^t e^{-\xi\omega_0 t_1}\sin\omega t_1\sin pt_1 dt_1\right]\end{aligned} \tag{3.3.38}$$

经过推导得到特解 y_2 和 $\dot{y}_2$ 为

$$\begin{cases} y_2 = -\dfrac{a\omega e^{-\xi\omega_0 t}}{p\Delta}\{[2\xi\sqrt{1-\xi^2}\cos pt-(1-2\xi^2)\sin pt]\omega_0^2+\omega^2\sin pt\} - \\ \quad \dfrac{a}{\Delta}[(\omega_0^2-\omega^2)\sin\omega t - 2\xi\omega_0\omega\cos\omega t] \\ \dot{y}_2 = \dfrac{a\omega_0\omega e^{-\xi\omega_0 t}}{p\Delta}\{\omega_0^2(\sqrt{1-\xi^2}\cos pt+\xi\sin pt)+\omega^2(\xi\sin pt-\sqrt{1-\xi^2}\cos pt)\} - \\ \quad \dfrac{a\omega}{\Delta}[(\omega_0^2-\omega^2)\cos\omega t + 2\xi\omega_0\omega\sin\omega t] \end{cases} \tag{3.3.39}$$

绝对加速度的特解 $\ddot{z}_2$ 为

$$\begin{aligned}\ddot{z}_2 &= -2\xi\omega_0\dot{y} - \omega_0^2 y\\ &= \frac{a\omega_0^2\omega e^{-\xi\omega_0 t}}{p\Delta}[2\xi\omega^2(\xi\sin pt-\sqrt{1-\xi^2}\cos pt)+(\omega_0^2-\omega^2)\sin\omega t] + \\ &\quad \frac{a\omega_0}{\Delta}\{2\xi\omega[(\omega_0^2-\omega^2)\cos\omega t+2\xi\omega_0\omega\sin\omega t] + \\ &\quad \omega_0[(\omega_0^2-\omega^2)\sin\omega t-2\xi\omega_0\omega\cos\omega t]\}\end{aligned} \tag{3.3.40}$$

式中,符号 Δ 和 p 为

$$\begin{cases}\Delta = (\omega_0^2 - \omega^2)^2 + (2\xi\omega_0\omega)^2 \\ p = \sqrt{1-\xi^2}\,\omega_0 \quad \text{系统的共振圆频率}\end{cases} \tag{3.3.41}$$

从 y_2, $\dot{y}_2$ 和 $\ddot{z}_2$ 的结果表达式中可看出两个重要的性质:

(1) 当初始 $t=0$ 代入式(3.3.39)和式(3.3.40)后,得到

$$y_2(0) = \dot{y}_2(0) = \ddot{z}_2(0) \equiv 0 \tag{3.3.42}$$

说明振动系统的特解 y_2, $\dot{y}_2$ 和 $\ddot{z}_2$ 与初始条件无关,仅由式(3.3.11)和式(3.3.12)的通解 y_1 和 $\dot{y}_1$ 来确定积分常数即可,即

$$\begin{cases} y_1 = e^{-\xi\omega_0 t}\left[\left(\cos pt + \dfrac{\xi}{\sqrt{1-\xi^2}}\sin pt\right)y_0 + \left(\dfrac{1}{\sqrt{1-\xi^2}}\sin pt\right)\dfrac{\dot{y}_0}{\omega_0}\right] \\ \dot{y}_1 = \omega_0 e^{-\xi\omega_0 t}\left[-\left(\dfrac{1}{\sqrt{1-\xi^2}}\sin pt\right)y_0 + \left(\cos pt - \dfrac{\xi}{\sqrt{1-\xi^2}}\sin pt\right)\dfrac{\dot{y}_0}{\omega_0}\right] \\ \ddot{z}_1 = \omega_0^2 e^{-\xi\omega_0 t}\left[\left(\dfrac{\xi}{\sqrt{1-\xi^2}}\sin pt - \cos pt\right)y_0 + \left(\dfrac{1-2\xi^2}{\sqrt{1-\xi^2}}\sin pt + 2\xi\cos pt\right)\dfrac{\dot{y}_0}{\omega_0}\right] \end{cases} \tag{3.3.43}$$

(2) 对强迫振动的全解为 $y = y_1 + y_2$。第 1 部分 y_1 称为自由振动的解,仅与初始条件 y_0 和 $\dot{y}_0$ 有关,并以共振频率 p 随时间做振荡的衰减运动。第 2 部分为 y_2 表达式(3.3.39)中右边第 1 项,它是与强迫振动激励频率 ω 有关,但仍以共振频率 p 随时间做振荡的衰减运动,通常称为"伴随强迫项的自由振动"。第 3 部分为 y_2 表达式(3.3.39)右边第 2 项,该项不同于前面两个部分,它以外部激励频率 ω 做周期性变化的无衰减运动,所以它称为"全程性强迫振动",而当第 1 和第 2 两部分振动按 $e^{-\xi\omega_0 t}$ 衰减后,只剩下第 3 部分无衰减的强迫运动。

图 3.3.3 为位移 $y(t)$ 曲线,其中虚线是按 ω 频率做周期运动的强迫振动;而实线是初始时共振频率为 p 的衰减运动与强迫振动的叠加,它经过

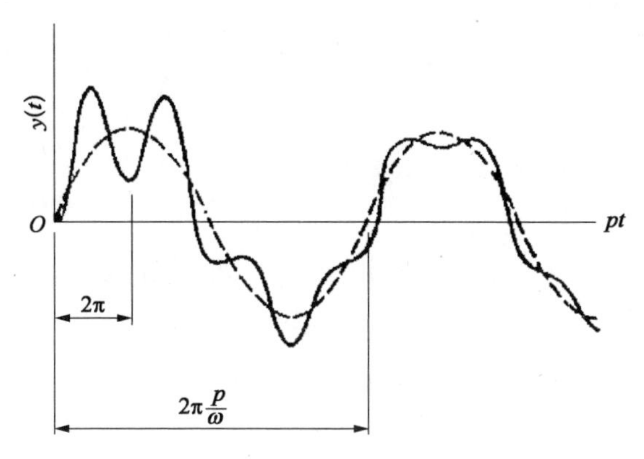

图 3.3.3　强迫振动初始阶段

一个短时间后,其瞬态的自由振动和伴随振动由于阻尼原因而消失,剩下稳态的周期性强迫运动。

对于式(3.3.43)的自由振动解 y_1, $\dot{y}_1$ 和 $\ddot{z}_1$ 也可用更简洁的方式来表达:

$$\begin{cases} y_1 = Ce^{-\xi\omega_0 t}\sin(pt + \phi) \\ \dot{y}_1 = C\omega_0 e^{-\xi\omega_0 t}\cos(pt + \phi + \theta) \\ \ddot{z}_1 = -C\omega_0^2 e^{-\xi\omega_0 t}\sin(pt + \phi + 2\theta) \end{cases} \tag{3.3.44}$$

式中,

$$\begin{cases} C = \left[y_0^2 + \left(\dfrac{\dot{y}_0 + \xi\omega_0 y_0}{p}\right)^2\right]^{1/2} \\ \tan\phi = \dfrac{y_0 p}{(\dot{y}_0 + y_0\xi\omega_0)} \\ \tan\theta = \dfrac{\xi}{\sqrt{1-\xi^2}} \\ \tan 2\theta = \dfrac{2\xi\sqrt{1-\xi^2}}{(1-2\xi^2)} \end{cases} \tag{3.3.45}$$

对于式(3.3.39)和式(3.3.40)的强迫振动解 y_2 也可用更简洁的方式来表达:

$$
\begin{cases}
y_2 = \dfrac{a\omega e^{-\xi\omega_0 t}}{p\Delta}[\omega_0^2\sin(pt-2\theta)-\omega^2\sin pt]-\dfrac{a}{\sqrt{\Delta}}\cos(\omega t-\psi) \\
\dot{y}_2 = \dfrac{a\omega_0\omega e^{-\xi\omega_0 t}}{p\Delta}[\omega_0^2\cos(pt-2\theta)-\omega^2\cos(pt+\theta)]-\dfrac{a\omega}{\sqrt{\Delta}}\cos(\omega t-\psi) \\
\ddot{z}_2 = \dfrac{a\omega_0^2\omega e^{-\xi\omega_0 t}}{p\Delta}[2\xi\omega^2\cos(pt+\theta)-(\omega_0^2-\omega^2)\sin pt]+ \\
\qquad \dfrac{a\omega_0}{\sqrt{\Delta}}[2\xi\omega\cos(\omega t-\psi)+\omega_0\sin(\omega t-\psi)]
\end{cases}
\tag{3.3.46}
$$

式中，

$$
\tan\psi = \frac{2\xi\omega_0\omega}{\omega_0^2-\omega^2} \tag{3.3.47}
$$

其余符号同式(3.3.45)和式(3.3.41)。

当基础激励加速度的频率 ω 与系统固有频率 ω_0 相等时，该系统会发生共振，将 $\omega=\omega_0$ 代入式(3.3.39)和式(3.3.40)后得到

$$
\begin{cases}
y_2 = -\dfrac{a e^{-\xi\omega_0 t}}{2\xi\sqrt{1-\xi^2}\,\omega_0^2}(\sqrt{1-\xi^2}\cos pt+\xi\sin pt)+\dfrac{a}{2\xi\omega_0^2}\cos\omega_0 t \\
\dot{y}_2 = \dfrac{a e^{-\xi\omega_0 t}}{2\xi\sqrt{1-\xi^2}\,\omega_0}\sin pt-\dfrac{a}{2\xi\omega_0}\sin\omega_0 t \\
\ddot{z}_2 = \dfrac{a e^{-\xi\omega_0 t}}{2\xi\sqrt{1-\xi^2}}(\xi\sin pt-\sqrt{1-\xi^2}\cos pt)+\dfrac{a}{2\xi}(2\xi\sin\omega_0 t-\cos\omega_0 t)
\end{cases}
\tag{3.3.48}
$$

也可用简洁方式表示：

$$
\begin{cases}
y_2 = -\dfrac{a e^{-\xi\omega_0 t}}{2\xi\sqrt{1-\xi^2}\,\omega_0^2}\cos(pt-\theta)+\dfrac{a}{2\xi\omega_0^2}\cos\omega_0 t \\
\dot{y}_2 = \dfrac{a e^{-\xi\omega_0 t}}{2\xi\sqrt{1-\xi^2}\,\omega^0}\sin pt-\dfrac{a}{2\xi\omega_0}\sin\omega_0 t \\
\ddot{z}_2 = \dfrac{a e^{-\xi\omega_0 t}}{2\xi\sqrt{1-\xi^2}}\cos(pt+\theta)+a\left(\sin\omega_0 t-\dfrac{1}{2\xi}\cos\omega_0 t\right)
\end{cases}
\tag{3.3.49}
$$

从上式可明显发现，系统在共振时其伴随强迫项或强迫项的振动反应幅值相当于基础输入幅值均放大了 $\left(\dfrac{1}{2\xi}\right)$ 倍，也就是说振动系统的阻尼比 ξ 愈小，其在共振频率处的幅值反应愈大。

如果基础输入加速度时程 $\ddot{x}(t)$ 为周期性函数，则可以将 $\ddot{x}(t)$ 在周期 T 内展开成傅里叶级数形式。

$$\ddot{x}(t)=\sum_{k}^{N}a_k\sin k\omega t \tag{3.3.50}$$

其傅氏系数

$$a_k=\frac{2}{T}\int_0^T\ddot{x}(t)\sin k\omega t\mathrm{d}t \tag{3.3.51}$$

该式表示了基础激励加速度可以分解为 N 个 $(k\omega)$ 圆频率的谐波输入，而单自由度振动系统反应的解可以把幅值 a_k 和激励圆频率 $\omega_k=k\omega$ 代入式(3.3.39)和式(3.3.40)的解后，对 $k=1,\ 2,\ \cdots,\ N$ 的线性叠加即可。

[**例**]　若输入基础加速度 $\ddot{x}(t)$ 是一个幅值为 A、圆频率为 ω 的矩形波(见图 3.3.4)，求解强迫振动的解。

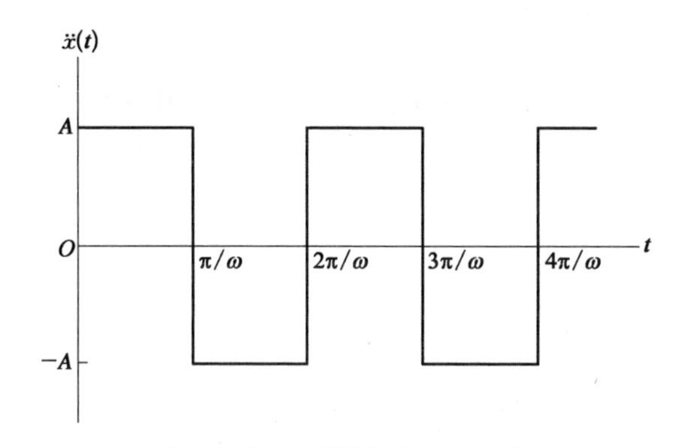

图 3.3.4　矩形波的输入加速度

矩形波展开为傅里叶级数可得到

$$\ddot{x}(t)=\frac{4A}{\pi}\sum_{k=1}^{N}\frac{1}{(2k-1)}\sin[(2k-1)\omega t] \tag{3.3.52}$$

按照式(3.3.51)可得到 a_k 为

$$\begin{cases} a_k = \dfrac{4A}{(2k-1)\pi} \\ \omega_k = (2k-1)\omega \\ k = 1, 2, \cdots, N \end{cases} \tag{3.3.53}$$

代入式(3.3.46)整理后得特解 y_2，$\dot{y}_2$ 和 $\ddot{z}_2$ 为

$$\begin{cases} y_2 = \dfrac{e^{-\xi\omega_0 t}}{p}\sum\limits_{k=1}^{N}\dfrac{a_k\omega_k}{\Delta_k}[\omega_0^2\sin(pt-2\theta)-\omega_k^2\sin pt] - \\ \qquad \sum\limits_{k=1}^{N}\dfrac{a_k}{\sqrt{\Delta_k}}\sin(\omega_k t-\psi_k) \\ \dot{y}_2 = \dfrac{\omega_0 e^{-\xi\omega_0 t}}{p}\sum\limits_{k=1}^{N}\dfrac{a_k\omega_k}{\Delta_k}[\omega_0^2\cos(pt-2\theta)-\omega_k^2\cos(pt+\theta)] - \\ \qquad \sum\limits_{k=1}^{N}\dfrac{a_k}{\sqrt{\Delta_k}}\cos(\omega_k t-\psi_k) \\ \ddot{z}_2 = \dfrac{\omega_0^2 e^{-\xi\omega_0 t}}{p}\sum\limits_{k=1}^{N}\dfrac{a_k\omega_k}{\Delta_k}[2\xi\omega_k^2\cos(pt+\theta)-(\omega_0^2-\omega_k^2)\sin pt] - \\ \qquad \sum\limits_{k=1}^{N}\dfrac{a_k}{\sqrt{\Delta_k}}[2\xi\omega_k\cos(\omega_k t-\psi_k)+\omega_0\sin(\omega_k t-\psi_k)] \end{cases} \tag{3.3.54}$$

式中，

$$\begin{cases} p = \sqrt{1-\xi^2}\,\omega_0 \\ \Delta_k = (\omega_0^2-\omega_k^2)^2 + (2\xi\omega_0\omega_k)^2 \\ \tan\psi_k = \dfrac{2\xi\omega_0\omega_k}{\omega_0^2-\omega_k^2} \\ k = 1, 2, \cdots, N \end{cases} \tag{3.3.55}$$

当外部激励频率 $\omega_k = (2k-1)\omega$ 与系统共振频率 ω_0 相等时，该系统

发生共振。如忽略初期瞬态自由振动和伴随强迫振动的影响，仅考虑稳定阶段后的稳态强迫振动，这时式(3.3.54)中仅考虑第二项强迫振动。用 $\omega_k = \omega_0$ 代入得到稳态强迫振动的最大幅值的近似值。

$$\begin{cases} (y_k)_{\max} = \dfrac{a_k}{\sqrt{\Delta_k}} = \dfrac{2A}{(2k-1)\pi\xi\omega_k^2} \\ (\dot{y}_k)_{\max} = \dfrac{a_k\omega_k}{\sqrt{\Delta_k}} = \dfrac{2A}{(2k-1)\pi\xi\omega_k} \\ (\ddot{z}_k)_{\max} = \dfrac{a_k\omega_k}{\sqrt{\Delta_k}} = \dfrac{2A}{(2k-1)\pi\xi} \\ \sqrt{\Delta_k} = 2\xi\omega_k^2 \\ k = 1,\ 2,\ \cdots,\ N \end{cases} \tag{3.3.56}$$

上式近似最大幅值结果可作为求解地震反应谱时的一个十分有用的参考，以实证所编制的地震反应谱求解器或专用程序的计算结果是否可信，并可求其不确定性的误差有多大。

3.3.4　地震楼面反应谱的生成技术

3.3.3 节已阐述单自由度振动系统基础加速度 $\ddot{x}(t)$ 输入作用下的结构的反应 y_2，$\dot{y}_2$ 和 $\ddot{z}_2$ 的求解方法和结果，从式(3.3.39)、式(3.3.40)或式(3.3.46)可清楚地看出其反应是时间 t、系统固有圆频率 ω_0(或固有周期 T_0)和阻尼比 ξ 的函数，它们随时间不断地变化。从核电厂构筑物、系统和部件(SSC)抗震设计和分析的角度出发，与求解反应时间变化曲线相比，从工程角度更希望知道的是反应的最大值，即反应的位移、速度和加速度的最大值是多少。设地震时单质点系产生的最大相对位移反应、最大相对速度反应和最大绝对加速度反应分别为 S_d，S_v 和 S_a，将式(3.3.31)～式(3.3.33)中忽略伴随强迫振动随时间变化衰减的影响后可变换为

$$\begin{cases} S_d = \dfrac{1}{p}\left|\int_0^t \ddot{x}(\tau)\mathrm{e}^{-\xi\omega_0(t-\tau)}\sin p(t-\tau)\mathrm{d}\tau\right|_{\max} \\ S_v = \dfrac{1}{\sqrt{1-\xi^2}}\left|\int_0^t \ddot{x}(\tau)\mathrm{e}^{-\xi\omega_0(t-\tau)}[\xi\sin p(t-\tau)+\sqrt{1-\xi^2}\cos p(t-\tau)]\mathrm{d}\tau\right|_{\max} \\ S_a = \dfrac{\omega_0}{\sqrt{1-\xi^2}}\left|\int_0^t \ddot{x}(\tau)\mathrm{e}^{-\xi\omega_0(t-\tau)}[(1-2\xi^2)\sin p(t-\tau)+2\xi\sqrt{1-\xi^2}\cos p(t-\tau)]\mathrm{d}\tau\right|_{\max} \end{cases} \tag{3.3.57}$$

当输入基础的地震加速度时间历程给定后,式(3.3.57)是 ω_0(f_0或T_0)和 ξ 的函数,即为 $S_d(\xi,\ T_0)$、$S_v(\xi,\ T_0)$ 和 $S_a(\xi,\ T_0)$。

以阻尼比 ξ 为参数,这些函数 S_d, S_v和 S_a对无阻尼比固有周期 T_0(或固有频率 f_0)所描绘的图分别称为相对位移反应谱、相对速度反应谱和绝对加速度反应谱,总称为地震反应谱,或分别简称为位移反应谱、速度反应谱、加速度反应谱,总称为反应谱。

地震反应谱在 ASME BPVC 第Ⅲ卷,第 1 册附录 N-1110 中定义为一族理想线性、单自由度、有阻尼振子上的最大反应(加速度、速度或位移)曲线,反映了当振子在其支承处有特定的振动运动输入时,其反应与固有频率(或周期)发生的函数关系。

地震反应谱生成的基本概念可用图 3.3.5 来说明。

步骤 1: 如图 3.3.5(a)所示的同一平台台面上安放一系列阻尼比均为 ξ_2,而固有圆频率 ω_0(或周期 T_0)各异的谐振振子,也可理解为一组质量-阻尼-刚度单自由度振动系统。在图中仅列出 3 个振子,3 个不同周期中 T_{01}较短、T_{02}中等和 T_{03}较长。它们同在某个地震加速度 $\ddot{x}(t)$ 激励输入的台面上。

步骤 2: 台面上各质点随着台面的运动而出现按不同频率在摇动,显示了对输入加速度的反应,所测得的绝对加速度反应 $\ddot{z}(t)$ 可得到图 3.3.5(b)中的时程曲线记录。

T_{01}较短,其反应 $\ddot{z}_1(t)$ 振得也较快;T_{03}较长,其反应 $\ddot{z}_3(t)$ 振得也较慢。其振子反应振幅的变化与输入加速度 $\ddot{x}(t)$ 密切相关,但是振子反应的周期几乎与输入无关,仅与振子本身固有特性有关。

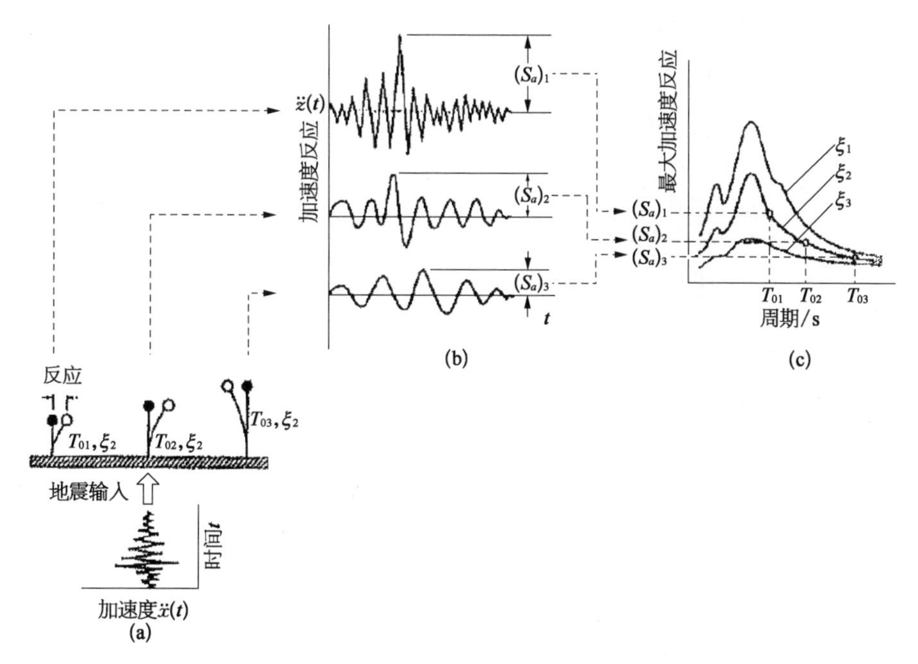

图 3.3.5　地震反应谱图解

(a) 阻尼比一定,由不同周期 T_0 组成的单质点振动系统;(b) 反应波形;(c) 反应谱

步骤 3: 找出这些加速度时程 $\ddot{z}(t)$ 上的最大峰值[见图 3.3.5(b)],分别设为 $(S_a)_1$, $(S_a)_2$ 和 $(S_a)_3$。在图 3.3.5(c)中横坐标上周期 T_{01}, T_{02} 和 T_{03}处对应纵坐标上以 $(S_a)_1$, $(S_a)_2$ 和 $(S_a)_3$ 对应表示 3 个点。

步骤 4: 当图 3.3.5(a)的基础上并列了众多个周期差别很小的一组单质点系时,就可以得到像图 3.3.5(c)上一条最大加速度 S_a 的曲线,而这组单质点振子的阻尼比均为 ξ_2, 若改变 ξ 值后,再重复上述同样步骤后就可得一簇对应于不同阻尼比 ξ 下的地震最大反应曲线。图 3.3.5(c)所示曲线簇就称为输入地震加速度反应谱。

图 3.3.5 中采用的质点振动反应是加速度 $\ddot{z}_1(t)$, 对应可得到加速度反应谱。若采用的质点振动反应是速度 $\dot{y}(t)$、位移 $y(t)$, 则按上述同样步骤 1~步骤 4 运算,分别可得到速度反应谱和位移反应谱。

图 3.3.6 分别列出了某地地震波对应于阻尼比 = 1%,5%和 10%的加速度反应谱、速度反应谱和位移反应谱。

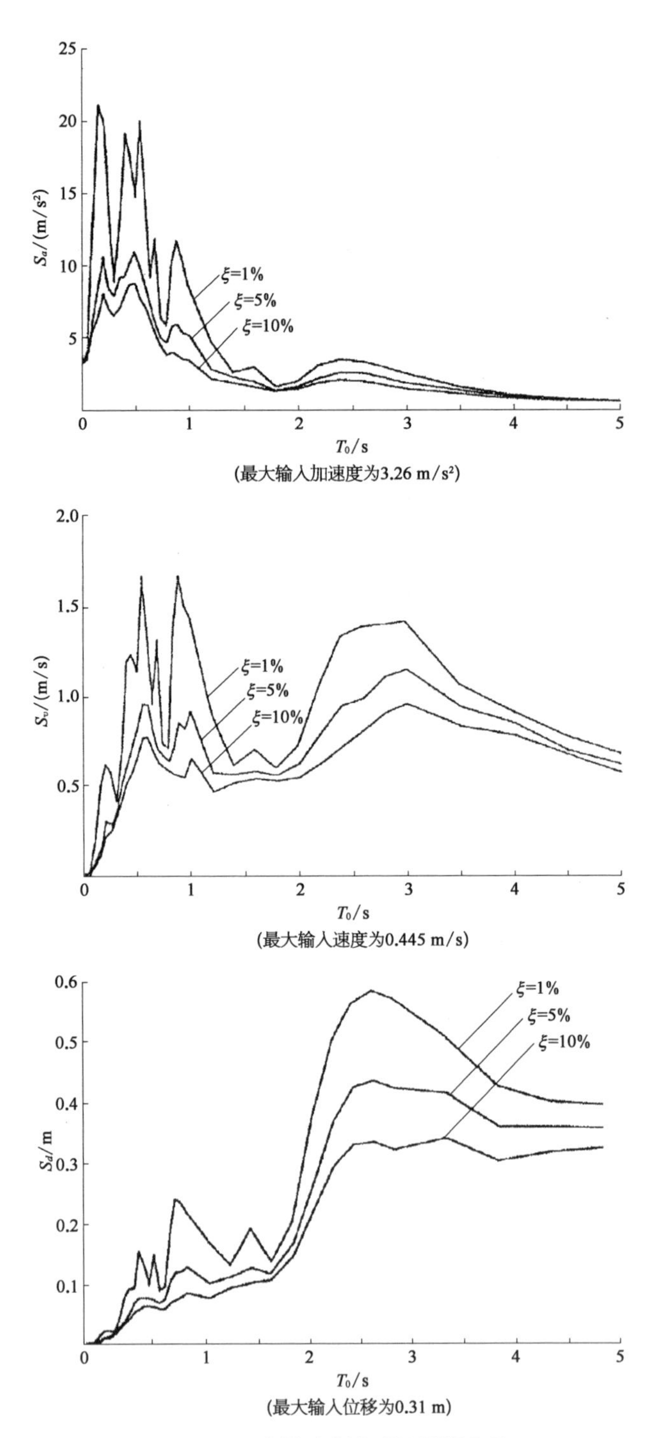

图 3.3.6　地震反应谱采用周期表示

本书附录 B 详细列出了求解加速度反应谱的时间差分格式,用每步时间间隔 $h = t_{n+1} - t_n$ 计算下步 t_{n+1} 时的位移、速度和加速度时均要计及 t_n 时刻的位移 Y_n、速度 $\dot{Y}_n$ 作为初始条件,因必须要用到式(3.3.33)中的总解,$y = y_1 + y_2$, $y = \dot{y}_1 + \dot{y}_2$ 以及式(3.3.33)中的 $\ddot{z}$ 表达式或者采用式(3.3.34)和式(3.3.35)。

3.3.5　设计反应谱的表示方式

图 3.3.6 中的加速度、速度和位移反应谱分别采用与固有周期 T_0 的关系来表示,但抗震设计分析时还需要采用不同的表示反应谱图示方法,以便于在不同场合使用。

1）频率域表示方法

有时,反应谱曲线上横坐标不用周期而用频率 $f_0\left(f_0 = \dfrac{\omega_0}{2\pi},\ \mathrm{Hz}\right)$ 来表示时,适用性更强。如图 3.3.7 是使用频率为横坐标表示的加速度、速度和位移反应谱,对于速度和位移也可以同样的方法来描述,只是常使用频率的对数值。一般在频率达到 33 Hz 以上,其加速度反应值最大值与基础输入加速度最大值很接近,在设施抗震设计时称为零周期幅值(ZPA 值),即表示了设施的固有频率 $f_0 \geqslant 33$ Hz 时可近似认为是刚性支承,其加速度反应直接用基础加速度最大峰值进行分析即可。

2）拟反应谱表示方法

一般核电厂中 SSC 抗震设计时所采用的阻尼比 ξ 均比 1 小得多,因此可假设:

$$\sqrt{1 - \xi^2} \approx 1 \tag{3.3.58}$$

这时共振圆频率:

$$p \approx \omega_0 \tag{3.3.59}$$

那么式(3.3.57)可以简化为

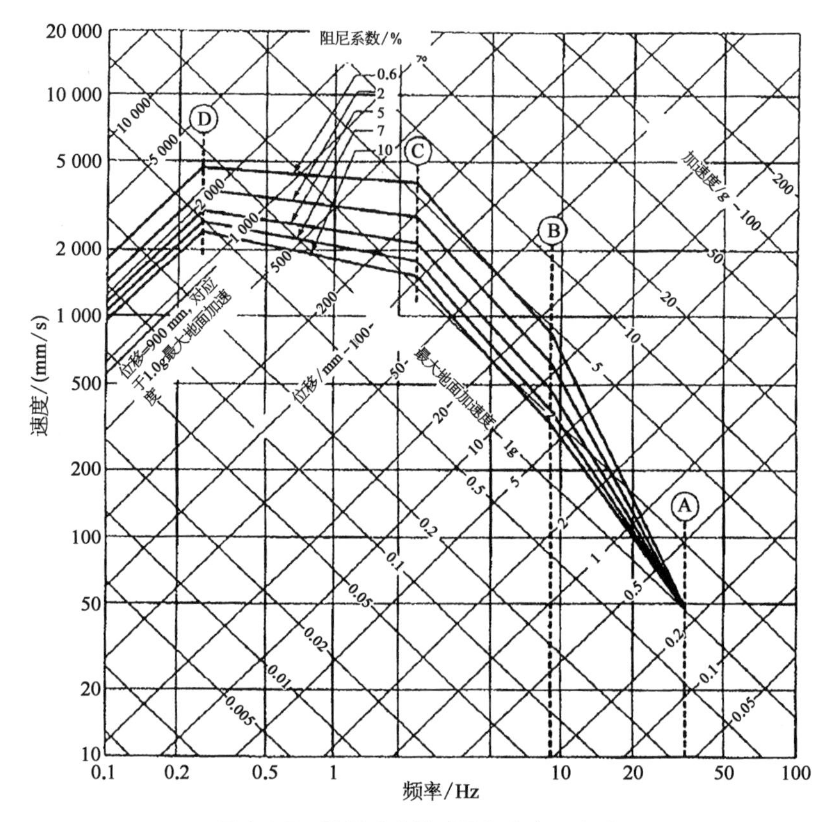

图 3.3.7　地震反应谱采用频率表示方法

$$
\begin{cases}
S_d \approx \dfrac{1}{\omega_0}\left|\int_0^t \ddot{x}(\tau)\mathrm{e}^{-\xi\omega_0(t-\tau)}\sin\omega_0(t-\tau)\mathrm{d}\tau\right|_{\max} \\
S_v \approx \left|\int_0^t \ddot{x}(\tau)\mathrm{e}^{-\xi\omega_0(t-\tau)}\cos\omega_0(t-\tau)\mathrm{d}\tau\right|_{\max} \\
S_a \approx \omega_0\left|\int_0^t \ddot{x}(\tau)\mathrm{e}^{-\xi\omega_0(t-\tau)}\sin\omega_0(t-\tau)\mathrm{d}\tau\right|_{\max}
\end{cases}
\tag{3.3.60}
$$

从上式 S_d，S_v 和 S_a 之间关系可清楚看出它们之间存在简单关系式：

$$
\begin{cases}
S_d \approx \dfrac{1}{\omega_0}S_v = \dfrac{T_0}{2\pi}S_v \\
S_a \approx \omega_0 S_v = \dfrac{2\pi}{T_0}S_v
\end{cases}
\tag{3.3.61}
$$

从式(3.3.61)可知,加速度反应谱与位移反应谱形状如图 3.3.8 所示,分别为双曲线及通过原点有一定斜率的直线,分别称为拟加速度反应谱和拟位移反应谱。

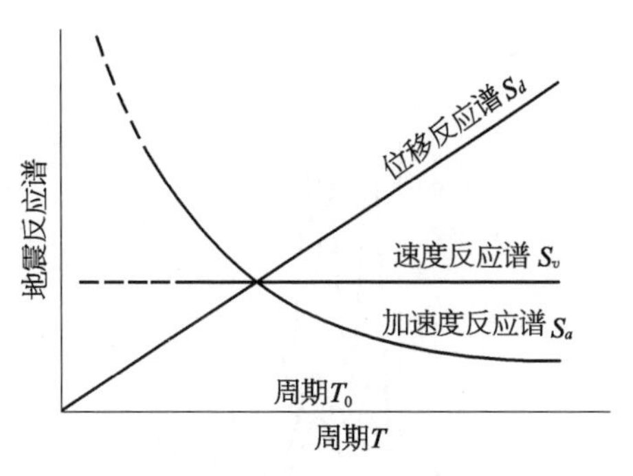

图 3.3.8　拟反应谱表示方法

3）标准反应谱表示方法

该表示方法采用加速度、速度和位移反应谱最大峰值 $|\ddot{z}|_{max}$, $|\dot{y}|_{max}$ 和 $|y|_{max}$ 与基础输入 $|\ddot{x}|_{max}$, $|\dot{x}|_{max}$ 和 $|x|_{max}$ 之比来定义,为无量纲表示的地震动反应的放大倍数,并且也是阻尼比 ξ、固有周期 T_0 或无阻尼固有频率 $f_0(\omega_0)$ 的函数。

$$\begin{cases} q_a = \dfrac{|\ddot{z}|_{max}}{|\ddot{x}|_{max}} = \dfrac{S_a}{|\ddot{x}|_{max}} \\ q_v = \dfrac{|\dot{y}|_{max}}{|\dot{x}|_{max}} = \dfrac{S_v}{|\dot{x}|_{max}} \\ q_d = \dfrac{|y|_{max}}{|x|_{max}} = \dfrac{S_d}{|x|_{max}} \end{cases} \tag{3.3.62}$$

该无量纲 q_a, q_v 和 q_d 分别称为标准加速度反应谱、标准速度反应谱和标准位移反应谱,统称为标准反应谱。该标准反应谱图的性质(见图 3.3.9)与反应谱图的形状(见图 3.3.6)完全相同,但它将纵坐标表示成一个无量纲的量。这在比较两个以上最大加速度值不同的地震反应特性时,标准反应谱是很有用的。

4）三重反应谱表示方法

由式(3.3.61)已知 S_v 时,除以 $\dfrac{T}{2\pi}$ 得到近似值 S_a,乘以 $\dfrac{T}{2\pi}$ 得到近似值 S_d。应用此简单关系式,在获得速度反应谱的同时可获得加速度反应谱 S_a 和位移反应谱的表示方法,并可描述在一张图内,这种图称为三重反应谱,如图 3.3.10 所示。

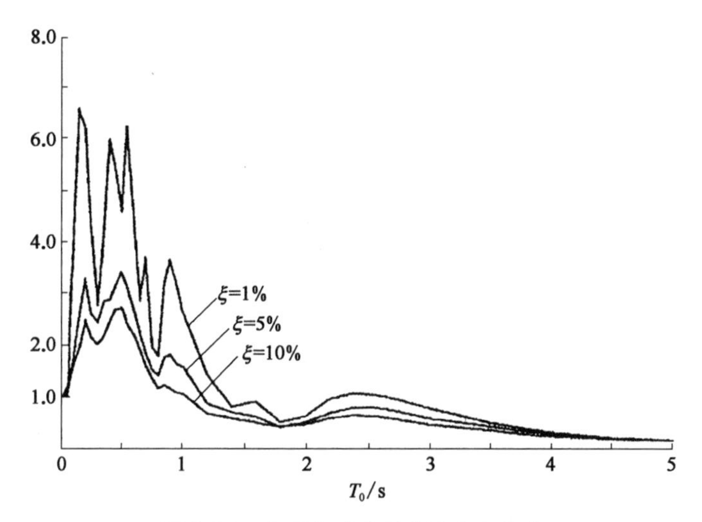

图 3.3.9　标准加速度反应谱表示方法

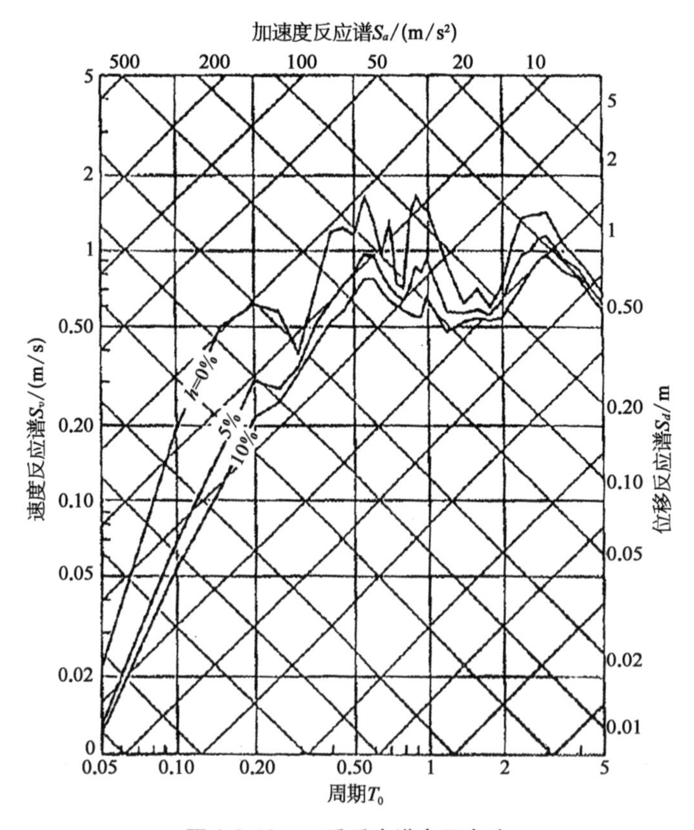

图 3.3.10　三重反应谱表示方法

式(3.3.61)可改写为以10为对数坐标的表达式。

$$\begin{cases} \lg S_a = \lg S_v + \lg(2\pi) - \lg T_0 \\ \lg S_d = \lg S_v - \lg(2\pi) + \lg T_0 \end{cases} \tag{3.3.63}$$

将图3.3.10的左边纵坐标 S_v 和下面横坐标 T_0 均用对数刻度表示时，查对应 S_a 为正斜率45°直线对应上面横坐标的加速度值，查对应 S_d 为斜率负45°直线对应右边纵坐标上的位移值。例如，$S_v = 1$ m/s，$T_0 = 0.5$ s时，查正斜率对应的横坐标约为1.25 m/s^{2}加速度值，再查负斜率线对应右纵坐标线约为0.08 m位移值。将 $S_v = 1$ m/s代入式(3.3.63)得 $S_a = 1.257$ m/s^2，$S_d = 0.08$ m，与表上查得的数据完全相符。这种三重反应谱表示方法确实很巧妙。

5）设计反应谱表示方法

在核电厂构筑物抗震设计时，为了计及构筑物和土壤材料特性中可能出现不确定因素对构筑物频率变化的影响，以及抗震分析中建模技术的近似性的影响，初始计算出来的反应谱通常要加以平滑修整，同时拓宽与构筑物固有频率有关的峰值。当证明采用分析法计算固有频率有效时，用拓宽的楼面设计反应谱进行设备或管系的抗震分析可通过如下方法实现反应谱峰值的拓宽，考虑在反应谱区间内有 N 个谱加速度峰，拓宽可按下式进行：

$$f_j - 0.15f_j \leqslant (fe)_n \leqslant f_j + 0.15f_j \tag{3.3.64}$$

式中，f_j 为反应谱上未拓宽谱中加速度谱峰所对应的频率值($n=1, \cdots, N$)。

式(3.3.64)表示了反应谱峰值处对应的频率 f_j，其拓宽频率为

$$\Delta f_j = \pm 0.15f_j \tag{3.3.65}$$

经拓宽后的楼面反应谱称为设计楼面反应谱(见图3.3.11)，该设计楼面反应谱可正式作为SSC抗震分析的输入之用。

核电厂以基岩或土壤为基础的厂址，其安全停堆地震(SSE)或运行基准地震(OBE)地面设计反应谱的水平分量和垂直分量如图3.3.12所示。

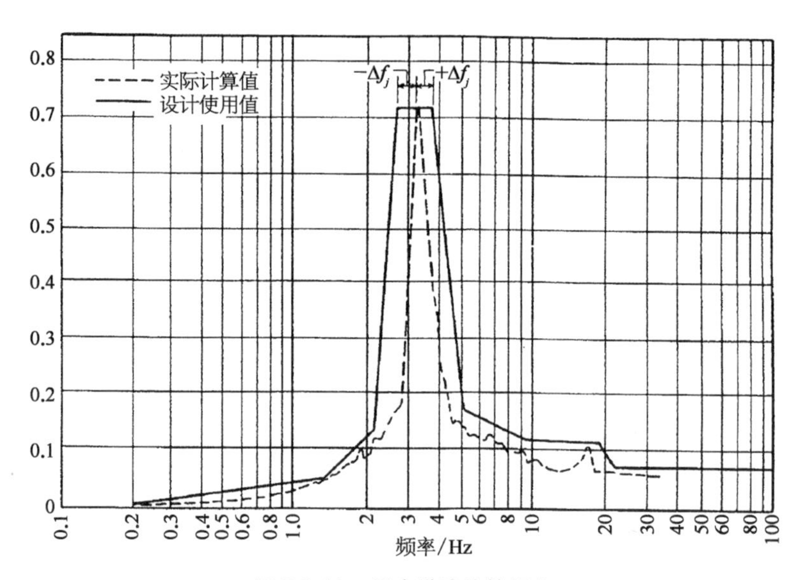

图 3.3.11　反应谱峰值的拓宽

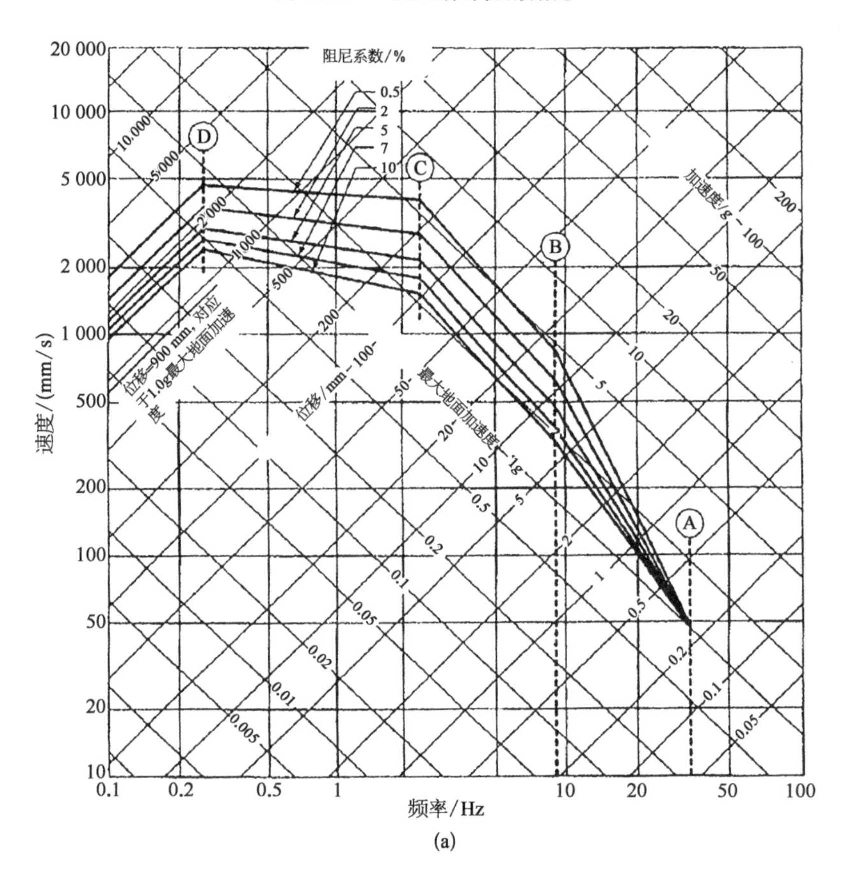

(a)

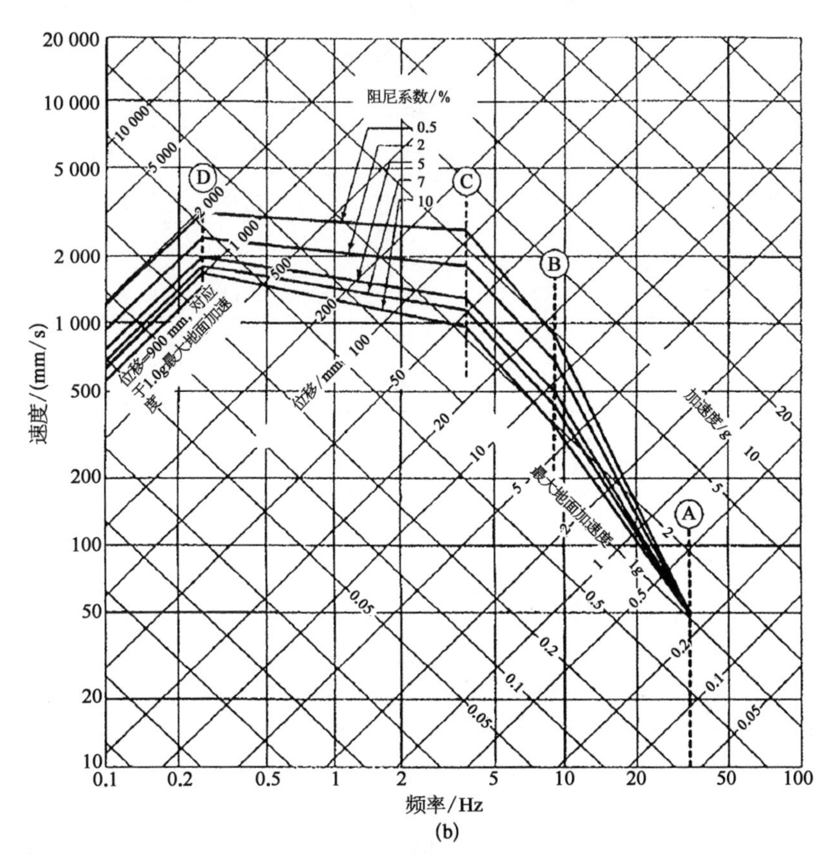

图 3.3.12　换算到 1g 水平地面加速度的设计反应谱

(a) 水平方向；(b) 垂直方向

图 3.3.12 为核电厂厂址输入的设计地面反应谱，它是按上述第 4 种三重反应谱表示方法与第 3 种标准反应谱表示方法结合在一起的表示方法。图中反应谱值对应于最大水平地面加速度 1.0g 与所对应最大水平地面位移 915 mm(36 in)的时程输入，所选厂址的地震反应谱值可按所选厂址地震规定的最大水平地面加速度按比例进行线性换算。

对应于图 3.3.12(a) 和(b) 设计反应谱上控制点的谱放大系数在表 3.3.1 和表 3.3.2 中列出。其之间的阻尼比所对应的反应值可按线性插值方法求出。

表 3.3.1　水平设计反应谱控制点谱放大系数对应值

临界阻尼比 ξ/%	控制点放大系数			
	加 速 度			位　移
	A(33 Hz)	B(9 Hz)	C(2.5 Hz)	D(0.25 Hz)
0.5	1.0	4.96	5.95	3.20
2.0	1.0	3.54	4.25	2.50
5.0	1.0	2.61	3.13	2.05
7.0	1.0	2.27	2.72	1.88
10.0	1.0	1.90	2.28	1.70

表 3.3.2　垂直设计反应谱控制点谱放大系数对应值

临界阻尼比 ξ/%	控制点放大系数			
	加 速 度			位　移
	A(33 Hz)	B(9 Hz)	C(3.5 Hz)	D(0.25 Hz)
0.5	1.0	4.96	5.67	2.13
2.0	1.0	3.54	4.05	1.67
5.0	1.0	2.61	2.98	1.37
7.0	1.0	2.27	2.59	1.25
10.0	1.0	1.90	2.17	1.13

3.4　地震作为随机信号输入的振动反应

3.4.1　地面地震波的随机过程模拟

地震仪所获得的实际地震波,一般含有一定意义的波形,又含有无意义的不规则的噪声,但从特定角度去描述,也可以将地震波视为不规则噪声的随机波,随机波在物理上的含义是像图 3.4.1 所示的一种极不规则的(相对于确定波而言)波形。但按第 2 章所述,如对这种随机波作一定的统计分析的话,仍能找到相应的规律。地震波在统计意义上而言,确实存在类似于满足各态历经而稳定(或不稳定)的随机波。

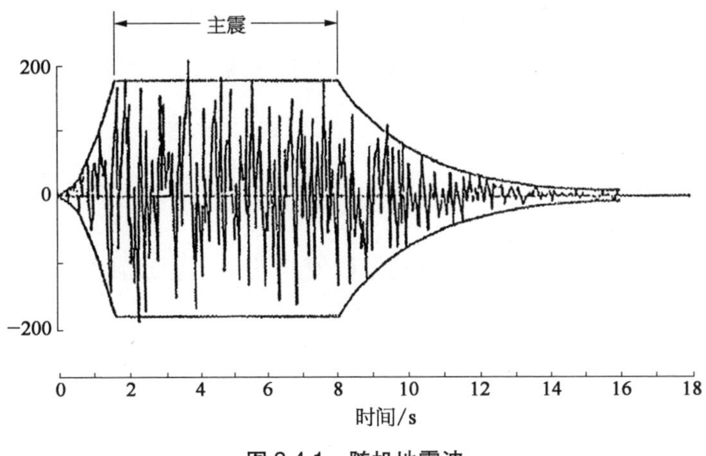

图 3.4.1　随机地震波

当地震波满足各态历经的随机波时，则地震可以用第 2 章所述的功率谱密度变换表示。一般可以用以下两种方法描述。

1）地震波直接用功率谱密度方法表示

地震加速度 $\ddot{x}(t)$ 数据所对应的功率谱密度函数可以通过地震加速度 $\ddot{x}(t)$ 均方值的谱密度来描述数据的频率结构。也就是对于 $\ddot{x}(t)$ 样本时间历程记录在频率 f 到 $(f+\Delta f)$ 范围内的均方值，可采用带通滤波特性的数字滤波器对样本记录进行滤波，然后计算出滤波器输出平方的平均值得到。当观察样本时间 T 趋于无穷大时，这一均方值将趋于正确的均方值。用公式可表示为

$$\psi^2(f,\ \Delta f) = \lim_{T\to\infty}\frac{1}{T}\int_0^T[\ddot{x}(t,f,\ \Delta f)]^2\mathrm{d}t \tag{3.4.1}$$

当频率间隔 Δf 非常小时，功率谱密度函数 $G(f)$ 可定义为

$$\psi^2(f,\ \Delta f)\approx G(f)\Delta f \tag{3.4.2}$$

更精确的定义可表示为

$$G(f) = \lim_{\Delta f\to 0}\frac{\psi^2(f,\ \Delta f)}{\Delta f} = \lim_{\Delta f\to 0}\frac{1}{\Delta f}\left\{\lim_{T\to\infty}\frac{1}{T}\int_0^T[\ddot{x}(t,f,\ \Delta f)]^2\mathrm{d}t\right\} \tag{3.4.3}$$

这里 $G(f)$ 恒为单边实值非负函数。功率谱密度函数的一个重要性质是它与 $\ddot{x}(t)$ 的自相关函数是傅里叶变换关系。为简易说明问题,以下均将脚标 $\ddot{x}(t)$ 略去。

$$G(f) = 2\int_{-\infty}^{\infty} R(\tau)\mathrm{e}^{-\mathrm{j}2\pi f\tau}\mathrm{d}\tau = 4\int_{0}^{\infty} R(\tau)\cos 2\pi f\tau\mathrm{d}\tau \tag{3.4.4}$$

另一个是样本函数 $\ddot{x}(t)$ 的均方根值与功率谱密度函数、自相关函数概率密度之间的关系:

$$\psi^2 = \lim_{T\to\infty}\frac{1}{T}\int_0^T[\ddot{x}(t)]^2\mathrm{d}t = \int_0^{\infty} G(f)\mathrm{d}f = R(0) = \int_0^{\infty}[\ddot{x}(t)]^2 p(\ddot{x})\mathrm{d}\ddot{x} \tag{3.4.5}$$

式(3.4.5)可理解为 $\ddot{x}(t)$ 的均方值是功率谱密度 $G(f)$ 曲线之下的总面积,也等于自相关函数 $R(\tau)$ 在原点 $\tau=0$ 时的值以及所有 $[\ddot{x}(t)]^2$ 在 $\ddot{x}$ 值上加权线性之和。

这里要注意的是,功率谱密度在不同文献中有不同的表示方式。式(3.4.3)中 $G(f)$ 称为“单边功率谱密度函数”,是在频率 f 所示的单边 ($f=0\sim\infty$) 上表征为实值非负函数。另外也可用双边功率谱密度函数 $S(\omega)$ 来表示,以圆频率 ω 所示的双边 ($\omega=-\infty\sim\infty$) 上表征为实值的非负函数。注意到这两种功率谱密度函数与相关函数之间的傅里叶变换与反变换关系, $R(\tau)$ 对于 τ 为偶函数,单边功率谱密度 $G(f)$ 与相关函数 $R(\tau)$ 为

$$\left.\begin{aligned} G(f) &= 2\int_{-\infty}^{\infty} R(\tau)\mathrm{e}^{-\mathrm{j}2\pi f\tau}\mathrm{d}\tau = 4\int_{0}^{\infty} R(\tau)\cos 2\pi f\tau\mathrm{d}\tau \\ \text{其反变换}\qquad R(\tau) &= 4\int_0^{\infty} G(f)\cos 2\pi f\tau\mathrm{d}f \end{aligned}\right\} \tag{3.4.6}$$

对于双边功率谱密度 $S(\omega)$ 则为

$$\left.\begin{aligned} S(\omega) &= \frac{1}{2\pi}\int_{-\infty}^{\infty} R(\tau)\mathrm{e}^{-\mathrm{j}\omega\tau}\mathrm{d}\tau = \frac{1}{\pi}\int_{0}^{\infty} R(\tau)\cos 2\pi f\tau\mathrm{d}\tau \\ \text{其反变换}\qquad R(\tau) &= \int_{-\infty}^{\infty} S(\omega)\mathrm{e}^{\mathrm{j}\omega\tau}\mathrm{d}\omega = 2\int_0^{\infty} S(\omega)\cos\omega\tau\mathrm{d}\omega \\ & -\infty < \omega < \infty \end{aligned}\right\} \tag{3.4.7}$$

比较式(3.4.6)和式(3.4.7),可知 $G(f)$ 与 $S(\omega)$ 关系为

$$G(f) = 4\pi S(\omega) \tag{3.4.8}$$

也有的文献资料将双边功率谱密度函数 $S(f)$ 用频率 f 表示,其 f 的区域扩展为 $(-\infty < f < \infty)$。这时 $S(f)$ 与 $G(f)$ 之间关系为

$$G(f) = \begin{cases} 2S(f) & 0 < f < \infty \\ 0 & 其他 f \end{cases} \tag{3.4.9}$$

所以在使用中必须注意功率谱密度的定义以及横坐标上所使用的频率是 f 还是 ω, 如使用 ω 时,则 $G(f)$ 和 $S(f)$ 的关系(见图 3.4.2)为

$$\begin{cases} G(f) = 2\pi G(\omega) = 4\pi S(\omega) \\ S(f) = 2\pi S(\omega) \end{cases} \tag{3.4.10}$$

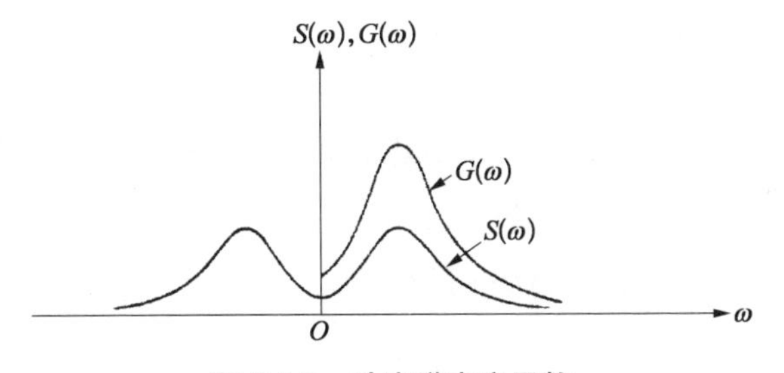

图 3.4.2　功率谱密度函数

对于随机加速度 $\ddot{x}(t)$ 的一个十分重要统计值均方值定义为

$$\psi^2 = \lim_{T\to\infty} \frac{1}{T}\int_0^T [\ddot{x}(t)]^2 \mathrm{d}t \tag{3.4.11}$$

在第 2 章中已证明 $\ddot{x}(t)$ 的均方值可用功率谱密度函数、自相关函数与概率密度函数表征:

$$\psi^2 = \int_0^{\infty} G(f)\,\mathrm{d}f = \int_{-\infty}^{\infty} S(\omega)\,\mathrm{d}\omega = 2\int_0^{\infty} S(\omega)\,\mathrm{d}\omega = R(0) = \int_{-\infty}^{\infty} [\ddot{x}(t)]^2 p(\ddot{x})\,\mathrm{d}\ddot{x} \tag{3.4.12}$$

也可理解为 $\ddot{x}(t)$ 时程曲线的均方值是功率谱密度函数 $G(f)$ [或 $S(\omega)$] 曲线下的总面积,也等于自相关函数 $R(\tau)$ 在原点 $\tau = 0$ 时 $R(0)$ 值

以及在 $[\ddot{x}(t)]^2$ 值上的加权线性之和。

2）按三角级数模型合成地震波的方法

当平均值为零并是平稳高斯过程的 $\ddot{x}(t)$ 时,可用三角级数模型模拟合成 $\ddot{x}(t)$：

$$\ddot{x}(t) = \sum_{k=1}^{N} a_k \cos(\omega_k + \gamma_k) \tag{3.4.13}$$

式中, a_k 是与已给出的功率谱密度函数 $S(\omega)$ [或 $G(f)$]有关的值。

$$a_k^2 = 4S(\omega_k)\Delta\omega = 2G(f_k)\Delta f \tag{3.4.14}$$

$$\begin{cases} \omega_k = 2\pi f_k \\ \Delta\omega = (\omega_H - \omega_L)/N \\ \omega_k = \omega_L + \left(k - \dfrac{1}{2}\right)\Delta\omega \quad (k = 1,\ 2,\ \cdots,\ N) \end{cases} \tag{3.4.15}$$

式中, ω_H, ω_L 分别为高端处和低端处的频率, a_k 和 γ_k 对于 $k = 1,\ 2,\ \cdots,\ N$ 而言是相互独立不相关的变数。

可以证明式(3.4.14)的模型成立时,对任何 N 值,各态历程均能成立,其均值为

$$\overline{\ddot{x}(t)} = \lim_{T\to\infty} \frac{1}{T}\int_0^T a_k \cos(\omega_k + \gamma_k)\,\mathrm{d}t = 0 \tag{3.4.16}$$

相关函数：

$$R(\tau) = \lim_{T\to\infty} \frac{1}{T}\int_0^T \ddot{x}(t)\ddot{x}(t+\tau)\,\mathrm{d}t = \frac{1}{2}\sum_{k=1}^{N} a_k^2 \cos\omega_k\tau \tag{3.4.17}$$

很容易证明,按式(3.4.12)得到 $\ddot{x}(t)$ 的均方值为

$$\psi^2 = R(0) = \frac{1}{2}\sum_{k=1}^{N} a_k^2 = 2\sum_{k=1}^{N} S(\omega_k)\Delta\omega = \sum_{k=1}^{N} G(f_k)\Delta f \tag{3.4.18}$$

式(3.4.18)表示了均方值为功率谱密度函数沿圆频率 ω_k(或频率 f_k)所覆盖的面积(见图3.4.3)。

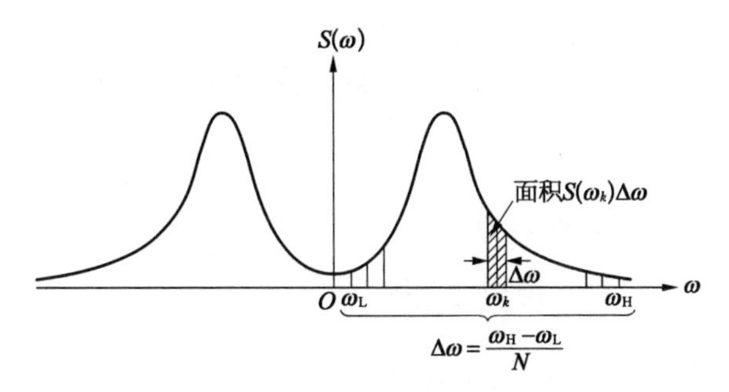

图 3.4.3　功率谱密度函数的微段

对于非平稳地震加速度 $\ddot{x}(t)$，常用的非平稳随机模型为

$$f(t) = g(t)\ddot{x}(t) \tag{3.4.19}$$

式中，$\ddot{x}(t)$ 是平均值为 0 的平稳高斯过程随机波，$g(t)$ 为一个确定性函数，在 $g(t)$ 不为常数条件下，变量 $f(t)$ 则为与 $g(t)$ 的随时间变化过程相应的非平稳过程。

式(3.4.19)的平均值为

$$\overline{f(t)} = g(t)\ \overline{\ddot{x}(t)} \tag{3.4.20}$$

自相关函数为

$$R(t,\ \tau) = g(t)g(t+\tau)\ \overline{\ddot{x}(t)\ddot{x}(t+\tau)} = g(t)g(t+\tau)R(\tau) \tag{3.4.21}$$

$f(t)$ 的均方值为 $\tau = 0$ 的自相关函数：

$$R(t,\ 0) = g^2(t)R(0) = \int_{-\infty}^{\infty} g^2(t)S(\omega)\mathrm{d}\omega \tag{3.4.22}$$

根据式(3.4.22)，对 $f(t)$ 的功率谱密度函数可表示为

$$S(t,\ \omega) = g^2(t)S(\omega) \tag{3.4.23}$$

综上，对 $f(t)$ 的模拟过程可取平稳随机过程的 $\ddot{x}(t)$ 用三角级数表示为

$$f(t) = g(t)\sum_{k=1}^{N} a_k\cos(\omega_k + \phi_k) \tag{3.4.24}$$

3.4.2 单自由度随机输入的反应(直接用相关函数或功率谱密度分析方法)

当单自由度振动系统在基础上输入一个位移 $x(t)$ 时(见图 3.4.4),由式(3.3.6)、式(3.3.7)可求得相对位移反应 $y(t)$ 与绝对加速度 $\ddot{z}(t)$ 反应为

$$\begin{cases}\ddot{y}+2\xi\omega_0\dot{y}+\omega_0^2 y=-\ddot{x}(t)\\ \ddot{z}=-2\xi\omega_0\dot{y}-\omega_0^2 y\end{cases} \tag{3.4.25}$$

式中,$\omega_0=\sqrt{k/m}$ 为无阻尼下的圆频率;ξ 为阻尼比,$\xi=\dfrac{c}{c_c}$;c_c 为临界阻尼系数,$c_c=2m\omega_0=2\sqrt{mk}$。

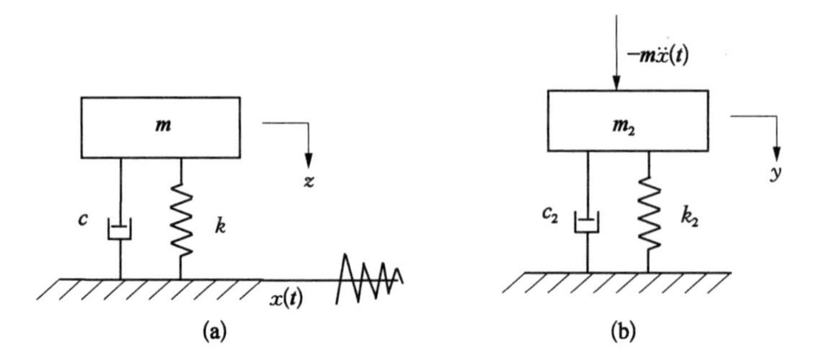

图 3.4.4 单自由系统上基础输入

(a) 原系统;(b) 等效系统

当基础输入函数 $\ddot{x}(t)$ 为一个随机变量函数时,则其输出 $y(t)$ 和 $z(t)$ 也应是一个随机变量函数。假设 $\ddot{x}(t)$ 为一个各态历经平稳的随机过程,则 $\ddot{x}(t)$ 的自相关函数 $R_{\ddot{x}\ddot{x}}(\tau)$ 与 $y(t)$ 和 $z(t)$ 的互相关函数 $R_{\ddot{x}y}(\tau)$ 也是一个各态历经平稳的随机过程,可定义为

$$\begin{cases}R_{\ddot{x}\ddot{x}}(\tau)=\lim\limits_{T\to\infty}\dfrac{1}{T}\displaystyle\int_0^T\ddot{x}(t)\ddot{x}(t+\tau)\mathrm{d}t=E[\ddot{x}(t)\ddot{x}(t+\tau)]\\ R_{\ddot{x}y}(\tau)=\lim\limits_{T\to\infty}\dfrac{1}{T}\displaystyle\int_0^T\ddot{x}(t)y(t+\tau)\mathrm{d}t=E[\ddot{x}(t)y(t+\tau)]\end{cases} \tag{3.4.26}$$

而输出信号 $y(t)$ 与 $z(t)$ 的自相关函数 $R_{yy}(\tau)$、$R_{\ddot{z}\ddot{z}}(\tau)$ 则可定义为

$$\begin{cases} R_{yy}(\tau) = \lim\limits_{T\to\infty} \dfrac{1}{T}\displaystyle\int_0^T y(t)y(t+\tau)\mathrm{d}t = E[y(t)y(t+\tau)] \\ R_{\ddot{z}\ddot{z}}(\tau) = \lim\limits_{T\to\infty} \dfrac{1}{T}\displaystyle\int_0^T \ddot{z}(t)\ddot{z}(t+\tau)\mathrm{d}t = E[\ddot{z}(t)\ddot{z}(t+\tau)] \end{cases} \tag{3.4.27}$$

从式(3.4.26)、式(3.4.27)可清楚看出,虽然 $\ddot{x}(t)$, $y(t)$, $\ddot{z}(t)$ 是一个随时间变化的随机变量,但经过相关统计后 $R_{\ddot{x}\ddot{x}}(\tau)$, $R_{\ddot{x}y}(\tau)$, $R_{yy}(\tau)$ 与 $R_{\ddot{z}\ddot{z}}(\tau)$ 则是转化为近似确定性函数的统计值,则可利用二次统计方法将式(3.4.25)转化为一个新的相关函数表示的微分方程式。首先对式(3.4.25)第 1 式分别左乘 $\ddot{x}(t+\tau)$ 与 $y(t+\tau)$ 后取统计均方值,并利用相关函数微分性质:

$$R_{x^{(n)}y^{(m)}}(\tau) = (-1)^n \frac{\mathrm{d}^{(n+m)} R_{xy}(\tau)}{\mathrm{d}\tau^{(n+m)}} \tag{3.4.28}$$

式中,(n), (m)表示对时间 t 的微分阶数,即 $\dfrac{\mathrm{d}^n}{\mathrm{d}t^n}$、$\dfrac{\mathrm{d}^m}{\mathrm{d}t^m}$。

由此经运算可得到一组二阶线性微分式:

$$\begin{cases} \dfrac{\mathrm{d}^2 R_{y\ddot{x}}}{\mathrm{d}\tau^2} - 2\xi\omega_0 \dfrac{\mathrm{d}R_{y\ddot{x}}}{\mathrm{d}\tau} + \omega_0^2 R_{y\ddot{x}} = - R_{\ddot{x}\ddot{x}}(\tau) \\ \dfrac{\mathrm{d}^2 R_{yy}}{\mathrm{d}\tau^2} - 2\xi\omega_0 \dfrac{\mathrm{d}R_{yy}}{\mathrm{d}\tau} + \omega_0^2 R_{yy} = - R_{\ddot{x}y}(\tau) \end{cases} \tag{3.4.29}$$

再利用相关函数性质:

$$R_{\ddot{x}y}(\tau) = R_{y\ddot{x}}(-\tau) \tag{3.4.30}$$

代入式(3.4.29)后得到关于输出为 $R_{\ddot{x}y}(\tau)$ 和 $R_{yy}(\tau)$ 的线性微分方程组:

$$\begin{cases} \dfrac{\mathrm{d}^2 R_{\ddot{x}y}}{\mathrm{d}\tau^2} + 2\xi\omega_0 \dfrac{\mathrm{d}R_{\ddot{x}y}}{\mathrm{d}\tau} + \omega_0^2 R_{\ddot{x}y} = - R_{\ddot{x}\ddot{x}}(\tau) \\ \dfrac{\mathrm{d}^2 R_{yy}}{\mathrm{d}\tau^2} - 2\xi\omega_0 \dfrac{\mathrm{d}R_{yy}}{\mathrm{d}\tau} + \omega_0^2 R_{yy} = - R_{\ddot{x}y}(\tau) \end{cases} \tag{3.4.31}$$

对式(3.4.25)第2式以同样方法分别左乘 $y(t+\tau)$ 和 $\ddot{z}(t+\tau)$ 得到输出为 $R_{\ddot{x}\ddot{x}}(\tau)$ 与 $R_{yy}(\tau)$ 的关系方程式：

$$R_{\ddot{z}\ddot{z}}(\tau)=(-2\xi\omega_0)^2\frac{\mathrm{d}^2R_{yy}}{\mathrm{d}\tau^2}+\omega_0^4R_{yy} \tag{3.4.32}$$

式(3.4.31)与式(3.4.32)是表征一个平稳各态历经随机过程的线性系统，图3.4.5展示了与式(3.4.31)与式(3.4.32)在时域 τ 中的输入输出线性过程关系。

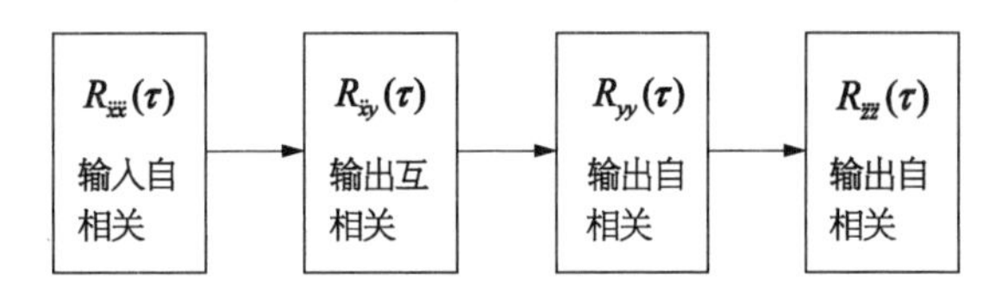

图3.4.5　时域 τ 中输入输出关系

对于式(3.4.31)与式(3.4.32)可以应用常规的确定性振动模型系统进行求解，仍然与3.3.2节分别求解其通解和特解的方法相同。

1）自由振动解

将式(3.4.31)转化齐次方程：

$$\begin{cases}\dfrac{\mathrm{d}^2R_{\ddot{x}y}}{\mathrm{d}\tau^2}+2\xi\omega_0\dfrac{\mathrm{d}R_{\ddot{x}y}}{\mathrm{d}\tau}+\omega_0^2R_{\ddot{x}y}=0\\ \dfrac{\mathrm{d}^2R_{yy}}{\mathrm{d}\tau^2}-2\xi\omega_0\dfrac{\mathrm{d}R_{yy}}{\mathrm{d}\tau}+\omega_0^2R_{yy}=-R_{\ddot{x}y}(\tau)\\ R_{\ddot{z}\ddot{z}}(\tau)=(-2\xi\omega_0)^2\dfrac{\mathrm{d}^2R_{yy}}{\mathrm{d}\tau^2}+\omega_0^4R_{yy}\end{cases} \tag{3.4.33}$$

齐次方程初始 $\tau=0$ 时条件为

$$\begin{cases}R_{yy}(0)=R_{yy}(0)\\ \dfrac{\mathrm{d}R_{yy}(\tau)}{\mathrm{d}\tau}=0\end{cases} \tag{3.4.34}$$

如将式(3.4.33)合并表示为 $R_{yy}(\tau)$ 的四阶线性微分方程：

$$\left(\frac{\mathrm{d}^2}{\mathrm{d}\tau^2}+2\xi\omega_0\frac{\mathrm{d}}{\mathrm{d}\tau}+\omega_0^2\right)\left(\frac{\mathrm{d}^2}{\mathrm{d}\tau^2}-2\xi\omega_0\frac{\mathrm{d}}{\mathrm{d}\tau}+\omega_0^2\right)R_{yy}(\tau)$$

$$=\left(\frac{\mathrm{d}^4}{\mathrm{d}\tau^4}+2(1-2\xi^2)\omega_0\frac{\mathrm{d}^2}{\mathrm{d}\tau^2}+\omega_0^4\right)R_{yy}(\tau)=0 \tag{3.4.35}$$

设 $R_{yy}(\tau)=\mathrm{e}^{S\tau}$ 代入式(3.4.35)得到齐次微分方程的特征值方程式为

$$S^4+2(1-2\xi^2)\omega_0^2S^2+\omega_0^4=0 \tag{3.4.36}$$

其方程的 4 个根为

$$\begin{cases}S_{1,2}=(\xi\pm\sqrt{\xi^2-1})\omega_0\\S_{3,4}=(\xi\pm\sqrt{\xi^2-1})\omega_0\end{cases} \tag{3.4.37}$$

如振动系统的阻尼比 $\xi<1$ 时，则特征值为

$$\begin{cases}S_{1,2}=(\xi\pm \mathrm{j}\sqrt{1-\xi^2})\omega_0\\S_{3,4}=(\xi\pm \mathrm{j}\sqrt{1-\xi^2})\omega_0\end{cases} \tag{3.4.38}$$

方程齐次解为

$$R_{yy}(\tau)=\mathrm{e}^{-\xi\omega_0\tau}(A\cos p\tau+B\sin p\tau)+\mathrm{e}^{\xi\omega_0\tau}(C\cos p\tau+D\sin p\tau) \tag{3.4.39}$$

式中，$p=\sqrt{1-\xi^2}\omega_0$，A, B, C, D 为积分常数。

由于振动齐次解随时间 τ 增大而衰减至零，因此解 $R_{yy}(\tau)$ 中 $C=D=0$。

积分常数 A, B 由初始条件式(3.4.34)求得

$$\begin{cases}A=R_{yy}(0)\\B=\dfrac{\xi}{\sqrt{1-\xi^2}}R_{yy}(0)\end{cases} \tag{3.4.40}$$

代入式(3.4.39)后得 $R_{yy}(\tau)$ 的解为

$$R_{yy}(\tau)=R_{yy}(0)\mathrm{e}^{-\xi\omega_0\tau}\left(\cos p\tau+\frac{\xi}{\sqrt{1-\xi^2}}\sin p\tau\right)$$

$$=\frac{R_{yy}(0)}{\sqrt{1-\xi^2}}\mathrm{e}^{-\xi\omega_0\tau}(\cos p\tau-\theta) \tag{3.4.41}$$

$$\begin{cases}\dfrac{\mathrm{d}R_{yy}(\tau)}{\mathrm{d}\tau}=-\dfrac{R_{yy}(0)\omega_0}{\sqrt{1-\xi^2}}\mathrm{e}^{-\xi\omega_0\tau}\sin p\tau\\ \dfrac{\mathrm{d}^2R_{yy}(\tau)}{\mathrm{d}\tau^2}=-\dfrac{R_{yy}(0)\omega_0^2}{\sqrt{1-\xi^2}}\mathrm{e}^{-\xi\omega_0\tau}(\xi\sin p\tau-\sqrt{1-\xi^2}\cos p\tau)\\ \qquad=\dfrac{-R_{yy}(0)\omega_0^2}{\sqrt{1-\xi^2}}\mathrm{e}^{-\xi\omega_0\tau}\cos(p\tau+\theta)\\ \dfrac{\mathrm{d}^3R_{yy}(\tau)}{\mathrm{d}\tau^3}=-\dfrac{R_{yy}(0)\omega_0^3}{\sqrt{1-\xi^2}}\mathrm{e}^{-\xi\omega_0\tau}[(1-2\xi)\sin p\tau-2\xi\sqrt{1-\xi^2}\cos p\tau]\\ \qquad=\dfrac{-R_{yy}(0)\omega_0^3}{\sqrt{1-\xi^2}}\mathrm{e}^{-\xi\omega_0\tau}\sin(p\tau+2\theta)\\ \dfrac{\mathrm{d}^4R_{yy}(\tau)}{\mathrm{d}\tau^4}=-\dfrac{R_{yy}(0)\omega_0^4}{\sqrt{1-\xi^2}}\mathrm{e}^{-\xi\omega_0\tau}[(-3+4\xi)\xi\sin p\tau+(1-4\xi^2)\sqrt{1-\xi^2}\cos p\tau]\\ \qquad=\dfrac{-R_{yy}(0)\omega_0^4}{\sqrt{1-\xi^2}}\mathrm{e}^{-\xi\omega_0\tau}\cos(p\tau+3\theta)\end{cases} \tag{3.4.42}$$

将 $R_{yy}(\tau)$ 与 $\dfrac{\mathrm{d}^2R_{yy}(\tau)}{\mathrm{d}\tau^2}$ 代入式(3.4.32)整理后得

$$R_{\ddot{z}\ddot{z}}(\tau)=-\frac{R_{yy}(0)\omega_0^4}{\sqrt{1-\xi^2}}\mathrm{e}^{-\xi\omega_0\tau}[(1+4\xi^2)\sqrt{1-\xi^2}\cos p\tau+(1-4\xi^2)\xi\sin p\tau]$$

$$=\frac{R_{yy}(0)\omega_0^4}{\sqrt{1-\xi^2}}\mathrm{e}^{-\xi\omega_0\tau}[4\xi^2\cos(p\tau+\theta)+\cos(p\tau-\theta)] \tag{3.4.43}$$

当 $\tau=0$ 时的 $R_{\ddot{z}\ddot{z}}(0)$ 即为 $\ddot{z}(t)$ 的均方值：

$$R_{\ddot{z}\ddot{z}}(0)=R_{yy}(0)\omega_0^4(1+4\xi^2) \tag{3.4.44}$$

相位角 θ 见式(3.3.18)所示。

由平稳各态历经随机过程齐次方程式(3.4.33)的自由振动解式(3.4.41)~式(3.4.43)可以得到如下结论。

(1) 对于平稳各态历经随机线性系统经过参数均方处理后所建立的相关函数线性振动方程可表征为确定性输入输出线性方程。

(2) 其相对位移 $y(t)$ 的自相关函数 $R_{yy}(\tau)$ 与绝对加速度 $\ddot{z}(t)$ 的自相关函数的自由振动之解由于阻尼比 ξ 随相关时间 τ 而迅速衰减。

2) 强迫振动解

从前面已求得方程式(3.4.41)、式(3.4.43)的通解可知随相关时间 τ 的增加,由于阻尼比 ξ 而使其相关函数解 $R_{yy}(\tau)$ 和 $R_{\ddot{z}\ddot{z}}(\tau)$ 衰减更快,对方程强迫振动的解在达到一定的时间后初始条件已影响不大。为此更简易的方法是对方程式(3.4.29)应用傅里叶变换方法求解方程的特解。即设 $R_{\ddot{x}\ddot{x}}(\tau)$, $R_{\ddot{x}y}(\tau)$, $R_{yy}(\tau)$ 与功率谱密度 $S_{\ddot{x}\ddot{x}}(\omega)$, $S_{\ddot{x}y}(\omega)$, $S_{yy}(\omega)$ 的关系对方程式(3.4.29)进行如下的傅里叶变换。

$$\begin{cases} S_{\ddot{x}\ddot{x}}(\omega)=\dfrac{1}{2\pi}\displaystyle\int_{-\infty}^{\infty}R_{\ddot{x}\ddot{x}}(\tau)\mathrm{e}^{-\mathrm{j}\omega\tau}\mathrm{d}\tau \\ S_{\ddot{x}y}(\omega)=\dfrac{1}{2\pi}\displaystyle\int_{-\infty}^{\infty}R_{\ddot{x}y}(\tau)\mathrm{e}^{-\mathrm{j}\omega\tau}\mathrm{d}\tau \\ S_{yy}(\omega)=\dfrac{1}{2\pi}\displaystyle\int_{-\infty}^{\infty}R_{yy}(\tau)\mathrm{e}^{-\mathrm{j}\omega\tau}\mathrm{d}\tau \end{cases} \tag{3.4.45}$$

得到新的频率域 ω 上以功率谱密度表征的方程式,然后进行傅里叶变换得到方程的特解。

设

$$\begin{cases} (-\omega^2+\omega_0^2+\mathrm{j}2\xi\omega_0\omega)S_{\ddot{x}y}(\omega)=-S_{\ddot{x}\ddot{x}}(\omega) \\ (-\omega^2+\omega_0^2-\mathrm{j}2\xi\omega_0\omega)S_{yy}(\omega)=-S_{\ddot{x}y}(\omega) \end{cases} \tag{3.4.46}$$

设

$$\begin{cases} H_1(\mathrm{j}\omega) = (-\omega^2 + \omega_0^2 + \mathrm{j}2\xi\omega_0\omega)^{-1} \\ H_2(\mathrm{j}\omega) = (-\omega^2 + \omega_0^2 - \mathrm{j}2\xi\omega_0\omega)^{-1} \end{cases} \tag{3.4.47}$$

式(3.4.46)可改写为

$$\begin{cases} S_{\ddot{x}y}(\omega) = -H_1(\mathrm{j}\omega)S_{\ddot{x}\ddot{x}}(\omega) \\ S_{yy}(\omega) = -H_2(\mathrm{j}\omega)S_{\ddot{x}y}(\omega) \end{cases} \tag{3.4.48}$$

由傅里叶变换的性质可知，$H_1(\mathrm{j}\omega)$ 和 $H_2(\mathrm{j}\omega)$ 对应反变换关系分别为

$$\begin{cases} H_1(\mathrm{j}\omega) = \dfrac{1}{(-\omega^2 + \omega_0^2 + \mathrm{j}2\xi\omega_0\omega)} \\ h_1(\tau) = \dfrac{1}{p}\mathrm{e}^{-\xi\omega_0\tau}\sin p\tau \end{cases} \tag{3.4.49}$$

$$\begin{cases} H_2(\mathrm{j}\omega) = \dfrac{1}{(-\omega^2 + \omega_0^2 - \mathrm{j}2\xi\omega_0\omega)} \\ h_2(\tau) = \dfrac{1}{p}\mathrm{e}^{\xi\omega_0\tau}\sin p\tau \end{cases} \tag{3.4.50}$$

这里通常称 $H_1(\mathrm{j}\omega)$ 与 $H_2(\mathrm{j}\omega)$ 为线性系统中的传递函数，而对应时域 τ 的反变换函数 $h_1(\tau)$ 和 $h_2(\tau)$ 称为脉冲响应函数，也就是当线性系统输入 $R_{\ddot{x}\ddot{x}}(\tau)$ 为一个脉冲函数 $\delta(\tau)$ 时，在频率域和对应时域上的响应为式(3.4.49)和式(3.4.50)。那么，特解 $R_{\ddot{x}y}(\tau)$ 和 $R_{yy}(\tau)$ 分别为

$$\begin{cases} R_{\ddot{x}y}(\tau) = -\dfrac{1}{p}\displaystyle\int_0^{\tau} R_{\ddot{x}\ddot{x}}(\tau_1)h_1(\tau - \tau_1)\mathrm{d}\tau_1 \\ R_{yy}(\tau) = -\dfrac{1}{p}\displaystyle\int_0^{\tau} R_{\ddot{x}y}(\tau_2)h_2(\tau - \tau_2)\mathrm{d}\tau_2 \end{cases} \tag{3.4.51}$$

将 $R_{\ddot{x}y}(\tau)$ 代入式(3.4.51)第 2 式中 $R_{\ddot{x}y}(\tau_2)$，进行变量调整运算可得到 $R_{yy}(\tau)$ 的特解表达式为

$$R_{yy}(\tau)=\frac{1}{p^2}\left\{\int_0^{\tau}\left[\int_0^{\tau-\tau_2}R_{\ddot{x}\ddot{x}}(\tau-\tau_1-\tau_2)h_1(\tau_1)\mathrm{d}\tau_1\right]h_2(\tau_2)\mathrm{d}\tau_2\right\} \tag{3.4.52}$$

其另一表达为

$$R_{yy}(\tau)=\frac{1}{p^2}\left\{\int_0^{\tau}\left[\int_0^{\tau_2}R_{\ddot{x}\ddot{x}}(\tau_1)h_1(\tau_2-\tau_1)\mathrm{d}\tau_1\right]h_2(\tau-\tau_2)\mathrm{d}\tau_2\right\} \tag{3.4.53}$$

方程特解式(3.4.51)和式(3.4.52)中时域 τ 定义为 $\{0,\infty\}$ 区间内适用。

由式(3.4.48)可求得相对位移 $y(t)$ 的功率谱密度函数 $S_{yy}(\omega)$ 与输入 $\ddot{x}(t)$ 自功率谱密度函数 $S_{\ddot{x}\ddot{x}}(\omega)$ 之间的关系为

$$\begin{aligned}S_{yy}(\omega)&=\frac{S_{\ddot{x}\ddot{x}}(\omega)}{(\omega_0^2-\omega^2+\mathrm{j}2\xi\omega_0\omega)(\omega_0^2-\omega^2-\mathrm{j}2\xi\omega_0\omega)}\\&=\frac{S_{\ddot{x}\ddot{x}}(\omega)}{[(\omega_0^2-\omega^2)^2+4\xi^2\omega_0^2\omega^2]}\end{aligned} \tag{3.4.54}$$

由方程式(3.4.32)作傅里叶变换得到 $S_{\ddot{z}\ddot{z}}(\omega)$ 与 $S_{yy}(\omega)$，$S_{\ddot{x}\ddot{x}}(\omega)$ 之间的关系为

$$\begin{aligned}S_{\ddot{z}\ddot{z}}(\omega)&=(\omega_0^2+4\xi^2\omega^2)\omega_0^2S_{yy}(\omega)\\&=\frac{(\omega_0^2+4\xi^2\omega^2)\omega_0^2}{[(\omega_0^2-\omega^2)^2+4\xi^2\omega_0^2\omega^2]}S_{\ddot{x}\ddot{x}}(\omega)\end{aligned} \tag{3.4.55}$$

将 $S_{yy}(\omega)$ 和 $S_{\ddot{z}\ddot{z}}(\omega)$ 进行傅里叶变换可得到自相关函数 $R_{yy}(\tau)$ 和 $R_{\ddot{z}\ddot{z}}(\tau)$：

$$R_{yy}(\tau)=\int_{-\infty}^{\infty}S_{yy}(\omega)\mathrm{e}^{\mathrm{j}\omega\tau}\mathrm{d}\omega \tag{3.4.56}$$

$$R_{\ddot{z}\ddot{z}}(\tau)=\int_{-\infty}^{\infty}S_{\ddot{z}\ddot{z}}(\omega)\mathrm{e}^{\mathrm{j}\omega\tau}\mathrm{d}\omega \tag{3.4.57}$$

[**例1**] 当基础地震波输入 $\ddot{x}(t)$ 近似假设为白噪声时,其功率谱密度函数 $S_{\ddot{x}\ddot{x}}(\omega)$ 为一常数 S_0[单位为$(\mathrm{m/s^2})^2/\mathrm{Hz}$]。

$$S_{\ddot{x}\ddot{x}}(\omega)=S_0,\ -\infty<\omega<\infty \tag{3.4.58}$$

则自相关函数 $R_{\ddot{x}\ddot{x}}(\tau)$ 变换为一个单位脉冲函数:

$$R_{\ddot{x}\ddot{x}}(\tau)=\int_{-\infty}^{\infty}S_{\ddot{x}\ddot{x}}(\omega)\mathrm{e}^{\mathrm{j}\omega\tau}\mathrm{d}\omega=2\pi S_0\delta(\tau) \tag{3.4.59}$$

将式(3.4.59)中的 $S_{\ddot{x}\ddot{x}}(\omega)$ 代入式(3.4.54)~式(3.4.57)后进入积分运算,并可利用下列两个关系式:

$$\begin{cases}\dfrac{\sqrt{1-\xi^2}\,\omega_0}{(\omega_0^2-\omega^2)\pm\mathrm{j}2\xi\omega_0\omega}\Leftrightarrow\mathrm{e}^{-\xi\omega_0\tau}\sin p\tau\\[2ex]\dfrac{\xi\omega_0+\mathrm{j}\omega}{(\omega_0^2-\omega^2)+\mathrm{j}2\xi\omega_0\omega}\Leftrightarrow\mathrm{e}^{-\xi\omega_0\tau}\cos p\tau\end{cases} \tag{3.4.60}$$

为此可得到相对位移 $y(t)$ 的 $R_{yy}(\tau)$、相对速度 $\dot{y}(t)$ 的 $R_{\dot{y}\dot{y}}(\tau)$ 以及它们之间的互相关函数 $R_{y\dot{y}}(\tau)$ 表达式:

$$\begin{cases}R_{yy}(\tau)=\dfrac{\pi S_0}{2\xi\omega_0^3}\mathrm{e}^{-\xi\omega_0\tau}\left(\cos p\tau+\dfrac{\xi}{\sqrt{1-\xi^2}}\sin pt\right)\\[2ex]\qquad=\dfrac{\pi S_0}{2\xi\sqrt{1-\xi^2}\,\omega_0^3}\mathrm{e}^{-\xi\omega_0\tau}\cos(p\tau-\theta)\\[2ex]R_{\dot{y}\dot{y}}(\tau)=-\dfrac{\mathrm{d}^2R_{yy}}{\mathrm{d}\tau^2}=\dfrac{\pi S_0}{2\xi\omega_0}\mathrm{e}^{-\xi\omega_0\tau}\left(\cos p\tau-\dfrac{\xi}{\sqrt{1-\xi^2}}\sin pt\right)\\[2ex]\qquad=\dfrac{\pi S_0}{2\xi\sqrt{1-\xi^2}\,\omega_0}\mathrm{e}^{-\xi\omega_0\tau}\cos(p\tau+\theta)\\[2ex]R_{y\dot{y}}(\tau)=-\dfrac{\mathrm{d}R_{yy}}{\mathrm{d}\tau}=-\dfrac{\pi S_0}{2\xi\sqrt{1-\xi^2}\,\omega_0^2}\mathrm{e}^{-\xi\omega_0\tau}\sin pt\end{cases} \tag{3.4.61}$$

同样的方法,可得到绝对加速度 $\ddot{z}(t)$ 的相关函数 $R_{\ddot{z}\ddot{z}}(\tau)$ 为

$$R_{\ddot{z}\ddot{z}}(\tau)=\frac{\pi S_0\omega_0}{2\xi}e^{-\xi\omega_0\tau}\left[(1+4\xi^2)\cos p\tau+\frac{\xi}{\sqrt{1-\xi^2}}(1-4\xi^2)\sin pt\right]$$

$$=\frac{\pi S_0\omega_0}{2\xi\sqrt{1-\xi^2}}e^{-\xi\omega_0\tau}[4\xi^2\cos(p\tau+\theta)+\cos(pt-\theta)] \quad (3.4.62)$$

式(3.4.61)与式(3.4.62)中的相关时间 τ 的区间均为 $\tau\geqslant 0$ 范围,式中 θ 为

$$\begin{cases}\sin\theta=\xi\\ \cos\theta=\sqrt{1-\xi^2}\\ \tan\theta=\dfrac{\xi}{\sqrt{1-\xi^2}}\end{cases} \quad (3.4.63)$$

由此,当 $\tau=0$ 代入 $R_{yy}(\tau)$, $R_{\dot{y}\dot{y}}(\tau)$ 与 $R_{\ddot{z}\ddot{z}}(\tau)$ 可得到相对位移 $y(t)$、相对速度 $\dot{y}(t)$ 与绝对加速度 $\ddot{z}(t)$ 的均方值 $\psi^2[y(t)]$, $\psi^2[\dot{y}(t)]$ 与 $\psi^2[\ddot{z}(t)]$ 为

$$\begin{cases}\psi^2[y(t)]=\dfrac{\pi S_0}{2\xi\omega_0^3}\\ \psi^2[\dot{y}(t)]=\dfrac{\pi S_0}{2\xi\omega_0}\\ \psi^2[\ddot{z}(t)]=\dfrac{\pi S_0\omega_0}{2\xi}(1+4\xi^2)\end{cases} \quad (3.4.64)$$

对于阻尼比 ξ 非常小时, $R_{yy}(\tau)$ 与 $R_{\ddot{z}\ddot{z}}(\tau)$ 之间的关系可近似表示为

$$\begin{cases}R_{\ddot{z}\ddot{z}}(\tau)\approx\omega_0^4R_{yy}(\tau)\\ \psi^2[\ddot{z}(t)]=\omega_0^4\psi^2[y(t)]\end{cases} \quad (3.4.65)$$

[**例2**]　当基础地震波输入 $\ddot{x}(t)$ 近似假设频率带宽为 $\omega_1\leqslant\omega\leqslant\omega_2$ 范围内的白噪声时,可表示为

$$S_{\ddot{x}\ddot{x}}(\omega)=\begin{cases}S_0 & \omega_1\leqslant\omega\leqslant\omega_2\\ 0 & \omega<\omega_1,\ \omega>\omega_2\end{cases} \quad (3.4.66)$$

则式(3.4.54)和式(3.4.55)中输出功率谱密度 $S_{yy}(\omega)$ 和 $S_{\ddot{z}\ddot{z}}(\omega)$ 为

$$\begin{cases}\psi^2[y(t)] = 2S_0\int_{\omega_1}^{\omega_2}\dfrac{\mathrm{d}\omega}{[(\omega_0^2-\omega^2)^2+4\xi^2\omega_0^2\omega^2]}\\ \psi^2[\ddot{z}(t)] = 2S_0\omega_0^2\int_{\omega_1}^{\omega_2}\dfrac{(\omega_0^2+4\xi^2\omega^2)\mathrm{d}\omega}{[(\omega_0^2-\omega^2)^2+4\xi^2\omega_0^2\omega^2]}\end{cases} \tag{3.4.67}$$

设频率比无量纲 $u=\omega/\omega_0$ 代入式(3.4.67)：

$$\begin{cases}\psi^2[y(t)] = \dfrac{2S_0}{\omega_0^3}\int_{u_1}^{u_2}\dfrac{\mathrm{d}u}{[(1-u^2)^2+4\xi^2u^2]}\\ \psi^2[\ddot{z}(t)] = 2S_0\omega_0\int_{u_1}^{u_2}\dfrac{(1+4\xi^2u^2)\mathrm{d}u}{[(1-u^2)^2+4\xi^2u^2]}\end{cases} \tag{3.4.68}$$

式中,积分下限 $u_1=\omega_1/\omega_0$，上限 $u_2=\omega_2/\omega_0$。

设

$$\begin{cases}X_1 = u^2-2\sqrt{1-\xi^2}u+1\\ X_2 = u^2+2\sqrt{1-\xi^2}u+1\\ X_1\cdot X_2 = (1-u^2)^2+4\xi^2u^2\end{cases} \tag{3.4.69}$$

代入式(3.4.68)后可表示为

$$\begin{cases}\psi^2[y(t)] = \dfrac{2S_0}{\omega_0^3}\int_{u_1}^{u_2}\dfrac{\mathrm{d}u}{X_1\cdot X_2}\\ \psi^2[\ddot{z}(t)] = 2S_0\omega_0\int_{u_1}^{u_2}\dfrac{(1+4\xi^2u^2)\mathrm{d}u}{X_1\cdot X_2}\end{cases} \tag{3.4.70}$$

对于式(3.4.70)积分式分别作 X_1 和 X_2 的分解,可得到如下分解式：

$$\begin{cases}\int_{u_1}^{u_2}\dfrac{\mathrm{d}u}{X_1\cdot X_2} = \dfrac{1}{4\sqrt{1-\xi^2}}\left(\int_{u_1}^{u_2}\dfrac{\mathrm{d}u}{uX_1}-\int_{u_1}^{u_2}\dfrac{\mathrm{d}u}{uX_2}\right)\\ \int_{u_1}^{u_2}\dfrac{(1+4\xi^2u^2)\mathrm{d}u}{X_1\cdot X_2} = \dfrac{(1-4\xi^2)}{4\sqrt{1-\xi^2}}\left(\int_{u_1}^{u_2}\dfrac{\mathrm{d}u}{uX_1}-\int_{u_1}^{u_2}\dfrac{\mathrm{d}u}{uX_2}\right)+2\xi^2\left(\int_{u_1}^{u_2}\dfrac{\mathrm{d}u}{X_1}+\int_{u_1}^{u_2}\dfrac{\mathrm{d}u}{X_2}\right)\end{cases} \tag{3.4.71}$$

这样,可以根据 X_1 和 X_2 的二次函数式进行积分后整理得到相对位移 $y(t)$ 和绝对加速度 $\ddot{z}(t)$ 的均方值。

$$\begin{cases} \psi^2[y(t)] = \dfrac{\pi S_0}{2\xi\omega_0^3}[I_1(u_2, \xi) - I_1(u_1, \xi)] \\ \psi^2[\ddot{z}(t)] = \dfrac{\pi S_0\omega_0}{2\xi}[I_2(u_2, \xi) - I_2(u_1, \xi)] \end{cases} \tag{3.4.72}$$

式中的因子为

$$\begin{cases} I_1(u, \xi) = \dfrac{\xi}{2\pi\sqrt{1-\xi^2}}\ln\left(\dfrac{X_2}{X_1}\right) + \dfrac{1}{\pi}\arctan\left(\dfrac{2\xi u}{1-u^2}\right) \\ I_2(u, \xi) = \dfrac{(1-4\xi^2)\xi}{2\pi\sqrt{1-\xi^2}}\ln\left(\dfrac{X_2}{X_1}\right) + \dfrac{1+4\xi^2}{\pi}\arctan\left(\dfrac{2\xi u}{1-u^2}\right) \end{cases} \tag{3.4.73}$$

图3.4.6 描述了 $I_1(u, \xi)$ 因子与 u 的关系曲线,当阻尼比 ξ 很小时,可认为 $I_2 \approx I_1$,则

$$\psi^2[\ddot{z}(t)] \approx \psi^2[y(t)]\omega_0^4 \tag{3.4.74}$$

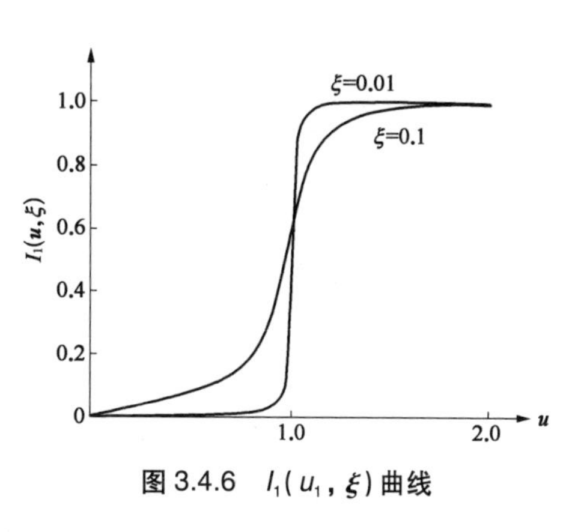

图3.4.6　$I_1(u_1, \xi)$ 曲线

另外,当 $u_1 = 0$, $u_2 \to \infty$ 时(即 $\omega_1 = 0$, $\omega_2 \to \infty$),分别代入式(3.4.72)后得到

$$\begin{cases} \psi^2[y(t)] = \dfrac{\pi S_0}{2\xi\omega_0^3} \\ \psi^2[\ddot{z}(t)] = \dfrac{\pi S_0\omega_0}{2\xi}(1+4\xi^2) \end{cases} \tag{3.4.75}$$

这时其均方值与白噪声激励相当。从图3.4.6 的 $I_1(u_1, \xi)$ 曲线也可以看出当系统的固有频率 ω_0 落在 ω_1 与 ω_2 之间时,那么 I_1 因子接近1。从方差的角度而言,带宽的白噪声也可近似等于理想白噪声来处理。实际

中许多设备常见的属于小阻尼特征下，则系统的传递函数曲线在 $\omega=\pm\omega_0$ 附近出现陡峰（见图 3.4.7），即使如果输入功率谱密度 $S_{\ddot{x}\ddot{x}}(\omega)$ 不是白噪声（即称为有色噪声），当 $S_{\ddot{x}\ddot{x}}(\omega)$ 的频带比 $|H(\mathrm{j}\omega)|^2$ 的频宽（如 $1/\sqrt{2}$ 峰值带宽，即半功率点输出带宽 $2\xi\omega_0$）宽得多，即小阻尼条件时，输入功率谱密度函数 $S_{\ddot{x}\ddot{x}}(\omega)$ 就可以用共振点 $\omega=\omega_0(u=1)$ 处的 $S_{\ddot{x}\ddot{x}}(\omega_0)$ 来替代，而输出的均方值可近似表示为

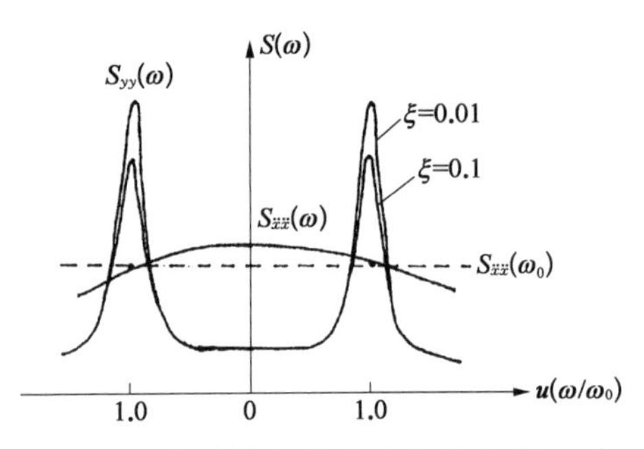

图 3.4.7　振动输入 $S_{xx}(\omega)$ 与反应 $S_y(\omega_0)$ 功率谱密度曲线函数比较

$$
\begin{cases}
\psi^2[y(t)]=\dfrac{\pi S_{\ddot{x}\ddot{x}}(\omega_0)}{2\xi\omega_0^3}\\[2ex]
\psi^2[\ddot{z}(t)]=\dfrac{\pi S_{\ddot{x}\ddot{x}}(\omega_0)\omega_0}{2\xi}
\end{cases}
\tag{3.4.76}
$$

对于输出相对速度 $\dot{y}(t)$ 的均方值可由输出功率谱密度 $S_{\dot{y}\dot{y}}(\omega)$ 积分后求得，由关系式 $S_{\dot{y}\dot{y}}(\omega)=\omega^2S_{yy}(\omega)$ 代入 $\psi^2[\dot{y}(t)]$ 得

$$
\begin{aligned}
\psi^2[\dot{y}(t)]&=\int_{\omega_1}^{\omega_2}\frac{S_{\ddot{x}\ddot{x}}(\omega)\omega^2\mathrm{d}\omega}{[(\omega_0^2-\omega^2)^2+4\xi^2\omega_0^2\omega^2]}=\frac{2S_0}{\omega_0}\int_{u_1}^{u_2}\frac{u^2\mathrm{d}u}{[(1-u^2)^2+4\xi^2u^2]}\\
&=\frac{\pi S_0}{2\xi\omega_0}[I_3(u_2,\xi)-I_3(u_1,\xi)]
\end{aligned}
\tag{3.4.77}
$$

式中，

$$
I_3(u,\xi)=\frac{\xi}{2\pi\sqrt{1-\xi^2}}\ln\left(\frac{X_1}{X_2}\right)+\frac{1}{\pi}\arctan\left(\frac{2\xi u}{1-u^2}\right)
\tag{3.4.78}
$$

图 3.4.8 描述了 $I_3(u,\xi)$ 因子与 u 的关系曲线，同理当 $u_1=0$, $u_2\to\infty$（即 $\omega_1=0$, $\omega_2\to\infty$）时，则得到与式(3.4.64)相同的均方值 $\psi^2[\dot{y}(t)]$。

$$
\psi^2[\dot{y}(t)]=\frac{\pi S_0}{2\xi\omega_0}
\tag{3.4.79}
$$

对于式(3.4.31)的特解可以将式(3.4.54)和式(3.4.55)分别得到的 $S_{yy}(\omega)$ 和 $S_{\ddot{z}\ddot{z}}(\omega)$ 作傅里叶反变换后变成为自相关函数 $R_{yy}(\tau)$ 和 $R_{\ddot{z}\ddot{z}}(\tau)$。或者直接由式(3.4.52)按积分方法求得输出自相关函数 $R_{yy}(\tau)$ 或 $R_{\ddot{z}\ddot{z}}(\tau)$。

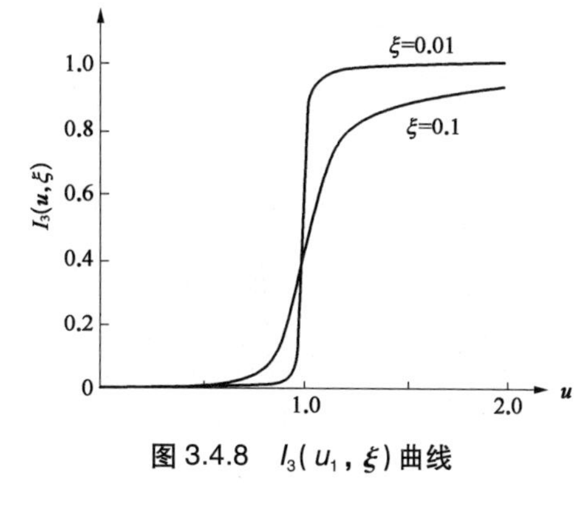

图 3.4.8　$I_3(u_1, \xi)$ 曲线

当输入是白噪声 S_0 时,可以看出该特解 $R_{yy}(\tau)$ 和 $R_{\ddot{z}\ddot{z}}(\tau)$ 与通解式(3.4.41)~式(3.4.43)表达式完全一致,这里只要将式中系数 $R_{yy}(0)$ 改为 $y(t)$ 输出的均方值

$R_{yy}(0)=\psi^2[y(t)]=\dfrac{\pi S_0}{2\xi\omega_0^3}$ 即可,因此这里不再一一列出其特解。

对于方程的特解可以清楚地得到如下结论:

(1) 当基础输入地震波 $\ddot{x}(t)$ 假设为各态历经平稳随机信号时,其反应 $y(t)$ 与 $\ddot{z}(t)$ 也是各态历经平稳随机信号仍成立。

由于功率谱密度函数与相关函数之间相互匹配成为傅里叶变换配对,为此可作出如图 3.4.9 所示的输入输出联系图。

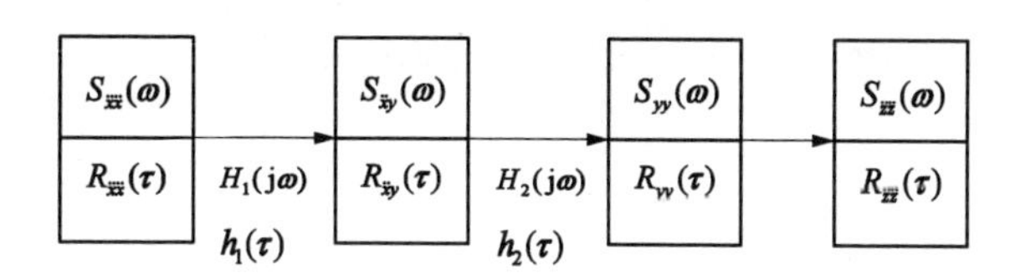

图 3.4.9　频域 ω 与时域 τ 中的输入输出关系

(2) 基础输入地震波 $\ddot{x}(t)$ 假设为白噪声后,其反应 $y(t)$ 与 $\ddot{z}(t)$ 的均方值与阻尼比 ξ 成反比,阻尼比 ξ 愈小,其反应愈大。

(3) 如结构物固有频率 ω_0 落在激励带宽白噪声的带宽频率范围 (ω_1, ω_2) 内时,则其反应功率谱密度 $S_{yy}(\omega)$ 或 $S_{\ddot{z}\ddot{z}}(\omega)$ 上存在 $\omega=\omega_0$ 的谱峰,其大小也与阻尼比 ξ 成反比,这时求解反应均方值表式中的输入功率谱密度值可近似用 $S_{\ddot{x}\ddot{x}}(\omega_0)$ 替代 $S_{\ddot{x}\ddot{x}}(\omega)$ (见图 3.4.7)。

3.5 反应谱与功率谱密度之间的关系

3.5.1 时域和频域两种分析流程的关系

3.3.4 节论述了抗震设计时信号传输过程中关于反应谱的基本概念和生成方法;3.4.1 节论述了地面地震波假设为一种随机过程的模拟,如何从随机信号线性传输过程中获得关于功率谱密度函数表征的反应。前者是建立在时域分析上求得相对位移、相对速度及绝对加速度反应峰值组成的反应谱函数,后者则是频率域的能量角度上求得相对位移、相对速度和绝对加速度反应组成的功率谱密度函数(PSD),两种分析基本流程如图 3.5.1(a)和(b)所示。

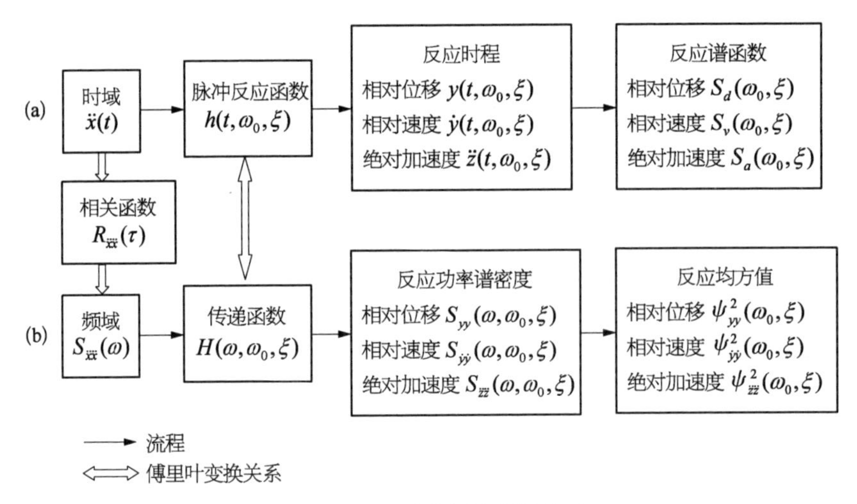

图 3.5.1 两种分析流程的关系

这里特别要注意的是在分析流程中相关的符号以及表示的特征。t 表示时间;ω 表示作为与时域相对应的频率成分;而 ω_0, ξ 则表示单自由度振子的固有圆频率($\omega_0=\sqrt{m/k}$)和阻尼比。

在公式推导和使用中不能将 ω 与 ω_0(f 与 f_0)两个变量相混淆。反应谱 S_d, S_v或 S_a是以 ω_0 和 ξ 作为变量的函数,表征落在基础上设施固有频率 ω_0 所对应的反应值。而反应功率谱密度函数 S_{yy}, $S_{\dot{y}\dot{y}}$ 或 $S_{\ddot{z}\ddot{z}}$ 是以 ω, ω_0

和 ξ 作为变量的函数，表征其输出（固定 ω_0 和 ξ）反应所对应的频率 ω 成分的特征量。

由于地震波是一种随机性特征的信号，通过这两种方法获得的反应谱函数与均方值是否等效，即图 3.5.1 中（S_d，S_v 和 S_a）是否与（ψ_{yy}，$\psi_{\dot{y}\dot{y}}$ 和 $\psi_{\ddot{z}\ddot{z}}$）等效，这是核电厂设施抗震分析中一项十分重要的指标。核电厂 SSC 抗震分析时主要采用图 3.5.1 中第一种分析方法以设计反应谱作为地面地震输入及楼面地震输入的一个重要参数，但要检验输入的反应谱或时程是否满足频率成分能量的要求，则第二种分析方法作为第一种分析方法的辅助也是十分必要的。如美国国家核管会（NRC）在 2007 年出版的《核电厂标准审查大纲》（NUREG－08000－3.7.1“地震设计参数”）中提出核电厂地面地震输入时关于功率谱密度的要求，其规定为“当单组人工地面运动时程用作抗震Ⅰ类构筑物、系统、部件（SSC）抗震分析时，通常需满足包络设计反应谱并与对应设计反应谱的目标 PSD 函数相匹配，因此在应用单组时程时，除要求包络设计反应谱外，还要求在重要频率范围的 PSD 函数包络‘目标 PSD 函数’，以验证在感兴趣的频率上具有足够的能量”，注意这里的目标 PSD 是指地震输入的 PSD 包络所要求的“目标功率谱函数”。同时提出了可接受的两种方法来验证表明该频率范围中任何频率上的能量无明显差距。

最早美国 NRC 发布 NUREG CR534（1989）和 NUREG CR3509（1998）提出了用于确定核电管理导则 RG.1.60 的标准设计地面反应谱所对应的目标 PSD（见图 3.5.2），该目标 PSD 结果直接引用到核电厂标准审查大纲（SRP）3.7.1 中。其目标 PSD 用单边功率谱密度函数 $G(f)$ 表达为

$$G(f)=\begin{cases}4\,190\cdot(f/2.5)^{0.2} & f<2.5\\ 4\,190\cdot(2.5/f)^{1.8} & 2.5\leqslant f<9.0\\ 418\cdot(9.0/f)^{3} & 9.0\leqslant f<16.0\\ 74.2\cdot(16.0/f)^{8} & f>16.0\end{cases}\tag{3.5.1}$$

式中，f 为目标 PSD 对应的频率成分（Hz）。

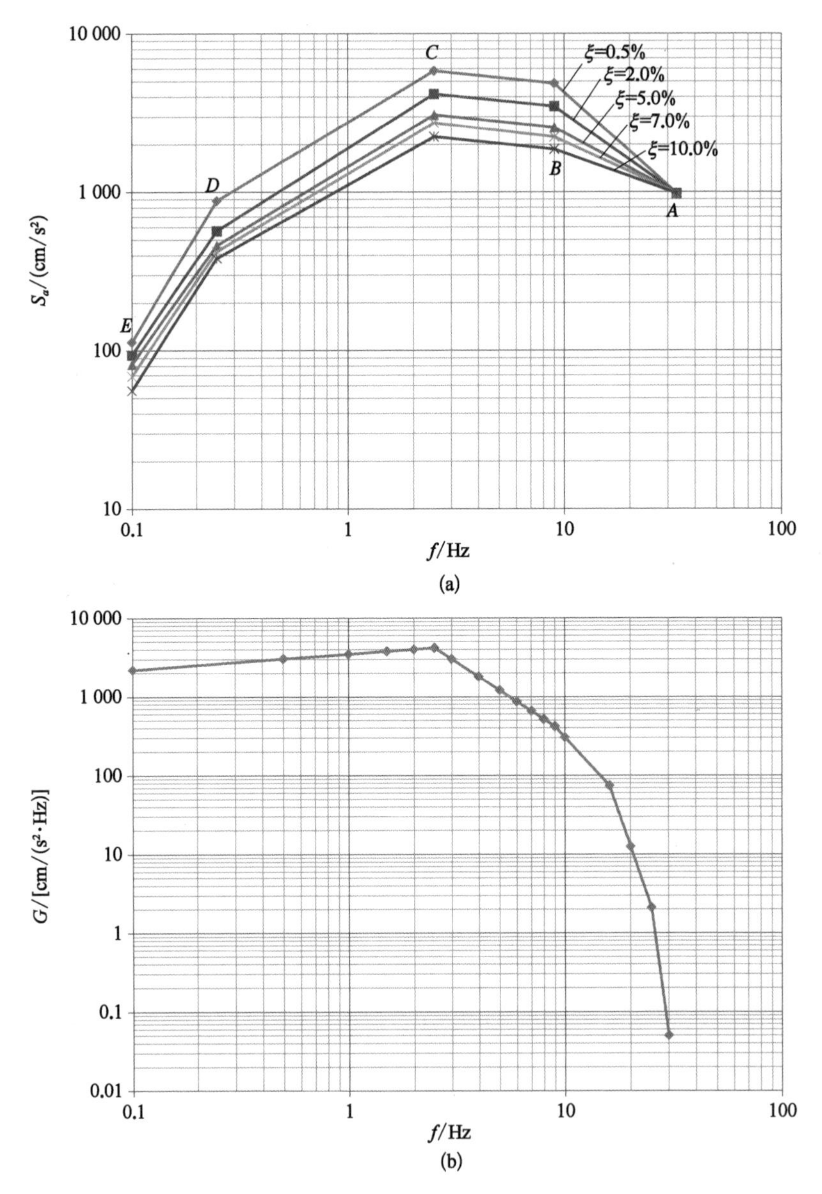

图 3.5.2 标准地面水平加速度设计反应谱与对应的目标 PSD

(a) RG1.60 标准设计反应谱;(b) 对应的目标 PSD

核电厂 SSC 抗震分析时作为基础地面的地震加速度输入时程曲线(包括两个水平和一个垂直)必须要验证是否包络 RG1.60 标准设计反应谱[见图 3.5.2(a)]外,还需验证是否包络 SRP - 3.7.1 中的目标功率谱密度[见图 3.5.2(b)]。

所以本节主要阐述地震输入用的时程 $\ddot{x}(t)$，对应的输入功率谱密度 $S_{\ddot{x}\ddot{x}}(\omega)$ 如何与输出设计反应谱之间建立一个确切的关系。如该关系一旦建立后，则可以有如下用途：

（1）从地震输入时程曲线，求得设计反应谱与目标 PSD。

（2）从设计反应谱或目标 PSD 反求的地震输入的时程曲线，但不是唯一的。

（3）从地震加速度输入时程曲线求得的设计反应谱，求解对应的目标 PSD。

3.5.2　地震加速度功率谱密度函数与反应谱之间的关系

由图 3.5.1 可知，对一个地震动时间历程 $\ddot{x}(t)$ 输入后，可用时域和频域两种方法获得其相对位移，相对速度和绝对加速度的反应。

第一种通过时域路径可得到式(3.3.57) S_d，S_v和 S_a的反应表达式。

$$\begin{cases} S_d = \dfrac{1}{p}\left|\displaystyle\int_0^{\tau}\ddot{x}(\tau)\mathrm{e}^{-\xi\omega_0(t-\tau)}\sin p(t-\tau)\mathrm{d}\tau\right|_{\max} \\ S_v = \dfrac{1}{\sqrt{1-\xi^2}}\left|\displaystyle\int_0^{\tau}\ddot{x}(\tau)\mathrm{e}^{-\xi\omega_0(t-\tau)}\left[\xi\sin p(t-\tau)+\sqrt{1-\xi^2}\cos p(t-\tau)\right]\mathrm{d}\tau\right|_{\max} \\ S_a = \dfrac{\omega_0}{\sqrt{1-\xi^2}}\left|\displaystyle\int_0^{\tau}\ddot{x}(\tau)\mathrm{e}^{-\xi\omega_0(t-\tau)}\left[(1-2\xi^2)\sin p(t-\tau)+2\xi\sqrt{1-\xi^2}\cos p(t-\tau)\right]\mathrm{d}\tau\right|_{\max} \end{cases} \tag{3.5.2}$$

式中，S_d，S_v和 S_a为相对基础位移 y、相对基础速度 $\dot{y}$ 和绝对加速度 $\ddot{z}$ 的最大反应谱，它们是 $(\omega_0,\ \xi)$ 的函数，ω_0 和 ξ 为单振子的固有圆频率和阻尼比。

附录 B 专门阐述了反应谱精确计算的理论文本及验证。

对于图 3.5.1 中第二种通过随机振动频域路径可得到与式(3.5.2)相对应的反应式(3.4.54)和式(3.4.55)。

$$
\begin{cases}
S_{yy}(\omega, \omega_0, \xi) = \dfrac{S_{\ddot{x}\ddot{x}}(\omega)}{[(\omega_0^2 - \omega^2)^2 + 4\xi^2\omega_0^2\omega^2]} \\
S_{\dot{y}\dot{y}}(\omega, \omega_0, \xi) = \dfrac{\omega_0^2 S_{\ddot{x}\ddot{x}}(\omega)}{[(\omega_0^2 - \omega^2)^2 + 4\xi^2\omega_0^2\omega^2]} \\
S_{\ddot{z}\ddot{z}}(\omega, \omega_0, \xi) = \dfrac{(\omega_0^2 + 4\xi^2\omega^2)\omega_0^2 S_{\ddot{x}\ddot{x}}(\omega)}{[(\omega_0^2 - \omega^2)^2 + 4\xi^2\omega_0^2\omega^2]}
\end{cases}
\tag{3.5.3}
$$

式中，$S_{\ddot{x}\ddot{x}}(\omega)$ 为输入 $\ddot{x}(t)$ 的加速度双边功率谱密度函数；$S_{yy}(\omega, \omega_0, \xi)$ 为输出相对位移 $y(t)$、相对速度 $\dot{y}(t)$ 和绝对加速度 $\ddot{z}(t)$ 的双边功率谱密度函数；ω 为频率成分；ω_0 和 ξ 为振子的固有圆频率和阻尼比。

为了得到反应的相对位移，相对速度和绝对加速度幅值，可将式(3.5.3)代入下式后对 ω 全程（$-\infty$，∞）积分得到各自的均方值。

$$
\begin{cases}
\psi_y^2 = \psi^2[y(t)] = \int_{-\infty}^{\infty} S_{yy}(\omega)\mathrm{d}\omega \\
\psi_{\dot{y}}^2 = \psi^2[\dot{y}(t)] = \int_{-\infty}^{\infty} S_{\dot{y}\dot{y}}(\omega)\mathrm{d}\omega \\
\psi_{\ddot{z}}^2 = \psi^2[\ddot{z}(t)] = \int_{-\infty}^{\infty} S_{\ddot{z}\ddot{z}}(\omega)\mathrm{d}\omega
\end{cases}
\tag{3.5.4}
$$

如假设输入 $\ddot{x}(t)$ 是各态历经平稳随机过程的宽频带噪声，则输出可近似表示对应于振子 ω_0，ξ 为变量时的均方值。

$$
\begin{cases}
\psi_y^2 = \psi^2[y(t)] = \dfrac{\pi S_0(\omega_0)}{2\xi\omega_0^3} \\
\psi_{\dot{y}}^2 = \psi^2[\dot{y}(t)] = \dfrac{\pi S_0(\omega_0)}{2\xi\omega^0} \\
\psi_{\ddot{z}}^2 = \psi^2[\ddot{z}(t)] = \dfrac{\pi S_0(\omega_0)\omega_0(1 + 4\xi^2)}{2\xi}
\end{cases}
\tag{3.5.5}
$$

式中，$S_0(\omega_0)$ 为输入 $\ddot{x}(t)$ 的功率谱密度函数在 ω_0 处的值，注意这里的 $S_0(\omega_0)$ 是双边功率谱密度函数；$\psi^2[y(t)]$、$\psi^2[\dot{y}(t)]$、$\psi^2[\ddot{z}(t)]$ 分别为反应 $y(t)$，$\dot{y}(t)$ 和 $\ddot{z}(t)$ 的均方值，均是变量 ω_0 和 ξ 的函数。

从式(3.5.5)可清楚看出,如果改变不同的 ω_0 和 ξ 值,同样可以画出"位移、速度和加速度均方根值随 ω_0 和 ξ 变化的 3 个反应谱",如用式(3.5.5)与式(3.5.2)中 S_d, S_v和 S_a比较可看出,式(3.5.2)得到的反应谱幅值是反应的最大绝对值,而式(3.5.5)得出的反应谱幅值则是反应的均方根值,它们之间存在一个均方根值与峰值的变换关系问题,即如何将均方根值正确地换算到峰值以及两者之间是否存在着某种特殊的联系,则是问题的关键。

3.5.3　模拟地震运动

3.4.1 节对地面地震波的随机过程模拟作了描述,但还需进一步了解地震波的特性,特别在抗震设计时要知道的重要特性有以下 3 点:

(1) 持续时间及其他的包络函数。

(2) 最大加速度或最大速度。

(3) 频率成分。

(1) 在上述三者中,地震运动的持续时间可根据大量的实际测量记录来量化。图 3.5.3 所示地震波加速度时程的包络曲线 $g(t)$。包络曲线可分为 3 个阶段,$0 \sim T_{\mathrm{b}}$之间为起始阶段,是用二次曲线描述;$T_{\mathrm{b}} \sim T_{\mathrm{c}}$之间为强震阶段,可用水平直线描述;$T_{\mathrm{c}} \sim T_{\mathrm{d}}$之间为衰减阶段,是用指数衰减曲线描述。表达式如式(3.5.6)所示。

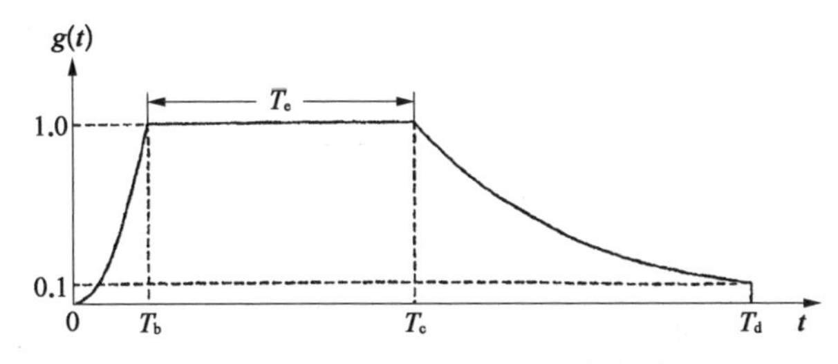

图 3.5.3　地震波加速度时程的包络曲线

$$g(t)=\begin{cases}(t/T_{\mathrm{b}})^2 & 0 \leqslant t \leqslant T_{\mathrm{b}} \\ 1 & T_{\mathrm{b}} \leqslant t \leqslant T_{\mathrm{c}} \\ \mathrm{e}^{-a(t-T_{\mathrm{c}})} & T_{\mathrm{c}} \leqslant t \leqslant T_{\mathrm{d}}\end{cases} \tag{3.5.6}$$

图 3.5.3 中，$T_e = T_c - T_b$，是指主震运动的时间，称为有效持续时间或强震持续时间。T_d，T_b，T_c 和 T_e 是大致可与震级 M 相关的一个统计值，下述的统计值仅作参考。

$$\begin{cases} T_d = 10^{0.3M-0.774} \\ T_b = [0.12 - 0.04(M-7)]T_d \\ T_c = [0.50 - 0.04(M-7)]T_d \\ T_e = 10^{0.3M-1.20} \\ a = -\ln(0.1)/(T_d - T_c) \end{cases} \tag{3.5.7}$$

表 3.5.1 列出了 T_b/T_d，T_c/T_d 与震级 M 之间的大致关系。

表 3.5.1　时间比关系

M	T_b/T_d	T_c/T_d
8	0.08	0.46
7	0.12	0.50
6	0.16	0.54

图 3.4.1 是典型的地震加速度时程曲线，图 3.5.3 是它的包络曲线，它归属于常用的非平稳随机过程模型，可描述为

$$\ddot{x}(t) = g(t)\ddot{x}_0(t) \tag{3.5.8}$$

式中，$\ddot{x}_0(t)$ 是平均值为 0 的平稳高斯过程，一般表示在图 3.5.3 中第 2 阶段的强震部分。

若 $g(t)$ 不为常数条件，则 $\ddot{x}(t)$ 是表示随时间过程 $g(t)$ 变化，相应的非平稳性函数，其常规的性质如下：

(i) $\ddot{x}(t)$ 的平均值可表示为

$$E[\ddot{x}(t)] = E[g(t)\ddot{x}_0(t)] = g(t)E[\ddot{x}_0(t)] = 0 \tag{3.5.9}$$

(ii) $\ddot{x}(t)$ 的自相关函数 $R_{\ddot{x}\ddot{x}}(t_1, t_2)$ 可表示为

$$\begin{aligned} R_{\ddot{x}\ddot{x}}(t_1, t_2) &= E[\ddot{x}(t_1)\ddot{x}(t_2)] = g(t_1)g(t_2)E[\ddot{x}_0(t_1)\ddot{x}_0(t_2)] \\ &= g(t_1)g(t_2)R_{\ddot{x}_0\ddot{x}_0}(t_1 - t_2) \end{aligned} \tag{3.5.10}$$

取 $t_1 = t_2 = t$ 则为 $\ddot{x}(t)$ 的均方值 $\psi^2[\ddot{x}(t), t]$ 为

$$E[\ddot{x}(t)] = \psi^2[\ddot{x}(t), t] = g^2(t)E[\ddot{x}_0(t)] = g^2(t)R_{\ddot{x}_0\ddot{x}_0}(0)$$
$$= g^2(t)\int_{-\infty}^{\infty} S_{\ddot{x}_0\ddot{x}_0}(\omega)\mathrm{d}\omega \tag{3.5.11}$$

(iii) $\ddot{x}(t)$ 的自功率谱密度函数可表示为

$$S_{\ddot{x}\ddot{x}}(\omega, t) = g^2(t)S_{\ddot{x}_0\ddot{x}_0}(\omega) \tag{3.5.12}$$

(2) 地震波的第 2 和第 3 个特性的量化远没有第 1 个持续时间那么简单，一般需要经大量的地震波测量数据作统计加以描述，最大加速度或最大速度一般指地面基底为准则定出，而基底指纵波波速（即地震波）约为 1.3±0.4 km/s 范围内的基岩和固结土层。

基底上最大加速度与震级 M 和震中距 R 的函数关系的估计参考公式为

$$\lg a_{\max} = 0.440M - 1.38\lg\sqrt{R^2 + d^2} + 1.04 \tag{3.5.13}$$

式中，$a_{\max}$ 为最大加速度，d 为震源深度（km）。

$$\lg d = 0.353M - 1.435 \tag{3.5.14}$$

基底上最大速度与震级 M 和震中距 R 的函数关系估计参考公式为

$$\lg v_{\max} = 0.61M - R\lg X - Q \tag{3.5.15}$$

式中，$v_{\max}$ 为最大速度，X 为震源距。

$$\begin{cases} R = 1.66 + 3.60/X \\ Q = 0.631 + 1.83/X \end{cases} \tag{3.5.16}$$

(3) 第 3 个特性是指由频率控制点组成的地面反应谱。3.3.4 节和 3.3.5 节作了详细阐述。另外输入地震波可由频率控制点组成的加速度功率谱密度（PSD）函数表征其频率特征，例如图 3.5.2（b）所示地面加速度输入的目标 $G(f)$ 是与图 3.5.2（a）所示的地面设计反应谱 $S_a(f_0, \xi)$ 相对应的。两个图中所指频率特征的区别在于，设计反应谱横坐标是用单自

由系统固有频率特征的 ω_0（或 f_0）来表征，目标功率谱密度函数横坐标是用输入地面加速度固有频率成分特征的 ω（或 f）来表征，这两者不能相混淆。

附录 I 专门讨论了平稳随机过程与非平稳过程的“谱参数”的求解方法与性质，这些参数对下面讨论地震反应谱与功率谱密度函数之间的关系以及核电厂抗震设计分析中结构安全度定量评价是十分有用的。

3.5.4 随机过程穿越阈值次数问题的解析

1）无穿阈次数问题的解析

2.4.2 节已阐述随机过程的概率密度函数 $p(x)$ 的应用问题，如某 $x(t)$ 假设为平均为零的平稳随机过程，则其高斯分布形式的概率密度函数 $p(x)$ 和对应的概率分布函数 $P(x)$ 可表示为

$$\begin{cases} p(x) = \dfrac{1}{\sqrt{2\pi}\psi_x}\exp\left(-\dfrac{x^2}{2\psi_x^2}\right) \\ P(x) = \displaystyle\int_{-\infty}^{x} p(\xi)\,\mathrm{d}\xi = \dfrac{1}{\sqrt{2\pi}\psi_x}\int_{-\infty}^{x}\exp\left(-\dfrac{\xi^2}{2\psi_x^2}\right)\mathrm{d}\xi \end{cases} \tag{3.5.17}$$

式中，ψ_x 为 $x(t)$ 的均方根值，即 $\psi_x = \psi[x(t)]$。

典型标准化 $p(x)$ 和 $P(x)$ 可将式(3.5.17)中参数设为

$$\begin{cases} z = \dfrac{x}{\psi_x} \\ \psi_x^2 = 1 \end{cases} \tag{3.5.18}$$

标准化正态概率密度和分布函数可表示为

$$\begin{cases} p(z) = \dfrac{1}{\sqrt{2\pi}}\exp\left(-\dfrac{z^2}{2}\right) \\ P(z) = \dfrac{1}{\sqrt{2\pi}}\displaystyle\int_{-\infty}^{z}\exp\left(-\dfrac{\xi^2}{2}\right)\mathrm{d}\xi \end{cases} \tag{3.5.19}$$

图 3.5.4 是标准化正态概率密度 $p(z)$ 和分布函数 $P(z)$ 与 z 的关系曲线，它表示了不同归一化幅值 $z=\dfrac{x}{\psi_x}$ 所对应的概率密度和概率分布值，也就是说在 $x(t)$ 随机时程曲线上出现幅值大小与概率密度值的大小形成一定的统计定量值。

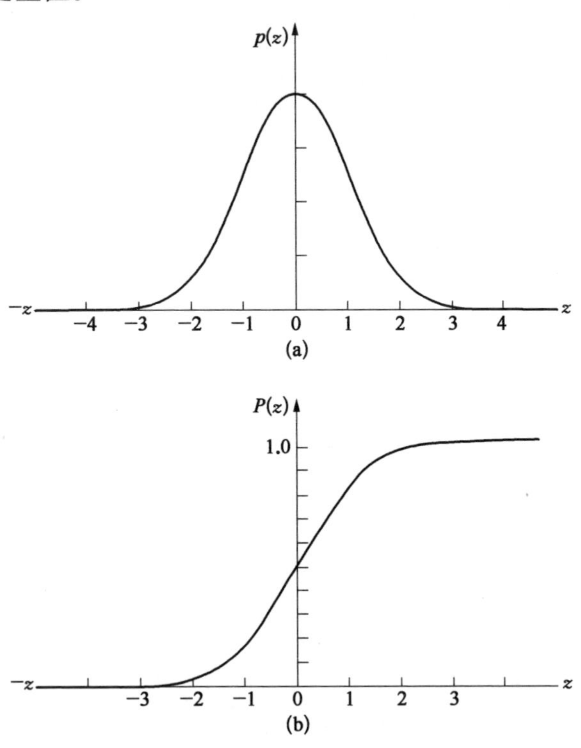

图 3.5.4　标准化概率密度与分布函数

(a) 概率密度函数；(b) 概率分布函数

在以后的应用中，采用指定概率 $P(z)=1-\alpha$ 时的 z 值称为阈值 z_α，即式(3.5.19)可表示为

$$P(z_\alpha)=\int_{-\infty}^{z_\alpha}p(\xi)\,\mathrm{d}\xi=P_{\mathrm{rob}}[z\leqslant z_\alpha]=1-\alpha \tag{3.5.20}$$

或

$$1-P(z_\alpha)=\int_{z_\alpha}^{\infty}p(\xi)\,\mathrm{d}\xi=P_{\mathrm{rob}}[z>z_\alpha]=\alpha \tag{3.5.21}$$

也就是说，α 是表示幅值在整个时域中超出指定阈值 z_α 时的概率，定

义为 $[1-P(z_\alpha)]=P_{\text{rob}}[z>z_\alpha]$。反之定义为 $P(z_\alpha)=P_{\text{rob}}[z\leqslant z_\alpha]$ 为不超出指定阈值 z_α 时的概率。

通常将阈值 z_α 用百分比表示更为直观。对平稳随机过程 $x(t)$ 可通过相关的幅值分析程序(如雨流法)得出类似于图 3.5.4 的正态分布概率密度函数 $p(z)$ 和对应的分布函数 $P(z)$。

2）有穿阈次数问题的解析

实际上针对一个随机过程 $x(t)$ 的时程曲线上给定一个 $x=\lambda$ 阈值时，如除波的峰值处外,均出现在一个正半波或负半波上各出现两个交点的情况(见图 3.5.5),那么称为“有穿阈次数问题”,对穿阈次数的统计值是计算动态问题可靠性的一个重要的基础。设随机过程 $x(t)$ 的初始值 $x(0)=0$，在时间间隔 $[0, T]$ 内，$x=\lambda$ 的穿阈总次数为 $n(\lambda, T)$，对应的期望值为 $N(\lambda, T)=E[n(\lambda, T)]$。为此,图 3.5.5 中针对 $x=\lambda$ 与 $x(t)$ 穿过阈值 λ 处再构造一个从 0~1 过程的 $y(t)$，及其导数 $\dot{y}(t)$ 函数,设

$$y(t)=U[x(t)-\lambda] \tag{3.5.22}$$

$$\dot{y}(t)=\dot{x}(t)\delta[x(t)-\lambda] \tag{3.5.23}$$

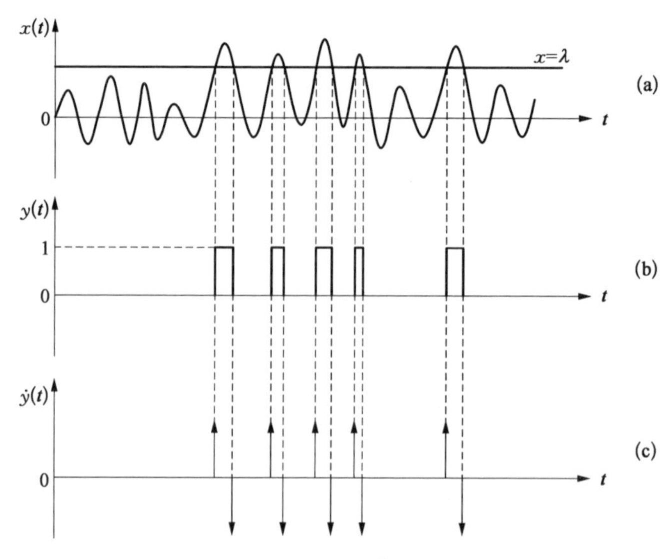

图 3.5.5 $x(t)$，$y(t)$ 和 $\dot{y}(t)$ 函数的图形

式中，$U(t)$ 为单位阶跃函数；$\delta(t)$ 为狄拉克单位脉冲函数，是 $U(t)$ 的斜率。若用数学方法可表示为

$$\begin{cases} U(t)=\begin{cases}0 & t=0\\ 1 & t>0^{+}\end{cases} \\ \delta(t)=\dot{U}(t)=\begin{cases}\infty & t=0\\ 0 & t>0^{+}\end{cases}\end{cases} \tag{3.5.24}$$

从图 3.5.5 可知，由 $\dot{y}(t)$ 样本函数所示的图形是由单位脉冲所组成的，一个向上的脉冲对应于 $x(t)$ 一次以正斜率穿越阈值 λ，一个向下的脉冲对应于 $x(t)$ 一次以负斜率穿越阈值 λ，包含正负在内的脉冲总次数为 $n(\lambda,\ T)$，将式(3.5.23)在时域 T 内积分后可得

$$n(\lambda,\ T)=\int_0^T |\dot{x}(t)|\ \delta[x(t)-\lambda]\,\mathrm{d}t \tag{3.5.25}$$

对应穿阈次数的期望值可利用 $x(t)$ 和 $\dot{x}(t)$ 的共概率密度 $p(x,\ \dot{x},\ t)$ 来计算。

$$\begin{aligned} E[n(\lambda,\ T)] &= \int_0^T E\{|\dot{x}(t)|\ \delta[x(t)-\lambda]\}\,\mathrm{d}t \\ &= \int_0^T\int_{-\infty}^{\infty}\int_{-\infty}^{\infty} |\dot{x}(t)|\ \delta[x(t)-\lambda]p(x,\ \dot{x},\ t)\,\mathrm{d}x\mathrm{d}\dot{x}\mathrm{d}t \\ &= \int_0^T\int_{-\infty}^{\infty} |\dot{x}(t)|\ p(\lambda,\ \dot{x},\ t)\,\mathrm{d}\dot{x}\mathrm{d}t \end{aligned} \tag{3.5.26}$$

单位时间穿越阈次数的期望值也称为期望穿越阈值率，设为 $\nu_{\lambda}(t)$

$$\nu_{\lambda}(t)=\int_{-\infty}^{\infty} |\dot{x}(t)|\ p(\lambda,\ \dot{x},\ t)\,\mathrm{d}\dot{x} \tag{3.5.27}$$

若 $x(t)$ 为平稳随机过程，穿越阈期望值不按时间 t 发生变化，则式(3.5.27)变为

$$\nu_{\lambda}(t)=\int_{-\infty}^{\infty} |\dot{x}(t)|\ p(\lambda,\ \dot{x})\,\mathrm{d}\dot{x} \tag{3.5.28}$$

若将穿越阈值 λ 以正斜率或负斜率来计算期望次数时，只需将式

(3.5.26)分别对 $\dot{x}(t)$ 的正、负区域积分即可,得到下面两组。

$$\begin{cases} N(\lambda^{+},\ T)=\int_0^T\int_0^{\infty}\dot{x}(t)p(\lambda,\ \dot{x})\mathrm{d}\dot{x}\mathrm{d}t \\ \nu_{\lambda}^{+}(t)=\int_0^{\infty}\dot{x}(t)p(\lambda,\ \dot{x})\mathrm{d}\dot{x} \end{cases} \tag{3.5.29}$$

$$\begin{cases} N(\lambda^{-},\ T)=\int_0^T\int_{-\infty}^{0}|\dot{x}(t)|p(\lambda,\ \dot{x})\mathrm{d}\dot{x}\mathrm{d}t \\ \nu_{\lambda}^{-}(t)=\int_{-\infty}^{0}|\dot{x}(t)|p(\lambda,\ \dot{x})\mathrm{d}\dot{x} \end{cases} \tag{3.5.30}$$

对平稳随机过程,$p(\lambda,\dot{x})$ 是 $\dot{x}$ 的偶函数,一个正斜率的穿越阈 λ^{+} 必然伴随一个负斜率穿越阈值 λ^{-},从而可得

$$\nu_{\lambda}^{+}=\nu_{\lambda}^{-}=\nu_{\lambda}/2 \tag{3.5.31}$$

对于均值为零的平稳高斯随机过程的情况,$x(t)$ 和 $\dot{x}(t)$ 可认为是相互独立的,其概率密度函数为

$$p(x,\ \dot{x})=\frac{1}{2\pi\psi_x\psi_{\dot{x}}}\exp\left[-\frac{1}{2}\left(\frac{x^2}{\psi_x^2}+\frac{\dot{x}^2}{\psi_{\dot{x}}^2}\right)\right] \tag{3.5.32}$$

将式(3.5.32)代入式(3.5.29)和式(3.5.30)中的 ν_{λ}^{+} 和 ν_{λ}^{-} 后积分得

$$\nu_{\lambda}=2\nu_{\lambda}^{+}=2\nu_{\lambda}^{-}=\frac{1}{\pi}\left(\frac{\psi_{\dot{x}}}{\psi_x}\right)\exp\left(-\frac{\lambda^2}{2\psi_x^2}\right) \tag{3.5.33}$$

若利用附录 I 中关于 $x(t)$ 功率谱密度函数 $G(\omega)$ 的谱参数定义,则

$$\begin{cases} \lambda_0=\int_0^{\infty}G(\omega)\mathrm{d}\omega=\psi^2[x(t)]=\psi_x^2 \\ \lambda_1=\int_0^{\infty}\omega G(\omega)\mathrm{d}\omega \\ \lambda_2=\int_0^{\infty}\omega^2G(\omega)\mathrm{d}\omega=\psi^2[\dot{x}(t)]=\psi_{\dot{x}}^2 \\ \omega_1=\lambda_1/\lambda_0 \\ \omega_2=(\lambda_2/\lambda_0)^{1/2}=\{\psi^2[\dot{x}(t)]/\psi^2[x(t)]\}^{1/2}=[\psi_{\dot{x}}^2/\psi_x^2]^{1/2} \end{cases} \tag{3.5.34}$$

将式(3.5.34)中 λ_0 和 ω_2 代入式(3.5.33)可得到总期望穿越阈值率 ν_λ 为

$$\nu_\lambda = 2\nu_\lambda^+ = 2\nu_\lambda^- = \frac{1}{\pi}\left(\frac{\lambda_2}{\lambda_0}\right)^{1/2}\exp\left(-\frac{\lambda^2}{2\psi_x^2}\right) = \left(\frac{\omega_2}{\pi}\right)\exp\left(-\frac{\lambda^2}{2\psi_x^2}\right) \tag{3.5.35}$$

当 $\lambda = 0$ 时,期望穿越阈值率 ν_0 达到最大值为

$$\nu_0 = \nu_\lambda(\lambda = 0) = \frac{1}{\pi}\left(\frac{\lambda_2}{\lambda_0}\right)^{1/2} = \frac{\omega_2}{\pi} = \frac{1}{\pi}\left(\frac{-R_{\dot{x}}(0)}{R_x(0)}\right)^{1/2} \tag{3.5.36}$$

式中, $R_x(\tau)$ 和 $R_{\dot{x}}(\tau)$ 为 $x(t)$ 和 $\dot{x}(t)$ 的自相关函数。

式(3.5.36)也可用正斜率和 $\lambda = 0$ 穿越阈值率 ν_0^+ 来表示:

$$\nu_0^+ = \frac{1}{2\pi}\left(\frac{\lambda_2}{\lambda_0}\right)^{1/2} = \frac{\omega_2}{2\pi} \tag{3.5.37}$$

该式表征对于一个窄带平稳随机过程的期望频率 ω_e (或 f_e), 其穿越率 f_e 达到最大,即

$$\begin{cases}\omega_e = \omega_2 = 2\pi\nu_0^+ = 2\pi f_e \\ f_e = \nu_0^+\end{cases} \tag{3.5.38}$$

3) 穿越阈值概率的分布函数

上面针对 $x(t)$ 随机过程获得穿越阈率 ν_λ 值,那么还需要获得在 $[0, T]$ 时间内的穿阈 λ 值的分布函数,因此可设定将式(3.5.25)中正负在内脉冲总数 $n(\lambda, T)$ 视为随机泊松过程,可分别表示为

$$\begin{cases}P_{\text{rob}}[n(\lambda^+, T)] = \dfrac{1}{n!}\left[\displaystyle\int_0^T \nu_\lambda^+(t)\,\mathrm{d}t\right]^n \exp\left(-\displaystyle\int_0^T \nu_\lambda^+(t)\,\mathrm{d}t\right) & x = \lambda \\ P_{\text{rob}}[n(\lambda^-, T)] = \dfrac{1}{n!}\left[\displaystyle\int_0^T \nu_\lambda^-(t)\,\mathrm{d}t\right]^n \exp\left(-\displaystyle\int_0^T \nu_\lambda^-(t)\,\mathrm{d}t\right) & x = -\lambda\end{cases} \tag{3.5.39}$$

式中, ν_λ^+ 和 ν_λ^- 由式(3.5.29)和式(3.5.30)给出。

当考虑到 $x(t)$ 的穿越阈值 1 次也不超出上下界限 λ^+ 和 λ^- 时，

$$\begin{cases}\max[x(t)] \leqslant \lambda^+ \\ \min[x(t)] \geqslant \lambda^-\end{cases} \tag{3.5.40}$$

可认为对应分布概率为

$$\begin{aligned}P_{\text{rob}}(\lambda, -\lambda) &= P_{\text{rob}}[n(\lambda^+, T)=0, n(\lambda^-, T)=0] \\ &= \exp\left[-\int_0^T [\nu_\lambda^+(t) + \nu_\lambda^-(t)]\mathrm{d}t\right]\end{aligned} \tag{3.5.41}$$

考虑到 $x(t)$ 和 $\dot{x}(t)$ 的共概率密度 $p(x, \dot{x}, t)$ 对于原点的对称性，所以可得到类似式(3.5.31) ν_λ^+ 和 ν_λ^- 关系，代入式(3.5.41)后得到

$$P_{\text{rob}} = \exp\left(-2\int_0^T \nu_\lambda^+(t)\mathrm{d}t\right) \tag{3.5.42}$$

(1) 对平稳随机过程，$\nu_\lambda^+(t)$ 与时间无关，式(3.5.42)可变为

$$P_{\text{rob}} = \exp(-2\nu_\lambda^+ T) \tag{3.5.43}$$

将 $2\nu_\lambda^+$ 用式(3.5.35)代入式(3.5.43)可给出 1 次也不超出阈值 λ 的概率：

$$\begin{aligned}P_{\text{rob}}(\lambda, -\lambda) &= \exp\left[-\left(\frac{\omega_2 T}{\pi}\right)\exp\left(-\frac{\lambda^2}{2\lambda_0}\right)\right] \\ &= \exp\left[-\left(\frac{\omega_2 T}{\pi}\right)\exp\left(-\frac{\lambda^2}{2\psi_x^2}\right)\right] \\ &= \exp\left[-\left(\frac{\omega_2 T}{\pi}\right)\exp\left(-\frac{r^2}{2}\right)\right]\end{aligned} \tag{3.5.44}$$

$$\begin{cases}\omega_2 = (\lambda_2/\lambda_0)^{1/2} = \left[\int_0^\infty \omega^2 G(\omega)\mathrm{d}\omega \Big/ \int_0^\infty G(\omega)\mathrm{d}\omega\right]^{1/2} \\ \quad = \{\psi^2[\dot{x}(t)]/\psi^2[x(t)]\}^{1/2} = [\psi_{\dot{x}}^2/\psi_x^2]^{1/2} \\ r = \dfrac{\lambda}{\sqrt{\lambda_0}} = \dfrac{\lambda}{\psi_x}\end{cases} \tag{3.5.45}$$

式中，r 为穿越阈值 λ 与 $x(t)$ 的标准均方根 ψ_x 之比，T 为随机过程 $x(t)$ 间隔的总时间，λ_0，λ_2 和 ω_2 为 $x(t)$ 的功率谱密度函数 $G(\omega)$ 在附录 I 中定义的谱参数。式(3.5.44)通常认为与精确解存在一定差别，但其结果偏于安全，所以常得到应用。

Vanmarcrke 提出了改进的表达式：

$$P_{\mathrm{rob}}(\lambda,\ -\lambda)=\exp\left\{-\left(\frac{\omega_2 T}{\pi}\right)\exp\left(-\frac{r^2}{2}\right)\left[\frac{1-\exp\left(-\sqrt{\frac{\pi}{2}}qr\right)}{1-\exp\left(-\frac{r^2}{2}\right)}\right]\right\}$$

$$=\exp\left\{-\left(\frac{\omega_2 T}{\pi}\right)\left[\frac{1-\exp\left(-\sqrt{\frac{\pi}{2}}qr\right)}{\exp\left(\frac{r^2}{2}\right)-1}\right]\right\} \tag{3.5.46}$$

式中，$q=\left(1-\frac{\omega_1^2}{\omega_2^2}\right)=\left(1-\frac{\lambda_1^2}{\lambda_0\lambda_2}\right)^{1/2}$ 为谱参数。

式(3.5.46)应用了谱参数 q 加以修正，可看出当 q 为较小值时的窄频带随机过程，或者低超越阈值 λ（r 为小值）时，与式(3.5.44)比较，其结果得到了改善。

(2) 对非平稳随机过程，$\nu_\lambda^+(t)$ 与时间有关，根据式(3.5.42)得

$$P_{\mathrm{rob}}(\lambda,\ -\lambda)=\exp\left(-2\int_0^T \nu_\lambda^+(t)\,\mathrm{d}t\right) \tag{3.5.47}$$

在非平稳条件下，式(3.5.35)中 ω_2 和 ψ_x^2（或 λ_0）均用时间 t 的函数给出，$\nu_\lambda^+(t)$ 则表示为

$$\nu_\lambda^+=\frac{1}{2\pi}\omega_2(t)\exp\left[-\frac{\lambda^2}{2\lambda_0(t)}\right] \tag{3.5.48}$$

将上式代入式(3.5.47)后得

$$P_{\mathrm{rob}}(\lambda,\ -\lambda)=\exp\left\{-\int_0^T\frac{\omega_2(t)}{\pi}\exp\left[-\frac{\lambda^2}{2\lambda_0(t)}\right]\mathrm{d}t\right\} \tag{3.5.49}$$

利用式(3.5.34)的谱参数 ω_2 和 λ_0 代入上式后可得到超越阈值 λ 的概率 $P_{\text{rob}}(\lambda, -\lambda)$ 值。Corotis 等改进了式(3.5.49)得到与式(3.5.46)相对应的计算式。不同的是其中谱参数与比值均为时间 t 的函数，即

$$\begin{cases}\omega_2 = \omega_2(t) \\ \lambda_0 = \lambda_0(t) \\ q = q(t) \\ r = \lambda / \sqrt{\lambda_0} = r(t)\end{cases} \tag{3.5.50}$$

(3) Corotis 等应用平稳随机过程的式(3.5.44)与改进式(3.5.46)以及非平稳随机过程的式(3.5.49)，对阻尼比 $\xi = 0.01$, 0.1 的单自由度体系反应作了计算，其结果分别如图 3.5.6(a)和(b)所示。

图 3.5.6 中曲线含义分别说明如下：

PS——由式(3.5.44)计算，为平稳高斯过程 $x(t)$ 的分布概率 P_{rob} 与 $\omega_0 t$ 的关系。

MS——由式(3.5.46)计算，为平稳高斯过程 $x(t)$ 改善 PS 的分布概率 P_{rob} 与 $\omega_0 t$ 的关系。

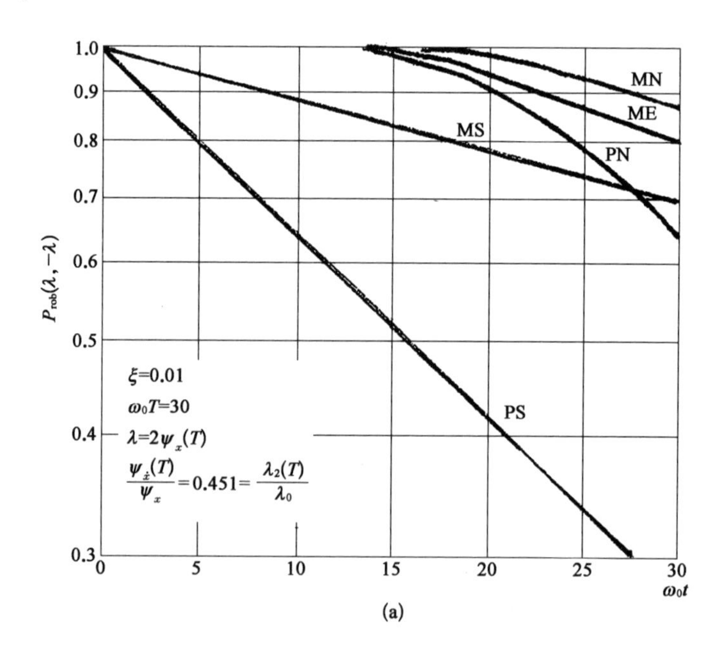

(a)

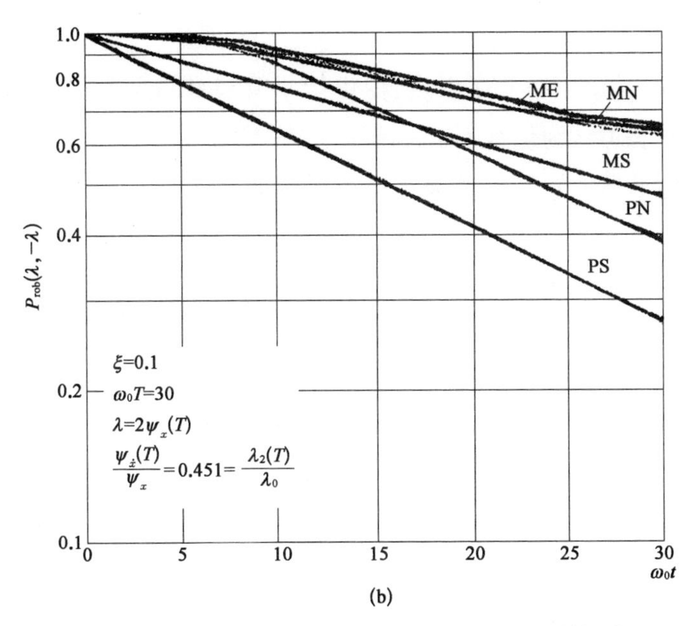

(b)

图 3.5.6　不同阻尼比下的穿越阈值 $P_{rob}(\boldsymbol{\lambda}, -\boldsymbol{\lambda})$ 的概率

(a) $\xi=0.01$；(b) $\xi=0.1$

PN——由式(3.5.49)计算，为非平稳高斯过程 $x(t)$ 的分布概率 P_{rob} 与 $\omega_0 t$ 的关系。

ME——由式(3.5.50)计算，为非平稳高斯过程 $x(t)$ 的改善 PS[式(3.5.46)]分布概率 P_{rob} 与 $\omega_0 t$ 的关系。

MN——同 MS[式(3.5.46)]计算，但其中将反应均方根 ψ_x 作为时间 t 的变化函数考虑。

从计算结果可清楚看出：

(i) 在小阻尼情况下，PS(平稳)给出偏于安全的概率 P_{rob} 值。这是由于假定为平稳过程，而实际上其反应是从静止状态逐步转移到平稳过程，所以阻尼比较大时，离精确解更接近以及偏离值更小，从而使置信度提高。

(ii) PN 与 PS 相比，由于标准均方根 $\psi_x(t)$ 作为时间函数给出，但与其他曲线相比，仍然给出偏于安全的数值。

(iii) MS 曲线是对 PS 曲线的改进，虽比 PS 曲线提高了计算偏差和置信度，但由于没有考虑非平稳过程，显示出在时间前阶段尚未能得到正确结果。

(iv) MN 虽对 MS 作了改进,但由于 q 值与时间无关的定值,小阻尼下的初始状态可认为仍给不出正确结果。

(v) 综上,ME 已克服其他计算公式中的缺陷,可认为给出最接近正确的解。

(vi) 也可将穿越阈值 λ(或$-\lambda$)的概率分布函数 $P_{rob}(\lambda, -\lambda)$认为是未超越阈值($\lambda, -\lambda$)的置信度,($1-P_{rob}$)为超越阈值($\lambda, -\lambda$)的置信度。

3.5.5 地震反应谱与功率谱密度函数之间转换关系的应用

(1) 按 3.5.4 节针对平稳随机过程与非平稳随机过程建立了 $x(t)$ 穿越阈值下的分布概率 P_{rob} 求解方法和方程,现按平稳随机过程最简易公式为例,式(3.5.44)中,$\lambda(-\lambda)$为穿越 $x(t)$ 的阈值;λ_0, ω_2 为功率谱密度函数对应的谱参数,在附录 I 中列出;$r = \lambda / \sqrt{\lambda_0} = \lambda / \psi_x$ 为穿越阈值 λ 与均方根 $\sqrt{\lambda_0}$ 的无量纲比值;$\omega_2 = (\lambda_2 / \lambda_0)^{1/2} = [\psi_{\dot{x}}^2 / \psi_x^2]^{1/2}$。

对式(3.5.44)两边取自然对数得到

$$-\frac{\pi}{\omega_2 T}\ln P_{rob} = \exp\left(-\frac{r^2}{2}\right) \tag{3.5.51}$$

两边再取对数后可用 3 种表达式来表示:

$$\begin{cases} -\ln\left[\left(-\dfrac{\pi}{\omega_2 T}\right)\ln P_{rob}\right] = \dfrac{r^2}{2} \\ \text{或}\quad \ln\left[\dfrac{(\omega_2 T)}{-\pi\ln P_{rob}}\right] = \dfrac{r^2}{2} \\ \text{或}\quad \ln(\omega_2 T) - \ln[-\pi\ln P_{rob}] = \dfrac{r^2}{2} \end{cases} \tag{3.5.52}$$

(2) 按 3.5.4 节所推导的式(3.5.44)中的谱参数 λ_0 应是平稳高斯分布随机过程的位移均方根值,在单自由度振动系统中应是输出反应 $y(t)$ 的均方值 $\psi_x^2 = \psi^2[y(t)]$,而超越阈值 λ 也应是位移的量纲。谱参数 λ_2 应

是反应 $\dot{y}(t)$ 的均方值 $\psi_{\dot{y}}^2=\psi^2[\dot{y}(t)]$。但要注意的是：在核电厂地震设计中所用的输入参数是地面加速度反应谱，是指最大绝对加速度反应输出 $|\ddot{z}(t)|_{max}=S_a(\omega_0,\xi)$，其比值 r 应取为

$$r=\frac{\lambda}{\sqrt{\lambda_0}}=\frac{S_a(\omega_0,\xi)}{\psi_{\ddot{z}}(\omega_0,\xi)} \tag{3.5.53}$$

式中，$\lambda_0=\psi_{\ddot{z}}^2(\omega_0,\xi)$。

在假设小阻尼条件下，可以近似采用位移比来等效，即

$$r=\frac{S_a(\omega_0,\xi)}{\psi[\ddot{z}(t)]}\approx\frac{\omega_0^2 S_d(\omega_0,\xi)}{\omega_0^2\psi[y(t)]}=\frac{S_d(\omega_0,\xi)}{\psi_y(\omega_0,\xi)}=\frac{S_d}{\sqrt{\lambda_0}} \tag{3.5.54}$$

这样可以与谱参数 ω_2 相一致：

$$\omega_2=(\lambda_2/\lambda_0)^{1/2}=\left\{\frac{\psi^2[\dot{y}(t)]}{\psi^2[y(t)]}\right\}^{1/2}=\left[\frac{\psi_{\dot{y}}^2}{\psi_y^2}\right]^{1/2} \tag{3.5.55}$$

在附录 I 中，当输入地面加速度 $\ddot{x}(t)$ 的功率谱密度函数用 $G_{\ddot{x}\ddot{x}}(\omega_0)=2S_{\ddot{x}\ddot{x}}(\omega)$ 等效后代入式(I.25)所得到单自由度振动反应的结果为

$$\begin{cases}\psi^2[y(t)]=\dfrac{\pi G_{\ddot{x}\ddot{x}}(\omega_0)}{4\xi\omega_0^3}=\lambda_0\\[2ex]\psi^2[\dot{y}(t)]=\dfrac{\pi G_{\ddot{x}\ddot{x}}(\omega_0)}{4\xi\omega^0}=\lambda_2\\[2ex]\psi^2[\ddot{z}(t)]=\dfrac{\pi G_{\ddot{x}\ddot{x}}(\omega_0)\omega_0}{4\xi}(1+4\xi^2)\approx\lambda_0\omega_0^4\end{cases} \tag{3.5.56}$$

将式(3.5.56)中 λ_0 和 λ_2 代入式(3.5.54)和式(3.5.55)，得到

$$\begin{cases}\omega_2=(\lambda_2/\lambda_0)^{1/2}=\omega_0\\[2ex]r^2=\dfrac{S_a^2(\omega_0,\xi)}{\lambda_0}=\dfrac{4\xi}{\pi\omega_0(1+4\xi^2)}\left[\dfrac{S_a^2(\omega_0,\xi)}{G_{\ddot{x}\ddot{x}}(\omega_0)}\right]\end{cases} \tag{3.5.57}$$

将式(3.5.57)代入式(3.5.52)后得到反应谱 $S_a(\omega_0,\xi)$ 与输入功率谱密度函数 $G_{\ddot{x}\ddot{x}}(\omega_0)$ 之间的关系式为

$$G_{\ddot{x}\ddot{x}}(\omega_0) = \left[\frac{2\xi}{\pi\omega_0(1+4\xi^2)}\right]\frac{S_a^2(\omega_0,\xi)}{N} \tag{3.5.58}$$

式中，

$$N = -\ln\left[-\left(\frac{\pi}{\omega_0 T}\right)\ln P_{\text{rob}}\right] = \ln(\omega_0 T) - \ln[-\pi\ln P_{\text{rob}}]$$

T 为地震波强震部分的时间。

一般工程上均采用频率 f_0 作为 $S_a(f_0)$ 和 $G_{\ddot{x}\ddot{x}}(f_0)$ 的自变量来计算，需将 $G_{\ddot{x}\ddot{x}}(\omega_0) = \frac{1}{2\pi}G(f_0)$ 与 $\omega_0 = 2\pi f_0$ 关系式代入式(3.5.57)和式(3.5.58)后得到

$$r^2 = \frac{4\xi}{\pi f_0(1+4\xi^2)}\left[\frac{S_a^2(f_0,\xi)}{G_{\ddot{x}\ddot{x}}(f_0)}\right] \tag{3.5.59}$$

$$G_{\ddot{x}\ddot{x}}(f_0) = \left[\frac{2\xi}{\pi f_0(1+4\xi^2)}\right]\frac{S_a^2(f_0,\xi)}{N} \tag{3.5.60}$$

3.5.6 穿越阈值概率置信度计算举例

现以 NRC 发布的 NUREG－0800－3.7.1《地震设计参数》中所规定的标准地面设计反应谱与对应的目标功率谱密度函数为例，该标准地面设计反应谱是以岩石为基础的水平分量，由图 3.5.2(a)和表 3.5.2 给出，规定的最大水平地面加速度为 $1g$(981 cm/s^2)，其适用的放大系数由 5 个频率控制点和 5 个不同阻尼比给出。所对应的目标功率谱密度函数由图 3.5.2(b)和式(3.5.1)给出，表 3.5.3 是 5 个频率控制点上功率谱密度函数的计算值。

表 3.5.2　标准地面水平加速度设计反应谱值 $S_a(f_0,\xi)$ (cm/s^2)

阻尼比 ξ/(%)	频率控制点/Hz				
	A(33)	B(9)	C(2.5)	D(0.25)	E(0.1)
0.5	981	4 856	5 837	883	113
2.0	981	3 493	4 170	569	94

（续表）

阻尼比 ξ/(%)	频率控制点/Hz				
	A(33)	B(9)	C(2.5)	D(0.25)	E(0.1)
5.0	981	2 560	3 071	461	82
7.0	981	2 227	2 737	422	69
10.0	981	1 864	2 237	383	56

表 3.5.3　目标加速度功率谱密度函数 $G_{\ddot{x}\ddot{x}}(f_0)$ [(cm/s²)²/Hz]

频率控制点/Hz				
A(33)	B(9)	C(2.5)	D(0.25)	E(0.1)
0.222 7	418	4 190	2 044	2 201

从式(3.5.59)和式(3.5.60)可还原出由 $G_{\ddot{x}\ddot{x}}(f_0)$ 表征的求解超越阈值置信度 $P_{\text{rob}}(\lambda, -\lambda)$ 的表达式：

$$
\begin{cases}
P_{\text{rob}}(\lambda, -\lambda) = \exp\left[-(2f_0T)\exp\left(-\dfrac{r^2}{2}\right)\right] \\
\dfrac{r^2}{2} = \dfrac{2\xi}{\pi f_0(1+4\xi^2)}\left[\dfrac{S_a^2(f_0, \xi)}{G_{\ddot{x}\ddot{x}}(f_0)}\right]
\end{cases}
\tag{3.5.61}
$$

式(3.5.46)修正为

$$
\begin{cases}
P_{\text{rob}}(\lambda, -\lambda) = \exp\left\{-(2f_0T)\left[\dfrac{1-\exp\left(-\sqrt{\dfrac{\pi}{2}}qr\right)}{\exp\left(\dfrac{r^2}{2}\right)-1}\right]\right\} \\
\qquad = \exp\left\{-(2f_0T)\exp\left(-\dfrac{r^2}{2}\right)\left[\dfrac{1-\exp\left(-\sqrt{\dfrac{\pi}{2}}qr\right)}{1-\exp\left(-\dfrac{r^2}{2}\right)}\right]\right\} \\
q = 2\sqrt{\dfrac{\xi}{\pi}\left(1-\dfrac{\xi}{\pi}\right)}
\end{cases}
\tag{3.5.62}
$$

输入标准水平加速度设计反应谱 $S_a(f_0,\ \xi)$、目标功率谱密度函数 $G_{\ddot{x}\ddot{x}}(f_0)$、5 个频率控制点 f_0 和不同阻尼比 ξ 由表 3.5.2 和表 3.5.3 的值分别代入式(3.5.61)和式(3.5.62),这里设强震的时间为 $T = 20$ s, 其 P_{rob}随 f_0 和 ξ 关系结果列于表 3.5.4 和表 3.5.5,其曲线如图 3.5.7 所示。

表 3.5.4　按原始公式(3.5.61)计算的超越阈值概率置信度 P_{rob}

阻尼比/(%)	频率控制点/Hz				
	A(33)	B(9)	C(2.5)	D(0.25)	E(0.1)
0.5	1.000	1.000	0.997	0.925	0.036
2.0	1.000	1.000	1.000	0.997	0.091
5.0	1.000	1.000	1.000	1.000	0.217
7.0	1.000	1.000	1.000	1.000	0.214
10.0	1.000	1.000	1.000	1.000	0.188

表 3.5.5　按改进公式(3.5.62)计算的超越阈值概率置信度 P_{rob}

阻尼比/(%)	频率控制点/Hz				
	A(33)	B(9)	C(2.5)	D(0.25)	E(0.1)
0.5	1.000	1.000	0.999	0.979	0.313
2.0	1.000	1.000	1.000	0.998	0.334
5.0	1.000	1.000	1.000	1.000	0.418
7.0	1.000	1.000	1.000	1.000	0.363
10.0	1.000	1.000	1.000	1.000	0.282

从计算结果表 3.5.4、表 3.5.5 可清楚看出:

(1) 按原始公式(3.5.61)计算置信度 P_{rob}时,随阻尼比 ξ 值的增加以及控制频率点 f_0 的增加,其置信度也相应提高。

(2) 按原始公式(3.5.61)计算置信度 P_{rob}时,控制点低频 0.1 Hz 处的 P_{rob}值最低,而按改进后公式(3.5.62)计算 P_{rob}值时,则可提高置信度 P_{rob}值,特别在 0.5%和 2%的小阻尼比 ξ 下可更明显地提高 P_{rob}。这主要由于公式中计入了功率谱参数 q 的作用,即形状扩展系数 q 随阻尼比 ξ 减小而

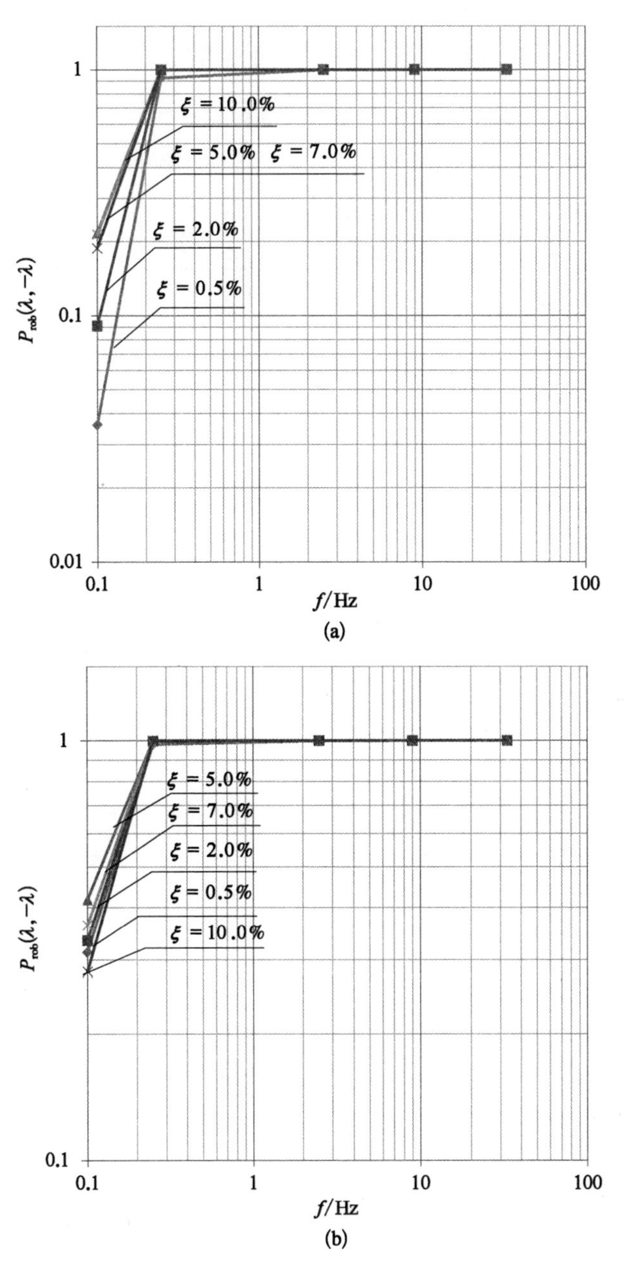

图 3.5.7　超越阈值概率置信度 P_{rob}

(a) 原始公式(3.5.61)计算;(b) 改进公式(3.5.62)计算

同步在减少,因此在处理很低阻尼比时引入了马尔科夫假定,是为了处理反应中所产生连续穿越阈值诱发性,特别是针对较低控制频率 0.1 Hz 时更为明显。

（3）按原始公式(3.5.61),假设为平稳高斯随机过程,不考虑各控制频率f_0和阻尼比ξ进入强震阶段的非平稳效应,在极小阻尼比ξ和极小固有频率f_0下,进入平稳状态的强震区域时间会更长,因此造成在低阻尼比ξ和低控制频率f_0下的P_{rob}置信度偏低。尽管如此,对绝大多数P_{rob}的置信度还是接近100%,说明该标准地面加速度设计反应谱S_a所对应的地面输入加速度的目标功率谱密度函数$G_{\ddot{x}\ddot{x}}(\omega_0)$还是确切的。

（4）采用假设的平稳高斯随机过程的公式(3.5.61)和局部采用式(3.5.62)作改进是可行的。我国有关地震学方面学者胡聿贤、赵凤新、张郁山等进行过详细的研究,并将该实用的公式推荐给国家标准《核电厂抗震设计》(GB50267－20XX)应用。

参考文献

[1] 星谷胜.随机振动分析.常宝琦,译.北京：地震出版社,1977.

[2] J·S·贝达特.随机数据分析方法.凌福根,译.北京：国防工业出版社,1976.

[3] 朱位秋.随机振动.北京：科学出版社,1992.

[4] Vanmareke E H. Parameters of the spectral density function: Their significance in the time and frequency domains. MIT Civil Eng. Tech. Report, 1970.

[5] Corotis R B, Vanmareke E H, cornell C A. First passage of nonstationary random processes. EM. Div, ASCE, 1972.

[6] 大崎顺彦.地震动的谱分析入门.田琪,译.北京：地震出版社,2008.

[7] U.S. NRC. Standard review plan for the review of safety analysis reports for NPP: LWR Edition, NUREG－0800, 3.7.1, 2001.

[8] U.S. NRC. Recommendations for resolution of public comments on USI A－40, "Seismic Design Criteria", NUREG/CR－5347, BNL－NUREG－52191, 1989.

[9] 姚伟达,张慧娟.随机振动中的相关函数分析.力学学报,1979(4).

[10] 胡聿贤.地震工程学.北京：地震出版社,1988.

[11] 赵凤新,刘爱文.地震动功率谱与反应谱的转换关系.地震工程与工程振动,2001,21(2)：30－37.

第4章 两个自由度系统的线性振动反应分析

4.1 引　言

核电厂设施是一个十分复杂的系统,抗震Ⅰ类SSC的抗震设计分析是在核电厂SSE设计基准事故下确保核电厂安全的重要措施之一。为了将核电厂复杂的SSC抗震分析进行得全面、可靠又深入细致,最有效且常用的方法是在抗震分析中将整个SSC合理地分解成若干抗震主系统,而一个主系统可能包含若干个子系统。子系统中又可能包含更多更小的子系统,这样才能较详细地对一个个分解后的子系统(某些设备和部件)进行抗震鉴定(试验或分析)。众所周知,核电厂核岛安全壳、内件与主冷却剂回路组成的结构模型属于典型的抗震耦合系统。在抗震耦合模型中要将主冷却剂回路(子系统)建成复杂的三维实体精确结构模型在计算上是十分困难的,为此必须简化为由梁和杆组成的简单模型(见图4.1.1)。在此基础上将主冷却剂系统从耦合抗震系统中分离出来建立独立的解耦抗震系统,建立更详细和精确的三维实体结构抗震分析模型,以确定主设备上详细的接管载荷以及有关主设备、部件和支承的地震输入,再进一步将各主设备作为独立的子系统进行更详细的抗震分析(见图4.1.2、图4.1.3)。对于这样的逐次解耦抗震分析方法是否可行,特别对于不能解耦的耦合系统而采用抗震解耦分析时需要满足什么特殊的必要条件等问题需作进一步的论证。

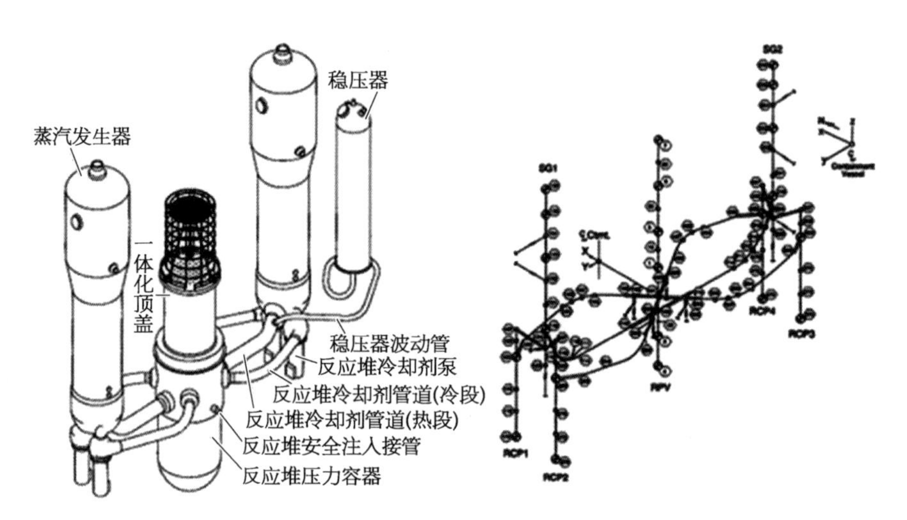

图 4.1.1　反应堆冷却剂系统与安全壳内部结构之间的耦合

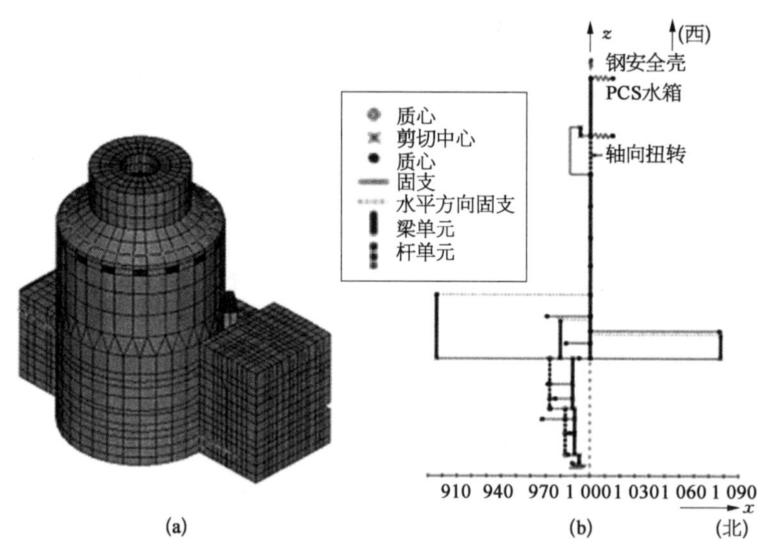

图 4.1.2　屏蔽厂房、辅助厂房、内部结构之间的耦合

(a) 三维模型;(b) 梁模型

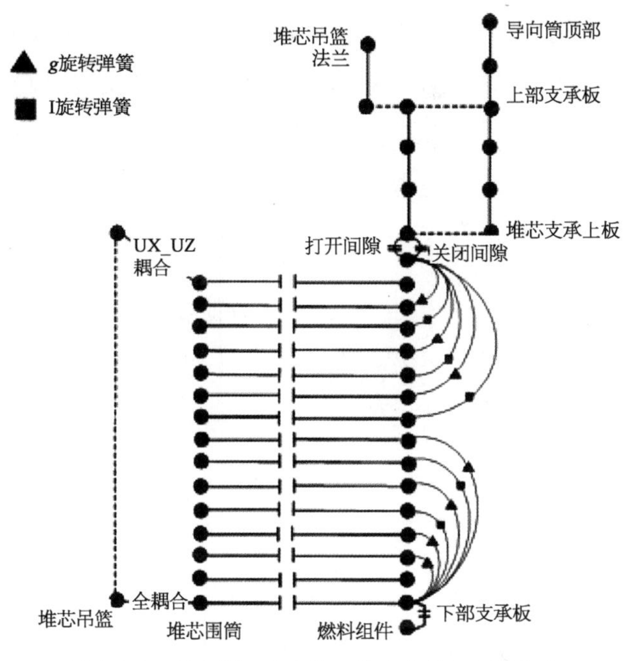

图 4.1.3　反应堆压力容器与堆内构件之间的耦合

在复杂的多自由度系统问题中,最简单的是两个自由度系统的振动,无论是抗震模型的简化、振动方程的建立、该系统的动力特性与反应求解等,两个自由度振动系统和多自由度系统无本质上的差别,只是具备在数学上求解相对简单等优点,所以两个自由度系统的分析方法可为掌握更多自由度系统分析方法打下良好的基础。

本章通过两个自由度系统的线性振动反应分析,论证两个问题:

(1) NRC 安全分析报告的标准审评大纲 3.7.2 中提出的抗震系统解耦准则的依据。

(2) 在不能满足解耦条件的抗震系统中如要将子系统独立解耦出来进行详细抗震分析时所需要满足的必要条件。

4.2　抗震系统的主频率

将抗震系统简化为主系统和子系统组成两个自由度振动系统,与基

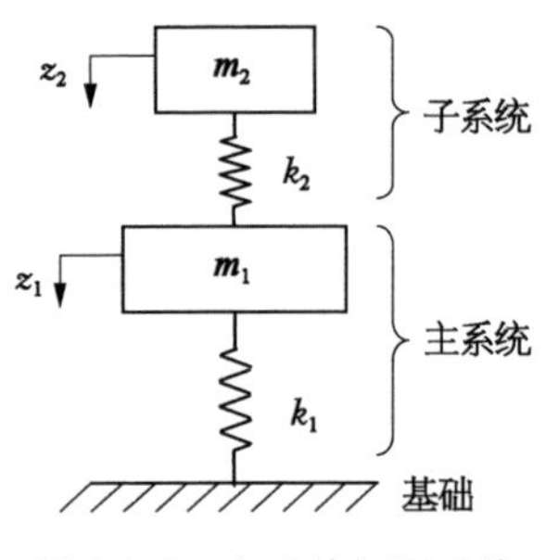

图 4.2.1 主系统与子系统简化耦合模型

础相连的称为主系统,用质量 m_1 和刚度 k_1 表示;附在主系统上的称为子系统,用质量 m_2 和刚度 k_2 表示(见图 4.2.1)。其无阻尼自由振动耦合方程为

$$\begin{cases} m_1\ddot{z}_1 + k_1 z_1 - k_2(z_2 - z_1) = 0 \\ m_2\ddot{z}_2 + k_2(z_2 - z_1) = 0 \end{cases} \tag{4.2.1}$$

式中,z_1 和 z_2 为质量 m_1 和 m_2 上的位移振动量。

设参数 R_m 和 R_ω(或 R_f)为

$$R_m = \frac{m_2}{m_1} \tag{4.2.2}$$

$$R_\omega = R_f = \frac{\omega_2}{\omega_1} \text{或} \frac{f_2}{f_1} \tag{4.2.3}$$

$$\begin{cases} \omega_1 = \sqrt{\dfrac{k_1}{m_1}}\left(\text{或} f_1 = \dfrac{\omega_1}{2\pi}\right) \\ \omega_2 = \sqrt{\dfrac{k_2}{m_2}}\left(\text{或} f_2 = \dfrac{\omega_2}{2\pi}\right) \end{cases} \tag{4.2.4}$$

式中,ω_1 和 ω_2 分别为主系统和子系统独立时的自身固有圆频率。

将式(4.2.2)~式(4.2.4)代入式(4.2.1)后,可转化为如下的振动方程:

$$\begin{cases} \ddot{z}_1 + \omega_1^2 z_1 - R_m\omega_2^2(z_2 - z_1) = 0 \\ \ddot{z}_2 + \omega_2^2(z_2 - z_1) = 0 \end{cases} \tag{4.2.5}$$

这是两个二阶线性常系数微分方程,它们的通解可用微分方程的两个特解按线性组合而成。式(4.2.5)为无外力作用、也不计阻尼的自由振动方程。若其特解为同步运动,即两个质点 z_1 和 z_2 各按不同的振幅 Z_1 和 Z_2 以相同的圆频率 ω 和相位 α 进行运动,则可设 z_1 和 z_2 为

$$\begin{cases} z_1 = Z_1\sin(\omega t + \alpha) \\ z_2 = Z_2\sin(\omega t + \alpha) \end{cases} \tag{4.2.6}$$

如系统存在上式表述的特解，将式(4.2.6)代入式(4.2.5)后可得到一组与时间无关的恒等式，即 $\sin(\omega t + \alpha)$ 前的系数为零，整理后可得二阶矩阵方程，并能从中解出待定常数 ω，Z_1和 Z_2。

$$\begin{bmatrix} (\omega_1^2 + R_m\omega_2^2) - \omega^2 & -R_m\omega_2^2 \\ -\omega_2^2 & \omega_2^2 - \omega^2 \end{bmatrix} \begin{Bmatrix} Z_1 \\ Z_2 \end{Bmatrix} = 0 \tag{4.2.7}$$

代数式(4.2.7)只有在方程系数行列式为零时，齐次代数方程才有不等于零的解，其系数行列式称为频率特征方程。

$$\Delta(\omega^2) = \begin{vmatrix} (\omega_1^2 + R_m\omega_2^2) - \omega^2 & -R_m\omega_2^2 \\ -\omega_2^2 & \omega_2^2 - \omega^2 \end{vmatrix} = 0 \tag{4.2.8}$$

将式(4.2.8)展开后可得

$$\omega^4 - [\omega_1^2 + (1 + R_m)\omega_2^2]\omega^2 + \omega_1^2\omega_2^2 = 0 \tag{4.2.9}$$

这是 ω^2 的二次方程式，它的两个根为

$$\left.\begin{matrix} (\omega_1^*)^2 \\ (\omega_2^*)^2 \end{matrix}\right\} = 0.5\left\{[\omega_1^2 + (1 + R_m)\omega_2^2] \mp \sqrt{[\omega_1^2 + (1 + R_m)\omega_2^2]^2 - 4\omega_1^2\omega_2^2}\right\} \tag{4.2.10}$$

式中，

$$[\omega_1^2 + (1 + R_m)\omega_2^2]^2 - 4\omega_1^2\omega_2^2 = [\omega_1^2 - (1 - R_m)\omega_2^2]^2 + 2(1 + R_m)\omega_2^4 > 0$$

所以方程的根 $(\omega_1^*)^2$ 和 $(\omega_2^*)^2$ 均为正实的重根，也就是说该系统只可能存在以 ω_1^* 为特征，另一个以 ω_2^* 为特征的两种形式的同步运动，为此这里可将 ω_1^* 与 ω_2^* 称为该系统的主频率或固有圆频率。

对式(4.2.10)作根式运算可求得该系统耦合的固有圆频率 ω_1^* 和 ω_2^*

更为简洁的解：

$$\begin{cases}\omega_1^* = 0.5\{[(1+R_f)^2 + R_mR_f^2]^{1/2} - [(1-R_f)^2 + R_mR_f^2]^{1/2}\}\omega_1 \\ \omega_2^* = 0.5\{[(1+R_f)^2 + R_mR_f^2]^{1/2} + [(1-R_f)^2 + R_mR_f^2]^{1/2}\}\omega_1\end{cases} \tag{4.2.11}$$

从式(4.2.11)可明显看出在系统主频率中的两个固有圆频率值有大小，在 $\omega_1^* < \omega_2^*$ 条件下，也可将 ω_1^* 称为基频，ω_2^* 称为第二固有圆频率。

4.3　抗震系统的主振型

式(4.2.6)的振幅 Z_1 和 Z_2 可由式(4.2.7)来确定，该振幅与固有圆频率 ω_1^* 和 ω_2^* 有关，对应的 ω_1^* 振幅记为 Z_{11} 和 Z_{21}，对应的 ω_2^* 的振幅记为 Z_{12} 和 Z_{22}。由于式(4.2.7)是一个齐次方程组，只有其中一个方程是独立的，因此只能求得它们之间的比值。将 ω_1^* 和 ω_2^* 代入式(4.2.7)后解得比值 u_1 和 u_2 分别为

$$\begin{cases}u_1 = \dfrac{Z_{21}}{Z_{11}} = \dfrac{(\omega_1^2 + R_m\omega_2^2) - (\omega_1^*)^2}{R_m\omega_2^2} = \dfrac{\omega_2^2}{\omega_2^2 - (\omega_1^*)^2} \\ u_2 = \dfrac{Z_{22}}{Z_{12}} = \dfrac{(\omega_1^2 + R_m\omega_2^2) - (\omega_2^*)^2}{R_m\omega_2^2} = \dfrac{\omega_2^2}{\omega_2^2 - (\omega_2^*)^2}\end{cases} \tag{4.3.1}$$

从式(4.3.1)可看出，在 u_1(或 u_2)中前后两个比值是相等的。如系统按对应主频率 ω_1^*(或 ω_2^*)做同步运动，则任意时刻的位移比 Z_{21}/Z_{11} 和 Z_{22}/Z_{12} 就确定了该系统振动形式，这两种振动形式都称为系统的主振型，按 ω_1^* 和 ω_2^* 次序，分别称为第一主振型和第二主振型。用矩阵形式表示为

$$Z_1 = \begin{Bmatrix} z_{11} \\ z_{21} \end{Bmatrix} = Z_{11}\begin{Bmatrix} 1 \\ u_1 \end{Bmatrix},\ Z_2 = \begin{Bmatrix} z_{12} \\ z_{22} \end{Bmatrix} = Z_{12}\begin{Bmatrix} 1 \\ u_2 \end{Bmatrix} \tag{4.3.2}$$

式中，秩称为振型向量(或模态向量)，由模态向量组成的矩阵称为模态矩阵。

4.4　抗震系统的解耦条件

抗震系统简化为主系统和子系统组成的两个自由度振动系统，对于子系统和主系统之间的解耦条件可从该系统的耦合固有圆频率 ω_1^*，ω_2^* 与主系统、子系统本身的固有圆频率 ω_1，ω_2 之间的相对偏差 ε 来判别：

$$\begin{cases} \max\left[\dfrac{|\omega_1^* - \omega_1|}{\omega_1}, \dfrac{|\omega_2^* - \omega_2|}{\omega_2}\right] \leqslant \varepsilon \quad \omega_1 \leqslant \omega_2 \\ \max\left[\dfrac{|\omega_1^* - \omega_2|}{\omega_2}, \dfrac{|\omega_2^* - \omega_1|}{\omega_1}\right] \leqslant \varepsilon \quad \omega_1 \geqslant \omega_2 \end{cases} \tag{4.4.1}$$

式中，ε 为频率相对偏离率，理论上当 $\varepsilon = 0$ 时这两个系统才真正独立可以解耦，但一般在工程上可取相对偏差 $\varepsilon = 5\%$ 或 10% 近似作为解耦条件。附录 A 中表 A.1 列出了当 $R_m = 0.005 \sim 1.0$，$R_f = 0.1 \sim 100$ 范围内的相对偏离率 ε 值，表中两条粗线分别表示 $\varepsilon = 5\%$ 和 10% 的解耦分解线，在粗线以外所对应的 R_m 和 R_f 值表示子、主两个系统认为可以被解耦，反之在粗线以内表示两个系统认为是耦合的。

从表 A.1 可看出，当子、主系统的质量比 R_m 愈小时，子、主系统能解耦的范围变得愈大。当 R_m 愈大时，受到两个系统固有频率比 R_f 牵制愈大，从而使得解耦范围变得愈小。

美国 NRC 安全分析报告的标准审查大纲 3.7.2 中所提出的子系统与主系统之间可解耦条件为

$$\begin{cases} R_m < 0.01\text{，对任何 } R_f \text{ 均可解耦} \\ 0.01 \leqslant R_m \leqslant 0.1\text{，只有当 } R_f \leqslant 0.8 \text{ 或 } R_f \geqslant 1.25 \text{ 时才可解耦} \\ R_m > 0.1\text{，主系统模型中应包含一个近似的子系统模型} \end{cases}$$

对照附录 A 中表 A.1 结果，可以清楚看出该表中的可解耦范围与上述这 3 个解耦条件是完全相符的。

4.5 抗震系统对初始条件的反应

将抗震系统的特征值 ω_1^* 和 ω_2^* 代回式(4.2.5)的解式(4.2.6)后,得到自由振动的解为

$$\begin{cases}\{z\}_1=\begin{Bmatrix}Z_{11}\\Z_{21}\end{Bmatrix}\sin(\omega_1^* t+\alpha_1)=Z_{11}\begin{Bmatrix}1\\u_1\end{Bmatrix}\sin(\omega_1^* t+\alpha_1)\\ \{z\}_2=\begin{Bmatrix}Z_{12}\\Z_{22}\end{Bmatrix}\sin(\omega_2^* t+\alpha_2)=Z_{12}\begin{Bmatrix}1\\u_2\end{Bmatrix}\sin(\omega_2^* t+\alpha_2)\end{cases}\tag{4.5.1}$$

$\{z\}_1$ 和 $\{z\}_2$ 是式(4.2.5)对应单一主频率 ω_1^* 和 ω_2^* 的两个主振动,式(4.2.5)通解为式(4.5.1)两个主振动的线性组合,其反应为

$$\{z\}=\begin{Bmatrix}z_1\\z_2\end{Bmatrix}=C_1\begin{Bmatrix}1\\u_1\end{Bmatrix}\sin(\omega_1^* t+\alpha_1)+C_2\begin{Bmatrix}1\\u_2\end{Bmatrix}\sin(\omega_2^* t+\alpha_2)\tag{4.5.2}$$

通解式(4.5.2)中有 4 个积分常数 C_1, C_2和 α_1, α_2,它由下述 4 个初始条件来确定。其初始条件为在质量 m_1和 m_2上 $t=0$ 时初始位移与初始速度:

$$\begin{cases}z_1=z_{10},\ \dot{z}_1=\dot{z}_{10}\\ z_2=z_{20},\ \dot{z}_2=\dot{z}_{20}\end{cases}\tag{4.5.3}$$

把上式代入式(4.5.2)以及对式(4.5.2)的时间 t 求得的一阶导数中,按式(4.5.3)初始条件 $t=0$ 可得到 4 个代数方程组。

$$\begin{cases}C_1\sin\alpha_1+C_2\sin\alpha_2=z_{10}\\ C_1u_1\sin\alpha_1+C_2u_2\sin\alpha_2=z_{20}\\ C_1\omega_1^*\cos\alpha_1+C_2\omega_2^*\cos\alpha_2=\dot{z}_{10}\\ C_1\omega_1^*u_1\cos\alpha_1+C_2\omega_2^*u_2\cos\alpha_2=\dot{z}_{20}\end{cases}\tag{4.5.4}$$

由式(4.5.4)可解得

$$
\begin{cases}
C_1\sin\alpha_1 = \dfrac{(u_2 z_{10} - z_{20})}{(u_2 - u_1)} \\[2ex]
C_2\sin\alpha_2 = \dfrac{(z_{20} - u_1 z_{10})}{(u_2 - u_1)} \\[2ex]
C_1\cos\alpha_1 = \dfrac{(u_2 \dot{z}_{10} - \dot{z}_{20})}{(u_2 - u_1)\omega_1^*} \\[2ex]
C_2\cos\alpha_2 = \dfrac{(\dot{z}_{20} - u_1 \dot{z}_{10})}{(u_2 - u_1)\omega_2^*}
\end{cases}
\tag{4.5.5}
$$

从上式可求解得 C_1，C_2和 α_1，α_2：

$$
\begin{cases}
C_1 = \dfrac{1}{(u_2 - u_1)}\left[(u_2 z_{10} - z_{20})^2 + \dfrac{(u_2 \dot{z}_{10} - \dot{z}_{20})^2}{(\omega_1^*)^2}\right]^{1/2} \\[2ex]
C_2 = \dfrac{1}{(u_2 - u_1)}\left[(z_{20} - u_1 z_{10})^2 + \dfrac{(\dot{z}_{20} - u_1 \dot{z}_{10})^2}{(\omega_2^*)^2}\right]^{1/2}
\end{cases}
\tag{4.5.6}
$$

$$
\begin{cases}
\tan\alpha_1 = \dfrac{(u_2 z_{10} - z_{20})\omega_1^*}{(u_2 \dot{z}_{10} - \dot{z}_{20})} \\[2ex]
\tan\alpha_2 = \dfrac{(z_{20} - u_2 z_{10})\omega_2^*}{(\dot{z}_{20} - u_1 \dot{z}_{10})}
\end{cases}
\tag{4.5.7}
$$

将 C_1，C_2和 α_1，α_2代入式(4.5.2)后就确定了抗震系统对于初始条件的反应。

4.6　抗震系统对地震输入的反应

4.6.1　两个自由度振动方程

与 4.2 节采用相同的抗震系统，可简化为主系统和子系统组成的两个自由度振动系统，主系统由质量 m_1、刚度 k_1和阻尼 c_1组成，子系统由质量

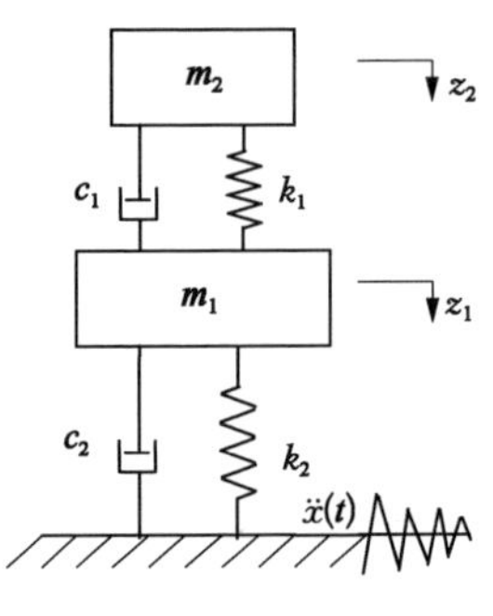

图 4.6.1 耦合抗震系统的两自由度模型

m_2、刚度 k_2 和阻尼 c_2 组成。基础地震输入的加速度时程为 $\ddot{x}(t)$（见图 4.6.1）。

由主系统 m_1 上的绝对位移 z_1 和子系统 m_2 上的绝对位移 z_2 所表示的振动方程为

$$\begin{cases} m_1\ddot{z}_1 + c_1(\dot{z}_1 - \dot{x}) + k_1(z_1 - x) - \\ \quad c_2(\dot{z}_2 - \dot{z}_1) - k_2(z_2 - z_1) = 0 \\ m_2\ddot{z}_2 + c_2(\dot{z}_2 - \dot{z}_1) + k_2(z_2 - z_1) = 0 \end{cases} \tag{4.6.1}$$

令相对位移：

$$\begin{cases} y_1 = z_1 - x \\ y_2 = z_2 - z_1 \end{cases} \tag{4.6.2}$$

式中，y_1 是主系统相对于基础的相对位移，y_2 是子系统相对于主系统的相对位移。代入式(4.6.1)得到一组由相对位移表示的耦合振动方程：

$$\begin{cases} m_1\ddot{y}_1 + c_1\dot{y}_1 + k_1y_1 - c_2\dot{y}_2 - k_2y_2 = - m_1\ddot{x} \\ m_2\ddot{y}_2 + c_2\dot{y}_2 + k_2y_2 + m_2\ddot{y}_1 = - m_2\ddot{x} \end{cases} \tag{4.6.3}$$

设

$$\frac{c_1}{m_1} = 2\xi_1\omega_1,\ \frac{c_2}{m_2} = 2\xi_2\omega_2,\ R_m = \frac{m_2}{m_1} \tag{4.6.4}$$

式中，ξ_1，ξ_2 分别为主系统与子系统的阻尼比，将式(4.2.3)、式(4.2.4)、式(4.6.4)代入式(4.6.3)后可转化为以阻尼比 ξ_1，ξ_2 和 ω_1，ω_2 表示的振动方程：

$$\begin{cases} \ddot{y}_1 + 2\xi_1\omega_1\dot{y}_1 + \omega_1^2y_1 - 2\xi_2\omega_2R_m\dot{y}_2 - \omega_2^2R_my_2 = - \ddot{x} \\ \ddot{y}_2 + 2\xi_2\omega_2\dot{y}_2 + \omega_2^2y_2 + \ddot{y}_1 = - \ddot{x} \end{cases} \tag{4.6.5}$$

设基础输入地震加速度时程 $\ddot{x}(t)$ 由 N 个正弦谐波的组合式来模拟：

$$\ddot{x}(t) = \sum_{k=1}^{N} a_k\sin(\Omega_kt + \theta_k) \tag{4.6.6}$$

由于地震波是一类随时间变化的随机变量，因此其幅值 a_k 可由 $\ddot{x}(t)$ 对应的单边功率谱密度函数来表征：

$$a_k = \sqrt{2G(\Omega_k)\Delta\Omega} = \sqrt{2G(f_k)\Delta f} \tag{4.6.7}$$

式中，$G(\Omega_k)$ 为 $\ddot{x}(t)$ 在第 k 个圆频率 Ω_k 上的单边目标功率谱密度函数，$\Delta\Omega$ 是以 Ω_k (f_k) 为中心频率处的带宽，$\theta_k = 0 \sim 2\pi$ 内的随机数，$k = 1, 2, \cdots, N$。

$$\begin{cases} G(f_k) = 2\pi G(\Omega_k) \\ \Omega_k = 2\pi f_k = \Omega_L + \left(k - \dfrac{1}{2}\right)(\Delta\Omega) \end{cases} \tag{4.6.8}$$

$$\Delta\Omega = \frac{(\Omega_H - \Omega_L)}{N} = 2\pi\Delta f \tag{4.6.9}$$

式中，Ω_H，Ω_L 为高、低端圆频率，N 为高、低端圆频率的等分数。

4.6.2　耦合振动方程的解

为求强迫振动方程式(4.6.5)的解，可将式(4.6.6)设为复数 $j = \sqrt{-1}$ 形式。

$$\ddot{x}(t) = \sum_{k=1}^{N} a_k e^{j(\Omega_k t + \theta_k)} \tag{4.6.10}$$

方程式(4.6.5)的解设为

$$\begin{cases} y_1(t) = \sum\limits_{k=1}^{N} Y_{1k} e^{j(\Omega_k t + \theta_k)} \\ y_2(t) = \sum\limits_{k=1}^{N} Y_{2k} e^{j(\Omega_k t + \theta_k)} \end{cases} \tag{4.6.11}$$

将式(4.6.10)和式(4.6.11)代入方程式(4.6.5)经运算整理后得到

$$\begin{bmatrix} (-\Omega_k^2 + \omega_1^2 + j2\xi_1\omega_1\Omega_k) & -\omega_2^2 R_m - j2\xi_2\omega_2 R_m\Omega_k \\ -\Omega_k^2 & -\Omega_k^2 + \omega_2^2 + j2\xi_2\omega_2\Omega_k \end{bmatrix} \begin{Bmatrix} Y_{1k} \\ Y_{2k} \end{Bmatrix} = \begin{Bmatrix} -a_k \\ -a_k \end{Bmatrix} \tag{4.6.12}$$

由式(4.6.12)可求得 m_1 和 m_2 处的相对位移幅值为

$$\begin{cases} Y_{1k}=[H_{1k}(\mathrm{j}\Omega_k)]a_k \\ Y_{2k}=[H_{2k}(\mathrm{j}\Omega_k)]a_k \end{cases} \tag{4.6.13}$$

式中，$H_{1k}(\mathrm{j}\Omega_k)$ 和 $H_{2k}(\mathrm{j}\Omega_k)$ 为相对位移幅值 Y_{1k} 和 Y_{2k} 的传递函数。

$$\begin{cases} H_{1k}(\mathrm{j}\Omega_k)=-\dfrac{1}{\delta}\begin{vmatrix} 1 & -(R_m\omega_2^2+\mathrm{j}2\xi_2\omega_2R_m\Omega_k) \\ 1 & (-\Omega_k^2+\omega_2^2+\mathrm{j}2\xi_2\omega_2\Omega_k) \end{vmatrix} \\ \quad =-\dfrac{1}{\delta}[(-\Omega_k^2+\omega_2^2+\mathrm{j}2\xi_2\omega_2\Omega_k)+(R_m\omega_2^2+\mathrm{j}2\xi_2\omega_2R_m\Omega_k)] \\ \quad =\dfrac{1}{\delta}[\Omega_k^2-(1+R_m)\omega_2^2-\mathrm{j}2\xi_2(1+R_m)\omega_2\Omega_k] \\ H_{2k}(\mathrm{j}\Omega_k)=-\dfrac{1}{\delta}\begin{vmatrix} (-\Omega_k^2+\omega_1^2+\mathrm{j}2\xi_1\omega_1\Omega_k) & 1 \\ -\Omega_k^2 & 1 \end{vmatrix} \\ \quad =-\dfrac{1}{\delta}[-\Omega_k^2+\omega_1^2+\mathrm{j}2\xi_1\omega_1\Omega_k+\Omega_k^2] \\ \quad =-\dfrac{1}{\delta}[\omega_1^2+\mathrm{j}2\xi_1\omega_1\Omega_k] \end{cases} \tag{4.6.14}$$

式中，δ 为式(4.6.12)中系数的行列式值。

$$\begin{cases} \delta=\begin{vmatrix} (-\Omega_k^2+\omega_1^2+\mathrm{j}2\xi_1\omega_1\Omega_k) & -\omega_2^2R_m-\mathrm{j}2\xi_2\omega_2R_m\Omega_k \\ -\Omega_k^2 & -\Omega_k^2+\omega_2^2+\mathrm{j}2\xi_2\omega_2\Omega_k \end{vmatrix} \\ \quad =(-\Omega_k^2+\omega_1^2+\mathrm{j}2\xi_1\omega_1\Omega_k)(-\Omega_k^2+\omega_2^2+\mathrm{j}2\xi_2\omega_2\Omega_k)- \\ \quad \Omega_k^2(\omega_2^2R_m+\mathrm{j}2\xi_2\omega_2\Omega_kR_m) \\ \quad =\{\Omega_k^4-[\omega_1^2+(1+R_m)\omega_2^2+4\xi_1\xi_2\omega_1\omega_2]\Omega_k^2+\omega_1^2\omega_2^2\}+ \\ \quad \mathrm{j}2\{-[\xi_1\omega_1+(1+R_m)\xi_2\omega_2]\Omega_k^3+\omega_1\omega_2(\xi_1\omega_1+\xi_2\omega_2)\Omega_k\} \end{cases} \tag{4.6.15}$$

在抗震分析中主要考核的是主系统与子系统上采用的绝对加速度反应,根据式(4.6.2)绝对加速度 $\ddot{z}_1$ 和 $\ddot{z}_2$ 可表示为

$$\begin{cases}\ddot{z}_1(t)=\sum\limits_{k=1}\ddot{Z}_{1k}\mathrm{e}^{\mathrm{j}(\Omega_k t+\theta_k)}\\ \ddot{z}_2(t)=\sum\limits_{k=1}\ddot{Z}_{2k}\mathrm{e}^{\mathrm{j}(\Omega_k t+\theta_k)}\end{cases}\tag{4.6.16}$$

将式(4.6.2)转换成绝对加速度形式为

$$\begin{cases}\ddot{z}_1(t)=\ddot{y}_1+\ddot{x}\\ \ddot{z}_2(t)=\ddot{y}_2+\ddot{z}_1=\ddot{y}_2+\ddot{y}_1+\ddot{x}\end{cases}\tag{4.6.17}$$

利用式(4.6.11)和式(4.6.13)可求得绝对加速度幅值与幅值 a_k之间的关系为

$$\begin{cases}\ddot{Z}_{1k}=[1-\Omega_k^2H_{1k}(\mathrm{j}\Omega_k)]a_k=[\ddot{H}_{1k}(\mathrm{j}\Omega_k)]a_k\\ \ddot{Z}_{2k}=\{1-\Omega_k^2[H_{1k}(\mathrm{j}\Omega_k)+H_{2k}(\mathrm{j}\Omega_k)]\}a_k=[\ddot{H}_{2k}(\mathrm{j}\Omega_k)]a_k\end{cases}\tag{4.6.18}$$

式中, $\ddot{H}_{1k}(\mathrm{j}\Omega_k)$ 和 $\ddot{H}_{2k}(\mathrm{j}\Omega_k)$ 为绝对加速度幅值 $\ddot{Z}_{1k}$ 和 $\ddot{Z}_{2k}$ 的传递函数。

$$\begin{cases}\ddot{H}_{1k}(\mathrm{j}\Omega_k)=\dfrac{1}{\delta}\{\delta-\Omega_k^2[\Omega_k^2-(1+R_m)\omega_2^2-\mathrm{j}2\xi_2(1+R_m)\omega_2\Omega_k]\}\\ \qquad=\dfrac{1}{\delta}\{-(\omega_1^2+4\xi_1\xi_2\omega_1\omega_2)\Omega_k^2+\omega_1^2\omega_2^2+\\ \qquad\mathrm{j}2[-\xi_1\omega_1\Omega_k^3+\omega_1\omega_2(\xi_1\omega_2+\xi_2\omega_1)\Omega_k]\}\\ \ddot{H}_{2k}(\mathrm{j}\Omega_k)=\dfrac{1}{\delta}\{\delta-\Omega_k^2[\Omega_k^2-\omega_1^2-(1+R_m)\omega_2^2-\\ \qquad\mathrm{j}2\xi_2(1+R_m)\omega_2\Omega_k+\mathrm{j}2\xi_1\omega_1\Omega_k]\}\\ \qquad=\dfrac{1}{\delta}[-4\xi_1\xi_2\omega_1\omega_2\Omega_k^2+\omega_1^2\omega_2^2+\mathrm{j}2\omega_1\omega_2(\xi_1\omega_2+\xi_2\omega_1)\Omega_k]\end{cases}\tag{4.6.19}$$

为了使实际运算更方便,可将相对位移反应式(4.6.13)和绝对加速度

反应式(4.6.18)用实数形式的幅值和相位角表示。

相对位移的实幅值和相位角为

$$\begin{cases}\dfrac{|Y_{1k}|}{a_k}=\dfrac{1}{D}\{[\Omega_k^2-(1+R_m)\omega_2^2]^2+4\xi_2^2(1+R_m)^2\omega_2^2\Omega_k^2\}^{1/2}\\ \dfrac{|Y_{2k}|}{a_k}=\dfrac{1}{D}\{\omega_1^4+4\xi_1^2\omega_1^2\Omega_k^2\}^{1/2}\end{cases} \tag{4.6.20}$$

式中,

$$\begin{cases}D=|\delta|=\{\{\Omega_k^4-[\omega_1^2+(1+R_m)\omega_2^2+4\xi_1\xi_2\omega_1\omega_2]\Omega_k^2+\omega_1^2\omega_2^2\}^2+\\ \quad 4\{-[\xi_1\omega_1+(1-R_m)\xi_2\omega_2]\Omega_k^3+\omega_1\omega_2(\xi_1\omega_2+\xi_2\omega_1)\Omega_k\}^2\}^{1/2}\\ \text{对 } D \text{ 的相位角 } \phi_k \text{ 为}\\ \varphi_k=\arctan\left[\dfrac{-2[\xi_1\omega_1+(1+R_m)\xi_2\omega_2]\Omega_k^3+\omega_1\omega_2(\xi_1\omega_2+\xi_2\omega_1)\Omega_k}{[\Omega_k^2-(\omega_1^*)^2][\Omega_k^2-(\omega_2^*)^2]^2-4\xi_1\xi_2\omega_1\omega_2\Omega_k^2}\right]\end{cases} \tag{4.6.21}$$

对 Y_{1k} 和 Y_{2k} 的相位角 α_{1k} 和 α_{2k} 为

$$\begin{cases}\alpha_{1k}=\arctan\left[\dfrac{2\xi_2(1+R_m)\omega_2\Omega_k}{\Omega_k^2-(1+R_m)\omega_2^2}\right]\\ \alpha_{2k}=\arctan\left[\dfrac{2\xi_1\Omega_k}{\omega_1}\right]\end{cases} \tag{4.6.22}$$

绝对加速度实幅值和相位角为

$$\begin{cases}\dfrac{|\ddot{Z}_{1k}|}{a_k}=\dfrac{1}{D}\{[-(\omega_1^2+4\xi_1\xi_2\omega_1\omega_2)\Omega_k^2+\omega_1^2\omega_2^2]^2+\\ \quad 4[-\xi_1\Omega_k^2+(\xi_1\omega_2+\xi_2\omega_1)\omega_2]^2\omega_1^2\Omega_k^2\}^{1/2}\\ \dfrac{|\ddot{Z}_{2k}|}{a_k}=\dfrac{1}{D}\{(-4\xi_1\xi_2\omega_1\omega_2\Omega_k^2+\omega_1^2\omega_2^2)^2+\\ \quad 4(\xi_1\omega_2+\xi_2\omega_1)^2\omega_1^2\omega_2^2\Omega_k^2\}^{1/2}\end{cases} \tag{4.6.23}$$

$\ddot{Z}_{1k}$ 和 $\ddot{Z}_{2k}$ 所对应的相位角 β_{1k} 和 β_{2k} 为

$$\begin{cases} \beta_{1k} = \arctan\left[\dfrac{2[-\xi_1\omega_1\Omega_k^3 + \omega_1\omega_2(\xi_1\omega_2 + \xi_2\omega_1)\Omega_k]}{-(\omega_1^2 + 4\xi_1\xi_2\omega_1\omega_2)\Omega_k^2 + \omega_1^2\omega_2^2}\right] \\ \beta_{2k} = \arctan\left[\dfrac{2(\xi_1\omega_2 + \xi_2\omega_1)\Omega_k}{-4\xi_1\xi_2\Omega_k^2 + \omega_1\omega_2}\right] \end{cases} \tag{4.6.24}$$

4.6.3　举例

［**例 1**］　在主系统与子系统组成的耦合振动系统中，

已知：$\omega_1 = \omega_2 = \omega$，$\xi_1 = \xi_2 = \xi$，$R_\omega = R_f = \dfrac{\omega_2}{\omega_1} = 1$，$R_m = \dfrac{m_2}{m_1} = 0.5$。

设基础处地震激励加速度 $\ddot{x}(t)$ 按式(4.6.6)分解，其谐波中若第 k 个圆频率 Ω_k 刚好与系统按式(4.2.12)求得的耦合第 1 阶圆频率 ω_1^* 相等，也就是 $\Omega_k = \omega_1^*$。

求：主系统与子系统的反应。

解：将已知条件代入式(4.2.12)求得的耦合圆频率 ω_1^* 和 ω_2^* 为

$$\begin{cases} \omega_1^* = 0.5\{[(1+R_f)^2 + R_mR_f^2]^{1/2} - [(1-R_f)^2 + R_mR_f^2]^{1/2}\}\omega_1 = \dfrac{1}{\sqrt{2}}\omega \\ \omega_2^* = 0.5\{[(1+R_f)^2 + R_mR_f^2]^{1/2} + [(1-R_f)^2 + R_mR_f^2]^{1/2}\}\omega_1 = \sqrt{2}\omega \end{cases}$$

将 ω_1^*，ω_2^* 与 ω_1，ω_2 代入式(4.4.1)后，可求得频率之间的偏差 ε_1 和 ε_2 为

$$\begin{cases} \varepsilon_1 = \left|\dfrac{\omega_1^* - \omega_1}{\omega_1}\right| = \left|\dfrac{1}{\sqrt{2}} - 1\right| = 0.293\,0 \\ \varepsilon_2 = \left|\dfrac{\omega_2^* - \omega_2}{\omega_2}\right| = |\sqrt{2} - 1| = 0.414\,2 \end{cases}$$

取两偏差 ε_1 和 ε_2 中较大者 $\varepsilon_{max} = 0.414\,2$，对照附录 A 中解耦表 A.1，说明该抗震系统不能解耦。

将 $\Omega_k=\omega_1^*=\dfrac{1}{\sqrt{2}}\omega$ 等参数代入式(4.6.20)~式(4.6.24),忽略 ξ 的高阶小量后可求得相对位移 y_1 和 y_2 中第 k 项幅值 $|Y_{1k}|$ 和 $|Y_{2k}|$ 为

$$\begin{cases} D=\sqrt{1.125\xi^2\omega^8}=1.060\,7\xi\omega^4 \\ \dfrac{|Y_{1k}|}{a_k}=\dfrac{\sqrt{1+4.5\xi^2}}{1.060\,7\xi\omega^2}\approx 0.942\,8/\xi\omega^2 \\ \dfrac{|Y_{2k}|}{a_k}=\dfrac{\sqrt{1+2\xi^2}}{1.060\,7\xi\omega^2}\approx 0.942\,8/\xi\omega^2 \end{cases}$$

求得绝对加速度 $\ddot{z}_1$ 和 $\ddot{z}_2$ 中第 k 项幅值 $|\ddot{Z}_{1k}|$ 和 $|\ddot{Z}_{2k}|$ 为

$$\begin{cases} \dfrac{|\ddot{Z}_{1k}|}{a_k}=\dfrac{\sqrt{0.25+2.5\xi^2}}{1.060\,7\xi}\approx 0.471\,4/\xi \\ \dfrac{|\ddot{Z}_{2k}|}{a_k}=\dfrac{\sqrt{1+4\xi^2}}{1.060\,7\xi}\approx 0.942\,8/\xi \end{cases}$$

该系统由于地面激励圆频率 Ω_k 等于系统的固有圆频率 ω_1^*,该系统在圆频率 ω_1^* 处发生了共振,从所求得的相对位移幅值与绝对加速度幅值结果可明显看出,所得的反应与阻尼比 ξ 均成反比,也就是说对地震激励幅值 a_k 而言,反应放大了 $1/\xi$ 倍。对于相对位移 y_1 和 y_2 而言,绝对加速度 $\ddot{z}_1$ 和 $\ddot{z}_2$ 中第 k 项的反应幅值是主要的峰值,其他不等于 k 项的反应幅值是次要的。

[**例 2**]　在主系统与子系统耦合系统中,

已知:$\omega_1=\omega_2=\omega$, $\xi_1=\xi_2=\xi$, $R_\omega=R_f=\dfrac{\omega_2}{\omega_1}=1$, $R_m=\dfrac{m_2}{m_1}=0.5$。

设:基础处地震激励加速度 $\ddot{x}(t)$ 按式(4.6.6)分解,谐波中第 k 个圆频率 Ω_k 与子系统(或主系统)自身的固有圆频率 ω 相等,即 $\Omega_k=\omega_1=\omega_2=\omega$。

求:主系统与子系统的反应。

解：同例 1 中的抗震系统，可得耦合圆频率 ω_1^* 和 ω_2^* 为

$$\omega_1^* = \frac{1}{\sqrt{2}}\omega,\ \omega_2^* = \sqrt{2}\omega$$

并且该抗震系统与例 1 相同，也不能解耦。

将 $\Omega_k = \omega$ 与其他参数代入式(4.6.20) ~ 式(4.6.24)，忽略 ξ 的高阶小量后，可求得相对位移 y_1 和 y_2 中第 k 项幅值 $|Y_{1k}|$ 和 $|Y_{2k}|$ 为

$$\begin{cases} D = 0.5\omega^4 \\ \dfrac{|Y_{1k}|}{a_k} \approx 1/\omega^2 \\ \dfrac{|Y_{2k}|}{a_k} \approx 2/\omega^2 \end{cases}$$

求得绝对加速度 $\ddot{Z}_1$ 和 $\ddot{Z}_2$ 中第 k 项幅值 $|\ddot{Z}_{1k}|$ 和 $|\ddot{Z}_{2k}|$ 为

$$\begin{cases} \dfrac{|\ddot{Z}_{1k}|}{a_k} \approx 4\xi \\ \dfrac{|\ddot{Z}_{2k}|}{a_k} \approx 2 \end{cases}$$

该系统基础加速度的激励频率 Ω_k 虽然等于子系统(或主系统)自身的固有圆频率 ω，但针对该耦合系统而言并未在耦合共振圆频率 ω_1^* 和 ω_2^* 处发生共振。在此例的条件下，子系统加速度虽放大了 2 倍，但可使主系统绝对加速度起到减振的效果。

4.7　子系统从耦合振动系统中分离后的反应分析

4.7.1　方程与反应解

在抗震系统中的子系统和主系统不能满足 4.4 节的解耦条件时，如何将子系统从耦合主、子系统中分离出来，形成一个独立的单自由度系统进

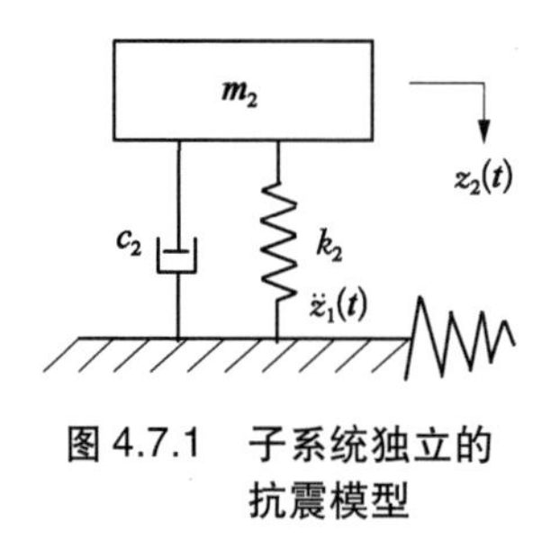

图 4.7.1　子系统独立的抗震模型

行分析，且需要满足何种条件等均是本节所要讨论的问题。该独立单自由度系统与子系统相同，为由 m_2，c_2和 k_2所组成的模型，这时用从耦合模型中求得主系统的 $\ddot{z}_1(t)$ 作为该模型的基础输入（见图 4.7.1）。

单自由度振动方程为

$$m_2\ddot{z}_2 + c_2(\dot{z}_2 - \dot{z}_1) + k_2(z_2 - z_1) = 0 \tag{4.7.1}$$

设 $z_2 - z_1 = y_2$，代入式(4.7.1)后可整理为在相对坐标系统中的方程：

$$\ddot{y}_2 + 2\xi_2\omega_2\dot{y}_2 + \omega_2^2 y_2 + \ddot{y}_1 = -\ddot{z}_1 \tag{4.7.2}$$

式中，$\omega_2 = \sqrt{\dfrac{k_2}{m_2}}$ 为子系统的固有圆频率，ξ_2 为子系统的阻尼比。

按式(4.6.16)相同表达，将基础输入 $\ddot{z}_1(t)$ 由 k 个谐波组合的形式表示为

$$\ddot{z}_1(t) = \sum_{k=1} \ddot{Z}_{1k} \mathrm{e}^{\mathrm{j}(\Omega_k t + \theta_k)} \tag{4.7.3}$$

设在子系统上的相对位移反应为

$$y_2(t) = \sum_{k=1} Y_{2k} \mathrm{e}^{\mathrm{j}(\Omega_k t + \theta_k)} \tag{4.7.4}$$

将式(4.7.3)和式(4.7.4)代入式(4.7.2)可求得输入 $\ddot{Z}_{1k}$ 幅值与输出幅值 Y_{2k}之间的关系为

$$[(-\Omega_k^2 + \omega_2^2) + \mathrm{j}2\xi_2\omega_2\Omega_k]Y_{2k} = \ddot{Z}_{1k} \tag{4.7.5}$$

由式(4.7.5)可得

$$\frac{Y_{2k}}{a_k} = \left(\frac{1}{\delta_2}\right)\frac{\ddot{Z}_{1k}}{a_k} \tag{4.7.6}$$

再由式(4.7.1)可求得绝对加速度 $\ddot{z}_2$ 的幅值 $\ddot{Z}_{2k}$，它与 $\ddot{Z}_{1k}$ 之间的关系为

$$\frac{\ddot{Z}_{2k}}{a_k}=-\frac{[\omega_2^2+\mathrm{j}2\xi_2\omega_2\Omega_k]}{\delta_2}\left(\frac{\ddot{Z}_{1k}}{a_k}\right) \tag{4.7.7}$$

式中，δ_2 为

$$\delta_2=[-\Omega_k^2+\omega_2^2+\mathrm{j}2\xi_2\omega_2\Omega_k] \tag{4.7.8}$$

将 δ_2 用幅值与相位关系表示为

$$\begin{cases} D_2=|\delta_2|=[(-\Omega_k^2+\omega_2^2)^2+4\xi_2^2\omega_2^2\Omega_k^2]^{1/2} \\ \varphi_{2k}=\arctan\left[\dfrac{2\xi_2\omega_2\Omega_k}{-\Omega_k^2+\omega_1^2}\right] \end{cases} \tag{4.7.9}$$

将式(4.7.6)和式(4.7.7)表示为

$$\frac{|Y_{2k}|}{a_k}=\frac{1}{D_2}\left[\frac{|\ddot{Z}_{1k}|}{a_k}\right] \tag{4.7.10}$$

$$\frac{|\ddot{Z}_{2k}|}{a_k}=\frac{(\omega_2^4+4\xi_2^2\omega_2^2\Omega_k^2)^{1/2}}{D_2}\left(\frac{|\ddot{Z}_{1k}|}{a_k}\right) \tag{4.7.11}$$

当已知输入加速度幅值 $|\ddot{Z}_{1k}|$ 后，从式(4.7.10)和式(4.7.11)可求得子系统相对位移 y_2 的幅值 $|Y_{2k}|$ 和绝对加速度 $\ddot{z}$ 的幅值 $|\ddot{Z}_{2k}|$。

4.7.2　举例

［**例 1**］　已知的参数同 4.6.3 节的例 1，按输出加速度 $|\ddot{Z}_{1k}|$ 作为独立子系统的基础输入，其幅值为

$$\frac{|\ddot{Z}_{1k}|}{a_k}\approx 0.471\,4/\xi$$

把上式代入式(4.7.9)～式(4.7.11)后忽略 ξ 的高阶小量，可得到独立子系统上的相对位移幅值与绝对加速度幅值的反应：

$$D_2=\sqrt{(-0.5+1)^2+4\xi^2\times 0.5}\,\omega^2=\sqrt{0.25+2\xi^2}\,\omega^2$$

$$\frac{|Y_{2k}|}{a_k}=\frac{0.471\,4}{\xi\sqrt{0.25+2\xi^2}\,\omega^2}\approx 0.942\,8/(\xi\omega^2)$$

$$\frac{|\ddot{Z}_{2k}|}{a_k}=\frac{\sqrt{1+2\xi^2}}{\sqrt{0.25+2\xi^2}}\frac{0.471\,4}{\xi}\approx 0.942\,8/\xi$$

比较上述的计算结果与 4.6.3 节例 1 中所计算 $|Y_{2k}|$ 和 $|\ddot{Z}_{2k}|$ 的结果,可清楚看出其值完全相同。

［**例 2**］ 已知的参数同 4.6.3 节例 2,按输出绝对加速度幅值 $|\ddot{Z}_{1k}|$ 作为独立子系统的基础输入,其幅值为

$$\frac{|\ddot{Z}_{1k}|}{a_k}=4\xi$$

把上式代入式(4.7.9)~式(4.7.11)后忽略 ξ 的高阶小量,可得到独立子系统上相对位移幅值与绝对加速度幅值的反应:

$$D_2=\sqrt{(-1+1)^2+4\xi^2}\,\omega^2=2\xi\omega^2$$

$$\frac{|Y_{2k}|}{a_k}=\frac{4\xi}{2\xi\omega^2}=2/\omega^2$$

$$\frac{|\ddot{Z}_{2k}|}{a_k}=\frac{\sqrt{1+4\xi^2}}{2\xi\omega^2}4\xi\approx 2$$

比较上述的计算结果与 4.6.3 节例 2 中 $|Y_{2k}|$ 和 $|\ddot{Z}_{2k}|$ 的结果,可清楚看出其值完全相同。

上述两个例子充分说明了当从不能解耦的主系统与子系统中要将子系统独立成为解耦系统分析时,只要使该解耦后子系统的动态特性 (ω_2, ξ_2 等)与原耦合系统模型中子系统自身的动态特性完全相同;另外在两个自由度耦合模型中主系统绝对加速度反应输出 $\ddot{z}_2(t)$ 作为独立子系统的基础输入。如果这两个条件同时得到满足时,则解耦后的子系统就能建立更为详细的模型来进行独立系统的抗震分析,其结果可确保与原耦合模型上的反应相同。

4.8　结　　论

通过上述对抗震耦合系统的解耦条件和解耦后反应的分析和举例说明,可得到以下结论:

(1) 通过将抗震主、子系统简化为两个自由度振动模型,从得到的两个耦合的固有频率 ω_1^*, ω_2^* 与主系统、子系统独立固有频率 ω_1, ω_2 之间相对偏差,可得到工程范围内的解耦关系,所得到主系统与子系统之间的解耦条件结果与 NRC - SARP - 3.7.2 中的抗震系统解耦准则基本相同,为抗震系统解耦准则提供了依据。附录 A 中表 A.1 列出了不同质量比 R_m 和频率比 R_f 下的解耦条件值,以供抗震设计分析人员查阅。

(2) 从简化的两个自由度振动模型所得到子系统与主系统的反应,与解耦后独立的子系统求得的反应作了特例计算的比较,证实只要必要条件① 使该解耦独立后的子系统动态特性(ω_2 和 ξ_2)参数与原耦合模型中的子系统自身的动态特性(ω_2 和 ξ_2)参数完全相同;② 在两个自由度耦合模型中由主系统加速度输出 $\ddot{z}_1(t)$ 作为独立后子系统的基础输入成立,则该子系统完全能从耦合的主、子系统中解耦出来进行独立的抗震分析。

(3) 在抗震分析中不满足解耦条件的主系统和子系统通常必须建立一组耦合振动模型,其中,子系统可用简化模型(如一维杆、梁单元)来模拟,而将子系统从耦合系统中解耦后进行独立的抗震分析时,为了获得更详细的输出参数,则采用复杂的模型(如三维实体单元)来模拟。为了证实这两种计算模型的动力相似性,还必须满足两个必要条件:

(i) 解耦后独立子系统的精细模型与耦合系统中子系统的粗糙模型相比,必须满足主要模态频率与模态质量的一致性。

(ii) 加在解耦后独立子系统精细模型上的基础地震绝对加速度输入必须等于在耦合系统上的主系统加速度反应输出,同时还应检查该地震加速度时程输入中是否存在原耦合系统所包含的耦合主要固有频率相匹配的共振峰值成分。

当满足了上述两个必要条件时才能确保这两种模型是相似的，同时才能确保这两种振动模型上子系统的输出也是相等的。

（4）随着计算机数字模拟的进步，在结构力学中采用与实际结构接近的精细而复杂模型来模拟的方法成为可能，人们常常会认为建立的模型越复杂、越精细就越能接近实际状态，如果忽视了原有客观本质的真实性，往往会进入误区。为了防止这些问题产生，人们在实践中总结出一套如何正确针对计算固体力学中的“校验”和“验证”（V&V）方法，并制订了相关的导则。因此本章针对抗震分析中采用计算机模拟复杂模型所提出上述所满足的必要条件也是完全符合导则中“校验”的基本要求。

参考文献

[1] U.S. NUREG - 0800. Standard review plan. 3.7.2 seismic system analysis, Ⅱ, Acceptance Criteria, March 2007.

[2] 姚伟达，廖剑晖，张明，等.核电厂抗震系统的耦合分析.核安全，2015(2)：87 - 94.

[3] 谷口修[日].《振动工程大全》编辑委员会.振动工程大全.尹传家，译.北京：机械工业出版社，1983.

[4] 星谷胜[日].随机振动分析.常宝琦，译.北京：地震出版社，1977.

[5] ANS/ASME. Guide for verification and validation in computational solid mechanics. ASME V&V 10 - 2006.

第5章 多自由度系统的线性振动反应分析

5.1 引　　言

一般而言,工程结构中的质量和刚度都具有分布性质,并且是连续系统的。但在许多情况下,为了简化对系统的分析,可以将连续系统作离散化处理,简化为一个多自由度系统。如核电厂安全壳与内部构筑物、反应的堆内构件及燃料组件系统等均可简化为一个由多个质量和刚度分布的多自由度振动系统。

一个具有 n 个自由度的振动系统,在任一瞬时运动时必须用 n 个独立广义坐标来描述,而多自由度系统振动方程是互相耦合的二阶常系数线性常微分方程,为此适用于线性叠加原理。对多自由度系统振动分析通常可用主振型矩阵作广义坐标交换,使 n 个自由度的振动系统交换为 n 个互不耦合独立的单自由度振动系统。

多自由度质量、刚度与阻尼组成的线性系统与前两章中单自由度和两个自由度系统一样,可由力的平衡出发建立振动方程,如图 5.1.1 为

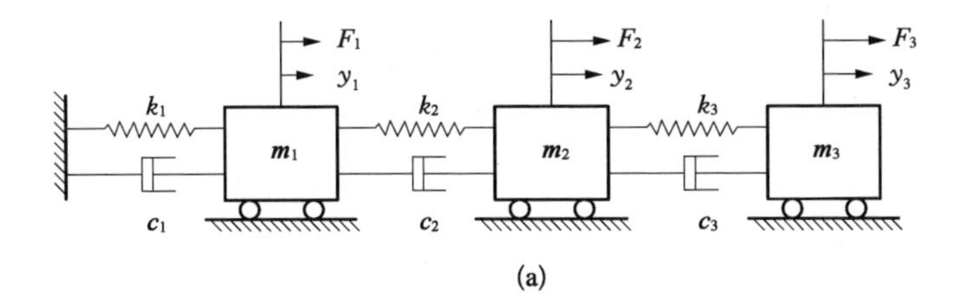

(a)

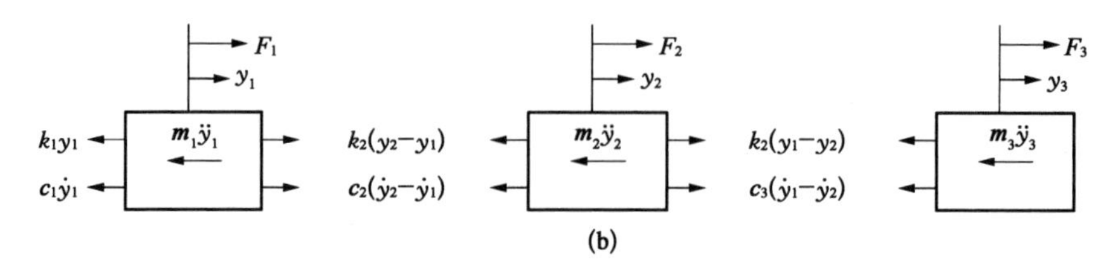

图 5.1.1　三自由度振动系统

3 个质量 m_i、弹簧 k_i和阻尼 c_i组成的线性系统。

所建立的平衡方程可表示为 3 个相互耦合的振动方程组,如用 3×3 矩阵形式可写为

$$\boldsymbol{M}\ddot{\boldsymbol{y}} + \boldsymbol{C}\dot{\boldsymbol{y}} + \boldsymbol{K}\boldsymbol{y} = \boldsymbol{F} \tag{5.1.1}$$

$$\boldsymbol{M} = \begin{bmatrix} m_1 & 0 & 0 \\ 0 & m_2 & 0 \\ 0 & 0 & m_3 \end{bmatrix} \quad \text{质量矩阵} \tag{5.1.2}$$

$$\boldsymbol{C} = \begin{bmatrix} c_1 + c_2 & -c_2 & 0 \\ -c_2 & c_2 + c_3 & -c_3 \\ 0 & -c_3 & c_3 \end{bmatrix} \quad \text{阻尼矩阵} \tag{5.1.3}$$

$$\boldsymbol{K} = \begin{bmatrix} k_1 + k_2 & -k_2 & 0 \\ -k_2 & k_2 + k_3 & -k_3 \\ 0 & -k_3 & k_3 \end{bmatrix} \quad \text{刚度矩阵} \tag{5.1.4}$$

$$\boldsymbol{F} = \begin{Bmatrix} F_1 \\ F_2 \\ F_3 \end{Bmatrix} \quad \text{激励矩阵} \tag{5.1.5}$$

$$\boldsymbol{y} = \begin{Bmatrix} y_1 \\ y_2 \\ y_3 \end{Bmatrix} \quad \text{输出位移矩阵} \tag{5.1.6}$$

从式(5.1.1)~式(5.1.6)可看出,矩阵 $\boldsymbol{M}$, $\boldsymbol{C}$, $\boldsymbol{K}$ 均是对称矩阵。

即
$$\boldsymbol{M}=\boldsymbol{M}^{\mathrm{T}},\ \boldsymbol{C}=\boldsymbol{C}^{\mathrm{T}},\ \boldsymbol{K}=\boldsymbol{K}^{\mathrm{T}} \tag{5.1.7}$$

对如何解多自由度振动系统方程式(5.1.1),其方法与前两章相同。第 1 步求解无阻尼下振动系统的特征值与特征向量,即固有频率与振型。第 2 步求解自由振动反应。第 3 步再求解强迫振动反应问题。另外本章再补充具有连续分布物理参数的弹性体振动问题。

5.2　无阻尼自由振动的解

5.2.1　固有特征值解

方程式(5.1.1)求解无阻尼系统下的 n 个自由度自由振动问题可由下式列出:

$$\boldsymbol{M}\ddot{\boldsymbol{y}}+\boldsymbol{K}\boldsymbol{y}=\boldsymbol{F} \tag{5.2.1}$$

$\boldsymbol{y}$, $\dot{\boldsymbol{y}}$, $\ddot{\boldsymbol{y}}$ 为($n\times1$)位移、速度与加速度列阵。

自由振动微分方程式(5.2.1)的通解为

$$\boldsymbol{y}=a\boldsymbol{\varphi}\sin(\omega t+\theta) \tag{5.2.2}$$

式中,

$$\boldsymbol{\varphi}-\{\{\boldsymbol{\varphi}_1\},\ \{\boldsymbol{\varphi}_2\},\ \cdots,\ \{\boldsymbol{\varphi}_n\}\}^{\mathrm{T}} \tag{5.2.3}$$

φ 称为简谐振动振幅比值组成的 n 阶列向量,式(5.2.2)表示系统内各坐标在同时刻偏离平衡位置后,均在同一频率 ω 和同一相位 θ 条件下进行不同振幅的简谐振动。将式(5.2.2)代入式(5.2.1)后得到

$$\boldsymbol{K}\boldsymbol{\varphi}=\omega^2\boldsymbol{M}\boldsymbol{\varphi} \tag{5.2.4}$$

变换成广义特征值代数形式的方程式,其中 $\boldsymbol{\varphi}$, ω^2 称为系统的特征向量和特征值(或通常称为固有频率)。将质量矩阵求逆,式(5.2.4)转化为

$$\boldsymbol{M}^{-1}\boldsymbol{K}\boldsymbol{\varphi}=\omega^2\boldsymbol{M}^{-1}\boldsymbol{\varphi}=\omega^2\boldsymbol{I}\boldsymbol{\varphi}$$

即
$$(\boldsymbol{M}^{-1}\boldsymbol{K}-\omega^2\boldsymbol{I})\boldsymbol{\varphi}=0 \tag{5.2.5}$$

这就是线性系统中的特征值方程,式(5.2.5)是一个齐次线性代数方程组,其 ω^2 非零解的条件是系数矩阵的行列式等于零,即

$$\begin{aligned}&\det(\boldsymbol{M}^{-1}\boldsymbol{K}-\omega^2\boldsymbol{I})=0\ \text{或}\\&\det(\boldsymbol{K}-\omega^2\boldsymbol{M})=0\end{aligned} \tag{5.2.6}$$

式(5.2.6)可以解得特征值 $\omega_j(j=1, 2, \cdots, n)$,从小到大排列为

$$\omega_1<\omega_2<\cdots<\omega_j<\cdots<\omega_n \tag{5.2.7}$$

ω_j 称系统第 j 阶无阻尼下的固有圆频率,ω_1 称为基频,一般情况下刚度矩阵 $\boldsymbol{K}$ 是半正定对称矩阵,$\det(\boldsymbol{K})\geqslant 0$;质量矩阵 $\boldsymbol{M}$ 是正定对称矩阵,即 $\det(\boldsymbol{M})>0$,因此系统的固有频率必定大于零或等于零。

将某个特征值 ω_j 代入齐次代数方程式(5.2.6)后可得到与之相对应的特征向量 $\{\varphi_j\}$,特征向量 $\{\varphi_j\}$ 表达了各个坐标在以频率 ω_j 做简谐振动时各个坐标幅值的相对大小,所以常常称为系统第 j 阶模态的固有振型,或简称为第 j 阶模态(或振型)。再将 ω_j 和 $\{\varphi_j\}$ 代入式(5.2.2)可得到

$$\{y_j\}=a_j\{\varphi_j\}\sin(\omega_j t+\theta_j)\quad(j=1, 2, \cdots, n) \tag{5.2.8}$$

上式就是多自由度系统以 ω_j 为固有频率以及 $\{\varphi_j\}$ 为模态的第 j 阶主振动,系统的总反应就是各阶主模态振动的叠加,即

$$\boldsymbol{y}=\sum_{j=1}^{n}\{y_j\}=\sum_{j=1}^{n}a_j\{\varphi_j\}\sin(\omega_j t+\theta_j) \tag{5.2.9}$$

式中,a_j 和 θ_j 由初始条件来确定,θ_j 在 $0\sim\pi$ 之间变化。

5.2.2 模态的正交性及主振型的归一化

特征值 ω_j 和特征向量 $\{\varphi_j\}$ 是特征方程式(5.2.4)的解,因为每组 $\{\varphi_j\}$ 也满足该方程,即为

$$\boldsymbol{K}\{\varphi_j\}=\omega_j^2\boldsymbol{M}\{\varphi_j\} \tag{5.2.10}$$

将式(5.2.10)左乘 $\{\varphi_i\}^{\mathrm{T}}$ 后得到

$$\{\varphi_i\}^{\mathrm{T}}\boldsymbol{K}\{\varphi_j\}=\omega_j^2\{\varphi_i\}^{\mathrm{T}}\boldsymbol{M}\{\varphi_j\} \tag{5.2.11}$$

同理,对另一个特征值 ω_i 和特征向量 $\{\varphi_i\}$ 代入特征方程式(5.2.4),并左乘 $\{\varphi_j\}^{\mathrm{T}}$ 得到

$$\{\varphi_j\}^{\mathrm{T}}\boldsymbol{K}\{\varphi_i\}=\omega_i^2\{\varphi_j\}^{\mathrm{T}}\boldsymbol{M}\{\varphi_i\} \tag{5.2.12}$$

由于 $\boldsymbol{M}$ 和 $\boldsymbol{K}$ 矩阵的对称性,将式(5.2.12)两边转置,可得到

$$\{\varphi_i\}^{\mathrm{T}}\boldsymbol{K}\{\varphi_j\}=\omega_i^2\{\varphi_i\}^{\mathrm{T}}\boldsymbol{M}\{\varphi_j\} \tag{5.2.13}$$

将式(5.2.11)与式(5.2.13)两边相减,得到

$$(\omega_j^2-\omega_i^2)\{\varphi_i\}^{\mathrm{T}}\boldsymbol{M}\{\varphi_j\}=0 \tag{5.2.14}$$

综上所述,$\omega_i\neq\omega_j$ 条件下,则为

$$\{\varphi_i\}^{\mathrm{T}}\boldsymbol{M}\{\varphi_j\}=0 \tag{5.2.15}$$

证明了模态关于质量矩阵 $\boldsymbol{M}$ 的正交性,同理也可得到

$$\{\varphi_i\}^{\mathrm{T}}\boldsymbol{K}\{\varphi_j\}=0 \tag{5.2.16}$$

即是关于刚度矩阵 $\boldsymbol{K}$ 的正交性,式(5.2.15)和式(5.2.16)是对不同振动模态之间的特征值 ω_j 不出现重根情况下成立,然而应用线性代数中的 schur 定理,仍可证明即使出现重根情况下,只要 $\boldsymbol{M}$ 是正定对称矩阵、$\boldsymbol{K}$ 是半正定对称矩阵,同样可证明满足正交性模态。

当 $i=j$ 时,可令:

$$\begin{cases}M_{\mathrm{p}j}=\{\varphi_j\}^{\mathrm{T}}\boldsymbol{M}\{\varphi_j\}\\K_{\mathrm{p}j}=\{\varphi_j\}^{\mathrm{T}}\boldsymbol{K}\{\varphi_j\}\end{cases} \tag{5.2.17}$$

式中,$M_{\mathrm{p}j}$ 为第 j 阶模态质量,$K_{\mathrm{p}j}$ 为第 j 阶模态刚度。

由式(5.2.12)或式(5.2.13)可得

$$\omega_j^2=\frac{K_{\mathrm{p}j}}{M_{\mathrm{p}j}} \tag{5.2.18}$$

该式的物理意义是对多自由度振动可以通过模态正则化后转化为在广义坐标系下成为独立的单自由度振动形式。

求得 n 个特征向量 $\{\varphi_j\}$ 组成 $n \times n$ 的模态振型矩阵 $\boldsymbol{\Phi}$ 为

$$\boldsymbol{\Phi}=[\{\varphi_1\},\{\varphi_2\},\cdots,\{\varphi_j\},\cdots,\{\varphi_n\}]=\begin{bmatrix} \varphi_{11} & \varphi_{12} & \cdots & \varphi_{1j} & \cdots & \varphi_{1n} \\ \varphi_{21} & \varphi_{22} & \cdots & \varphi_{2j} & \cdots & \varphi_{2n} \\ \vdots & \vdots & & \vdots & & \vdots \\ \varphi_{i1} & \varphi_{i2} & \cdots & \varphi_{ij} & \cdots & \varphi_{in} \\ \vdots & \vdots & & \vdots & & \vdots \\ \varphi_{n1} & \varphi_{n2} & \cdots & \varphi_{nj} & \cdots & \varphi_{nn} \end{bmatrix} \tag{5.2.19}$$

这里注意模态矩阵 $\boldsymbol{\Phi}$ 中元素 φ_{ij} 的含义，i 代表在系统每个坐标上的位置，j 代表第 j 阶固有频率下的振型。$\{\varphi_j\}$ 表示第 j 个固有频率下包含各坐标位置（$i=1, 2, \cdots, n$）上所对应振型的幅值大小。

$$\{\varphi_j\}=\begin{Bmatrix} \varphi_{1j} \\ \varphi_{2j} \\ \vdots \\ \varphi_{ij} \\ \vdots \\ \varphi_{nj} \end{Bmatrix} \tag{5.2.20}$$

根据质量矩阵 $\boldsymbol{M}$ 和刚度矩阵 $\boldsymbol{K}$ 的正交性，也可得到

$$\boldsymbol{\Phi}^{\mathrm{T}}\boldsymbol{M}\boldsymbol{\Phi}=\begin{bmatrix} \{\varphi_1\}^{\mathrm{T}} \\ \{\varphi_2\}^{\mathrm{T}} \\ \vdots \\ \{\varphi_j\}^{\mathrm{T}} \\ \vdots \\ \{\varphi_n\}^{\mathrm{T}} \end{bmatrix}\boldsymbol{M}[\{\varphi_1\},\{\varphi_2\},\cdots,\{\varphi_j\},\cdots,\{\varphi_n\}]$$

$$
= \begin{bmatrix} \{\varphi_1\}^T \boldsymbol{M}\{\varphi_1\} & \{\varphi_1\}^T \boldsymbol{M}\{\varphi_2\} & \cdots & \{\varphi_1\}^T \boldsymbol{M}\{\varphi_j\} & \cdots & \{\varphi_1\}^T \boldsymbol{M}\{\varphi_n\} \\ \{\varphi_2\}^T \boldsymbol{M}\{\varphi_1\} & \{\varphi_2\}^T \boldsymbol{M}\{\varphi_2\} & \cdots & \{\varphi_2\}^T \boldsymbol{M}\{\varphi_j\} & \cdots & \{\varphi_2\}^T \boldsymbol{M}\{\varphi_n\} \\ \vdots & \vdots & & \vdots & & \vdots \\ \{\varphi_i\}^T \boldsymbol{M}\{\varphi_1\} & \{\varphi_i\}^T \boldsymbol{M}\{\varphi_2\} & \cdots & \{\varphi_i\}^T \boldsymbol{M}\{\varphi_j\} & \cdots & \{\varphi_i\}^T \boldsymbol{M}\{\varphi_n\} \\ \vdots & \vdots & & \vdots & & \vdots \\ \{\varphi_n\}^T \boldsymbol{M}\{\varphi_1\} & \{\varphi_n\}^T \boldsymbol{M}\{\varphi_2\} & \cdots & \{\varphi_n\}^T \boldsymbol{M}\{\varphi_j\} & \cdots & \{\varphi_n\}^T \boldsymbol{M}\{\varphi_n\} \end{bmatrix}
$$

$$
= \begin{bmatrix} M_{p1} & 0 & & \cdots & & 0 \\ 0 & M_{p2} & & \cdots & & 0 \\ & & & \vdots & & \\ \vdots & \vdots & \cdots & M_{pj} & \cdots & \vdots \\ & & & \vdots & & \\ 0 & 0 & & \cdots & & M_{pn} \end{bmatrix} = \boldsymbol{M}_p \tag{5.2.21}
$$

式中，$\boldsymbol{M}_p = \mathrm{diag}(\boldsymbol{M}_{pj})$ 称为模态质量矩阵，M_{pj} 称为第 j 个固有频率的模态质量值。同理可得到模态刚度矩阵 $\boldsymbol{K}_p = \mathrm{diag}(K_{pj})$ 为

$$
\boldsymbol{K}_p = \boldsymbol{\Phi}^T \boldsymbol{K} \boldsymbol{\Phi} \tag{5.2.22}
$$

这里注意由于模态是有正交特性且线性无关，因此模态矩阵 $\boldsymbol{\Phi}$ 必定是满秩，即 $\boldsymbol{\Phi}$ 也存在相应的逆阵。

由于 $\boldsymbol{\Phi}$ 中各元素是相对长度关系，需要确定一个绝对长度来衡量，通常有两种方法来确定模态长度。

（1）式(5.2.15)在求解特征向量时，如令向量 $\{\varphi_j\}$ 中的第 1 个分量定为 $\varphi_{1j} = 1$，那么其他分量的大小就可根据 φ_{1j} 来确定其比例值。

（2）如用模态质量来确定模态尺度，则称为质量归一化模态。

即令

$$
M_{pj} = 1 \quad (j = 1, 2, \cdots, n) \tag{5.2.23}
$$

对应的模态可记为 $\boldsymbol{\Phi}_N$，它与 $\boldsymbol{\Phi}$ 的关系为

$$
\begin{aligned} \boldsymbol{\Phi}_N &= \frac{\boldsymbol{\Phi}}{\sqrt{M_{pj}}} = \left[\frac{\{\varphi_1\}}{\sqrt{M_{p1}}}, \frac{\{\varphi_2\}}{\sqrt{M_{p2}}}, \cdots, \frac{\{\varphi_j\}}{\sqrt{M_{pj}}}, \cdots, \frac{\{\varphi_n\}}{\sqrt{M_{pn}}} \right] \\ &= [\{\varphi_{1N}\}, \{\varphi_{2N}\}, \cdots, \{\varphi_{jN}\}, \cdots, \{\varphi_{nN}\}] \end{aligned} \tag{5.2.24}
$$

将 $\boldsymbol{\Phi}_{\mathrm{N}}$ 代入式(5.2.21)和(5.2.22)后相应变为模态质量和模态刚度归一化矩阵:

$$\boldsymbol{\Phi}_{\mathrm{N}}^{\mathrm{T}}\boldsymbol{M}\boldsymbol{\Phi}_{\mathrm{N}} = \boldsymbol{I} \tag{5.2.25}$$

$$\boldsymbol{\Phi}_{\mathrm{N}}^{\mathrm{T}}\boldsymbol{K}\boldsymbol{\Phi}_{\mathrm{N}} = \boldsymbol{\Omega} \tag{5.2.26}$$

式中,$\boldsymbol{I}$ 为单位矩阵,$\boldsymbol{\Omega} = \mathrm{diag}(\omega_j^2)$ 为对角元素矩阵,即

$$\boldsymbol{I} = \begin{bmatrix} 1 & & & & 0 \\ & \ddots & & & \\ & & 1 & & \\ & & & \ddots & \\ 0 & & & & 1 \end{bmatrix} \tag{5.2.27}$$

$$\boldsymbol{\Omega} = \begin{bmatrix} \omega_1^2 & & & & 0 \\ & \ddots & & & \\ & & \omega_j^2 & & \\ & & & \ddots & \\ 0 & & & & \omega_n^2 \end{bmatrix} \tag{5.2.28}$$

根据模态的正交性质,证明了各模态之间是线性无关的,也就是说,对一个 n 维(即 n 个自由度)多自由度系统可分解为 n 个独立的模态,构成 n 维向量空间正交组合群,那么向量 $\boldsymbol{y}$ 都可由这组正交组合群来表示,被称为模态坐标系,即

$$\boldsymbol{y} = \begin{Bmatrix} y_1 \\ y_2 \\ \vdots \\ y_i \\ \vdots \\ y_n \end{Bmatrix} = \begin{Bmatrix} \sum_{j=1}^{n} \varphi_{1j} q_j \\ \sum_{j=1}^{n} \varphi_{2j} q_j \\ \vdots \\ \sum_{j=1}^{n} \varphi_{ij} q_j \\ \vdots \\ \sum_{j=1}^{n} \varphi_{nj} q_j \end{Bmatrix} = \boldsymbol{\Phi}\boldsymbol{q} \quad 或 \quad \boldsymbol{y} = \begin{Bmatrix} \sum_{j=1}^{n} \varphi_{1j\mathrm{N}} q_{1\mathrm{N}} \\ \sum_{j=1}^{n} \varphi_{2j\mathrm{N}} q_{2\mathrm{N}} \\ \vdots \\ \sum_{j=1}^{n} \varphi_{ij\mathrm{N}} q_{j\mathrm{N}} \\ \vdots \\ \sum_{j=1}^{n} \varphi_{nj\mathrm{N}} q_{j\mathrm{N}} \end{Bmatrix} = \boldsymbol{\Phi}_{\mathrm{N}}\boldsymbol{q}_{\mathrm{N}}$$

每个坐标点 i 上的输出位移为

$$y_i = \sum_{j=1}^{n} \varphi_{ij} q_j \quad 或 \quad y_i = \sum_{j=1}^{n} \varphi_{ijN} q_{jN} \tag{5.2.29}$$

式中,列向量 $\boldsymbol{q} = \{q_1, q_2, \cdots, q_j, \cdots, q_n\}^{\mathrm{T}}$ 称为模态坐标或主坐标列阵,列中元素 q_j 称为系统的第 j 个模态坐标(或第 j 个主坐标),根据模态的正交性可得到

$$q_j = \frac{\{\varphi_j\}^{\mathrm{T}} \boldsymbol{M} \boldsymbol{y}}{M_{\mathrm{p}j}} \tag{5.2.30}$$

对于无阻尼下有 n 个自由度线性定常系统,动能 T 和势能 U 分别为

$$\begin{cases} T = \dfrac{1}{2} \dot{\boldsymbol{y}}^{\mathrm{T}} \boldsymbol{M} \dot{\boldsymbol{y}} \\ U = \dfrac{1}{2} \boldsymbol{y}^{\mathrm{T}} \boldsymbol{K} \boldsymbol{y} \end{cases} \tag{5.2.31}$$

将式(5.2.29)分别代入式(5.2.31)后得到

$$\begin{cases} T = \dfrac{1}{2} \dot{\boldsymbol{q}}^{\mathrm{T}} \boldsymbol{M}_{\mathrm{p}} \dot{\boldsymbol{q}} = \dfrac{1}{2} \sum\limits_{j=1}^{n} M_{\mathrm{p}j} \dot{q}_j^2 \\ U = \dfrac{1}{2} \boldsymbol{q}^{\mathrm{T}} \boldsymbol{K}_{\mathrm{p}} \boldsymbol{q} = \dfrac{1}{2} \sum\limits_{j=1}^{n} K_{\mathrm{p}j} q_j^2 \end{cases} \tag{5.2.32}$$

上式说明该线性系统的动能和势能等于各阶主振动各自的动能和势能之和。而且每一阶主振动的动能和势能之和在系统的自由振动中保持不变,即不同阶的主振动的能量互不交换,这是线性振动系统模态正交性最基本的物理意义。模态正交性还可以从另一角度理解为,若用模态坐标作为“广义坐标”来建立动力方程时,则系统在广义坐标下不存在惯性耦合与刚度耦合,也就是系统的模态质量矩阵和模态刚度矩阵是一个对角矩阵,因此该原理是模态叠加方法最基本的理论基础。

综合以上分析可知,对于多自由度系统固有特性的主要参数包括固有频率、模态振型、模态质量与刚度。

用式(5.2.30)中模态坐标来表征主振动时可以分解成 n 个独立模态坐标 q_i 下的振动方程,即

$$\begin{cases} M_{pj}\ddot{q}_j + K_{pj}q_j = 0 \\ \text{或} \quad \ddot{q}_j + \omega_j^2 q_j = 0 \quad (j = 1, 2, \cdots, n) \end{cases} \tag{5.2.33}$$

[**例 1**] 图 5.2.1 所示为三自由度弹簧–质量系统,系统参数为 $m_1 = m_3 = 2m$, $m_2 = m$, $k_1 = k_4 = 3k$, $k_2 = k_3 = k$,求该系统的固有圆频率与主振型。

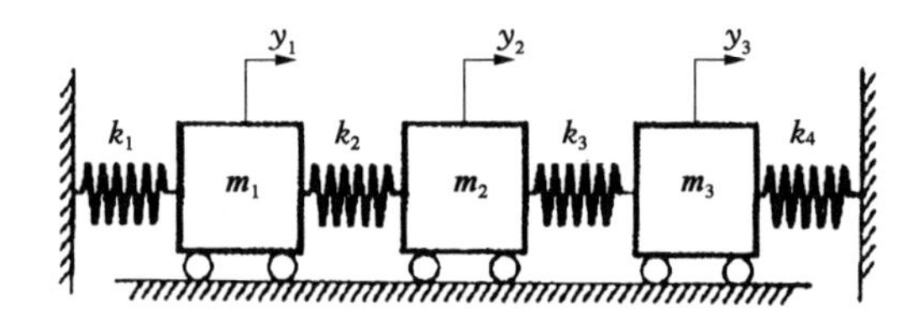

图 5.2.1 三自由度质量–弹簧系统

解:系统的质量和刚度矩阵分别为

$$\boldsymbol{M} = \begin{bmatrix} m_1 & 0 & 0 \\ 0 & m_2 & 0 \\ 0 & 0 & m_3 \end{bmatrix} = m\begin{bmatrix} 2 & 0 & 0 \\ 0 & 1 & 0 \\ 0 & 0 & 2 \end{bmatrix} \tag{5.2.34}$$

$$\boldsymbol{K} = \begin{bmatrix} k_1 + k_2 & -k_2 & 0 \\ -k_2 & k_2 + k_3 & -k_3 \\ 0 & -k_3 & k_3 + k_4 \end{bmatrix} = k\begin{bmatrix} 4 & -1 & 0 \\ 0 & 2 & -1 \\ 0 & -1 & 4 \end{bmatrix} \tag{5.2.35}$$

系统的特征方程为

$$k\begin{bmatrix} 4 & -1 & 0 \\ -1 & 2 & -1 \\ 0 & -1 & 4 \end{bmatrix} - \omega_j^2 m\begin{bmatrix} 2 & 0 & 0 \\ 0 & 1 & 0 \\ 0 & 0 & 2 \end{bmatrix}\begin{Bmatrix} \varphi_{1j} \\ \varphi_{2j} \\ \varphi_{3j} \end{Bmatrix} = \begin{Bmatrix} 0 \\ 0 \\ 0 \end{Bmatrix} \quad (j = 1, 2, 3)$$

(5.2.36)

展开整理后得到特征固有频率方程式为

$$(k - m\omega^2)(2k - m\omega^2)(3k - m\omega^2) = 0 \tag{5.2.37}$$

解得 3 个固有圆频率为

$$\omega_1 = \sqrt{\frac{k}{m}},\ \omega_2 = \sqrt{\frac{2k}{m}},\ \omega_3 = \sqrt{\frac{3k}{m}} \tag{5.2.38}$$

将 ω_1 代入式(5.2.33)得

$$k\begin{bmatrix} 2 & -1 & 0 \\ -1 & 1 & -1 \\ 0 & -1 & 2 \end{bmatrix}\begin{Bmatrix} \varphi_{11} \\ \varphi_{21} \\ \varphi_{31} \end{Bmatrix} = 0 \tag{5.2.39}$$

设用第 1 种归一化振型方法,取 $\varphi_{11} = 1$, 代入式(5.2.39)后求得第 1 阶主振型为

$$\{\varphi_1\} = \begin{Bmatrix} \varphi_{11} \\ \varphi_{21} \\ \varphi_{31} \end{Bmatrix} = \begin{Bmatrix} 1 \\ 2 \\ 1 \end{Bmatrix} \tag{5.2.40}$$

同理将 ω_2 和 ω_3 分别代入式(5.2.36)后求得第 2 阶和第 3 阶主振型分别为

$$\begin{cases} \{\varphi_2\} = \begin{Bmatrix} \varphi_{12} \\ \varphi_{22} \\ \varphi_{32} \end{Bmatrix} = \begin{Bmatrix} 1 \\ 0 \\ -1 \end{Bmatrix} \\ \{\varphi_3\} = \begin{Bmatrix} \varphi_{13} \\ \varphi_{23} \\ \varphi_{33} \end{Bmatrix} = \begin{Bmatrix} 1 \\ -2 \\ 1 \end{Bmatrix} \end{cases} \tag{5.2.41}$$

图 5.2.2 为各阶模态的振型图,从图上可清楚看出,对应第 1 阶固有频率 ω_1 的模态的振型是各质点做同相位运动,振幅连线上没有节点。对应第 2 阶固有频率 ω_2 的模态中,质点 1 和质点 3 做反相运动,而质点 2 处

于平衡位置不动,各坐标的连线有一个零点,称为节点。对应第3阶固有频率 ω_3 的模态中,质点1和质点3做同相运动,而质点2的相位与质点1和质点3的相位相反,则在坐标的连线上有两个节点。值得指出的是,系统的模态是固有的特性(包括固有频率与振型),与外部初始条件和激励均无关。

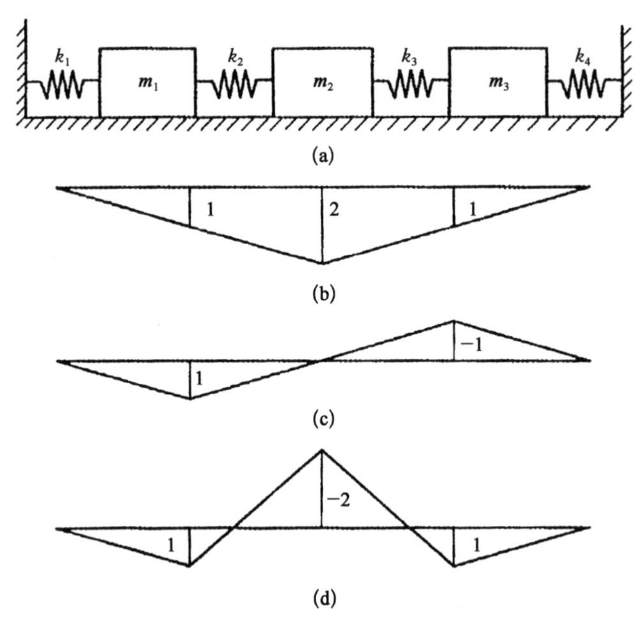

图 5.2.2　各阶模态的振型

模态质量为

$$
\boldsymbol{M}_{\mathrm{p}}=\boldsymbol{\Phi}^{\mathrm{T}}\boldsymbol{M}\boldsymbol{\Phi}=\begin{bmatrix}1 & 2 & 1\\ 1 & 0 & -1\\ 1 & -2 & 1\end{bmatrix}\begin{bmatrix}2 & 0 & 0\\ 0 & 1 & 0\\ 0 & 0 & 2\end{bmatrix}\begin{bmatrix}1 & 1 & 1\\ 2 & 0 & -2\\ 1 & -1 & 1\end{bmatrix}m
$$

$$
=\begin{bmatrix}8 & 0 & 0\\ 0 & 4 & 0\\ 0 & 0 & 8\end{bmatrix}m \qquad (5.2.42)
$$

模态刚度为

$$\boldsymbol{K}_{\mathrm{p}}=\boldsymbol{\Phi}^{\mathrm{T}}\boldsymbol{K}\boldsymbol{\Phi}=\begin{bmatrix}1 & 2 & 1\\ 1 & 0 & -1\\ 1 & -2 & 1\end{bmatrix}\begin{bmatrix}4 & -1 & 0\\ -1 & 2 & -1\\ 0 & -1 & 4\end{bmatrix}\begin{bmatrix}1 & 1 & 1\\ 2 & 0 & -2\\ 1 & -1 & 1\end{bmatrix}k$$

$$=\begin{bmatrix}8 & 0 & 0\\ 0 & 8 & 0\\ 0 & 0 & 24\end{bmatrix}k \tag{5.2.43}$$

模态固有频率为

$$\boldsymbol{\Omega}_{\mathrm{p}}=\begin{bmatrix}\omega_1^2 & 0 & 0\\ 0 & \omega_2^2 & 0\\ 0 & 0 & \omega_3^2\end{bmatrix}=\boldsymbol{K}_{\mathrm{p}}\boldsymbol{M}_{\mathrm{p}}^{-1}=\begin{bmatrix}1 & 0 & 0\\ 0 & 2 & 0\\ 0 & 0 & 3\end{bmatrix}\left(\frac{k}{m}\right) \tag{5.2.44}$$

模态质量、模态刚度与模态固有频率分量的计算结果如表 5.2.1 所示。

表 5.2.1　模态质量、模态刚度与模态固有频率结果

模态阶数 j	模态质量 $\boldsymbol{M}_{\mathrm{p}j}$	模态刚度 $\boldsymbol{K}_{\mathrm{p}j}$	模态固有频率 ω_j^2
1	$8m$	$8k$	k/m
2	$4m$	$8k$	$2k/m$
3	$8m$	$24k$	$3k/m$

若用第 2 种质量归一化的模态求解方法，按式(5.2.24)可得到

$$\begin{cases}\{\varphi_1\}_{\mathrm{N}}=\dfrac{\{\varphi_1\}}{\sqrt{M_{\mathrm{p}1}}}=\left\{\dfrac{1}{2\sqrt{2m}},\ \dfrac{1}{\sqrt{2m}},\ \dfrac{1}{2\sqrt{2m}}\right\}^{\mathrm{T}}\\ \{\varphi_2\}_{\mathrm{N}}=\dfrac{\{\varphi_2\}}{\sqrt{M_{\mathrm{p}2}}}=\left\{\dfrac{1}{2\sqrt{m}},\ 0,\ \dfrac{-1}{2\sqrt{m}}\right\}^{\mathrm{T}}\\ \{\varphi_3\}_{\mathrm{N}}=\dfrac{\{\varphi_3\}}{\sqrt{M_{\mathrm{p}3}}}=\left\{\dfrac{1}{2\sqrt{2m}},\ -\dfrac{1}{\sqrt{2m}},\ \dfrac{1}{2\sqrt{2m}}\right\}^{\mathrm{T}}\end{cases} \tag{5.2.45}$$

由此可组合成质量归一化模态矩阵：

$$
\boldsymbol{\Phi}_{\mathrm{N}}=\begin{bmatrix}\dfrac{1}{2\sqrt{2m}} & \dfrac{1}{2\sqrt{m}} & \dfrac{1}{2\sqrt{2m}}\\ \dfrac{1}{\sqrt{2m}} & 0 & \dfrac{-1}{\sqrt{2m}}\\ \dfrac{1}{2\sqrt{2m}} & \dfrac{-1}{2\sqrt{m}} & \dfrac{1}{2\sqrt{2m}}\end{bmatrix} \tag{5.2.46}
$$

代入式(5.2.25)和式(5.2.26)可验证满足式(5.2.25)和式(5.2.26)。

$$
\begin{cases}\boldsymbol{\Phi}_{\mathrm{N}}^{\mathrm{T}}\boldsymbol{M}\boldsymbol{\Phi}_{\mathrm{N}}=\begin{bmatrix}1&0&0\\0&1&0\\0&0&1\end{bmatrix}=\boldsymbol{I}\\ \boldsymbol{\Phi}_{\mathrm{N}}^{\mathrm{T}}\boldsymbol{K}\boldsymbol{\Phi}_{N}=\begin{bmatrix}1&0&0\\0&2&0\\0&0&3\end{bmatrix}\left(\dfrac{k}{m}\right)=\boldsymbol{\Omega}\end{cases}
$$

［**例 2**］　图 5.2.3(a)中，在两端简支梁上，有 3 个集中质量分布在等跨 $l/4$ 处，设 $m_1=m_2=m$，梁的弯曲刚度为 EI，不计梁本身质量。试求梁弯曲振动式的固有频率与主振型。

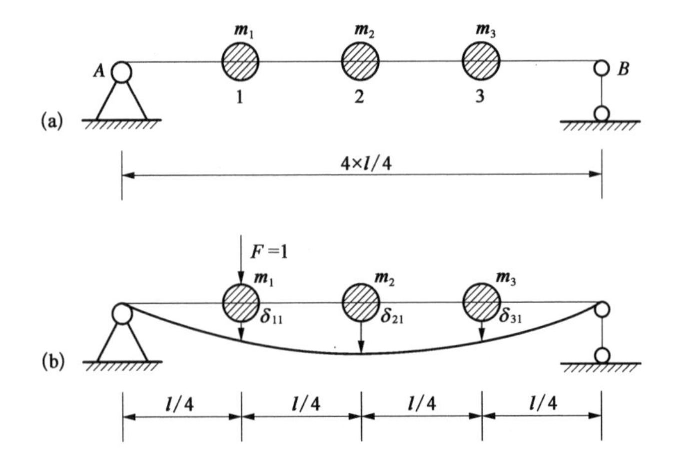

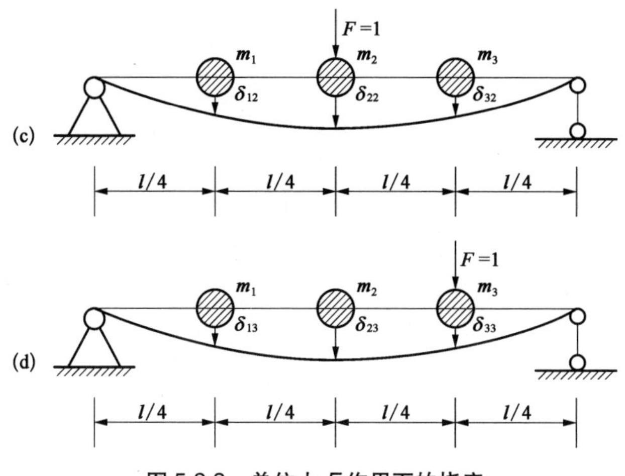

图 5.2.3　单位力 F 作用下的挠度

(1) 求解简支梁在集中质量 m_1, m_2 和 m_3 等 3 处的刚度矩阵时,可先采用柔度影响系数法建立 3 点上的柔度,再求逆后得到对应的刚度。

由材料力学公式可知,在 $x = a$ 处有一单位力 $F = 1$ 作用在两端简支上,在距原点 x 处 y 方向的挠度 δ 计算式(见图 5.2.4)为

$$\delta = \begin{cases} \dfrac{bx}{6EIl}(l^2 - x^2 - b^2) & (0 \leqslant x \leqslant a) \\ \dfrac{b}{6EIl}\left[\dfrac{l}{b}(x-a)^3 + (l^2 - b^2)x - x^3\right] & (a \leqslant x \leqslant l) \end{cases} \tag{5.2.47}$$

式中,l 为梁长,a, b 为单位力作用点到梁两端的距离。

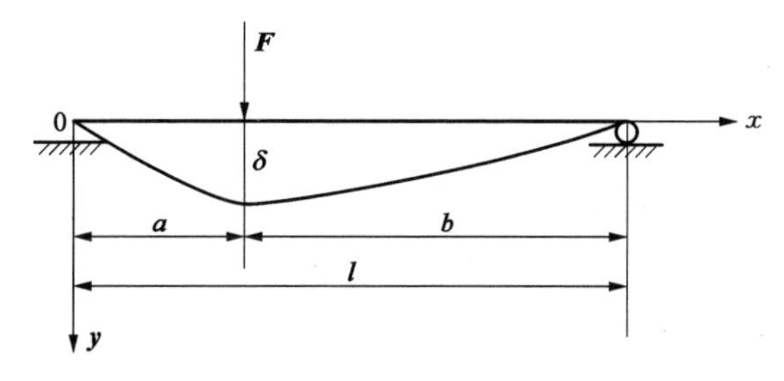

图 5.2.4　简支梁在单位力作用下与位移 δ 的关系

当单位力 $\boldsymbol{F}$ 作用在 $x = l/4$ 处质量 m_1 点上时,其对应 m_1, m_2 和 m_3 处

的扰度设为 δ_{11}，δ_{21} 和 δ_{31}，将 $x = l/4$，$l/2$ 和 $3l/4$ 分别代入式(5.2.47)得

$$\begin{cases} \delta_{11} = \dfrac{9}{768}\left(\dfrac{l^3}{EI}\right) \\ \delta_{21} = \dfrac{11}{768}\left(\dfrac{l^3}{EI}\right) \\ \delta_{31} = \dfrac{7}{768}\left(\dfrac{l^3}{EI}\right) \end{cases} \tag{5.2.48}$$

单位力 $\boldsymbol{F}$ 作用在 $x = l/2$ 质量 m_2 上时，同样可得到

$$\begin{cases} \delta_{12} = \delta_{21} = \dfrac{11}{768}\left(\dfrac{l^3}{EI}\right) \\ \delta_{22} = \dfrac{16}{768}\left(\dfrac{l^3}{EI}\right) \\ \delta_{32} = \delta_{23} = \dfrac{11}{768}\left(\dfrac{l^3}{EI}\right) \end{cases} \tag{5.2.49}$$

单位力 $\boldsymbol{F}$ 作用在 $x = 3l/4$ 质量 m_3 上时，同样可得到

$$\begin{cases} \delta_{13} = \delta_{31} = \dfrac{7}{768}\left(\dfrac{l^3}{EI}\right) \\ \delta_{23} = \delta_{32} = \dfrac{11}{768}\left(\dfrac{l^3}{EI}\right) \\ \delta_{33} = \delta_{11} = \dfrac{9}{768}\left(\dfrac{l^3}{EI}\right) \end{cases} \tag{5.2.50}$$

于是可以得到 3×3 的柔度矩阵：

$$\boldsymbol{\delta} = \begin{bmatrix} \delta_{11} & \delta_{12} & \delta_{13} \\ \delta_{21} & \delta_{22} & \delta_{23} \\ \delta_{31} & \delta_{32} & \delta_{33} \end{bmatrix} = \frac{l^3}{768EI}\begin{bmatrix} 9 & 11 & 7 \\ 11 & 16 & 11 \\ 7 & 11 & 9 \end{bmatrix} \tag{5.2.51}$$

柔度矩阵 $\boldsymbol{\delta}$ 的含义是单位力 $\boldsymbol{F}$ 作用下的各点上的挠度 $\boldsymbol{y}$，之间的关系为

$$\boldsymbol{y} = \boldsymbol{\delta F} \tag{5.2.52}$$

式中，$\boldsymbol{y}=\begin{Bmatrix} y_1 \\ y_2 \\ y_3 \end{Bmatrix}$，$\boldsymbol{F}=\begin{Bmatrix} F_1 \\ F_2 \\ F_3 \end{Bmatrix}$。

刚度矩阵 $\boldsymbol{K}$ 与柔度矩阵 $\boldsymbol{\delta}$ 的关系为 $\boldsymbol{\delta}$ 求逆，即 $\boldsymbol{K}=\boldsymbol{\delta}^{-1}$，经矩阵求逆运算可得

$$\boldsymbol{K}=\frac{768EI}{28l^3}\begin{bmatrix} 23 & -22 & 9 \\ -22 & 32 & -22 \\ 9 & -22 & 23 \end{bmatrix} \tag{5.2.53}$$

（2）求解固有频率与主振型。

由自由振动方程式(5.2.1)左乘 $[\delta]=\boldsymbol{K}^{-1}$ 得

$$\boldsymbol{K}^{-1}\boldsymbol{M}\ddot{\boldsymbol{y}}+\boldsymbol{K}^{-1}\boldsymbol{K}\boldsymbol{y}=0$$

由 $\boldsymbol{K}^{-1}\boldsymbol{K}=\boldsymbol{I}$ 得到

$$\boldsymbol{\delta}\boldsymbol{M}\ddot{\boldsymbol{y}}+\boldsymbol{I}\boldsymbol{y}=0 \tag{5.2.54}$$

设 $\alpha=\dfrac{ml^3}{768EI}$，将式(5.2.51)的 $\boldsymbol{\delta}$ 与 $\boldsymbol{M}=m\begin{bmatrix} 1 & 0 & 0 \\ 0 & 2 & 0 \\ 0 & 0 & 1 \end{bmatrix}$ 代入上式的振动方程后得

$$\alpha\begin{bmatrix} 9 & 11 & 7 \\ 11 & 16 & 11 \\ 7 & 11 & 9 \end{bmatrix}\begin{bmatrix} 1 & 0 & 0 \\ 0 & 2 & 0 \\ 0 & 0 & 1 \end{bmatrix}\begin{Bmatrix} \ddot{y}_1 \\ \ddot{y}_2 \\ \ddot{y}_3 \end{Bmatrix}+\begin{Bmatrix} y_1 \\ y_2 \\ y_3 \end{Bmatrix}=0 \tag{5.2.55}$$

令主振型振动为式(5.2.2)，将 $\boldsymbol{y}=\boldsymbol{\varphi}\sin(\omega t+\theta)$ 代入式(5.2.55)得

$$\left[\begin{bmatrix} 1 & 0 & 0 \\ 0 & 1 & 0 \\ 0 & 0 & 1 \end{bmatrix}-\alpha\omega^2\begin{bmatrix} 9 & 22 & 7 \\ 11 & 32 & 11 \\ 7 & 22 & 9 \end{bmatrix}\right]\begin{Bmatrix} \varphi_{i1} \\ \varphi_{i2} \\ \varphi_{i3} \end{Bmatrix}=\begin{Bmatrix} 0 \\ 0 \\ 0 \end{Bmatrix}\quad(i=1,\ 2,\ 3) \tag{5.2.56}$$

令 $\beta = \frac{1}{\alpha\omega^2}$ 代入得到频率方程为

$$\begin{bmatrix} \beta - 9 & -22 & -7 \\ -11 & \beta - 32 & -11 \\ -7 & -22 & \beta - 9 \end{bmatrix} \begin{Bmatrix} \varphi_{i1} \\ \varphi_{i2} \\ \varphi_{i3} \end{Bmatrix} = 0 \tag{5.2.57}$$

将行列式展开后得到方程:

$$\beta^3 - 50\beta^2 + 124\beta - 56 = (\beta - 2)(\beta^2 - 48\beta + 28) = 0 \tag{5.2.58}$$

由此可解得 3 个解为

$$\beta_1 = 47.41,\ \beta_2 = 2,\ \beta_3 = 0.59$$

可得到 3 个固有圆频率 ω 为

$$\begin{cases} \omega_1 = \sqrt{\dfrac{768}{47.41}}\sqrt{\dfrac{EI}{ml^3}} = 4.02\sqrt{\dfrac{EI}{ml^3}} \\ \omega_2 = \sqrt{\dfrac{768}{2}}\sqrt{\dfrac{EI}{ml^3}} = 19.60\sqrt{\dfrac{EI}{ml^3}} \\ \omega_3 = \sqrt{\dfrac{768}{0.59}}\sqrt{\dfrac{EI}{ml^3}} = 36.08\sqrt{\dfrac{EI}{ml^3}} \end{cases} \tag{5.2.59}$$

当 $j = 3$, $\beta_3 = 0.59$ 代入式(5.2.57)后,令 $\varphi_{31} = 1$ 得

$$\begin{cases} 8.41 + 22\varphi_{32} + 7\varphi_{33} = 0 \\ 11 + 31.41\varphi_{32} + 11\varphi_{33} = 0 \\ 7 + 22\varphi_{32} + 8.41\varphi_{33} = 0 \end{cases} \tag{5.2.60}$$

解得

$$\{\varphi_3\} = \begin{Bmatrix} \varphi_{31} \\ \varphi_{32} \\ \varphi_{33} \end{Bmatrix} = \begin{Bmatrix} 1.00 \\ -0.70 \\ 1.00 \end{Bmatrix}$$

同理 $i=2$，$\beta_2=2$；$i=3$，$\beta_3=0.59$ 得到归一化主振型为

$$\{\varphi_1\}=\begin{Bmatrix}\varphi_{11}\\ \varphi_{12}\\ \varphi_{13}\end{Bmatrix}=\begin{Bmatrix}0.70\\ 1.00\\ 0.70\end{Bmatrix}\quad \{\varphi_2\}=\begin{Bmatrix}\varphi_{21}\\ \varphi_{22}\\ \varphi_{23}\end{Bmatrix}=\begin{Bmatrix}-1.00\\ 0\\ 1.00\end{Bmatrix}$$

则归一化振型矩阵为

$$\boldsymbol{\Phi}=[\{\varphi_1\},\{\varphi_2\},\{\varphi_3\}]=\begin{bmatrix}0.70 & -1.00 & 1.00\\ 1.00 & 0 & -0.70\\ 0.70 & 1.00 & 1.00\end{bmatrix} \tag{5.2.61}$$

(3) 求归一化质量的主振型。

模态质量为

$$\boldsymbol{M}_{\mathrm{p}}=\boldsymbol{\Phi}^{\mathrm{T}}\boldsymbol{M}\boldsymbol{\Phi}=\begin{bmatrix}0.70 & 1.00 & 0.70\\ -1.00 & 0 & 1.00\\ 1.00 & -0.70 & 1.00\end{bmatrix}\begin{bmatrix}1 & 0 & 0\\ 0 & 2 & 0\\ 0 & 0 & 1\end{bmatrix}\begin{bmatrix}0.70 & -1.00 & 1.00\\ 1.00 & 0 & -0.70\\ 0.70 & 1.00 & 1.00\end{bmatrix}$$

$$=\begin{bmatrix}2.98m & 0 & 0\\ 0 & 2m & 0\\ 0 & 0 & 2.98m\end{bmatrix} \tag{5.2.62}$$

求解各阶的 $\sqrt{M_{\mathrm{p}j}}$ 可得

$$\begin{cases}\sqrt{M_{\mathrm{p1}}}=\sqrt{2.98m}=1.73\sqrt{m}\\ \sqrt{M_{\mathrm{p2}}}=\sqrt{2m}=1.41\sqrt{m}\\ \sqrt{M_{\mathrm{p3}}}=\sqrt{2.98m}=1.73\sqrt{m}\end{cases} \tag{5.2.63}$$

代入式(5.2.61)得到归一化质量的振型矩阵：

$$\boldsymbol{\Phi}_{\mathrm{N}}=[\{\varphi_1\}/\sqrt{M_{\mathrm{p1}}},\{\varphi_2\}/\sqrt{M_{\mathrm{p2}}},\{\varphi_3\}/\sqrt{M_{\mathrm{p3}}}]$$

$$=\frac{1}{\sqrt{m}}\begin{bmatrix}0.41 & -0.71 & 0.58\\ 0.58 & 0 & -0.40\\ 0.41 & 0.71 & 0.58\end{bmatrix} \tag{5.2.64}$$

（4）验证。

归一化质量的模态质量是否为 $\boldsymbol{I}$

$$\boldsymbol{\Phi}_{\mathrm{N}}^{\mathrm{T}}\boldsymbol{M}\boldsymbol{\Phi}_{\mathrm{N}}=\begin{bmatrix}0.41 & 0.58 & 0.41\\ -0.71 & 0 & 0.71\\ -0.58 & -0.41 & 0.58\end{bmatrix}\begin{bmatrix}1 & 0 & 0\\ 0 & 2 & 0\\ 0 & 0 & 1\end{bmatrix}\begin{bmatrix}0.41 & -0.71 & 0.58\\ 0.58 & 0 & -0.40\\ 0.41 & 0.71 & 0.58\end{bmatrix}$$

$$=\begin{bmatrix}1 & 0 & 0\\ 0 & 1 & 0\\ 0 & 0 & 1\end{bmatrix}=\boldsymbol{I} \tag{5.2.65}$$

归一化质量的模态刚度是否与式(5.2.59)中 ω_j^2 相等。

$$\boldsymbol{\Phi}_{\mathrm{N}}^{\mathrm{T}}\boldsymbol{K}\boldsymbol{\Phi}_{\mathrm{N}}=\begin{bmatrix}0.41 & 0.58 & 0.41\\ -0.71 & 0 & 0.71\\ -0.58 & -0.41 & 0.58\end{bmatrix}\begin{bmatrix}23 & -22 & 9\\ -22 & 32 & -22\\ 9 & -22 & 23\end{bmatrix}$$

$$=\begin{bmatrix}0.41 & -0.71 & 0.58\\ 0.58 & 0 & -0.40\\ 0.41 & 0.71 & 0.58\end{bmatrix}\left(\frac{768EI}{28ml^3}\right)$$

$$=\begin{bmatrix}16.20 & 0 & 0\\ 0 & 384.00 & 0\\ 0 & 0 & 1\,300.37\end{bmatrix}\left(\frac{768EI}{28ml^3}\right)=\begin{bmatrix}\omega_1^2 & 0 & 0\\ 0 & \omega_2^2 & 0\\ 0 & 0 & \omega_3^2\end{bmatrix}=\boldsymbol{\Omega} \tag{5.2.66}$$

证明该系统的尺寸归一化模态或质量归一化模态均正确。

5.3 比例黏性阻尼比下的自由振动反应

5.3.1 振动系统中的比例黏性阻尼

结构系统中的振动会消耗系统能量，这类能量损失的现象称为阻尼，结构系统能量损失的原因有：① 结构阻尼，是由于材料内部摩擦或结构系统元件之间连接处的摩擦引起的;② 黏性阻尼,是由于流体中运动所引起的;③ 库仑阻尼,是由一个物体在另一物体表面上的滑动摩擦运动引起的。在工程中与抗震设计分析中最常遇到的是上述第二种——黏性阻尼,多自由度振动系统的振动方程为

$$\boldsymbol{M}\ddot{\boldsymbol{y}} + \boldsymbol{C}\dot{\boldsymbol{y}} + \boldsymbol{K}\boldsymbol{y} = \boldsymbol{F} \tag{5.3.1}$$

第 2 项 $\boldsymbol{C}\dot{\boldsymbol{y}}$ 表示黏性阻尼力与速度大小成正比。式中 $\boldsymbol{C}$ 为黏性阻尼矩阵,通常所使用的是比例黏性阻尼假设,即满足 $\boldsymbol{K}\boldsymbol{M}^{-1}\boldsymbol{C} = \boldsymbol{C}\boldsymbol{M}^{-1}\boldsymbol{K}$ 假设条件。

瑞利阻尼又是一种特殊的比例黏性阻尼,假定质量矩阵 $\boldsymbol{M}$ 与刚度矩阵 $\boldsymbol{K}$ 线性组合与阻尼矩阵 $\boldsymbol{C}$ 成正比,它定义为

$$\boldsymbol{C} = \alpha\boldsymbol{M} + \beta\boldsymbol{K} \tag{5.3.2}$$

式中,α 和 β 是比例系数(实常数),$\alpha\boldsymbol{M}$ 为质量阻尼矩阵,$\beta\boldsymbol{K}$ 为刚度阻尼矩阵。

在应用质量和刚度阻尼时,整个系统的阻尼值由两个实常数 α 和 β 来确定,而 α 和 β 值则能用控制两个频率的阻尼比来确定。

若 ω_{r} 和 ω_{s} 分别为阻尼比 ξ_{r} 和 ξ_{s} 所对应的模态圆频率,则

$$\begin{cases}\alpha = 2\omega_{\mathrm{r}}\omega_{\mathrm{s}}(\xi_{\mathrm{s}}\omega_{\mathrm{r}} - \xi_{\mathrm{r}}\omega_{\mathrm{s}})/(\omega_{\mathrm{r}}^2 - \omega_{\mathrm{s}}^2)\\ \beta = 2(\xi_{\mathrm{s}}\omega_{\mathrm{r}} - \xi_{\mathrm{r}}\omega_{\mathrm{s}})/(\omega_{\mathrm{r}}^2 - \omega_{\mathrm{s}}^2)\end{cases} \tag{5.3.3}$$

对于任何第 j 阶圆频率 ω_j 所对应的阻尼比 ξ_j 可以将上式中 α 和 β 消去后算出:

$$\xi_j = \frac{1}{(\omega_{\mathrm{r}}^2 - \omega_{\mathrm{s}}^2)}\left[\frac{\omega_{\mathrm{r}}\omega_{\mathrm{s}}}{\omega_j}(\xi_{\mathrm{s}}\omega_{\mathrm{r}} - \xi_{\mathrm{r}}\omega_{\mathrm{s}}) + \omega_j(\xi_{\mathrm{s}}\omega_{\mathrm{r}} - \xi_{\mathrm{r}}\omega_{\mathrm{s}})\right] = \xi_{j\mathrm{m}} + \xi_{j\mathrm{k}} \tag{5.3.4}$$

式中,$\xi_{j\mathrm{m}} = \dfrac{1}{(\omega_{\mathrm{r}}^2 - \omega_{\mathrm{s}}^2)}\left(\dfrac{\omega_{\mathrm{r}}\omega_{\mathrm{s}}}{\omega_j}\right)(\xi_{\mathrm{s}}\omega_{\mathrm{r}} - \xi_{\mathrm{r}}\omega_{\mathrm{s}})$ 为质量阻尼引起的,

$\xi_{jk}=\dfrac{\omega_j}{(\omega_r^2-\omega_s^2)}(\xi_s\omega_r-\xi_r\omega_s)$ 为刚度阻尼所引起的。

式(5.3.4)表示阻尼比是质量阻尼与刚度阻尼的总和,当应用质量阻尼($\alpha\neq0$, $\beta=0$)时,阻尼比将随频率的增加而减小。当应用刚度阻尼($\alpha=0$, $\beta\neq0$)时,阻尼比将随频率的增加而增大。

在结构系统的地震分析时,由于运动方程通常是用相对于基础的位移来表示的,如果有两个主要频率的阻尼比已确定,则可采用质量和刚度阻尼,其他频率的阻尼比可借助式(5.3.4)算出。如果仅仅用刚度阻尼,对于主要频率 ω_r 所确定的阻尼比是 ξ_r,则采用 $\beta=\dfrac{2\xi_r}{\omega_r}$ 和 $\xi_j=\xi_r\left(\dfrac{\omega_j}{\omega_r}\right)$ 即可。

根据式(5.3.2),用无阻尼系统的实模态可以将比例阻尼矩阵 $\boldsymbol{C}$ 对角化,也就是说无阻尼系统下求得的实模态对这类比例阻尼具有正交性质。因此可以用实模态理论来分析具有比例阻尼的多自由系统的振动。5.2 节中论述的关于无阻尼系统振动的实模态分析方法均可以直接用来分析具有比例系统的振动。

5.3.2 自由振动模态叠加方法

将坐标变换公式(5.2.29)代入式(5.3.1)方程,并左乘 $\boldsymbol{\Phi}^{\mathrm{T}}$,得到

$$\boldsymbol{\Phi}^{\mathrm{T}}\boldsymbol{M}\boldsymbol{\Phi}\ddot{\boldsymbol{q}}+\boldsymbol{\Phi}^{\mathrm{T}}\boldsymbol{C}\boldsymbol{\Phi}\dot{\boldsymbol{q}}+\boldsymbol{\Phi}^{\mathrm{T}}\boldsymbol{K}\boldsymbol{\Phi}\boldsymbol{q}=0 \tag{5.3.5}$$

将式(5.2.21)、式(5.2.22)和式(5.3.2)代入式(5.3.5),整理后得

$$\boldsymbol{M}_{\mathrm{p}}\ddot{\boldsymbol{q}}+\boldsymbol{C}_{\mathrm{p}}\dot{\boldsymbol{q}}+\boldsymbol{K}_{\mathrm{p}}\boldsymbol{q}=0 \tag{5.3.6}$$

式中,$\boldsymbol{M}_{\mathrm{p}}$, $\boldsymbol{C}_{\mathrm{p}}$ 和 $\boldsymbol{K}_{\mathrm{p}}$ 分别为模态质量矩阵、模态刚度矩阵和模态阻尼矩阵,其中

$$\boldsymbol{C}_{\mathrm{p}}=\boldsymbol{\Phi}^{\mathrm{T}}\boldsymbol{C}\boldsymbol{\Phi}=\alpha\boldsymbol{M}_{\mathrm{p}}+\beta\boldsymbol{K}_{\mathrm{p}} \tag{5.3.7}$$

根据模态振型的正交性,式(5.3.6)可分解为每阶模态独立为单自由度的振动方程:

$$M_{pj}\ddot{q}_j + C_{pj}\dot{q}_j + K_{pj}q_j = 0 \tag{5.3.8}$$

或

$$\ddot{q}_j + 2\xi_j\omega_j\dot{q}_j + \omega_j^2 q_j = 0 \tag{5.3.9}$$

式中，$\omega_j^2 = \dfrac{K_{pj}}{M_{pj}}$ 为第 j 阶模态固有圆频率，$\xi_j = \dfrac{C_{pj}}{2M_{pj}\omega_j}$ 为第 j 阶模态阻尼比。　(5.3.10)

式(5.3.9)就是在模态主坐标下 n 个独立的单自由度有阻尼的自由振动方程。根据单自由度自由振动解，式(3.2.14)转化为

$$q_j(t) = e^{-\xi_j\omega_j t}\left[q_{j0}\cos p_j t + \left(\frac{\dot{q}_{i0} + \xi_j\omega_j q_{j0}}{p_j}\right)\sin p_j t\right] \tag{5.3.11}$$

$$p_j = \sqrt{1 - \xi_j^2}\,\omega_j \tag{5.3.12}$$

式中，q_{j0} 和 $\dot{q}_{j0}$ 为第 j 个模态主坐标的初始位移和初始速度。

若已知物理坐标系统下的初始时刻的位移 $\{y_0\}$ 和初始速度 $\{\dot{y}_0\}$，根据式(5.2.30)得到模态主坐标 $q_j(t)$ 下的初始位移和初始速度为

$$\begin{cases} q_{j0} = \{\varphi_j\}^{\mathrm{T}}\boldsymbol{M}\{y_0\}/M_{pj} = \{\varphi_j\}_{\mathrm{N}}^{\mathrm{T}}\boldsymbol{M}\{y_0\} \\ \dot{q}_{j0} = \{\varphi_j\}^{\mathrm{T}}\boldsymbol{M}\{\dot{y}_0\}/M_{pj} = \{\varphi_j\}_{\mathrm{N}}^{\mathrm{T}}\boldsymbol{M}\{\dot{y}_0\} \end{cases} \tag{5.3.13}$$

总的位移反应为

$$\boldsymbol{y} = \sum_{j=1}^{n}\{\varphi_j\}q_j(t) = \boldsymbol{\Phi q} \tag{5.3.14}$$

5.4　地震分析中的模态叠加法

5.4.1　基础地震波输入下的模态振动方程

将坐标变换公式(5.2.29)代入式(5.3.1)方程，并左乘 $\boldsymbol{\Phi}^{\mathrm{T}}$，得到

$$\boldsymbol{\Phi}^{\mathrm{T}}\boldsymbol{M\Phi}\ddot{\boldsymbol{q}} + \boldsymbol{\Phi}^{\mathrm{T}}\boldsymbol{C\Phi}\dot{\boldsymbol{q}} + \boldsymbol{\Phi}^{\mathrm{T}}\boldsymbol{K\Phi q} = \boldsymbol{\Phi}^{\mathrm{T}}\boldsymbol{F} \tag{5.4.1}$$

将式(5.2.21)、式(5.2.22)和式(5.3.7)代入式(5.4.1)，整理后得

$$\boldsymbol{M}_{\mathrm{p}}\ddot{\boldsymbol{q}} + \boldsymbol{C}_{\mathrm{p}}\dot{\boldsymbol{q}} + \boldsymbol{K}_{\mathrm{p}}\boldsymbol{q} = \boldsymbol{F}_{\mathrm{p}} \tag{5.4.2}$$

式中，$\boldsymbol{F}_{\mathrm{p}}$ 为模态力。

$$\boldsymbol{F}_{\mathrm{p}} = \boldsymbol{\Phi}^{\mathrm{T}}\boldsymbol{F} \tag{5.4.3}$$

式(5.4.2)两边左乘模态质量逆阵 $\boldsymbol{M}_{\mathrm{p}}^{-1}$ 后还可改写为式(5.3.9)单自由度振动方程形式。

$$\ddot{q}_j + 2\xi_j\omega_j\dot{q}_j + \omega_j^2 q_j = f_j \quad (j = 1, 2, \cdots, n) \tag{5.4.4}$$

式中，f_j 为第 j 个模态下的模态力分量。

$$f_j = \{\varphi_j\}^{\mathrm{T}}\boldsymbol{F}/M_{\mathrm{p}j} \tag{5.4.5}$$

非齐次方程式(5.4.4)的通解包括本身的特解和对应齐次方程式(5.3.9)的通解。其解的方法可参照3.3节。

当地震输入为振动系统的基础输入时，单自由度分析模型的等效条件可详细对照图5.4.1的解释后得到如下等效条件：

(1) 对多自由度自由振动系统而言，地震系统所有的固有模态参数均相同，包括系统的固有圆频率 $\boldsymbol{\Omega}$、模态质量 $\boldsymbol{M}$、模态刚度 $\boldsymbol{K}$、模态阻尼比 $\boldsymbol{C}$、对应的模态振型 $\boldsymbol{\Phi}$ 和模态主坐标 $\boldsymbol{q}$ 等均保持不变。

(2) 对于多自由度强迫振动系统方程式(5.3.1)的右端输入应将输入力 $\boldsymbol{F}$ 项用 $(-\boldsymbol{M}\ddot{\boldsymbol{x}})$ 项给与等效，或者将模态输入力 f_j 用 $(-\ddot{x}_j)$ 给与等效 $(j = 1, 2, \cdots, n)$ 即可。

(3) 多自由度强迫振动方程式(5.3.1)的左端输出项 $\boldsymbol{y}$ (或$\{y_j\}$)或模态主坐标$\{q_y\}$(或 q_{yj})，对于地震系统而言，$\boldsymbol{y}$ 表示相对于地面运动 $\boldsymbol{x}$ 或$\{x(t)\}$的相对坐标，还需注意地面运动输入$\{x(t)\}$是单点输入还是多点输入，这涉及相对运动 $\boldsymbol{y}$ 的坐标系统定义。而质点的绝对加速度应采用 $\ddot{\boldsymbol{z}} = \ddot{\boldsymbol{y}} + \ddot{\boldsymbol{x}}$ 方法或者在模态坐标下求得。

$$\ddot{q}_{zj}(t) = -2\xi_j\omega_j\dot{q}_{yj} - \omega_j^2 q_{yj} \quad (j = 1, 2, \cdots, n) \tag{5.4.6}$$

式中，$\ddot{q}_{zj}$ 为第 j 个模态振型下输出绝对加速度，而总输出绝对加速度 $\ddot{z}$ 为

$$\ddot{z} = \sum_{j=1}^{n}\{\varphi_j\}\ddot{q}_{zj} = \boldsymbol{\Phi}\{\ddot{q}_z\} \tag{5.4.7}$$

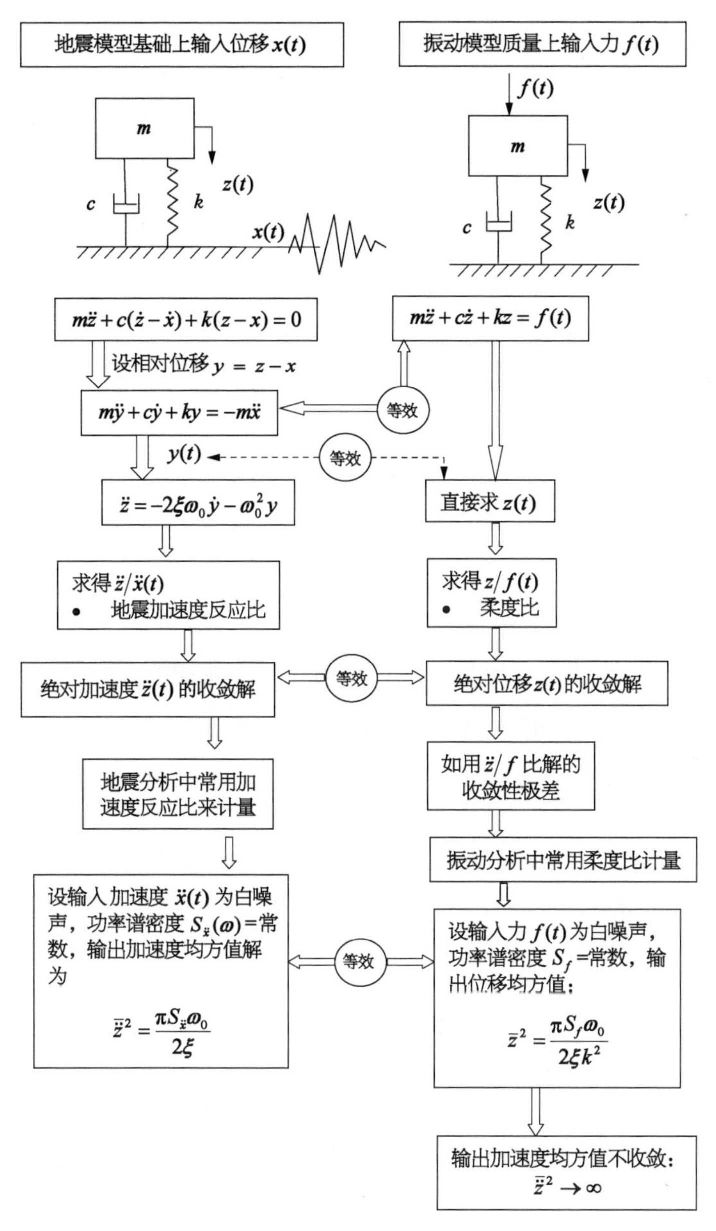

图 5.4.1　地震基础输入的等效分析

5.4.2　模态方程的解

式(5.4.4)组合后通解和特解可参照式(3.3.31)单自由度基础输入 $\ddot{x}$

形式后得到

$$q_{yj}(t)=\frac{e^{-\xi_j\omega_j t}}{\sqrt{1-\xi_j^2}}\left[q_{j0}(\sqrt{1-\xi_j^2}\cos p_j t+\xi_j\sin p_j t)+\frac{\dot{q}_{j0}}{\omega_j}(\sin p_j t)\right]-$$

$$\frac{1}{p_j}\int_0^t\ddot{x}_j(\tau)e^{-\xi_j\omega_j(t-\tau)}\sin p_j(t-\tau)d\tau \tag{5.4.8}$$

$$\dot{q}_{yj}(t)=\frac{\omega_i e^{-\xi_i\omega_i t}}{\sqrt{1-\xi_i^2}}\left[-q_{j0}\sin p_j t+\left(\frac{\dot{q}_{j0}}{\omega_j}\right)(\sqrt{1-\xi_j^2}\cos p_j t-\xi_j\sin p_j t)\right]+$$

$$\frac{1}{\sqrt{1-\xi_j^2}}\int_0^t\ddot{x}_j(\tau)e^{-\xi_j\omega_j(t-\tau)}[\xi_j\sin p_j t-\sqrt{1-\xi_j^2}\cos p_j(t-\tau)]d\tau \tag{5.4.9}$$

对应作用力载荷直接输入时,按上述第(3)点,只要将上式中 $\ddot{x}_j$ 改为 $(-f_j)$、q_{yj}改为 q_{zj}即可。这里f_j和 $\ddot{x}_j$ 均为在归一化模态条件下得到的模态力,因此f_j与 $\ddot{x}_j$ 的量纲均一致到加速度 m/s^2,地震基础输入下的输出模态绝对加速度则为

$$\begin{aligned}\ddot{q}_{zj}&=-2\xi_j\omega_j\dot{q}_{yj}-\omega_j^2 q_{yj}\\&=\frac{\omega_j^2 e^{-\xi_j\omega_j t}}{\sqrt{1-\xi_j^2}}\left\{q_{j0}(\xi_j\sin p_j t-\sqrt{1-\xi_j^2}\cos p_j t)-\right.\\&\frac{\dot{q}_{i0}}{\omega_j}[(1-2\xi_i^2)\sin p_i t+2\xi_i\sqrt{1-\xi_j^2}\cos p_j t]+\\&\left.\frac{\omega_i}{\sqrt{1-\xi_j^2}}\int_0^t\ddot{x}_j(\tau)e^{-\xi_j\omega_j(t-\tau)}[(1-2\xi_j^2)\sin p_j(t-\tau)+2\xi_j\sqrt{1-\xi_j^2}\cos p_j(t-\tau)]d\tau\right\}\end{aligned} \tag{5.4.10}$$

式中,$p_j=\sqrt{1-\xi_j^2}\,\omega_j^2$ 为有阻尼时的第 j 阶模态圆频率。

其总输出加速度 $\ddot{z}$ 为式(5.4.7),将 n 个模态 $\ddot{q}_{zj}(t)$ 线性组合。

q_{yj}, $\dot{q}_{yj}$ 和 $\ddot{q}_{zj}$ 也可采用更简洁的表达式来表示。

$$\begin{cases} q_{yj}= C_j e^{-\xi\omega_j t}\sin(p_j t+\phi_j) - \dfrac{1}{p_j}\int_0^t \ddot{x}_j(\tau)e^{-\xi\omega_j(t-\tau)}\sin p_j(t-\tau)d\tau \\ \dot{q}_{yj}= C_j\omega_j e^{-\xi\omega_j t}\cos(p_j t+\phi_j+\theta_j) - \dfrac{1}{\sqrt{1-\xi_j^2}}\int_0^t \ddot{x}_j(\tau)e^{-\xi\omega_j(t-\tau)}\cos[p_j(t-\tau)+\theta_j]d\tau \\ \ddot{q}_{zj}=-C_j\omega_j^2 e^{-\xi\omega_j t}\sin(p_j t+\phi_j+2\theta_j) - \dfrac{\omega_j}{\sqrt{1-\xi_j^2}}\int_0^t \ddot{x}_j(\tau)e^{-\xi\omega_0(t-\tau)}\sin[p_j(t-\tau)+2\theta_j]d\tau \end{cases} \tag{5.4.11}$$

式中,常数为

$$\begin{cases} C_j = \left[q_{j0}^2 + \left(\dfrac{\dot{q}_{j0}+\xi_j\omega_j q_{j0}}{p_j}\right)^2\right]^{1/2} \\ \tan\phi_j = \dfrac{q_{j0}p_j}{(\dot{q}_{j0}+q_{j0}\xi_j\omega_j)} \\ \tan\theta_j = \dfrac{\xi_j}{\sqrt{1-\xi_j^2}} \\ \tan 2\theta_j = \dfrac{2\xi_j\sqrt{1-\xi_j^2}}{(1-2\xi_j^2)} \end{cases} \tag{5.4.12}$$

多自由度系统整体相对坐标向量 $\boldsymbol{y}$, $(\{\dot{y}\})$ 根据式(5.2.29),在归一化质量模态坐标下由模态坐标 $\{q_y\}$ 和 $\{\dot{q}_y\}$ 的线性组合而成,即表示为

$$\boldsymbol{y}=\begin{Bmatrix} y_1 \\ y_2 \\ \vdots \\ y_i \\ \vdots \\ y_n \end{Bmatrix}=\begin{Bmatrix} \sum_{j=1}^{n}\varphi_{1j}q_{yj} \\ \sum_{j=1}^{n}\varphi_{2j}q_{yj} \\ \vdots \\ \sum_{j=1}^{n}\varphi_{ij}q_{yj} \\ \vdots \\ \sum_{j=1}^{n}\varphi_{nj}q_{yj} \end{Bmatrix}=\begin{bmatrix} \varphi_{11} & \varphi_{12} & \cdots & \varphi_{1j} & \cdots & \varphi_{1n} \\ \varphi_{21} & \varphi_{22} & \cdots & \varphi_{2j} & \cdots & \varphi_{2n} \\ \vdots & \vdots & & \vdots & & \vdots \\ \varphi_{i1} & \varphi_{i2} & \cdots & \varphi_{ij} & \cdots & \varphi_{in} \\ \vdots & \vdots & & \vdots & & \vdots \\ \varphi_{n1} & \varphi_{n2} & \cdots & \varphi_{nj} & \cdots & \varphi_{nn} \end{bmatrix}\begin{Bmatrix} q_{y1} \\ q_{y2} \\ \vdots \\ q_{yj} \\ \vdots \\ q_{yn} \end{Bmatrix}=\boldsymbol{\Phi}\{q_y\} \tag{5.4.13}$$

$$\dot{\boldsymbol{y}} = \boldsymbol{\Phi}\{\dot{q}_y\} \tag{5.4.14}$$

同理,绝对加速度为

$$\ddot{z} = \boldsymbol{\Phi}\{\ddot{q}_z\} \tag{5.4.15}$$

也可表示为整体相对坐标位置 i 上的各个分量:

$$\begin{cases} y_i = \sum_{j=1}^{n} \varphi_{ij} q_{yj} \\ \dot{y}_i = \sum_{j=1}^{n} \varphi_{ij} \dot{q}_{yj} \\ \ddot{z}_i = \sum_{j=1}^{n} \varphi_{ij} \ddot{q}_{zj} \quad (i = 1,\ 2,\ \cdots,\ n) \end{cases} \tag{5.4.16}$$

式中,脚标 i 表示整体多自由度的第 i 个坐标点(或节点号)位置,而 j 表示在第 j 阶固有频率下的模态坐标。其物理含义是第 i 个整体坐标点位置上有 $j = 1,\ 2,\ \cdots,\ n$ 个模态坐标的线性组合。如 φ_{ij} 则表示为第 i 点位置上第 j 阶的模态振型值。

5.4.3 谐波激励的系统反应

当系统的基础上输入加速度时程 $\ddot{\boldsymbol{x}}(t)$,按式(5.4.3)与式(5.4.5)可求得模态激励力为

$$\boldsymbol{F}_{\mathrm{p}} = -\boldsymbol{\Phi}^{\mathrm{T}}\boldsymbol{M}\ddot{\boldsymbol{x}} \tag{5.4.17}$$

第 j 个模态力为 $f_j = -\{\varphi_j\}^{\mathrm{T}}\boldsymbol{M}\ddot{\boldsymbol{x}}$。

假设系统是单个固定点或多个固定点输入相同的 $\ddot{x}_0(t)$,则各整体坐标上的每个相对位移输出 $\boldsymbol{y}$ 均是相对于同一个输入 $\{\ddot{x}_0(t)\}$ 的加速度值。因此式(5.4.17)中 f_j 用 $(-\ddot{x}_j)$ 来替代,可改写为

$$\ddot{x}_j = \{\phi_j\}^{\mathrm{T}}\{1\}\ddot{x}_0(t)/M_{Pj} \tag{5.4.18}$$

地面加速度输入 $\ddot{x}_0(t)$ 如按式(3.4.13)采用三角级数模型 $\ddot{x}_0(t) =$

$\sum_{k=1}^{N} a_k \cos(\omega_k t + \gamma_k)$ 来模拟合成的人工地震波时,式(5.4.18)可表示为

$$\ddot{x}_j = \sum_{l=1}^{n} \mu_{lj} \sum_{k=1}^{N} a_k \cos(\omega_k t + \gamma_k) \tag{5.4.19}$$

式中,振型参与系数
$$\sum_{l=1}^{n} \mu_{lj} = \frac{\{\varphi_j\}^{\mathrm{T}} M \{1\}}{M_{Pj}} \tag{5.4.20}$$

再将式(5.4.19)代入式(5.4.11)积分项内的 $\ddot{x}_j(\tau)$,并进行积分运算,可参考式(3.3.46)单自由度强迫振动解,则可得到各模态解 $q_{yj}(t)$, $\dot{q}_{yj}(t)$ 和 $\ddot{q}_{zj}(t)$。

$$\begin{cases} q_{yj} = C_j \mathrm{e}^{-\xi_j \omega_j t} \sin(p_j t + \phi_j) + \\ \quad \sum_{k=1}^{N} \sum_{l=1}^{n} \left(\frac{\mu_{lj} a_k \omega_k}{p_j \Delta_{kj}} \right) \mathrm{e}^{-\xi_j \omega_j t} [\omega_j^2 \sin(p_j t - 2\theta_j) - \omega_k^2 \sin p_j t] - \\ \quad \sum_{k=1}^{N} \sum_{l=1}^{n} \left[\left(\frac{\mu_{lj} a_k}{\sqrt{\Delta_{kj}}} \right) \cos(\omega_k t + \gamma_k - \psi_{kj}) \right] \\ \dot{q}_{yj} = C_j \omega_j \mathrm{e}^{-\xi_j \omega_j t} \cos(p_j t + \phi_j + \theta_j) + \\ \quad \sum_{K=1}^{N} \sum_{l=1}^{n} \left(\frac{\mu_{lj} a_k \omega_k}{p_j \Delta_{kj}} \right) \mathrm{e}^{-\xi_j \omega_j t} [\omega_j^2 \cos(p_j t - 2\theta_j) - \omega_k^2 \cos(p_j t + \theta_j)] - \\ \quad \sum_{K=1}^{N} \sum_{l=1}^{n} \left[\left(\frac{\mu_{lj} a_k \omega_j}{\sqrt{\Delta_{kj}}} \right) \cos(\omega_k t + \gamma_k - \psi_{kj}) \right] \\ \ddot{q}_{zj} = -C_j \omega_j^2 \mathrm{e}^{-\xi_j \omega_j t} \sin(p_j t + \phi_j + 2\theta_j) + \\ \quad \sum_{K=1}^{N} \sum_{l=1}^{n} \left(\frac{\mu_{lj} \omega_j^2 \omega_k}{p_j \Delta_{kj}} \right) \mathrm{e}^{-\xi_j \omega_j t} [2\xi_j \omega_j^2 \cos(p_j t + \theta_j) - (\omega_j^2 - \omega_k^2) \sin p_j t] + \\ \quad \sum_{K=1}^{N} \sum_{l=1}^{n} \left(\frac{\mu_{lj} a_k \omega_j}{\sqrt{\Delta_{kj}}} \right) [2\xi_j \omega_k \cos(\omega_k t + \gamma_k - \psi_{kj}) + \omega_j \sin(\omega_k t + \gamma_k - \psi_{kj})] \end{cases} \tag{5.4.21}$$

式中, C_j, ϕ_j, θ_j 见式(5.4.12),其他

$$\begin{cases}\Delta_{kj}=(\omega_j^2-\omega_k^2)^2+(2\xi_j\omega_j\omega_k)^2\\ p_j=\sqrt{1-\xi_j^2}\,\omega_j\\ \tan\psi_{kj}=\dfrac{2\xi_j\omega_j\omega_k}{(\omega_j^2-\omega_k^2)}\end{cases}$$

从模态主坐标 q_{yj}，$\dot{q}_{yj}$ 和 $\ddot{q}_{zj}$ 谐振激励输出结果可清楚观察到均由 3 部分组成，第 1 部分是纯初始条件所确定的自由振动反应项，由于阻尼比 ξ_j 使该时程很迅速衰减。第 2 部分是伴随强迫振动反应项，它也随时间增长而迅速衰减。第 3 部分是真正的强迫振动反应项，其反应按激励圆频率 ω_k 的谐振变化。

当系统结构的某个或几个固有圆频率 ω_j 与基础激励谐振圆频率 ω_k 相等时，该系统会发生共振，将 $\omega_k=\omega_j$ 与对应 a_k 值代入式(5.4.21)整理后得到的解为

$$\begin{cases}q_{yj}=C_j\mathrm{e}^{-\xi_j\omega_j t}\sin(p_jt+\phi_j)+\displaystyle\sum_{l=1}^{n}\left(\frac{\mu_{lj}a_k}{2\xi_j\sqrt{1-\xi_j^2}\,\omega_j^2}\right)\mathrm{e}^{-\xi_j\omega_j t}\cos(p_jt-\theta_j)+\\ \qquad\displaystyle\sum_{l=1}^{n}\left(\frac{\mu_{lj}a_k}{2\xi_j\omega_j^2}\right)\cos\omega_jt\\ \dot{q}_{yj}=C_j\omega_j\mathrm{e}^{-\xi_j\omega_j t}\cos(p_jt+\phi_j+\theta_j)+\displaystyle\sum_{l=1}^{n}\left(\frac{\mu_{lj}a_k}{2\xi_j\sqrt{1-\xi_j^2}\,\omega_j}\right)\mathrm{e}^{-\xi_j\omega_j t}\sin p_jt-\\ \qquad\displaystyle\sum_{l=1}^{n}\left(\frac{\mu_{lj}a_k}{2\xi_j\omega_j}\right)\sin\omega_jt\\ \ddot{q}_{zj}=-C_j\omega_j^2\mathrm{e}^{-\xi_j\omega_j t}\sin(p_jt+\phi_j+2\theta_j)+\displaystyle\sum_{l=1}^{n}\left(\frac{\mu_{lj}a_k}{2\xi_j\sqrt{1-\xi_j^2}}\right)\mathrm{e}^{-\xi_j\omega_j t}\cos(p_jt+\theta_j)+\\ \qquad\displaystyle\sum_{l=1}^{n}\mu_{lj}a_k\left(\sin\omega_jt-\frac{1}{2\xi_j}\cos\omega_jt\right)\end{cases}$$

(5.4.22)

从上式结果可明显看出，系统在共振时伴随强迫反应项和强迫反应

项与基础输入的谐振幅值 a_k 相比均放大了 $\dfrac{1}{2\xi_j}$ 倍,将 q_{yj}, $\dot{q}_{yj}$ 和 $\ddot{q}_{zj}$ 代入式(5.4.22)后得到整体位置 i 上的各个输出分量,因在各阶模态坐标中只是第 j 阶模态的反应发生共振,可近似将 q_{yj}, $\dot{q}_{yj}$ 和 $\ddot{q}_{zj}$ 中不随阻尼比衰减的第 3 部分单独取出,则 y_i, $\dot{y}_i$ 和 $\ddot{z}_i$ 可表示为

$$\begin{cases} y_i = \sum\limits_{j=1}^{n} \varphi_{ij} q_{yj} = \sum\limits_{j=1}^{n} \left(\sum\limits_{l=1}^{n} \mu_{lj} \right) \varphi_{ij} \left(\dfrac{a_k}{2\xi_j \omega_j^2} \right) \cos \omega_j t \\ \dot{y}_i = \sum\limits_{j=1}^{n} \varphi_{ij} \dot{q}_{yj} = - \sum\limits_{j=1}^{n} \left(\sum\limits_{l=1}^{n} \mu_{lj} \right) \varphi_{ij} \left(\dfrac{a_k}{2\xi_j \omega_j} \right) \sin \omega_j t \\ \ddot{z}_i = \sum\limits_{j=1}^{n} \varphi_{ij} q_{zj} = \sum\limits_{j=1}^{n} \left(\sum\limits_{l=1}^{n} \mu_{lj} \right) \varphi_{ij} a_k \left(\sin \omega_j t - \dfrac{1}{2\xi_j} \cos \omega_j t \right) \end{cases} \tag{5.4.23}$$

$$(i = 1, 2, \cdots, n)$$

5.4.4　举例

[**例**]　如图 5.4.2 所示,两端为简支梁并带有 m_1, m_2, m_3 3 个集中质量,参数与尺寸同 5.2 节中例 2,在两端支承 A, B 处输入按式(5.4.19)所表示相同的人工模拟地震加速度时程:

$$\ddot{x}_0(t) = \sum_{k-1}^{N} a_k \cos(\omega_k t + \phi_k)$$

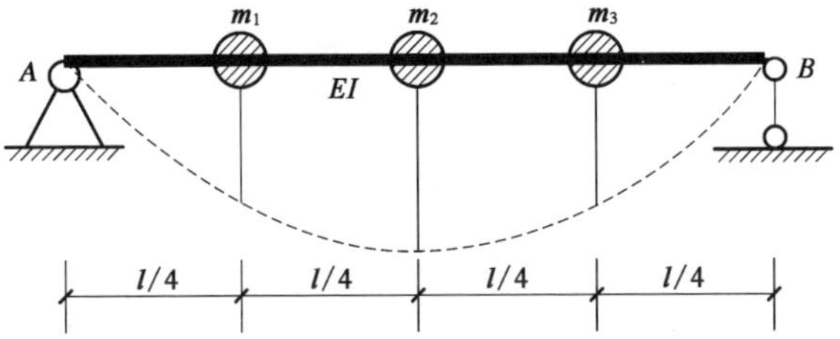

图 5.4.2　简支梁支承处输入地震时程 $x(t)$

假设梁的 3 阶固有圆频率 ω_1, ω_2 和 ω_3 与激励 $\ddot{x}_0(t)$ 中 ω_{k1}, ω_{k2} 和 ω_{k3} 均相互合拍时,试求梁在 3 个集中质量处的共振反应值。

根据题意可按下列步骤逐个分析。

(1) 5.2 节例 2 已求得该简支梁 3 个模态固有频率[见式(5.2.59)]，对应输入加速度 $\ddot{x}_0(t)$ 上谐波合成频率为 ω_{k1}，ω_{k2} 和 ω_{k3}，谐波合成幅值为 a_{k1}，a_{k2} 和 a_{k3}。

(2) 5.2 节例 2 已求得该简支梁对应 2 个归一化质量的模态振型,取式(5.2.63)中无量纲矩阵 $\boldsymbol{\Phi}$。

(3) 在简支梁 A, B 两端支承上作用相同的加速度时程 $\ddot{x}_0(t)$，根据式(5.4.19)求解等效的模态加速度 $\ddot{x}_j$。

(4) 式(5.4.20)求解 $\sum_{l=1}^{n}\mu_{lj}(j=1, 2, 3)$，先按下式求解

$$\mu = \boldsymbol{M}_{\mathrm{P}}^{-1}\boldsymbol{\Phi}^{\mathrm{T}}\boldsymbol{M} = \begin{bmatrix} 1/2.98 & 0 & 0 \\ 0 & 1/2 & 0 \\ 0 & 0 & 1/2.98 \end{bmatrix}\begin{bmatrix} 0.7 & 1.0 & 0.7 \\ -1.0 & 0 & 1.0 \\ 1.0 & -0.7 & 1.0 \end{bmatrix}\begin{bmatrix} 1 & 0 & 0 \\ 0 & 2 & 0 \\ 0 & 0 & 1 \end{bmatrix}$$

$$= \begin{bmatrix} 0.7/2.98 & 2/2.98 & 0.7/2.98 \\ -1.0/2 & 0 & 1.0/2 \\ 1.0/2.98 & -1.4/2.98 & 1.0/2.98 \end{bmatrix}$$

当 $j=1$ 时，

$$\begin{aligned} \ddot{x}_1 &= \sum_{l=1}^{3}\mu_{l1}\sum_{k=1}^{N}a_k\cos(\omega_k t+\gamma_k) \\ &= (\mu_{11}+\mu_{21}+\mu_{31})\sum_{k=1}^{N}a_k\cos(\omega_k t+\gamma_k) \\ &= (0.7+2+0.7)/2.98\sum_{k=1}^{N}a_k\cos(\omega_k t+\gamma_k) \\ &= 1.141\sum_{k=1}^{N}a_k\cos(\omega_k t+\gamma_k) \end{aligned}$$

当 $j=2$ 时，

$$\begin{aligned} \ddot{x}_2 &= (\mu_{21}+\mu_{22}+\mu_{32})\sum_{k=1}^{N}a_k\cos(\omega_k t+\gamma_k) \\ &= (-1.0+0+1.0)/2\sum_{k=1}^{N}a_k\cos(\omega_k t+\gamma_k) = 0 \end{aligned}$$

当 $j=3$ 时,

$$\begin{aligned}\ddot{x}_3 &= (\mu_{13}+\mu_{23}+\mu_{33})\sum_{k=1}^{N} a_k\cos(\omega_k t+\gamma_k)\\ &= [(1.0-1.4+1)/2.98]\sum_{k=1}^{N} a_k\cos(\omega_k t+\gamma_k)\\ &= 0.201\sum_{k=1}^{N} a_k\cos(\omega_k t+\gamma_k)\end{aligned}$$

(5) 根据题意,梁的固有圆频率 ω_1, ω_2 和 ω_3 与输入地震合成波 $\ddot{x}_0(t)$ 中 3 个圆频率 ω_{k1}, ω_{k2} 和 ω_{k3} 合拍产生共振,为此可按式(5.4.22)求得各阶模态反应 q_{yj}, $\dot{q}_{yj}$ 和 $\ddot{q}_{zj}$ 中的强迫振动项。

当 $j=1$ 时,

$$\begin{cases} q_{y1} = \dfrac{\sum\limits_{l=1}^{3}\mu_{l1}a_{k1}}{2\xi_1\omega_1^2}\cos\omega_k t = \dfrac{a_{k1}}{2\xi_1\omega_1^2}\cos\omega_1 t \\ \quad = \dfrac{1.141a_{k1}}{2\times(4.02)^2\xi_1}\left(\dfrac{ml^3}{EI}\right)a_{k1}\cos\omega_1 t \\ \quad = \dfrac{0.035}{\xi_1}\left(\dfrac{ml^3}{EI}\right)a_{k1}\cos\omega_1 t \\ \ddot{q}_{z1} = \sum\limits_{l=1}^{3}\mu_{l1}a_{k1}\left(\sin\omega_1 t - \dfrac{1}{2\xi_1}\cos\omega_1 t\right) \\ \quad = 1.141a_{k1}\left(\sin\omega_1 t - \dfrac{1}{2\xi_1}\cos\omega_1 t\right) \end{cases}$$

当 $j=2$ 时,

由于 $\sum\limits_{l=1}^{n}\mu_{l2}=0$

所以 $q_{y2}=\ddot{q}_{z2}=0$

当 $j=3$ 时,

$$\begin{cases} q_{y3} = \dfrac{\sum_{l=1}^{3}\mu_{l3}a_{k3}}{2\xi_3\omega_3^2}\cos\omega_3 t = \dfrac{0.201}{2\xi_3(36.08)^2}\left(\dfrac{ml^3}{EI}\right)a_{k3}\cos\omega_3 t \\ \quad = \dfrac{7.720\times10^{-5}}{\xi_3}\left(\dfrac{ml^3}{EI}\right)a_{k3}\cos\omega_3 t \\ \ddot{q}_{z3} = \sum_{l=1}^{3}\mu_{l3}a_{k3}\left(\sin\omega_3 t - \dfrac{1}{2\xi_3}\cos\omega_3 t\right) \\ \quad = 0.201a_{k3}\left(\sin\omega_3 t - \dfrac{1}{2\xi_3}\cos\omega_3 t\right) \end{cases}$$

(6) 按(5.4.23)式求 m_1, m_2, m_3 处的总反应 y 和 $\ddot{z}$。

在 m_1处($i=1$),

$$y_1 = \sum_{j=1}^{3}\varphi_{1j}q_{yj} = \varphi_{11}q_{y1} + \varphi_{12}q_{y2} + \varphi_{13}q_{y3}$$

$$= \frac{0.7\times0.035}{\xi_1}\left(\frac{ml^3}{EI}\right)a_{k1}\cos\omega_1 t + 0 + \frac{1.0\times7.720\times10^{-5}}{\xi_3}\left(\frac{ml^3}{EI}\right)a_{k3}\cos\omega_3 t$$

$$= \left(\frac{ml^3}{EI}\right)\left(\frac{0.0245}{\xi_1}a_{k1}\cos\omega_1 t + \frac{7.720\times10^{-5}}{\xi_3}a_{k3}\cos\omega_3 t\right)$$

$$\ddot{z}_1 = \sum_{j=1}^{3}\varphi_{1j}\ddot{q}_{zj} = \varphi_{11}\ddot{q}_{z1} + \varphi_{12}\ddot{q}_{z2} + \varphi_{13}\ddot{q}_{z3}$$

$$= 0.7\times1.141a_{k1}\left(\sin\omega_1 t - \frac{1}{2\xi_1}\cos\omega_1 t\right) + 0 + 1.0\times0.201a_{k3}\left(\sin\omega_3 t - \frac{1}{2\xi_3}\cos\omega_1 t\right)$$

$$= 0.799a_k\left(\sin\omega_1 t - \frac{1}{2\xi_1}\cos\omega_1 t\right) + 0.201a_{k3}\left(\sin\omega_3 t - \frac{1}{2\xi_3}\cos\omega_3 t\right)$$

在 m_2处($i=2$),

$$y_2 = \sum_{j=1}^{3}\varphi_{2j}q_{yj} = \varphi_{21}q_{y1} + \varphi_{22}q_{y2} + \varphi_{23}q_{y3}$$

$$= \frac{1.0\times0.035}{\xi_1}\left(\frac{ml^3}{EI}\right)a_{k1}\cos\omega_1 t + 0 - 0.70\times\frac{7.72\times10^{-5}}{\xi_3}\left(\frac{ml^3}{EI}\right)a_{k3}\cos\omega_3 t$$

$$= \left(\frac{ml^3}{EI}\right)\left(\frac{0.035}{\xi_1}a_{k1}\cos\omega_1 t - \frac{5.404\times10^{-5}}{\xi_3}a_{k3}\cos\omega_3 t\right)$$

$$\ddot{z}_2 = \sum_{j=1}^{3}\varphi_{2j}\ddot{q}_{zj} = \varphi_{11}\ddot{q}_{z1} + \varphi_{22}\ddot{q}_{z2} + \varphi_{23}\ddot{q}_{z3}$$

$$= 1.0\times1.141a_k\left(\sin\omega_1 t - \frac{1}{2\xi_1}\cos\omega_1 t\right) + 0 - 0.7\times0.201a_{k3}\left(\sin\omega_3 t - \frac{1}{2\xi_3}\cos\omega_3 t\right)$$

$$= 1.141a_k\left(\sin\omega_1 t - \frac{1}{2\xi_1}\cos\omega_1 t\right) - 0.141a_{k3}\left(\sin\omega_3 t - \frac{1}{2\xi_3}\cos\omega_3 t\right)$$

在 m_3处($i=3$)，

$$y_3 = \sum_{j=1}^{3}\varphi_{3j}q_{yj} = \varphi_{31}q_{y1} + \varphi_{32}q_{y2} + \varphi_{33}q_{y3}$$

$$= \frac{0.7\times0.035}{\xi_1}\left(\frac{ml^3}{EI}\right)a_{k1}\cos\omega_1 t + 0 + \frac{1.0\times7.720\times10^{-5}}{\xi_3}\left(\frac{ml^3}{EI}\right)a_{k3}\cos\omega_3 t$$

$$= y_1$$

$$\ddot{z}_3 = \sum_{j=1}^{3}\varphi_{3j}\ddot{q}_{zj} = \varphi_{31}\ddot{q}_{z1} + \varphi_{32}\ddot{q}_{z2} + \varphi_{33}\ddot{q}_{z3}$$

$$= 0.7\times1.141a_k\left(\sin\omega_1 t - \frac{1}{2\xi_1}\cos\omega_1 t\right) + 0 + 1.0\times0.201a_{k3}\left(\sin\omega_3 t - \frac{1}{2\xi_3}\cos\omega_3 t\right)$$

$$= \ddot{z}_1$$

5.5　连续弹性体的模态叠加法

5.5.1　梁的横向弯曲振动方程

设梁中性面的坐标为 x 轴,垂直于中性面的坐标为 z 轴。在梁的小挠度假设条件下,根据伯努利假设,当外载荷 p 作用在梁截面的对称平面内时,梁截面上距中性轴为 z 距离处的任何一点的水平位移 $u(x, t)$与中性轴上的挠度 $w(x, t)$ 的关系为

$$u(x,\ t) = -z\frac{\partial w(x,\ t)}{\partial x} \tag{5.5.1}$$

式中，$\frac{\partial w}{\partial x}$ 表示梁弯曲的转角。图 5.5.1 中因 z 轴向下为正，所示转角 $\frac{\partial w}{\partial x}$为正条件下，离中性轴距离以下的 z 为正时，其对应的水平位移 u 则为负值，所以该式中需加负号来表示。

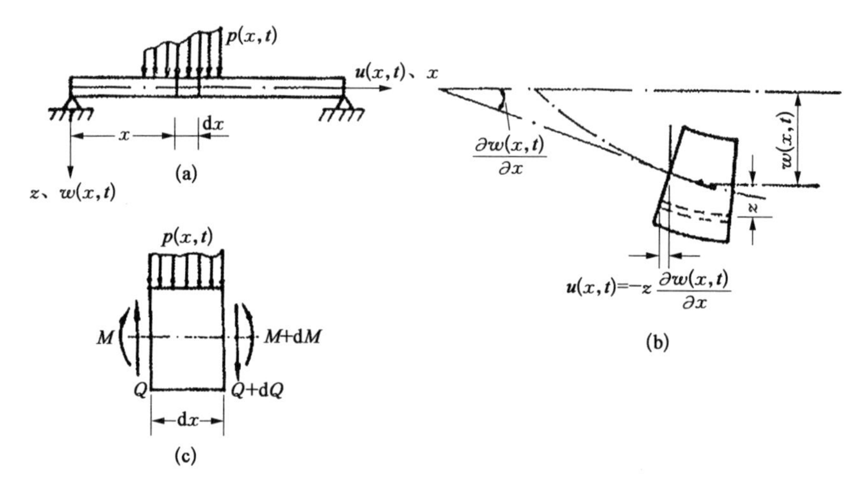

图 5.5.1　变形协调关系

x 方向的轴向应变 $\varepsilon_z(x,\ t)$ 表示为

$$\varepsilon_z(x,\ t) = \frac{\partial u}{\partial x} = -z\frac{\partial^2 w}{\partial x^2} \tag{5.5.2}$$

式中，$\frac{\partial^2 w}{\partial x^2}$ 表示在小位移 $w(x,\ t)$ 条件下梁弯曲变形的曲率，也就是轴向应变 ε_z 与曲率变化 $\frac{\partial^2 w}{\partial x^2}$ 成正比。根据材料胡克定律，梁截面上的法向正应力 $\sigma_z(x,\ t)$ 为

$$\sigma_z(x,\ t) = -E\varepsilon_z = -Ez\frac{\partial^2 w}{\partial x^2} \tag{5.5.3}$$

记梁截面上的轴向弯矩 $M(x, t)$ 与 σ_z 关系为

$$M(x, t) = \int_F \sigma_z z \mathrm{d}F = -E \frac{\partial^2 w}{\partial x^2} \int_F z^2 \mathrm{d}F = -EI \frac{\partial^2 w}{\partial x^2} \tag{5.5.4}$$

式中，$I = \int_F z^2 \mathrm{d}F$ 为梁截面上惯性矩，E 为梁材料的弹性模量。

另外，根据梁微元 $\mathrm{d}x$ 截面上力系平衡条件[见图 5.5.1(c)]得到

$$\begin{cases} \dfrac{\partial M}{\partial x} = Q \\ \dfrac{\partial Q}{\partial x} + p(x, t) = m \dfrac{\partial^2 w}{\partial x^2} = \rho A \dfrac{\partial^2 w}{\partial x^2} \end{cases} \tag{5.5.5}$$

式中，$p(x, t)$ 为梁单位长度上的线分布载荷，Q 为梁微元 $\mathrm{d}x$ 截面上的剪力，m 为梁单位长度的质量，ρ 为材料质量密度，$m = \rho A$，A 为梁截面的面积。

将上面两式合并后得

$$\frac{\partial^2}{\partial x^2}\left(EI \frac{\partial^2 w}{\partial x^2}\right) + m \frac{\partial^2 w}{\partial t^2} = p(x, t) \tag{5.5.6}$$

如等截面梁，惯性矩 I 为常数，因此有

$$(EI) \frac{\partial^4 w}{\partial x^4} + m \frac{\partial^2 w}{\partial t^2} = p(x, t) \tag{5.5.7}$$

这是一个对坐标 x 的 4 阶，对时间 t 为二阶的偏微分方程。

5.5.2　单跨梁的自由振动

作为梁的自由振动，设外载荷 $p(x, t) \equiv 0$，式(5.5.7)变为

$$(EI) \frac{\partial^4 w}{\partial x^4} + m \frac{\partial^2 w}{\partial t^2} = 0 \tag{5.5.8}$$

为求解偏微分方程式(5.5.8)，可应用分离变量法，假设

$$w(x, t) = \varphi(x) \cdot q(t) \tag{5.5.9}$$

代入式(5.5.8)后得

$$(EI)\frac{\partial^4\varphi(x)}{\partial x^4}\cdot q(t)+m\frac{\partial^2 q(t)}{\partial t^2}\cdot\varphi(x)=0$$

将 $\varphi(x)$ 和 $q(t)$ 分离后得

$$\left(\frac{EI}{m}\right)\frac{\partial^4\varphi(x)}{\partial x^4}/\varphi(x)=-\frac{\partial^2 q(t)}{\partial t^2}/q(t)=\omega^2 \tag{5.5.10}$$

如式(5.5.10)成立,只能是两边均等于一个常数,可以证明该常数为正,这里记为 ω^2, 则式(5.5.10)可分解为两个独立方程式:

$$\begin{cases}\dfrac{\mathrm{d}^2 q(t)}{\mathrm{d}t^2}+\omega^2 q(t)=0\\[2ex]\dfrac{\mathrm{d}^4\varphi(x)}{\mathrm{d}x^4}-\lambda^4\varphi(x)=0\end{cases} \tag{5.5.11}$$

其解 $q(t)$ 和 $\varphi(x)$ 为

$$\begin{cases}q(t)=A\sin(\omega t+\alpha)\\\varphi(x)=B\sin(\lambda x)+C\cos(\lambda x)+D\mathrm{sh}(\lambda x)+E\mathrm{ch}(\lambda x)\end{cases} \tag{5.5.12}$$

式中,A, α, B, C, D 和 E 为积分常数,由初始条件和梁的边界条件确定。由式(5.5.12)可知,ω 刚好是梁自由振动的固有圆频率,λ 为特征值,与 ω 的关系为

$$\lambda^4=\omega^2\left(\frac{m}{EI}\right) \tag{5.5.13}$$

梁在 $x=0$ 处的边界条件可设为如表 5.5.1 所示的 4 种支承。

表 5.5.1　支承的边界条件

边界支承条件	表 达 式	边界支承条件	表 达 式
挠度 $w=0$	$\varphi(0)=0$	弯矩 $M=0$	$\varphi''(0)=0$
转角 $\theta=0$	$\varphi'(0)=0$	剪力 $Q=0$	$\varphi'''(0)=0$

5.5.3　单跨梁弯曲振动的固有频率与振型

1）简支梁

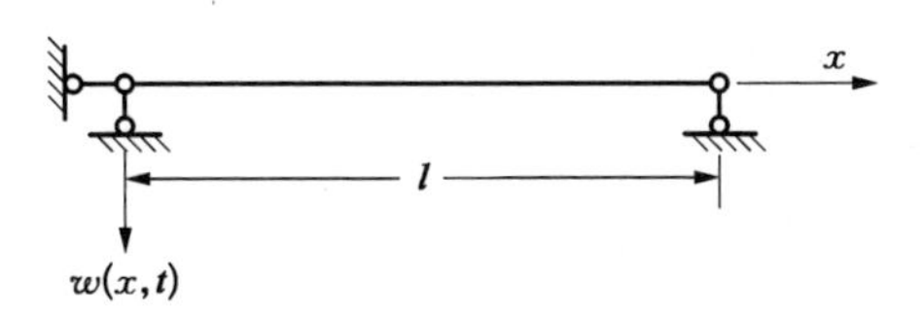

图 5.5.2　简支支承的梁

简支梁的边界条件为两端支承的挠度和弯矩为零（见图 5.5.2），即

$$\varphi(0)=\varphi'(0)=\varphi'(l)=\varphi''(l)=0 \tag{5.5.14}$$

将式（5.5.14）代入式（5.5.12）第 2 式，得齐次特征方程为

$$\begin{cases} C+E=0 \\ -\lambda^2 C+\lambda^2 E=0 \\ B\sin(\lambda l)+C\cos(\lambda l)+D\mathrm{sh}(\lambda l)+E\mathrm{ch}(\lambda l)=0 \\ -\lambda^2\sin(\lambda l)-\lambda^2\cos(\lambda l)+\lambda^2 D\mathrm{sh}(\lambda l)+\lambda^2 E\mathrm{ch}(\lambda l)=0 \end{cases} \tag{5.5.15}$$

求得前两式 $C=E=0$，后两式：

$$\begin{cases} B\sin(\lambda l)+D\mathrm{sh}(\lambda l)=0 \\ -B\sin(\lambda l)+D\mathrm{sh}(\lambda l)=0 \end{cases} \tag{5.5.16}$$

由于梁做自由振动，因此式（5.5.16）必须是方程的系数行列式为零，即

$$\begin{vmatrix} \sin(\lambda l) & \mathrm{sh}(\lambda l) \\ -\sin(\lambda l) & \mathrm{sh}(\lambda l) \end{vmatrix}=2\sin(\lambda l)\mathrm{sh}(\lambda l)=0$$

可得到

$$\sin(\lambda l)=0$$

求得

$$\lambda=\frac{i\pi}{l}\quad(i=1,2,3,\cdots)$$

由式(5.5.13)可求得梁的固有圆频率 ω_i 为

$$\omega_i^2 = \frac{i^4\pi^4}{l^4}\left(\frac{EI}{m}\right)$$

$$\omega_i = \frac{i^2\pi^2}{l^2}\sqrt{\frac{EI}{m}} \tag{5.5.17}$$

将 $\lambda = \frac{i\pi}{l}$ 代入式(5.5.16)后得到对应 ω_i 自由振动的振型 φ_i 为

$$\varphi_i(x) = B_i\sin(\lambda_i x) = B_i\sin\frac{i\pi x}{l} \quad (i = 1, 2, 3, \cdots) \tag{5.5.18}$$

在梁上任一点 x 以及在任一时刻 t 的挠度 $w_i(x, t)$ 为

$$w_i(x, t) = A_i\sin\frac{i\pi x}{l}\sin(\omega_i t + \alpha_i) \quad (i = 1, 2, 3, \cdots) \tag{5.5.19}$$

2）两端固支梁

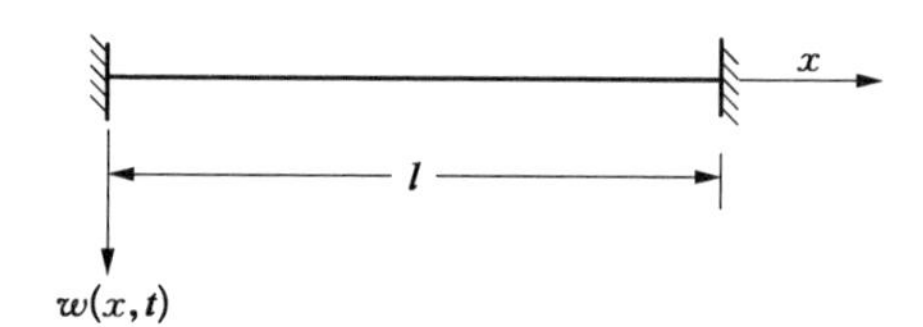

图 5.5.3　两端固支梁

其固支梁的边界条件(见图 5.5.3)为

$$\varphi(0) = \varphi'(0) = \varphi(l) = \varphi'(l) \tag{5.5.20}$$

由此得到齐次特征方程为

$$\begin{cases} C + E = 0 \\ B\lambda + D\lambda = 0 \\ B\sin(\lambda l) + C\cos(\lambda l) + D\mathrm{sh}(\lambda l) + E\mathrm{ch}(\lambda l) = 0 \\ B\lambda\cos(\lambda l) - C\lambda\sin(\lambda l) + D\lambda\mathrm{ch}(\lambda l) + E\lambda\mathrm{sh}(\lambda l) = 0 \end{cases} \tag{5.5.21}$$

式(5.5.21)如存在非零的特征值解,其系数行列式为零,即

$$\begin{vmatrix} 0 & 1 & 0 & 1 \\ \lambda & 0 & \lambda & 0 \\ \sin(\lambda l) & \cos(\lambda l) & \mathrm{sh}(\lambda l) & \mathrm{ch}(\lambda l) \\ \lambda\cos(\lambda l) & -\lambda\sin(\lambda l) & \lambda\mathrm{ch}(\lambda l) & \lambda\mathrm{sh}(\lambda l) \end{vmatrix} = 0$$

行列式展开后得特征方程为

$$\cos(\lambda l)\cdot\mathrm{ch}(\lambda l) = 1 \tag{5.5.22}$$

求解式(5.5.22)可用数值解法,第一特征值为 $\lambda l = 4.7300$, 后面各阶接近于 $\cos(\lambda l) = 0$ 的解,因此可近似表示为

$$\lambda_i l = \begin{cases} 4.7300 & i = 1 \\ \left(i + \dfrac{1}{2}\right)\pi & i = 2, 3, \cdots \end{cases} \tag{5.5.23}$$

将 $\lambda_i l$ 代入式(5.5.21),求得 B, C, D 和 E,然后代入式(5.5.12),得到两端固定梁的振型为

$$\varphi_i(x) = B_i\left[\frac{\sin(\lambda_i x) - \mathrm{sh}(\lambda_i x)}{\sin(\lambda_i l) - \mathrm{sh}(\lambda_i l)} - \frac{\cos(\lambda_i x) - \mathrm{ch}(\lambda_i x)}{\cos(\lambda_i l) - \mathrm{ch}(\lambda_i l)}\right] \tag{5.5.24}$$

3) 悬臂梁

悬臂梁的支承条件为一端固定,另一端自由(见图 5.5.4)。

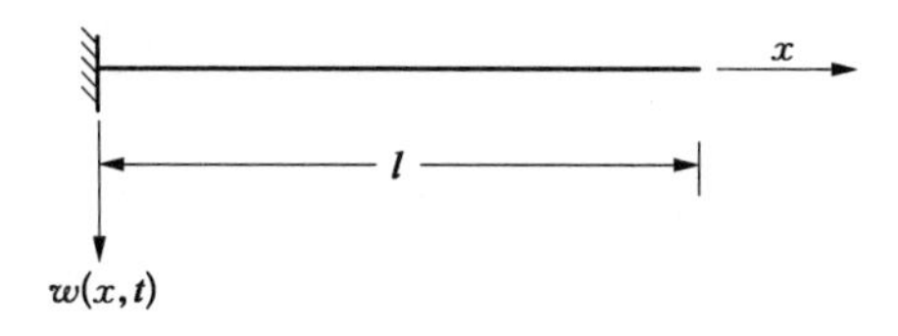

图 5.5.4　悬臂梁

$$\varphi(0) = \varphi'(0) = \varphi''(l) = \varphi'''(l) = 0 \tag{5.5.25}$$

同理可得到特征值方程为

$$\cos(\lambda l)\cdot \mathrm{ch}(\lambda l) = -1 \tag{5.5.26}$$

近似解为

$$\lambda_i l = \begin{cases} 1.875\,1 & i = 1 \\ \left(i - \dfrac{1}{2}\right)\pi & i = 2,\ 3,\ \cdots \end{cases} \tag{5.5.27}$$

相应的振型为

$$\varphi_i(x) = B_i\left[\frac{\sin(\lambda_i x) - \mathrm{sh}(\lambda_i x)}{\sin(\lambda_i l) + \mathrm{sh}(\lambda_i l)} - \frac{\cos(\lambda_i x) - \mathrm{ch}(\lambda_i x)}{\cos(\lambda_i l) + \mathrm{ch}(\lambda_i l)}\right] \tag{5.5.28}$$

对于其他的边界条件,也可以得到固有频率与振型,这里不再赘述。6 种不同边界条件下单跨梁的特征值 λ_i、振型 $\varphi_i(x)$ 及其 φ_i 的积分特性如表 5.5.2 所示。表中模态振型 $\varphi_i(x)$ 为

$$\varphi_i(x) = B\sin(\lambda_i x) + C\cos(\lambda_i x) + D\mathrm{sh}(\lambda_i x) + E\mathrm{ch}(\lambda_i x) \tag{5.5.29}$$

正则化的标准振型定义为

$$\frac{1}{l}\int_0^l [\varphi_i(x)]^2 \mathrm{d}x = 0.5 \tag{5.5.30}$$

5.5.4 振型函数的性质

1）不同固有圆频率的振型正交性

对梁的自由振动而言,由于没有外部载荷,只有惯性载荷 $m\omega_i^2\varphi_i(x)$。因此与 5.4 节多自由度振动系统中的振型是否具有相同的正交性质。根据麦克斯韦位移与力的交互定理,可以认为 i 和 j 两个不同的振型下的惯性力相等。

$$m\omega_i^2\int_0^l \varphi_i(x)\varphi_j(x)\mathrm{d}x = m\omega_j^2\int_0^l \varphi_j(x)\varphi_i(x)\mathrm{d}x \tag{5.5.31}$$

表 5.5.2　单跨梁自由振动的动态特性

支承条件（特征方程）	$\varphi_i(x) = B\sin(\lambda_i x) + C\cos(\lambda_i x) + D\mathrm{sh}(\lambda_i x) + E\mathrm{ch}(\lambda_i x)$						$J_i = \dfrac{-l^2\int_0^l \varphi_i''\varphi_i \mathrm{d}x}{\int_0^l \varphi_i^2 \mathrm{d}x}$
	i	$\lambda_i l$	B	C	D	E	
$\sin(\lambda l) = 0$	1	3.141 6	1.000 0	0	0	0	9.87
	2	6.283 2	1.000 0	0	0	0	39.48
	3	9.424 8	1.000 0	0	0	0	83.83
	4	15.566 4	1.000 0	0	0	0	157.91
$\cos(\lambda l)\mathrm{ch}(\lambda l) = 1$	1	4.730 0	0.694 7	−0.707 1	−0.694 7	0.707 1	12.33
	2	7.853 2	0.707 7	−0.707 1	−0.707 7	0.707 1	46.01
	3	10.995 6	0.706 9	−0.707 1	−0.706 9	0.707 1	98.92
	4	14.137 2	0.707 1	−0.707 1	−0.707 1	0.707 1	171.58
$\tan(\lambda l) = \tanh(\lambda l)$	1	3.926 6	1.000	0	0.027 89	0	11.16
	2	7.068 6	1.000	0	−0.001 20	0	42.82
	3	10.210 2	1.000	0	0.000 052	0	98.03
	4	13.351 8	1.000	0	−0.000 003 2	0	164.92

（续表）

支承条件（特征方程）	$\varphi_i(x) = B\sin(\lambda_i x) + C\cos(\lambda_i x) + D\mathrm{sh}(\lambda_i x) + E\mathrm{ch}(\lambda_i x)$						$J_i = \dfrac{-l^2\int_0^l \varphi_i''\varphi_i \mathrm{d}x}{\int_0^l \varphi_i^2 \mathrm{d}x}$
	i	$\lambda_i l$	B	C	D	E	
$\cos(\lambda l)\mathrm{ch}(\lambda l) = -1$	1	1.875 1	0.519 1	−0.707 1	−0.519 1	0.707 1	0.846
	2	4.694 1	0.720 2	−0.707 1	−0.720 2	0.707 1	13.24
	3	7.854 8	0.706 6	−0.707 1	−0.706 6	0.707 1	45.01
	4	10.995 5	0.707 1	−0.707 1	−0.707 1	0.707 1	99.03
$\tan(\lambda l) = \tanh(\lambda l)$	1	3.926 6	1.000 0	0	−0.027 89	0	11.52
	2	7.068 6	1.000 0	0	0.001 20	0	42.94
	3	10.210 2	1.000 0	0	−0.000 052	0	94.42
	4	13.351 8	1.000 0	0	0.000 003 2	0	164.60
$\cos(\lambda l)\mathrm{ch}(\lambda l) = 1$	1	4.730 0	0.694 7	−0.707 1	0.694 7	−0.707 1	12.48
	2	7.853 2	0.707 7	−0.707 1	0.707 7	−0.707 1	46.02
	3	10.995 6	0.706 9	−0.707 1	0.706 9	−0.707 1	98.83
	4	14.137 2	0.707 1	−0.707 1	0.707 1	−0.707 1	171.91

得到

$$(\omega_i^2 - \omega_j^2)\int_0^l \varphi_i(x)\varphi_j(x)\,\mathrm{d}x = 0 \tag{5.5.32}$$

由于 ω_i 不可能等于 ω_j，因此可得到在 $i \neq j$ 条件下的关系为

$$\int_0^l \varphi_i(x)\varphi_j(x)\,\mathrm{d}x = 0 \quad (i \neq j) \tag{5.5.33}$$

另外，应用分部积分原理推导关系式：

$$\begin{aligned}\int_0^l \varphi_i''(x)\varphi_j''(x)\,\mathrm{d}x &= \varphi_i''(x)\varphi_j'(x)\Big|_0^l - \int_0^l \varphi_i'''(x)\varphi_j'(x)\,\mathrm{d}x \\ &= \varphi_i''(x)\varphi_j'(x)\Big|_0^l - \varphi_i'''(x)\varphi_i(x)\Big|_0^l + \int_0^l \varphi_i^{IV}(x)\varphi_j(x)\,\mathrm{d}x\end{aligned} \tag{5.5.34}$$

将方程式(5.5.11)中 φ_i^{IV} 代入式(5.5.34)后得到

$$\int_0^l \varphi_i''(x)\varphi_j''(x)\,\mathrm{d}x = [\varphi_i''(x)\varphi_j'(x) - \varphi_i'''(x)\varphi_j(x)]_0^l + \lambda_i^4\int_0^l \varphi_i(x)\varphi_j(x)\,\mathrm{d}x \tag{5.5.35}$$

前两项对梁在 $x = 0, 1$ 处边界条件除弹性约束外均等于零，把式(5.5.33)代入式(5.5.35)后可得到在 $i \neq j$ 条件下的关系为

$$\int_0^l \varphi_i''(x)\varphi_j''(x)\,\mathrm{d}x = 0 \tag{5.5.36}$$

2）振型平方的积分

由式(5.5.11)可知振型 $\varphi_i(x)$ 满足方程：

$$\varphi_i^{IV}(x) - \lambda_i^4\varphi_i(x) = 0 \tag{5.5.37}$$

将上式同乘 $\varphi_i(x)$ 后沿梁长积分可得到

$$\int_0^l \varphi_i^{IV}(x)\varphi_i(x)\,\mathrm{d}x = \lambda_i^4\int_0^l [\varphi_i(x)]^2\mathrm{d}x \tag{5.5.38}$$

上式左边进行分部积分后得

$$\int_0^l \varphi_i^{IV}(x)\varphi_i(x)\,\mathrm{d}x = \int \varphi_i(x)\,\mathrm{d}\varphi_i'''(x)$$

$$= [\varphi_i(x)\varphi_i'''(x) - \varphi_i'(x)\varphi_i''(x)]_0^l + \int_0^l [\varphi_i''(x)]^2\mathrm{d}x$$

$$= \lambda_i^4\int_0^l [\varphi_i(x)]^2\mathrm{d}x \tag{5.5.39}$$

同样，对梁在 $x = 0$，1 处边界条件下，除弹性约束外均等于零，则上式变为

$$\int_0^l [\varphi_i''(x)]^2\mathrm{d}x = \lambda_i^4\int_0^l [\varphi_i(x)]^2\mathrm{d}x \tag{5.5.40}$$

$$\int_0^l [\varphi_i''(x)]^2\mathrm{d}x = [\varphi_i''(x)x - 2\varphi_i'(x)\varphi_i'''(x)x]_0^l + 2\lambda_i^4\int_0^l \varphi_i'(x)\varphi_i(x)\,\mathrm{d}x + 2[\varphi_i'(x)\varphi_i''(x)]_0^l - 2\int_0^l [\varphi_i''(x)]^2\mathrm{d}x$$

将式(5.5.40)代入上式后得

$$3\lambda_i^4\int_0^l [\varphi_i(x)]^2\mathrm{d}x = \{[\varphi_i''(x)]^2x - 2\varphi_i'(x)\varphi_i'''(x)x\}_0^l + 2\lambda_i^4\int_0^l \varphi_i'(x)\varphi_i(x)\,\mathrm{d}x \tag{5.5.41}$$

式(5.5.41)中积分为

$$2\lambda_i^4\int_0^l \varphi_i'(x)\varphi_i(x)\,\mathrm{d}x = \lambda_i^4[\varphi_i^2(x)x]_0^l - \lambda_i^4\int [\varphi_i(x)]^2\mathrm{d}x$$

将上式代入式(5.5.41)后得

$$\int_0^l \varphi_i^2(x)\,\mathrm{d}x = \frac{1}{4\lambda_i^4}\{[\varphi_i''(x)]^2x - 2\varphi_i'(x)\varphi_i''(x) + \lambda_i^4[\varphi_i(x)]^2x - 2\varphi_i'(x)\varphi_i'''(x)x\}_0^l \tag{5.5.42}$$

3）积分 $\int_0^l [\varphi_i'(x)]^2\mathrm{d}x$

对式(5.5.37)两边同乘 $\varphi_i''(x)$ 后沿梁长积分可得到

$$\int_0^l \varphi_i^{IV}(x)\varphi_i''(x)\,\mathrm{d}x = \lambda_i^4\int_0^l \varphi_i(x)\varphi_i''(x)\,\mathrm{d}x \tag{5.5.43}$$

分别对方程的左右进行分部积分，整理后可得到下面两个积分：

$$
\begin{cases}
\int_0^l [\varphi_i'(x)]^2 \mathrm{d}x = \dfrac{1}{4\lambda_i^4}\{3\lambda_i^4\varphi_i(x)\varphi_i'(x) - \varphi_i''(x)\varphi_i'''(x) + \\
\qquad x[\varphi_i'''(x)]^2 - 2\lambda_i^4 x\varphi_i(x)\varphi_i''(x) + \lambda_i^4 x[\varphi_i'(x)]^2\}_0^l \\
\int_0^l \varphi_i''(x)\varphi_i(x)\mathrm{d}x = \dfrac{1}{4\lambda_i^4}\{\lambda_i^4\varphi_i(x)\varphi_i'(x) + \varphi_i''(x)\varphi_i'''(x) + \\
\qquad 2\lambda_i^4 x\varphi_i(x)\varphi_i''(x) - \lambda_i^4 x[\varphi_i'(x)]^2 - x[\varphi_i'''(x)]^2\}_0^l
\end{cases}
\tag{5.5.44}
$$

5.5.5　梁振型中的模态质量与模态刚度

按式(5.2.17)的定义，当模态 $i=j$ 时，由于模态的正交性质，可同样得到第 i 阶的模态质量和模态刚度。

$$
\begin{cases}
M_i = m\int_0^l [\varphi_i(x)]^2 \mathrm{d}x = \rho A\int_0^l [\varphi_i(x)]^2 \mathrm{d}x \\
K_i = \lambda_i^4 EI\int_0^l [\varphi_i(x)]^2 \mathrm{d}x
\end{cases}
\tag{5.5.45}
$$

满足式(5.5.11)中的第 i 阶模态坐标 q_i 的单自由度振动方程。

$$
M_i\ddot{q}_i(t) + K_i q_i = 0 \quad (i = 1, 2, 3, \cdots) \tag{5.5.46}
$$

由此也可表示为

$$
\ddot{q}_i(t) + \omega_i^2 q_i = 0
$$

式中，$\omega_i^2 = \dfrac{K_i}{M_i} = \lambda_i^4\left(\dfrac{EI}{m}\right) = \lambda_i^4\left(\dfrac{EI}{\rho A}\right) \quad (i = 1, 2, 3, \cdots)$

如果采用模态质量归一化，设 M_i = 常数 = 1(kg)时，则模态质量 M_i 称为模态广义质量，将 $M_i = 1$ 代入式(5.5.45)可得到

$$
M_i = m\int_0^l [\varphi_i(x)]^2 \mathrm{d}x = \rho A\int_0^l [\varphi_i(x)]^2 \mathrm{d}x = 1
$$

由此求得的振型函数 $\varphi_i(x)$ 为

$$\frac{1}{l}\int_0^l[\varphi_i(x)]^2\mathrm{d}x=\frac{M_i}{ml}=\frac{1}{\rho Al} \tag{5.5.47}$$

在对表 5.5.2 计算中采用正则化标准振型的取法,其定义为

$$\frac{1}{l}\int_0^l[\varphi_i(x)]^2\mathrm{d}x=0.5 \tag{5.5.48}$$

由式(5.5.48)和式(5.5.42)可求得归一化振型函数 $\varphi_i(x)$ 中的积分常数。

表 5.5.2 最后一列的振型积分 J_i 值由式(5.5.42)和式(5.5.44)计算得到

$$J_i=\frac{-l^2\int_0^l[\varphi_i''(x)\varphi_i(x)]\mathrm{d}x}{\int_0^l[\varphi_i(x)]^2\mathrm{d}x} \tag{5.5.49}$$

根据表 5.5.2 计算结果,对应 6 种不同边界条件单跨梁自由振动前 4 阶固有圆频率的振型图如图 5.5.5 所示。从振型图可明显看出,每阶振型在梁上的节点数随振型数+1 的规律而递增。

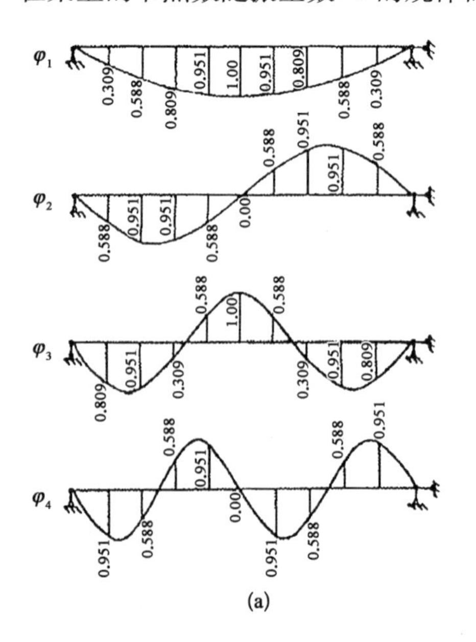

(a)

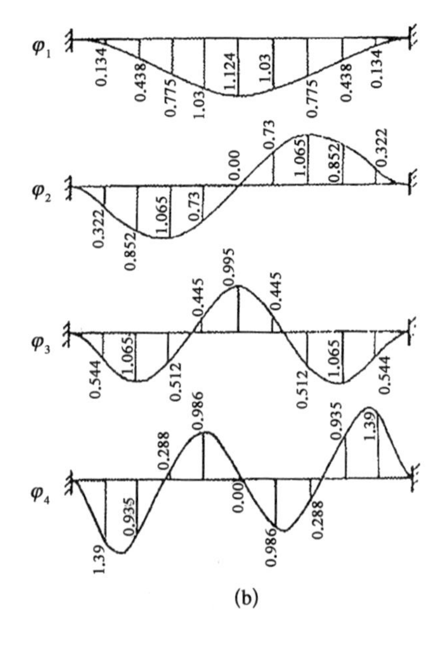

(b)

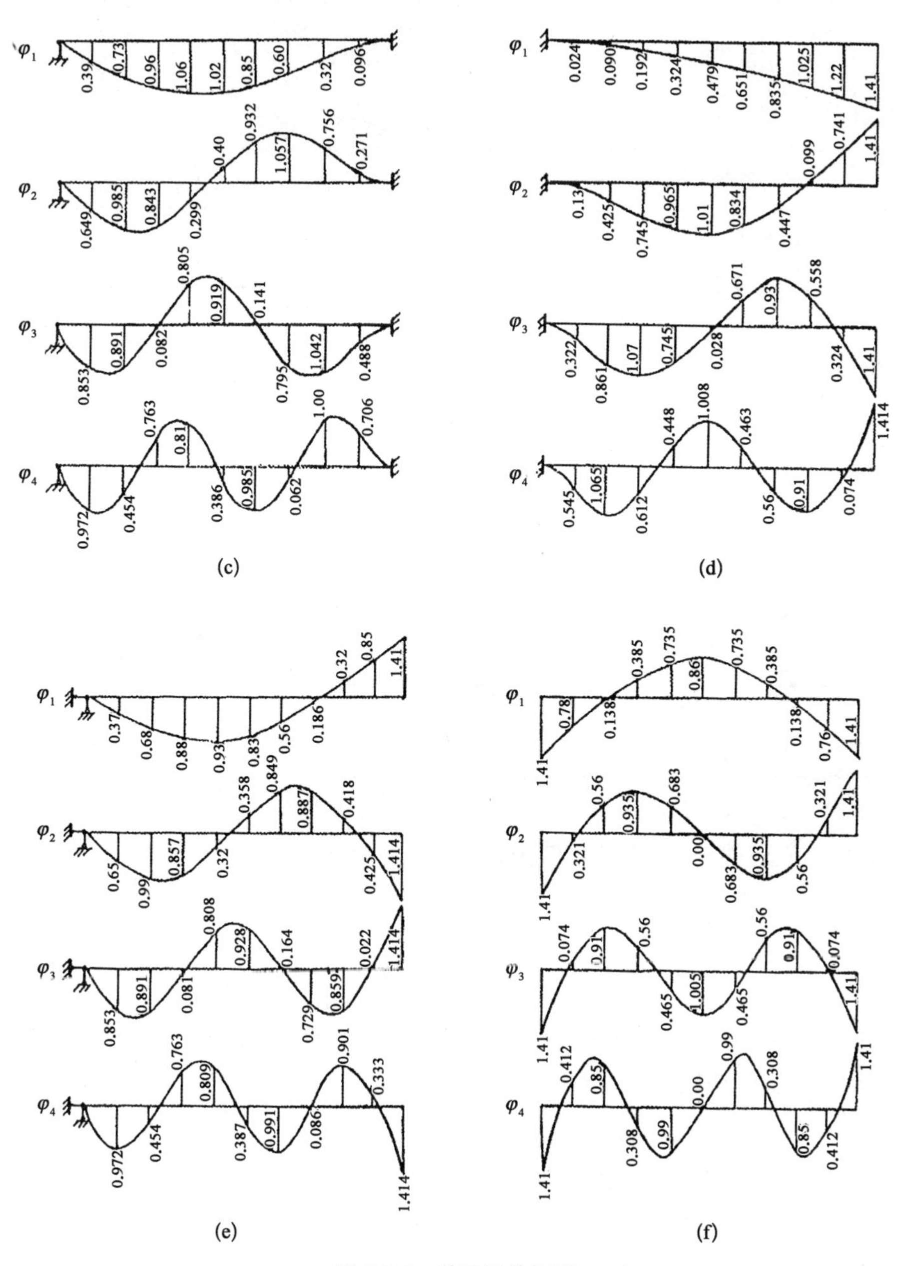

图 5.5.5　单跨梁的振型

(a) 两端简支梁振型;(b) 两端固定梁振型;(c) 一端简支,一端固定梁振型;
(d) 悬臂梁振型;(e) 一端简支,一端自由梁振型;(f) 两端自由梁振型

表 5.5.3 列出了 6 种不同边界条件单跨梁对应前 3 阶节点的位置，该节点的位置是距 $x=0$ 的距离 x 除以梁长 l，即 $\xi = x/l$。

表 5.5.3　梁振型节点位置的 ξ 值

支 承 条 件	$i=1$	$i=2$	$i=3$
	无	0.5	1/3 2/3
	无	0.5	0.359 0.641
	无	0.443	0.308 0.614
	无	0.774	0.500 0.868
	0.736	0.446 0.853	0.308 0.617 0.998
	0.224 0.776	0.132 0.500 0.868	0.094 3 0.356 0.644 0.906

5.5.6　多跨简支梁的弯曲自由振动

1）单跨简支梁在支承处弯矩作用下的振型

假设多跨梁的支持均为简支条件，如图 5.5.6（a）和（b）所示，相邻两跨的支承上作用着数值相等、方向相反的弯矩，其中梁的一端作用弯矩 $M_{\nu-1}\sin\omega t$，在梁的另一端作用弯矩 $M_{\nu}\sin\omega t$。

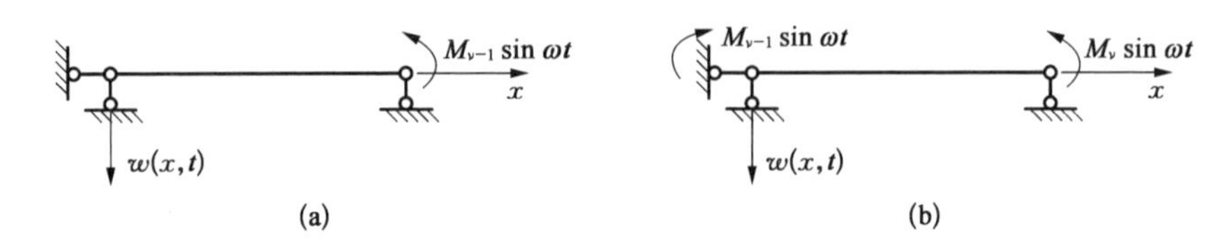

图 5.5.6　相邻两跨力矩平衡

由于梁上无其他干扰力，因此梁弯曲振动满足振型 $\varphi(x)$ 方程：

$$\varphi^{IV}(x) - \lambda^4 \varphi(x) = 0 \tag{5.5.50}$$

其解为

$$\varphi(x) = B\sin(\lambda x) + C\cos(\lambda x) + D\mathrm{sh}(\lambda x) + E\mathrm{ch}(\lambda x) \tag{5.5.51}$$

式中, λ 与式(5.5.13)相同。

考虑图 5.5.6(a)的简支边界条件,应用简支支承弯矩的条件,可列出边界条件为

$$\begin{cases} x = 0 \quad \varphi(0) = \varphi''(0) = 0 \\ x = l \quad \varphi(l) = 0 \quad \varphi''(l) = -\dfrac{M_{\nu-1}}{EI} \end{cases} \tag{5.5.52}$$

代入式(5.5.51)后得到

$$\varphi(x) = \left(\frac{M_{\nu-1}}{2EI\lambda^2}\right)\left[\frac{\sin(\lambda x)}{\sin(\lambda l)} - \frac{\mathrm{sh}(\lambda x)}{\mathrm{sh}(\lambda l)}\right] \tag{5.5.53}$$

同理,考虑图 5.5.6(b)的简支边界条件,可求得该梁上的振型为

$$\varphi(x) = \frac{1}{2EI\lambda^2}\left\{\left[\frac{-M_{\nu-1}\cos(\lambda l) + M_\nu}{\sin(\lambda l)}\right]\sin(\lambda x) + \left[\frac{M_{\nu-1}\mathrm{ch}(\lambda l) - M_\nu}{\mathrm{sh}(\lambda l)}\right]\mathrm{sh}(\lambda x) + M_{\nu-1}\cos(\lambda x) - M_\nu \mathrm{ch}(\lambda x)\right\} \tag{5.5.54}$$

2）三弯矩方程

根据式(5.5.53)和式(5.5.54),可以得到连续梁自由振动的三弯矩方程。假定限于等截面等跨连续梁,所有 ν 支承上的弯矩 M_ν,由相邻两跨 ν 支承上的转角相等条件(见图 5.5.7)可求得

$$\left[\frac{-M_{\nu-1}\cos(\lambda l)+M_\nu}{\sin(\lambda l)}\cos(\lambda l)+\frac{M_{\nu-1}\mathrm{ch}(\lambda l)-M_\nu}{\mathrm{sh}(\lambda l)}\mathrm{ch}(\lambda l)-M_{\nu-1}\sin(\lambda l)-M_{\nu-1}\mathrm{sh}(\lambda l)\right]$$

$$= \left[\frac{-M_{\nu-1}\cos(\lambda l) + M_{\nu+1}}{\sin(\lambda l)} + \frac{M_\nu \mathrm{ch}(\lambda l) - M_{\nu+1}}{\mathrm{sh}(\lambda l)}\right]$$

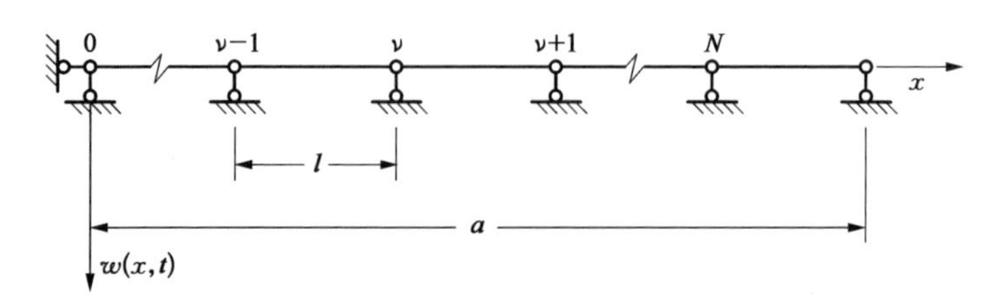

图 5.5.7　连续梁支承标志号

整理后可得到连续梁自由振动的三弯矩方程为

$$\psi M_{\nu-1} + 4\theta M_{\nu} + \psi M_{\nu+1} = 0 \tag{5.5.55}$$

式中,

$$\psi = \frac{3}{\lambda l}\left[\frac{1}{\sin(\lambda l)} - \frac{1}{\mathrm{sh}(\lambda l)}\right]$$

$$\theta = \frac{3}{2\lambda l}[\coth(\lambda l) - \cot(\lambda l)]$$

该方程表示了连续梁上每一个中间 ν 支承,都包含前 $(\nu-1)$ 和后 $(\nu+1)$ 两支承在内的 M_{ν}, $M_{\nu-1}$, $M_{\nu+1}$ 3 个弯矩。对于两端简支的连续梁,则可表示为 N 个线性代数方程。

$$\begin{cases} 4\theta M_1 + \psi M_2 = 0 \\ \psi M_1 + 4\theta M_2 + \psi M_3 = 0 \\ \psi M_2 + 4\theta M_3 + \psi M_4 = 0 \\ \qquad\vdots \\ \psi M_{N-1} + 4\theta M_N = 0 \end{cases} \tag{5.5.56}$$

式中,N 表示连续梁除两端处在中间的支座数,如两跨梁 $N=1$; 三跨梁 $N=2$……

3) 连续梁的自振圆频率求解

对方程式(5.5.56)的非零解为代数方程式的系数行列式等于零,即

$$\begin{vmatrix} 4\theta & \psi & 0 & & \cdots & & 0 \\ \psi & 4\theta & \psi & & \cdots & & 0 \\ 0 & \psi & 4\theta & \psi & \cdots & & 0 \\ \vdots & \vdots & \vdots & \vdots & & & \vdots \\ 0 & & & \cdots & \psi & 4\theta & \psi \\ 0 & & & \cdots & 0 & \psi & 4\theta \end{vmatrix} = 0 \tag{5.5.57}$$

将行列式(5.5.57)展开后,可得出特征值 λ 的特征方程,便可求得 λ_i ($i=1, 2, 3, \cdots$),再由式(5.5.13)求得自振圆频率 ω_i,表 5.5.4 列出了 1~10跨的连续梁,最高为20阶的固有圆频率比值。其中对所有跨数的第 1 阶固有圆频率 ω_1 均设为 $\omega_1=1$,其余 $i \geqslant 2$ 的各阶 ω_i 均为对 ω_1 的比值 (ω_i/ω_1)。从表中结果可清楚观察到以下现象。

(1) 单跨简支梁第 1 阶 $\omega_1 = 1$,第 2、第 3、第 4 阶以 $\omega_i = 4$, 9 和 16…(i^2) 递增,且不存在频率密集区。

(2) 多跨连续梁则不同,对应自振圆频率 1~4 之间还存在接近 1 的共振圆频率,称为第 1 频率密集区。在 4~9 之间存在接近 4 的共振圆频率,称为第 2 频率密集区。

(3) 如果多跨连续梁各跨的跨长、刚度和质量相同,则对某个多跨梁每个密集区中相接近的共振圆频率数是相等的,且恰好等于该连续梁的跨数。

(4) 每个密集区内所对应的频率范围基本上趋于恒定值,如第 1 密集区的频率范围从 1.00~2.220 1,第 2 密集区的频率范围从 4.00~6.172 7。且随着跨数的增加其范围趋于恒值。

(5) 随着跨数 N 的增加,每个密集区内共振频率之间的间隔愈小,即邻近频率愈接近。如以 10 跨梁为例,(ω_2/ω_1) 之比仅为 1.040 4,(ω_3/ω_1) 为 1.102 5,也就是说跨数愈多,其密集区内的频率显得愈密集。

4) 连续梁的振型 $\varphi_i(x)$ 求解

将特征值 λ_i 代入方程式(5.5.55)可计算出 θ 和 ψ。再将 θ 和 ψ 代入式(5.5.56),可得到连续梁按某 i 阶共振圆频率 ω_i 下的支承弯矩比例值,

表 5.5.4　多跨梁的自振圆频率比值

阶数 i	总跨数									
	1	2	3	4	5	6	7	8	9	10
1	1.00	1.00	1.00	1.00	1.00	1.00	1.00	1.00	1.00	1.00
2	4.00	1.562 5	1.276 9	1.166 4	1.102 5	1.081 6	1.060 9	1.040 4	1.040 4	1.040 4
3		4.00	1.876 9	1.562 5	1.392 4	1.276 9	1.210 0	1.166 4	1.123 6	1.102 5
4		5.062 5	4.00	2.016 4	1.742 4	1.562 5	1.440 0	1.345 6	1.276 9	1.232 1
5			4.558	4.00	2.102 5	1.876 9	1.690 0	1.562 5	1.464 1	1.392 4
6			5.592 8	4.341 0	4.00	2.131 6	1.960 0	1.795 6	1.664 1	1.562 5
7				5.062 5	4.228 4	4.00	2.160 9	2.016 4	1.876 9	1.742 4
8				5.839 5	4.752 4	4.162 8	4.00	2.190 4	2.073 6	1.932 1
9					5.382 4	4.558 7	4.121 7	4.00	2.220 1	5.102 5
10					5.939 0	5.062 5	4.430 2	4.094 6	4.00	2.220 1
11						5.592 8	4.839 1	4.341 0	4.075 1	4.00
12						6.049 6	5.290 9	4.678 1	4.276 2	4.061 4
13							5.737 0	5.062 5	4.558 7	4.228 4
14							6.099 4	5.462 0	4.888 1	4.467 7
15								5.839 5	5.239 8	4.752 4
16								6.132 6	5.592 8	5.062 5
17									5.914 7	5.382 4
18									6.155 9	5.694 4
19										5.825 9
20										6.172 7

再将这些支承弯矩的比例值代入式(5.5.53)和式(5.5.54)中,就可最终得到连续梁各跨上的振型曲线。

与单跨梁相同,连续梁振型函数 $\varphi_i(x)$ 也具有正交性质。同理可证明,两个积分 $\int_0^a [\varphi_i(x)]^2 \mathrm{d}x$ 和 $\int_0^a \varphi_i''(x)\varphi_i(x)\mathrm{d}x$ 是对每跨在跨长 l 区间之内的积分之和。

附录 F 列出了 2~10 跨连续梁中前两个密集区处的振型曲线 $\varphi_i(x)$,

这些曲线均为经过加权处理后的标准振型曲线,即满足

$$\begin{cases} \dfrac{1}{a}\displaystyle\int_0^a [\varphi_i(x)]^2 \mathrm{d}x = 0.5 \\ J_i = \dfrac{-a^2\displaystyle\int_0^a \varphi_i''(x)\varphi_i(x)\mathrm{d}x}{\displaystyle\int_0^a [\varphi_i(x)]^2\mathrm{d}x} \end{cases} \quad (i = 1,\ 2,\ 3,\ \cdots) \tag{5.5.58}$$

从多跨梁的振型分布曲线可清楚看出:

(1) 每组密集区的第 1 个共振频率与振型与无密集区单跨梁的完全相同,例如 5 跨梁的 (ω_1, φ_1), (ω_6, φ_6) 与单跨梁的 (ω_1, φ_1), (ω_2, φ_2) 相同。

(2) 在每个密集区中的振型的节点数仍按($i-1$)规律递增。这里要注意: 如在支承处振型曲线的斜率 $\varphi_i'(x) = 0$(即曲率发生改变)时需认为是节点。

(3) 只有在每个密集区第 1 个共振频率所对应的振型在每跨上最大振幅是完全相等的,如 5 跨梁中 φ_1 和 φ_6、10 跨梁中 φ_1 与 φ_{11} 的最大振幅均设定为 1.00。

5.5.7　梁的强迫振动

1) 强迫振动模态方程与解

设单跨梁的刚度为均布 EI,单位长度质量也为均布 ρA,跨长为 L,截面积为 A。在梁的强迫振动下还需考虑材料阻尼效应,设内阻尼与应变速率 $\dfrac{\partial \varepsilon_z}{\partial t}$ 成正比,即梁的轴向应力式(5.5.3)可转化为

$$\sigma_z = -E\left(\varepsilon_z + C\frac{\partial \varepsilon_z}{\partial t}\right) = -Ez\left(\frac{\partial^2 w}{\partial x^2} + C\frac{\partial^2 w}{\partial x^2 \partial t}\right) \tag{5.5.59}$$

梁的振动方程式(5.5.7)则变为

$$(EI)\frac{\partial^4 w}{\partial x^4} + (EIC)\frac{\partial^5 w}{\partial x^4 \partial t} + m\frac{\partial^2 w}{\partial t^2} = p(x)f(t) \tag{5.5.60}$$

方程中 $p(x)$ 为外载 $f(t)$ 的沿梁长 x 上的无量纲分布函数，$f(t)$ 为作用在梁上的单位长度分布力（N/m）。

仍同式（5.5.9），将位移 $w(x, t)$ 采用振型分离方法作分离：

$$w(x, t) = \sum_{i=1}^{n} \varphi_i(x) q_i(t) \quad (i = 1, 2, 3, \cdots, n) \tag{5.5.61}$$

式中，$\varphi_i(x)$ 为梁的第 i 个模态振型函数，$q_i(t)$ 为主坐标。将式（5.5.61）直接代入式（5.5.60），方程两边左乘振型函数 $\varphi_j(x)$ 并对梁长 $0\sim l$ 积分。则得

$$EI\int_0^l \varphi_j(x) \sum_{i=1}^{n} \varphi_i^{IV}(x)[q_i(t) + C\dot{q}_i(t)]\mathrm{d}x + \rho A\int_0^l \varphi_j(x) \sum_{i=1}^{n} [\varphi_i(x)\ddot{q}_i(t)]\mathrm{d}x$$
$$= \int_0^l p(x)\varphi_j(x) f(t)\mathrm{d}x \tag{5.5.62}$$

根据 5.5.4 节振型函数 $\varphi_i(x)$ 的正交性质，由式（5.5.45）可知：

$$\rho A\int_0^l \varphi_j(x)\varphi_i(x)\mathrm{d}x = \begin{cases} 0 & i \neq j \\ M_j & i = j \end{cases} \tag{5.5.63}$$

$$EI\int_0^l \varphi_j(x)\varphi_i^{IV}(x)\mathrm{d}x = \lambda_i^4(EI)\int \varphi_j(x)\varphi_i(x)\mathrm{d}x = \begin{cases} 0 & i \neq j \\ K_j & i = j \end{cases} \tag{5.5.64}$$

$$EIC\int_0^l \varphi_j(x)\varphi_i^{IV}(x)\mathrm{d}x = \lambda_i^4(EIC)\int \varphi_j(x)\varphi_i(x)\mathrm{d}x = \begin{cases} 0 & i \neq j \\ C_j & i = j \end{cases} \tag{5.5.65}$$

式中，M_j，K_j 和 C_j 均定义为第 j 阶的模态质量、模态刚度和模态阻尼，代入式（5.5.62）后得到第 j 个模态独立的单自由度振动方程为

$$M_j\ddot{q}_j(t) + C_j\dot{q}_j(t) + K_j q_j = P_j(t) \tag{5.5.66}$$

将 $\omega_j^2 = \dfrac{K_j}{M_j} = \lambda_j^4\left(\dfrac{EI}{\rho A}\right)$，$\xi_j = \dfrac{C_j}{2\omega_j M_j} = \dfrac{C_j}{2\sqrt{K_i M_i}}$ 分别代入标准单自由度振

动方程得

$$\ddot{q}_j(t) + 2\xi_j\omega_j\dot{q}_j(t) + \omega_j^2 q_j = \frac{P_j(t)}{M_j} \tag{5.5.67}$$

这里,模态质量、模态刚度、模态阻尼与模态力分别由梁振型函数 $\varphi_j(x)$ 求得

$$\begin{cases} M_j = \rho A\int_0^l [\varphi_j(x)]^2 \mathrm{d}x \\ K_j = \lambda_i^4(EI)\int_0^l [\varphi_j(x)]^2 \mathrm{d}x = \omega_j^2(\rho A)\int_0^l [\varphi_j(x)]^2 \mathrm{d}x \\ C_j = \lambda_i^4(EIC)\int_0^l [\varphi_j(x)]^2 \mathrm{d}x = \omega_j^2(\rho AC)\int_0^l [\varphi_j(x)]^2 \mathrm{d}x \\ P_j = \left[\int_0^l [p(x)\varphi_j(x)]\mathrm{d}x\right] f(t) \end{cases} \tag{5.5.68}$$

注意式(5.5.66)是针对外力 $p(x, t)$ 直接作用在梁截面上,如果梁支承处有地震位移(或加速度)波形输入时,需要采用图 5.4.1 中关于地震基础输入的等效分析方法,即用 $[-M_j\ddot{x}_j(t)]$ 替代式(5.5.66)中的 $P_j(t)$。则模态正则方程式(5.5.67)改为类似式(5.4.6)的形式,由于假设各支承处的输入加速度 $\ddot{x}(t)$ 是相同的,在梁上各点的输入加速度与位置 x 无关,因此分布函数 $p(x) = 1$。这时模态振动方程为

$$\ddot{q}_j(t) + 2\xi_j\omega_j\dot{q}_j(t) + \omega_j^2 q_j = -\ddot{x}_j(t) = -\eta_j\ddot{x}(t) \tag{5.5.69}$$

式中,$\ddot{x}_j(t)$ 为等效输入加速度,η_j 为振型参与系数。

$$\eta_j = \frac{\int_0^l \varphi_j(x)\mathrm{d}x}{\int_0^l [\varphi_j(x)]^2 \mathrm{d}x}$$

这里 $q_j(t)$ 是梁相对于基础支承运动 $x_j(t)$ 的位移,而梁的各位置上的绝对加速度 $\ddot{q}_{zj}(t)$ 应类似 5.4.4 节方法求得

$$\ddot{q}_{zj}(t) = -2\xi_j\omega_j\dot{q}_{yj}(t) - \omega_j^2 q_{yj}(t) \tag{5.5.70}$$

式中，$\ddot{q}_{zj}(t)$ 为第 j 阶模态振型下的输出绝对加速度，$q_{yj}(t)$ 和 $\dot{q}_{yj}(t)$ 则为第 j 个模态振型下的输出相对于基础 $x_j(t)$ 的位移与速度，即等于方程式(5.5.69)中的 $q_j(t)$ 的脚标改为 yj。

则梁上各坐标点 x 上输出总的相对位移 $w(x, t)$、相对速度 $\dot{w}(x, t)$ 和绝对加速度 $\ddot{z}(x, t)$ 可表示为

$$\begin{cases} w(x,\ t) = \sum_{j=1}^{n} \varphi_j(x) q_{yj}(t) \\ \dot{w}(x,\ t) = \sum_{j=1}^{n} \varphi_j(x) \dot{q}_{yj}(t) \\ \ddot{z}(x,\ t) = \sum_{j=1}^{n} \varphi_j(x) \ddot{q}_{zj}(t) = -\sum_{j=1}^{n} \varphi_j(x) [-2\xi_j \omega_j \dot{q}_{yj} - \omega_j^2 q_{yj}(t)] \end{cases} \tag{5.5.71}$$

梁各截面上的法向弯矩和法向应力可由式(5.5.4)得到

$$\begin{cases} M(x,\ t) = -EI \dfrac{\partial^2 w}{\partial x^2} = -EI \sum_{j=1}^{n} \varphi_j''(x) q_{Yj}(t) \\ \sigma_z(x,\ t) = \dfrac{Mz}{I} \end{cases} \tag{5.5.72}$$

模态方程(5.5.69)的解 $q_{yj}(t)$，$\dot{q}_{yj}(t)$ 可按式(5.4.8)、式(5.4.9)或式(5.4.11)得到，$\ddot{q}_{zj}(t)$ 则可由式(5.4.10)或式(5.4.11)求得，这里不再重复列出。

2）谐波激励的反应

当梁支承处输入时程加速度 $\ddot{x}(t)$，如式(3.4.13)所示采用三角级数模型来模拟合成的人工地震波时，按式(5.5.69)右端项中 $\ddot{x}(t)$ 可表示为

$$\ddot{x}(t) = \sum_{k=1}^{N} a_k \cos(\omega_k + \gamma_k) \tag{5.5.73}$$

式中，$a_k^2 = 4S(\omega_k)\Delta\omega = 2G(f_k)\Delta f$，$k = 1, 2, \cdots, N$。

$S(\omega_k)$，$G(f_k)$，$\Delta\omega$，ω_k 和 ϕ_k 的含义均与式(3.4.14)和式(3.4.15)相同。

将 $\ddot{x}(t)$ 代入式(5.5.69)可求得每个模态振型 j 的等效加速度为

$$\ddot{x}_j(t)=\eta_j\ddot{x}(t)=\eta_j\sum_{k=1}^{N}a_k\cos(\omega_k+\gamma_k) \tag{5.5.74}$$

将式(5.5.73)代入式(5.4.11)单自由度强迫振动解,则可得到各模态解 $q_{yj}(t)$, $\dot{q}_{yj}(t)$ 和 $\ddot{q}_{zj}(t)$。

$$\begin{cases}q_{yj}(t)=C_j\mathrm{e}^{-\xi_j\omega_jt}\sin(p_jt+\phi_j)+\sum\limits_{k=1}^{N}\left(\dfrac{\eta_ja_k\omega_k}{p_j\Delta_{kj}}\right)\mathrm{e}^{-\xi_j\omega_jt}[\omega_j^2\sin(p_it-2\theta_j)-\\ \qquad\omega_k^2\sin p_jt]-\sum\limits_{k=1}^{N}\left[\dfrac{\eta_ja_k}{\sqrt{\Delta_{kj}}}\cos(\omega_kt+\gamma_k-\psi_{kj})\right]\\ \dot{q}_{yj}(t)=C_j\omega_j\mathrm{e}^{-\xi_j\omega_jt}\cos(p_jt+\phi_j+\theta_j)+\\ \qquad\sum\limits_{k=1}^{N}\left(\dfrac{\eta_ja_k\omega_k}{p_j\Delta_{kj}}\right)\mathrm{e}^{-\xi_j\omega_jt}[\omega_j^2\cos(p_jt-2\theta_j)-\omega_k^2\cos(p_jt+\theta_j)]-\\ \qquad\sum\limits_{k=1}^{N}\left[\dfrac{\eta_ja_k\omega_j}{\sqrt{\Delta_{kj}}}\cos(\omega_kt+\gamma_k-\psi_{kj})\right]\\ \ddot{q}_{yj}(t)=-C_j\omega_j^2\mathrm{e}^{-\xi_j\omega_jt}\sin(p_jt+\phi_j+2\theta_j)+\\ \qquad\sum\limits_{k=1}^{N}\left(\dfrac{\eta_j\omega_j^2\omega_k}{p_j\Delta_{kj}}\right)\mathrm{e}^{-\xi_j\omega_jt}[2\xi_j\omega_j^2\cos(p_it+\theta_j)-(\omega_j^2-\omega_k^2)\sin p_it]-\\ \qquad\sum\limits_{k=1}^{N}\left[\dfrac{\eta_ja_k\omega_j}{\sqrt{\Delta_{kj}}}[2\xi_j\omega_k\cos(\omega_kt+\gamma_k-\psi_{kj})]+\omega_j\sin(\omega_kt+\gamma_k-\psi_{kj})\right]\end{cases} \tag{5.5.75}$$

式中, $\begin{cases}\Delta_{kj}=(\omega_j^2-\omega_k^2)^2+(2\xi_j\omega_j\omega_k)^2\\ p_j=\sqrt{1-\xi_j^2}\,\omega_j\\ \tan\psi_{kj}=\dfrac{2\xi_j\omega_j\omega_k}{(\omega_j^2-\omega_k^2)}\end{cases}$, C_j, ϕ_j, θ_j 见式(5.4.12)。

从式(5.5.75)同样可看出 $q_{yj}(t)$, $\dot{q}_{yj}(t)$ 和 $\ddot{q}_{zj}(t)$ 结果均为 3 部分组成,第 1 部分属于纯初始条件所确定的自由振动反应项,由于阻尼比 ξ_j 使该时程很迅速衰减。第 2 部分属于伴随强迫振动反应项,此项也随时间增长而迅速衰减。第 3 部分才属于真正的强迫振动反应项,其反应按激

励 $\ddot{x}(t)$ 中圆频率 ω_k 的谐振而变化。

当梁结构的某个或几个固有圆频率 ω_j 与基础激励谐振圆频率 ω_k 相等时,该系统会发生共振,将 $\omega_k=\omega_j$ 与对应 a_k 代入式(5.5.75)后得到共振状态下的解为

$$\begin{cases} q_{yj}(t)=C_j e^{-\xi_j\omega_j t}\sin(p_j t+\phi_j)+ \\ \qquad \left(\dfrac{\eta_j a_k}{2\xi_j\sqrt{1-\xi_j^2}\,\omega_j^2}\right)e^{-\xi_j\omega_j t}\cos(p_j t-\theta_j)+\left(\dfrac{\eta_j a_k}{2\xi_j\omega_j^2}\right)\cos\omega_j t \\ \dot{q}_{yj}(t)=C_j e^{-\xi_j\omega_j t}\cos(p_j t+\phi_j+\theta_j)+ \\ \qquad \left(\dfrac{\eta_j a_k}{2\xi_j\sqrt{1-\xi_j^2}\,\omega_j}\right)e^{-\xi_j\omega_j t}\sin p_j t-\left(\dfrac{\eta_j a_k}{2\xi_j\omega_j}\right)\sin\omega_j t \\ \ddot{q}_{zj}(t)=-C_j\omega_j^2 e^{-\xi_j\omega_j t}\sin(p_j t+\phi_j+2\theta_j)+ \\ \qquad \left(\dfrac{\eta_j a_k}{2\xi_j\sqrt{1-\xi_j^2}}\right)e^{-\xi_j\omega_j t}\cos(p_j t+\theta_j)+\eta_j a_k\left(\sin\omega_j t-\dfrac{1}{2\xi_j}\cos\omega_j t\right) \end{cases} \tag{5.5.76}$$

从上式结果可清楚看出,系统在共振时伴随强迫反应项与基础输入的谐振振幅值 a_k 相比均放大了 $\dfrac{1}{2\xi_j}$ 倍。将 $q_{yj}(t)$, $\dot{q}_{yj}(t)$ 和 $\ddot{q}_{zj}(t)$ 代入式(5.5.68),可得到梁位置 x 处上各个总的输出量,因各阶模态坐标中仅是第 j 阶模态的反应发生共振,可近似将共振 $\omega_j=\omega_k$ 处的 $q_{yj}(t)$, $\dot{q}_{yj}(t)$ 和 $\ddot{q}_{zj}(t)$ 中不随阻尼比衰减的第 3 部分单独取出,则 $w(x,t)$, $\dot{w}(x,t)$ 和 $\ddot{z}(x,t)$ 可表示为

$$\begin{cases} w(x,t)=\sum\limits_{j=1}^{n}\varphi_j q_{yj}(t)=\sum\limits_{j=1}^{n}\left[\dfrac{\eta_j\varphi_j(x)a_k}{2\xi_j\omega_j^2}\right]\cos\omega_j t \\ \dot{w}(x,t)=\sum\limits_{j=1}^{n}\varphi_j\dot{q}_{yj}(t)=-\sum\limits_{j=1}^{n}\left[\dfrac{\eta_j\varphi_j(x)a_k}{2\xi_j\omega_j}\right]\sin\omega_j t \\ \ddot{z}(x,t)=\sum\limits_{j=1}^{n}\varphi_j\ddot{q}_{zj}(t)=-\sum\limits_{j=1}^{n}\left[\eta_j\varphi_j(x)a_k\right]\left(\sin\omega_j t-\dfrac{1}{2\xi_j}\cos\omega_j t\right) \end{cases} \tag{5.5.77}$$

各截面上弯矩和轴向应力可表示为

$$\begin{cases} M(x,\ t) = -EI\sum_{j=1}^{n}\varphi_j''(x)q_{yj}(t) = -\sum_{j=1}^{n}\left[\dfrac{\eta_j\varphi_j''(x)a_k}{2\xi_j\omega_j^2}\right]\cos\omega_j t \\ \sigma_z(x,\ t) = \dfrac{Mz}{I} \end{cases} \tag{5.5.78}$$

3）随机波激励的反应

当梁的支承处输入的加速度 $\ddot{x}(t)$ 假设为一种随机信号波形时，即模态振动方程式(5.5.69)的右端项 $\ddot{x}_j(t)$ 也可作为随机信号来处理，如果输入 $\ddot{x}_0(t)$ 设为均值为零的平稳各态历经的高斯过程，其输入自功率谱密度为 $S_{\ddot{x}\ddot{x}}(\omega)$，则方程中每阶模态 j 对应的输出 $q_j(t)$ 的自功率谱密度按式(3.4.48)和式(3.4.54)表示为相对位移输出自功率谱密度为

$$S_{yjyj}(\omega) = |H(j\omega)|^2 S_{\ddot{x}_j\ddot{x}_j} = \frac{S_{\ddot{x}_j\ddot{x}_j}(\omega)}{[(\omega_j^2-\omega^2)^2+4\xi_j^2\omega_j^2\omega^2]}$$

$$= \frac{\eta_j^2 S_{\ddot{x}\ddot{x}}(\omega)}{[(\omega_j^2-\omega^2)^2+4\xi_j^2\omega_j^2\omega^2]} \tag{5.5.79}$$

式中，$S_{\ddot{x}_j\ddot{x}_j}(\omega)$ 为 $\ddot{x}_j(t)$ 各阶所对应的等效加速度自功率谱密度函数，$S_{\ddot{x}_j\ddot{x}_j}(\omega) = \eta_j^2 S_{\ddot{x}\ddot{x}}(\omega)$，$\eta_j$ 为式(5.5.69)所示的振型参与系数；ω_j，ξ_j 为梁各阶模态的固有圆频率的模态阻尼比；ω 为输入自功率谱密度函数 $S_{\ddot{x}\ddot{x}}(\omega)$ 中的频率变量。

对于绝对加速度各阶模态输出自功率谱密度函数 $S_{\ddot{z}_j\ddot{z}_j}(\omega)$ 可由式(3.4.55)作转化。

$$S_{\ddot{z}_j'\ddot{z}_j}(\omega) = \frac{(\omega_j^2+4\xi_j^2\omega^2)\omega_j^2\eta_j S_{\ddot{x}\ddot{x}}(\omega)}{[(\omega_j^2-\omega^2)^2+4\xi_j^2\omega_j^2\omega^2]} \tag{5.5.80}$$

当梁的固有频率 ω_j 互相离得较远，且阻尼比 ξ_j 很小情况下，可以假定各模态反应是统计上独立的。梁上任意点的位移 $w(x,\ t)$ 功率谱密度函数 $S_w(x,\ \omega)$ 可认为各振型分量功率谱密度函数的线性组合，即

$$S_w(x,\omega)=\sum_{j=1}^{n}S_{w_jw_j}(x,\omega_j,\omega)=\sum_{j=1}^{n}\frac{\varphi_j^2(x)\eta_j^2S_{\ddot{x}\ddot{x}}(\omega)}{[(\omega_j^2-\omega^2)^2+4\xi_j^2\omega_j^2\omega^2]}\tag{5.5.81}$$

梁上任意点的绝对加速度 $\ddot{z}(x, t)$ 功率谱密度函数为

$$S_{\ddot{z}}(x,\omega)=\sum_{j=1}^{n}\frac{\varphi_j^2(x)(\omega_j^2+4\xi_j^2\omega^2)\omega_j^2\eta_j^2S_{\ddot{x}\ddot{x}}(\omega)}{[(\omega_j^2-\omega^2)^2+4\xi_j^2\omega_j^2\omega^2]}\tag{5.5.82}$$

其输出相对位移 $w(x, t)$ 和绝对加速度 $\ddot{z}(x, t)$ 的均方值为

$$\begin{cases}\Psi^2[w(x,t)]=\int_{-\infty}^{\infty}S_w(x,\omega)\mathrm{d}\omega\\ \qquad=\sum_{j=1}^{n}[\varphi_j(x)\eta_j]^2\int_{-\infty}^{\infty}\frac{S_{\ddot{x}\ddot{x}}(\omega)\mathrm{d}\omega}{[(\omega^2-\omega_j^2)^2+4\xi_j^2\omega_j^2\omega^2]}\\ \Psi^2[\ddot{z}(x,t)]=\int_{-\infty}^{\infty}S_{\ddot{z}}(x,\omega)\mathrm{d}\omega\\ \qquad=\sum_{j=1}^{n}[\varphi_j(x)\eta_j]^2\int_{-\infty}^{\infty}\frac{(\omega_j^2+4\xi_j^2\omega_j^2\omega^2)\omega_j^2S_{\ddot{x}\ddot{x}}(\omega)\mathrm{d}\omega}{[(\omega^2-\omega_j^2)^2+4\xi_j^2\omega_j^2\omega^2]}\end{cases}\tag{5.5.83}$$

梁的轴向应力反应均方值为

$$\Psi^2[\sigma_z(x,t)]=\sum_{j=1}^{n}[\varphi_j''(x)\eta_j]^2\int_{-\infty}^{\infty}\frac{S_{\ddot{x}\ddot{x}}(\omega)\mathrm{d}\omega}{[(\omega^2-\omega_j^2)^2+4\xi_j^2\omega_j^2\omega^2]}\tag{5.5.84}$$

当输入加速度 $\ddot{x}(t)$ 为一白噪声波形时,可知 $S_{\ddot{x}\ddot{x}}(\omega)=S_0$ 为常数,则输出可参照式(3.4.79)结果为

$$\begin{cases}\Psi^2[w(x,t)]=\frac{\pi S_0}{2}\sum_{j=1}^{n}\left\{\frac{[\varphi_j(x)\eta_j]^2}{\xi_j\omega_j^3}\right\}\\ \Psi^2[\ddot{z}(x,t)]=\frac{\pi S_0}{2}\sum_{j=1}^{n}\frac{(1+4\xi_j^2)\omega_j[\varphi_j(x)\eta_j]^2}{\xi_j}\\ \Psi^2[\sigma_z(x,t)]=\frac{\pi S_0(Ez)^2}{2}\sum_{j=1}^{N}\frac{(1+4\xi_j^2)\omega_j[\varphi_j''(x)\eta_j]^2}{\xi_j\omega_j^3}\end{cases}\tag{5.5.85}$$

如果输入功率谱密度 $S_{\ddot{x}\ddot{x}}(\omega)$ 不是白噪声时，若 $S_{\ddot{x}\ddot{x}}(\omega)$ 的频带宽度比 $|H(j\omega)|^2$ 宽得多时，那么输入功率谱密度函数 $S_{\ddot{x}\ddot{x}}(\omega)$ 就可以用共振点 $\omega=\omega_j$ 处的 $S_{\ddot{x}\ddot{x}}(\omega)$ 来替代，则输出的均方值可近似表示为

$$\begin{cases}\Psi^2[w(x,t)]\approx\dfrac{\pi}{2}\sum\limits_{j=1}^{n}\left\{\dfrac{[\varphi_j(x)\eta_j]^2S_{\ddot{x}\ddot{x}}(\omega_j)}{\xi_j\omega_j^3}\right\}\\ \Psi^2[\ddot{z}(x,t)]\approx\dfrac{\pi}{2}\sum\limits_{j=1}^{n}\dfrac{(1+4\xi_j^2)\omega_j[\varphi_j(x)\eta_j]^2S_{\ddot{x}\ddot{x}}(\omega_j)}{\xi_j}\\ \Psi^2[\sigma_z(x,t)]\approx\dfrac{\pi(Ez)^2}{2}\sum\limits_{j=1}^{n}\dfrac{[\varphi_j''(x)\eta_j]^2S_{\ddot{x}\ddot{x}}(\omega_j)}{\xi_j\omega_j^3}\end{cases}\tag{5.5.86}$$

当振型阶数 j 增大时，上述的级数收敛很快，仅出现较低次的振型。另外，其反应均方值是坐标 x 的函数，在梁上如出现振型函数的节点时，将不会出现相应的反应值。

参考文献

[1] 谷口修[日].振动工程大全.尹传家，译.北京：机械工业出版社，1983.
[2] 星谷胜[日].随机振动分析.常宝琦，译.北京：地震出版社，1977.
[3] S・铁摩辛柯.工程中的振动问题.胡人礼，译.北京：人民铁道出版社，1978.
[4] 欧珠光.工程振动(第 2 版).武汉：武汉大学出版社，2010.
[5] 振动计算与隔振设计组.振动计算与隔振设计.北京：中国建筑工业出版社，1976.
[6] U.S.NRC. Standard review plan for the review of safety analysis reports for NPP. LWR Edition. NUREG－0800, 3.7.2, 2001.

第6章
抗震设计与鉴定

6.1 引　　言

为了确保核电厂的安全运行和安全停堆，国家核安全局所制订的核安全导则中要求核电厂设计具有纵深防御的功能。2019 年 12 月 31 日批准发布核安全导则 HAD102/02《核动力抗震设计与鉴定》文件，其目的是给核安全监管部门、核动力设计人员和营运单位就核动力设计与鉴定提供可接受的通用方法，使场地地震运动不致危及核动力安全，并且在构筑物、系统和部件的分析、试验鉴定所采用的方法和程序一致性等方面给予指导。

美国联邦法(CFR)10CFR50 附录 A《设计总则(GDC)》要求对安全重要的构筑物、系统和部件进行设计以抵御地震的影响，能够执行其安全功能而不发生功能的丧失。

6.2 核电厂构筑物、系统和部件的设计基准地震与抗震分类

6.2.1 设计基准地震

(1) 通常核电厂会给出两个级别的设计基准地震动——运行安全地震动 SL-1[或称运行基准地震(OBE)]、极限安全地震动 SL-2[或称安全停堆地震(SSE)]。

(2) 在核电厂设计中,SL-2(或SSE)与最严格的安全要求相关,而SL-1则具有不同的安全意义,其可能性较大且严重性较低,可由业主经综合评估确定。通常与电厂运行要求相关,当电厂运行中场址实际发生的地震超过SL-1(或OBE)时,应采取措施停堆,并应依据相关要求对电厂安全相关物项进行评估,经核安全当局审查确认后方可恢复运行。

(3) 对每个安全级物项应考虑SL-2(或SSE),我国规定最低水平应考虑自由场水平方向加速度峰值为0.15g[设计反应谱中零周期加速度(ZPA)值]。

(4) 输入地震动一般定义在地表或基岩表面处的自由场。

(5) 当SL-1(或OBE)小于等于SL-2(或SSE)地震加速度的1/3时,在抗震分析中可取消OBE作为强度分析的依据,但疲劳分析与评定中均应考虑应力循环。这时可认为核电厂仅将SL-2(或SSE)作为设计基准地震动。

(6) 附录C《先进轻水堆业主要求文件(ALWR-URD)中对核电厂抗震设计要求》中提出核电厂标准设计时取自由场水平方向加速度峰值为0.3g,同时取SL-1(或OBE)等于SL-2(或SSE)的1/3,可取消OBE,但按一定方法折算其应力循环次数考虑在SSC的疲劳分析之中。

6.2.2　抗震分类原则

核电厂所有的构筑物、系统和部件都要经受任何可能发生的地震作用,当地震发生时所要求的性能可以不同于在安全分级中所考虑的安全功能。这些安全功能是基于在所有设计基准工况下(假设始发事件)所要求最高的安全功能。因此对于从安全出发的设计准则是除了安全分级外,还要根据在地震期间和地震后的安全重要性将构筑物、系统和部件进行抗震分类。

通常核电厂构筑物、系统和部件可分为抗震Ⅰ类、抗震Ⅱ类和非抗震类,或根据核动力厂机组的设计特性可分为更多类。分类的目的主要是为更有利于公众和环境对放射性物质释放的防护和保障核安全。

6.2.3 抗震Ⅰ类物项

抗震Ⅰ类物项适用于安全相关的SSC,也适用于用来支承或防护安全相关SSC的那些物项。具体应包括下列物项及其支承结构:

(1) 发生SL－2(相当于SSE)地震时或之后,其失效会直接或间接导致事故工况的物项。

(2) 使核反应堆停堆并保持在停堆状态,在所要求期间内排出余热所需的物项以及对上述功能的参数作监测所必需的物项。

(3) 预防或缓解设计中考虑的任何假设始发事件所引起的放射性释放限值所必需的物项。

(4) 预防或缓解乏燃料池不可接受的放射性释放后果所需的物项。

也就是说,对于抗震Ⅰ类物项,按照安全停堆地震(SSE)定义,应提供所有安全功能的要求,其设计、安装与维修应高于常规风险设施所采用的安全裕度,并按照安全功能要求确定合适的验收准则(包括压力边界完整性、密封性或最大变形等的设计参数)。

6.2.4 抗震Ⅱ类物项

核电厂抗震Ⅱ类物项应包括:

(1) 所有具有放射性风险但与核反应堆无关的物项,如乏燃料厂房和放射性废物厂房。要求这些物项具有的安全裕度与其潜在放射性后果相一致。

(2) 与厂址可达性相关的物项及实施应急撤离计划所需的物项。

(3) 不属于抗震Ⅰ类,发生SL－2(SSE)或SL－1(OBE)时在足够长时间内预防或缓解核电厂地震以外事故工况所需要的物项。

6.2.5 非抗震类物项

(1) 不属于抗震Ⅰ类、抗震Ⅱ类物项应依据国家非核的常规设施的规范或标准进行抗震设计。

(2) 作为地震后果,可能与抗震Ⅰ类和抗震Ⅱ类物项发生空间相互作用(如由于坍塌、坠落或移位)或其他相互作用(如通过危险物质释放、火灾、水淹或地震引起)的物项,应论证这些物项引起的潜在影响和造成的损害,既不影响任何抗震Ⅰ类及抗震Ⅱ类物项的安全功能,也不影响任何与安全相关的操纵人员活动。

这些物项应按SL－2进行鉴定,但重点考虑其结构的完整性,在特殊情况下也可划为抗震Ⅰ类或抗震Ⅱ类,譬如安全壳内的消防系统与部件。

6.3　核电厂抗震设计分析

6.3.1　核电厂厂址的地震输入

1）地震输入的要求

对于核电厂首要要求是根据厂址特性确定合适的地震输入,具体要求为:

(1) 确定厂址的设计基准地震SL－2(SSE),SL－1(OBE)。

(2) 厂址地表处断裂可能性准则。

(3) 永久性地面变形现象和地震所引起洪水的问题。

(4) 地质水文资料和调查勘察区域内地震地质构造模型的建立,以确定设计基准地震运动规律。

2）确定设计基准地面运动的步骤

(1) 步骤1。按区域范围(半径150 km以上)、近区域范围(半径50 km)、厂址附件区域(半径5 km)、厂址区域范围($1\ km^2$)进行地质和土工、水文地质等资料的调查及测量或试验。

(2) 步骤2。区域地震构造模型的建立,估计一个最大潜在的地震震级。

(3) 步骤3。设计基准地面运动的确定,可按确定论方法和概率论方法同时建立的地震构造模型中确定SL2(SSE)峰值。

(4) 步骤4。设计基准地面运动特性的确定,根据厂址地震① 地质特性所确定地面运动反应特征来建立特定的加速度反应谱,也可根据多个厂址区域地震地质特性建立标准地面反应谱。如美国核管会发布的RG.1.60和ASME BPVC,第Ⅲ卷,附录N－1200规定的以岩石为基础的标准地面设计反应谱(见图 3.3.12、表 3.3.1 和表 3.3.2)。② 地面运动的设计时程曲线确定,包括水平和垂直方向的加速度、速度和位移的设计时程,需满足标准审查大纲(SRP)3.7.1 中验收准则要求,包络标准设计反应谱及目标功率谱密度函数[见式(3.5.1)或图 3.5.2(b)]。

3) 其他要求

(1) 厂区是否存在潜在的地质断裂层或断裂带的调查。

(2) 地震引起波浪,包括海啸、湖涌等使厂址洪水淹没的可能。

(3) 地质有关的潜在永久性地面变形,包括土壤液化、斜坡不稳定、沉降和塌陷现象的调查,是否由于地震或地面运动突然失去抗剪强度和刚度。

4) 举例

某核电厂采用标准地震输入,厂址基岩上的 SL-2(SSE)最大水平和垂直加速度峰值均为 $0.3g$,抗震设计 SL-1(OBE)为 1/3 SL-2(SSE),按规定可以取消 OBE,对 $0.1g$ 称为低水平地震(LLE),按两次 SL-2(SSE),每次最大应力峰值为 10 个循环,并按附录 C,C.3 节下"低水平地震(LLE)"中的折算方法,在寿期内最大应力折算为 315 次循环,作为系统和部件的疲劳分析输入。

表 6.3.1 列出了水平和垂直方向的地面设计加速度反应谱的频率控制点,其中 A 点(33 Hz)取 $1g$。对应标准设计 SSE 取 $ZPA=0.3g$ 时对应的

表 6.3.1 水平和垂直方向的地面设计反应谱

临界阻尼百分比/(%)	加速度(放大系数)/g					位移(放大系数)	
	A (33 Hz)	B' (25 Hz)	B (9 Hz)	C		D(0.25 Hz)	
				水平 (2.5 Hz)	垂直 (3.5 Hz)	水平	垂直
2.0	1.0	1.70	3.54	4.25	4.05	2.50	1.67
3.0	1.0	1.66	3.13	3.76	3.58	2.34	1.56
4.0	1.0	1.63	2.84	3.41	3.25	2.19	1.46
5.0	1.0	1.60	2.61	3.13	2.98	2.05	1.37
7.0	1.0	1.55	2.27	2.72	2.59	1.88	1.25

水平和垂直方向地面加速度设计反应谱如图 6.3.1 所示，相应的人工地震加速度、速度和位移时程如图 6.3.2 所示。

地面运动加速度时程按第 3 章所述的方法得到的反应谱可以包络图 6.3.1 的标准设计反应谱(见图 6.3.3)，同时得到的功率谱密度函数(PSD)可包络目标功率谱密度函数(见图 6.3.4)。

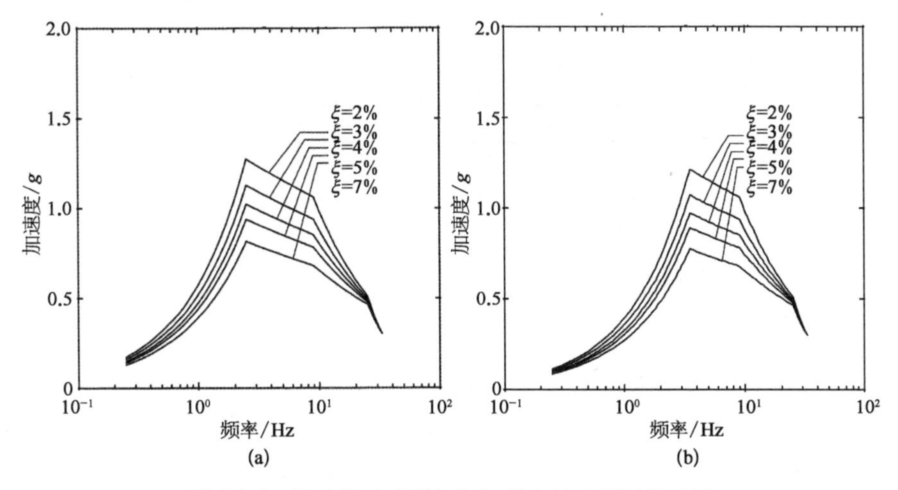

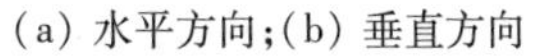
图 6.3.1　标准设计 $SSE=0.3g$ 的加速度设计反应谱

(a) 水平方向；(b) 垂直方向

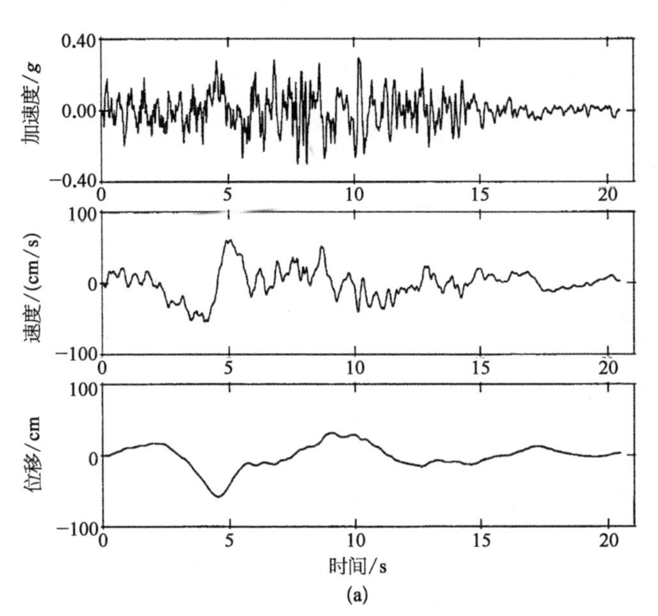

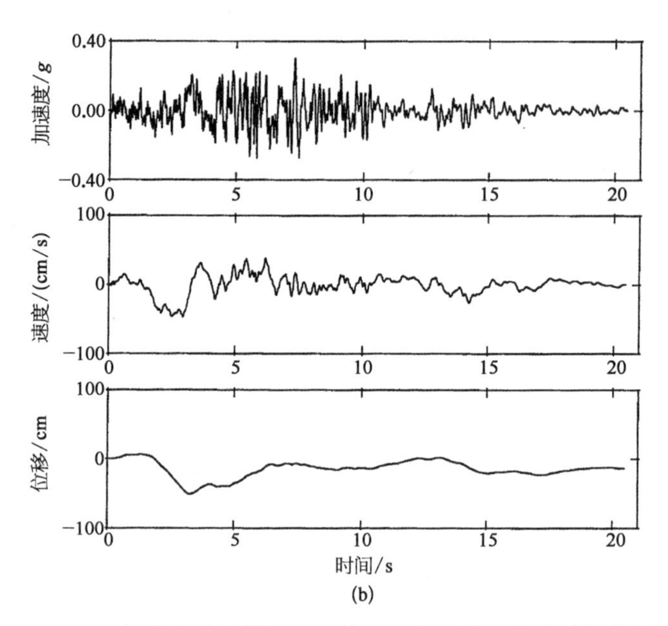

图 6.3.2　标准设计 $SSE=0.3g$ 的加速度、速度和位移时程曲线

(a) 水平方向;(b) 垂直方向

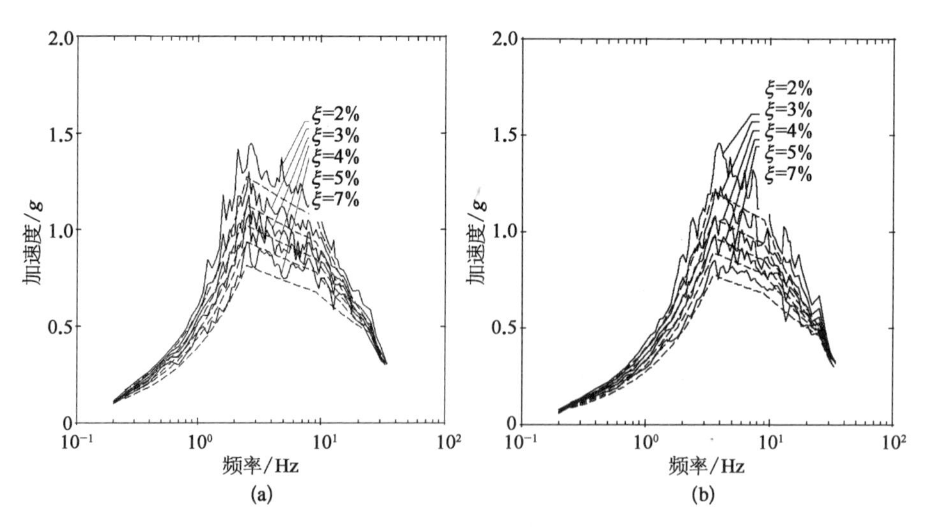

图 6.3.3　地面加速度时程标准的反应谱包络标准设计反应谱

(a) 水平方向;(b) 垂直方向

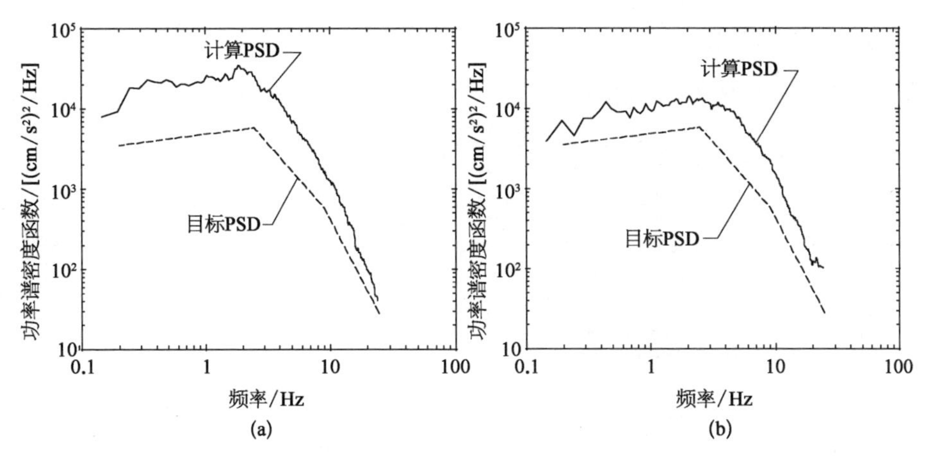

图 6.3.4 地面加速度时程计算的 PSD 包络目标 PSD

(a) 水平方向;(b) 垂直方向

6.3.2 核电厂抗震设计分析总流程

1) 抗震Ⅰ类构筑物、系统和部件之间的抗震解耦分析

核电厂由构筑物、系统和部件(SSC)所组成,在抗震设计分析时不可能将众多的SSC建立一个地震分析的模型,必须将核电厂按一定的层次逐个进行解耦和分析。目前采用通常的方法将构筑物(厂房建筑物等)、系统(管道、阀、泵等)与设备(容器、贮存箱等)按一定规则分离开来,其分离的原则按"抗震解耦"准则进行。具体关于解耦分析在第4章作了详细的理论推导,并证实了NRC发布安全分析报告的标准审查大纲3.7.2所提出子系统与主系统之间可解耦条件的正确性。附录A列出了对于不同质量比 R_m 和频率比 R_f 所对应的解耦范围,方便读者和分析工作者查阅。在第4章还对不能解耦系统作了详细分析,证实只要满足其中两个必要条件仍可将子系统从主系统中分离出来独立作抗震分析。典型的案例如图4.1.1,这是反应堆冷却剂系统(子系统)与安全壳内部结构(主系统)之间不满足解耦条件需要按耦合系统进行抗震分析,但为了更详细获得反应堆冷却剂系统中地震反应的详细信息,满足两个必要条件后可将反应堆系统完全分离出来独立进行抗震分析,参见4.7节推导。

2）抗震分析总流程

图 6.3.5 为核电厂抗震设计中采用分步分析方法的总体流程。

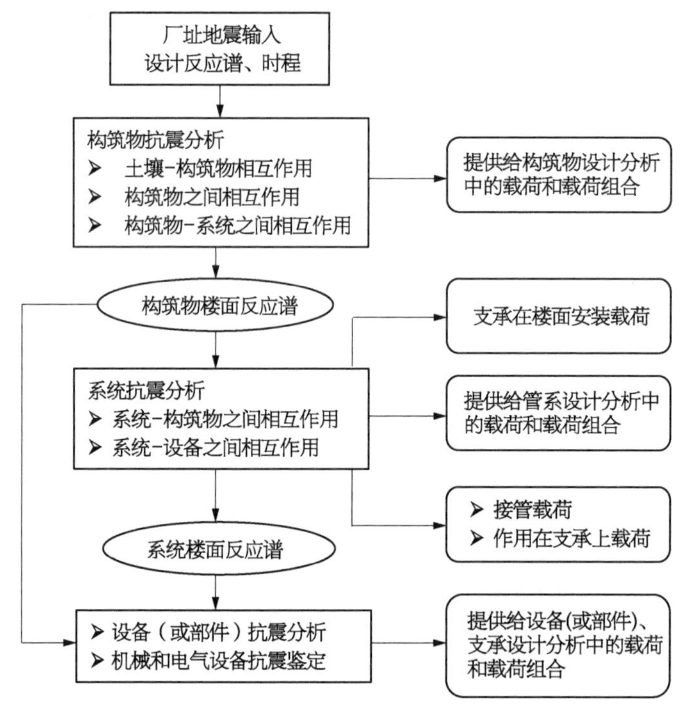

图 6.3.5　核电厂 SSC 抗震设计分析流程

3）构筑物抗震分析

（1）范围。安全壳(包括屏蔽厂房)、内部构件、辅助厂房、燃料贮存厂房、换料水池贮存箱及其管沟、主控室楼、主蒸汽管廊等抗震 I 类物项。

（2）抗震设计目的。

• 求解构筑物各个标高处的设计加速度楼面反应谱与反应的时程。

• 为支承在构筑物上的机械和电气设备的抗震鉴定提供地震输入载荷。

• 为构筑物本身载荷组合下的结构完整性与功能性分析提供地震输入载荷。

• 观察核电厂整体结构布置合理性是否符合抗震的基本要求。

（3）分析步骤。

• 建立合理的构筑物 2D 或 3D 结构模型，按解耦准则确定是否要将系统耦合在结构模型中。

• 如基础建立在土层构造中，需建立土-结构之间的相互作用模型。

• 按图 6.3.6 的示意分析模型，在地层基岩输入标准设计地震时程，求解地面与基础处以及各标高处的反应输出的时程。

• 由楼面加速度反应时程建立不同阻尼下的楼面加速度设计反应谱。

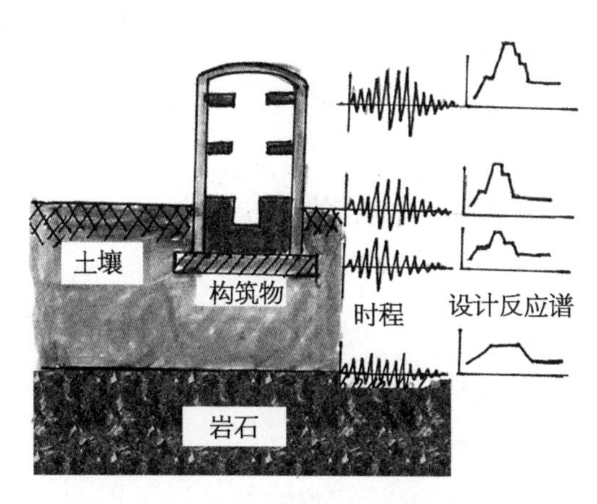

图 6.3.6　构筑物抗震分析

4）系统抗震分析

（1）范围。1~3 级安全级及非安全级属于抗震 I 类的管系，包括地下管道系统。

（2）抗震设计的目的。

• 为合理布置系统中有关的支承结构（包括阻尼器），即既要使系统与设备具有良好的抗震性能，又要防止由于热膨胀引起过高的约束热应力。

• 为管系本身载荷组合评定与支承件评定提供载荷依据。

• 为相连的设备提供地震、热及位移等产生的接管载荷，作为设备应力分析的依据。

（3）分析步骤。

• 如与构筑物耦合的系统满足解耦的两个必要条件，则可以按第 4 章解耦条件作独立系统的详细抗震分析。

• 对于阻尼器类型的支承件,在管系抗震分析中可假设为硬线性弹性元件处理,而在管系热分析中可假设为软线性弹性元件处理。尽量将管系简化为线性问题给予分析。

5）主设备与部件抗震分析

（1）范围。包括反应堆压力容器及堆内构件、蒸汽发生器及内部结构、稳压器、主泵等主设备。

（2）抗震设计的目的。

• 求得反应堆内各关键处的地震反应,作为各部件与堆芯燃料组件详细抗震分析的输入。

• 确认堆内构件布置符合抗震的基本要求。

• 提供与其他载荷组合与评定的依据。

（3）分析步骤。

• 建立反应堆压力容器、堆内构件等的专门地震分析模型,可以用梁、杆、质量系统作简化处理的模型。

• 堆内各关键部件预先进行动力特性试验求得动态参数(如固有频率、阻尼等),将吊篮、导向筒、燃料组件等简化为梁模型加入地震模型中。

• 必要时可采用缩小比例的模型在地震台上进行地震试验,以验证分析模型和结果的可靠性。

• 抗震分析结果与其他载荷组合进行应力与疲劳分析评定。

• 为燃料组件及其他部件提供地震载荷输入。

6）设备和管道支承结构的抗震分析

（1）范围。核安全1~3级及非安全级的抗震Ⅰ类设备和管道的支承件,IE级仪表系统的电缆托架等,归属 ASME 规范 NF 等级之内。

（2）抗震设计目的。

• 地震载荷和其他载荷组合(如热胀位移、冲击等),使支承件在规定的允许限值范围内。

• 设备基础上支承,需确保在地震力作用下不会将设备倾翻和倒塌。

该支承包括 NF 规范等级与土建相连的支承件(如预埋件)。

(3) 分析步骤。

• 与设备系统分析步骤和分析基本相同。

6.3.3　抗震分析方法

核电厂构筑物、系统和部件抗震分析最常用的方法为: 反应谱法、模态叠加法与时程分析法 3 种分析方法。

1) 反应谱法

大多数核电厂抗震设计规范中,采用反应谱法来确定地震作用,其中以加速度反应谱应用为最广泛。3.3.4 节专门论述了地面反应谱的基本概念、如何从地面输入求得反应谱以及地震楼面反应谱的生成技术,图 6.3.5 的核电厂 SSC 抗震设计分析流程图清楚表征了在反应谱分析方法中如何应用获得的楼面设计反应谱作为地震分析的输入。反应谱法先以动力分析方法求得设备的动态特性(包括各阶固有频率及振型)后,在设备支承位置处所对应的设计楼面加速度反应谱上查到每阶固有频率所对应的加速度反应值,再在设备上施加每阶的等效加速度值,采用静力法分别求解每阶模态的反应,包括位移、内力、内矩或应力,然后最终将各阶的反应组合成总反应。

例如某单跨直梁或多质点自由度系统在支承处有一地震加速度时程 $\ddot{x}(t)$ 输入时(见图 6.3.7),其模态振动反应方程同式(5.5.69)。

$$\ddot{q}_j(t) + 2\xi_j\omega_{0j}\dot{q}_j(t) + \omega_{0j}^2 q_j = -\ddot{x}_j(t) = -\eta_j\ddot{x}(t) \quad (j = 1, 2, 3, \cdots, n) \tag{6.3.1}$$

式中, ω_{0j}, ξ_j 为第 j 阶模态固有频率和模态阻尼比; q_j, $\dot{q}_j$, $\ddot{q}_j$ 为第 j 阶模态相对于支承的模态位移、速度和加速度; $\eta_j = \dfrac{\int_0^l \varphi_j(x)\,\mathrm{d}x}{\int_0^l \varphi_j^2(x)\,\mathrm{d}x}$ 为振型参与系数, $\varphi_j(x)$ 为第 j 阶梁模态振型函数, x 和 l 为梁上距离长度和跨长度。

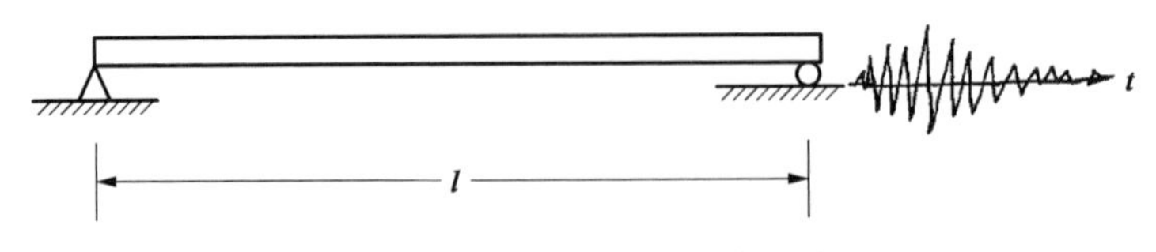

图 6.3.7　多自由对振动系统在基础上地震输入

式(6.3.1)是表征了多自由弹性体系分解为第 j 阶模态下的一个标准单自由度振动方程。式(3.3.57)是式(3.3.6)的特解,也是制作相对位移、相对速度和绝对加速度最大峰值反应谱 $S_d(\xi,\ \omega_0)$,$S_v(\xi,\ \omega_0)$ 和 $S_a(\xi,\ \omega_0)$ 的表达式。

$$\begin{cases} S_d = \dfrac{1}{p}\left|\displaystyle\int_0^t \ddot{x}(\tau)\mathrm{e}^{-\xi\omega_0(t-\tau)}\sin p(t-\tau)\mathrm{d}\tau\right|_{\max} \\ S_v = \dfrac{\omega_0}{p}\left|\displaystyle\int_0^t \ddot{x}(\tau)\mathrm{e}^{-\xi\omega_0(t-\tau)}\left[\xi\sin p(t-\tau)+\sqrt{1-\xi^2}\cos p(t-\tau)\right]\mathrm{d}\tau\right|_{\max} \\ S_a = \dfrac{\omega_0^2}{p}\left|\displaystyle\int_0^t \ddot{x}(\tau)\mathrm{e}^{-\xi\omega_0(t-\tau)}\left[(1-2\xi^2)\sin p(t-\tau)+2\xi\sqrt{1-\xi^2}\cos p(t-\tau)\right]\mathrm{d}\tau\right|_{\max} \end{cases} \tag{6.3.2}$$

模态振动方程式(6.3.1)与式(3.3.6)比较可清楚看出,从分解为第 j 阶模态振动方程后两者从单自由振动方程出发完全是等效的,不同的是,在(6.3.2)反应谱中参数需用第 j 阶 $(\xi_j,\ \omega_{0j})$ 参数代入,并差一个模态参与系数 η_j 的倍数,当已知梁在基础 A 和 B 支承处有一设计楼面反应谱 $S_d(\xi,\ \omega_0)$,$S_v(\xi,\ \omega_0)$ 或 $S_a(\xi,\ \omega_0)$ 输入时,对应梁各阶模态位移、速度和加速度最大峰值则与式(6.3.2)相对应,可得到如下倍数关系。

$$\begin{cases} q_{yj} = d_j(\xi_j,\ \omega_{0j}) = \eta_j S_{dj}(\xi_j,\ \omega_{0j}) \\ \dot{q}_{yj} = v_j(\xi_j,\ \omega_{0j}) = \eta_j S_{vj}(\xi_j,\ \omega_{0j}) \\ \ddot{q}_{zj} = a_j(\xi_j,\ \omega_{0j}) = \eta_j S_{aj}(\xi_j,\ \omega_{0j}) \end{cases} \tag{6.3.3}$$

式中,q_{yj},$\dot{q}_{yj}$ 和 $\ddot{q}_{zj}$ 为第 j 阶模态振型下的相对位移、速度和加速度,脚标 y,z 表示相对和绝对的含义,其中

$$\ddot{q}_{zj} = -2\xi_j\omega_{0j}\dot{q}_{yj} - \omega_{0j}^2 q_{yj} \tag{6.3.4}$$

梁上各坐标点 x 上总的相对位移 $w(x)$、相对速度 $\dot{w}(x)$ 和绝对加速度 $\ddot{z}(x)$ 则由式(5.5.71)和式(6.3.3)得到。

$$\begin{cases} w(x) = \sum_{j=1}^{n} \varphi_j(x) q_{yj} = \sum_{j=1}^{n} \varphi_j(x) \eta_j S_{dj}(\xi_j,\ \omega_{0j}) \\ \dot{w}(x) = \sum_{j=1}^{n} \varphi_j(x) \dot{q}_{yj} = \sum_{j=1}^{n} \varphi_j(x) \eta_j S_{vj}(\xi_j,\ \omega_{0j}) \\ \ddot{z}(x) = \sum_{j=1}^{n} \varphi_j(x) \ddot{q}_{zj} = \sum_{j=1}^{n} \varphi_j(x) \eta_j S_{aj}(\xi_j,\ \omega_{0j}) \end{cases} \tag{6.3.5}$$

梁各截面上的法向弯矩和法向弯曲应力由式(5.5.72)和式(6.3.3)，并应用近似关系 $S_{dj}(\xi_j,\ \omega_{0j}) \approx S_{aj}(\xi,\ \omega_{0j})/\omega_{0j}$ 后得到

$$\begin{cases} M(x) = -EI\dfrac{\partial^2 w}{\partial x^2} = -EI\varphi_j''(x) q_{yj} = -EI\sum_{j=1}^{n} \varphi_j''(x) \eta_j S_{dj}(\xi_j,\ \omega_{0j}) \\ \qquad \approx -EI\sum_{j=1}^{n} \varphi_j''(x) \eta_j S_{aj}(\xi_j,\ \omega_{0j})/\omega_{0j}^2 \\ \sigma(x) = M_j z/I = -Ez\sum_{j=1}^{n} \varphi_j''(x) \eta_j S_{aj}(\xi_j,\ \omega_{0j})/\omega_{0j}^2 \end{cases} \tag{6.3.6}$$

对于模态组合结果式(6.3.5)和反应式(6.3.6)可清楚看出反应谱方法与 5.5 节中模态叠加法相同之处是都需要求解结构的模态频率、阻尼、振型、参与系数等特性。但反应谱方法最本质的区别是当结构的模态位移、速度和加速度（q_{yj}，$\dot{q}_{yj}$ 和 $\ddot{q}_{zj}$）由反应谱直接求得后，由静力方法直接求得结构中的内力（或内矩）与应力，而模态叠加法的求解模态位移、速度和加速度以及内力和应力的全过程均采用动力法，可认为这是时程法中的一种特定的方法。

所以在了解了反应谱方法的实质后，可清楚看出式(6.3.5)和式(6.3.6)中所有 q_{yj}，$\dot{q}_{yj}$ 或 $\ddot{q}_{zj}$ 值不是时间 t 的函数，而是直接取自单自由度系统中反应的最大峰值，因此总输出也按式(6.3.5)和式(6.3.6)中各个模态最大

峰值的线性组合,其结果将会十分保守,甚至不可信,为此在工程中采用常规处理每个方向上的模态反应的组合可表示为

$$R_a = \left[\sum_{i=1}^{n}\sum_{j=1}^{n}\varepsilon_{ij}R_iR_j\right]^{1/2} \tag{6.3.7}$$

式中,R_a为总的模态反应;n为重要模态的总数;$R_i=A_i\psi_i$为第i阶模态的反应,$R_j=A_j\psi_j$为第j阶模态的反应,A_i,A_j分别为第i阶、第j阶模态的振型系数,ψ_i,ψ_j分别为第i阶、第j阶模态的振型;ε_{ij}为耦合系数或互相关系数。

$$\varepsilon_{ij}=\begin{cases}0 & i,j\text{模态不相关}\\ 1 & i,j\text{模态相关}\end{cases}$$

ψ_i和ψ_j可以是位移、反力或应力所对应的振型。R_i和R_j也可以是位移、反力或应力所对应的反应。

其组合方法主要有以下3种:

(1) 平方和开根(SRSS)组合方法。

所有的模态不相互耦合时,式(6.3.7)为

$$\begin{cases}\varepsilon_{ij}=\begin{cases}1.0 & i=j\\ 0.0 & i\neq j\end{cases}\\ R_a=\left[\sum_{j=1}^{n}R_j^2\right]^{1/2}\end{cases} \tag{6.3.8}$$

(2) 双和(DS)组合方法。

式(6.3.7)变为

$$R_a = \left[\sum_{i=1}^{n}\sum_{j=1}^{n}\varepsilon_{ij}\left|R_iR_j\right|\right]^{1/2} \tag{6.3.9}$$

式中,$\varepsilon_{ij}=\dfrac{1}{1+\left(\dfrac{p_i-p_j}{\xi_i'\omega_i+\xi_j'\omega_j}\right)^2}$,$p_i=\sqrt{1-\xi_i^2}\,\omega_i$为第$i$阶模态下有阻尼的固有圆频率,$\omega_i$,$\xi_i$分别为第$i$阶模态无阻尼下固有圆频率和阻尼比,

$\xi_i' = \xi_i + \dfrac{2}{t_d \omega_i}$ 为第 i 阶模态的修正模态阻尼比，t_d 为地震持续时间。

（3）完全二次项（CQC）组合方法。

其组合反应表示为

$$R_a = \left[\left| \sum_{i=1}^{n} \sum_{j=1}^{n} k \varepsilon_{ij} R_i R_j \right| \right]^{1/2} \tag{6.3.10}$$

式中，$k = \begin{cases} 1 & i = j \\ 2 & i \neq j \end{cases}$

$$\varepsilon_{ij} = \frac{8\,(\xi_i \xi_j \omega_i \omega_j)^{1/2} (\xi_i \omega_i + \xi_j \omega_j) \omega_i \omega_j}{(\omega_i^2 - \omega_j^2)^2 + 4 \xi_i \xi_j \omega_i \omega_j (\omega_i^2 + \omega_j^2) + 4(\xi_i^2 + \xi_j^2) \omega_i^2 \omega_j^2}$$

ξ_i，ω_i 分别为第 i 阶的模态阻尼比与无阻尼固有圆频率。

其他组合方法可参见文献[19]。

对于两个水平和一个垂直方向的模态反应，可将各个模态反应按上述方法之一进行组合后，3 个方向激励的总的组合反应可表示为

$$R_a = \left[\sum_{k=1}^{3} R_k^2 \right]^{1/2} \tag{6.3.11}$$

式中，$k = 1, 2, 3$ 表示地震 3 个主方向，如两个水平和一个垂直方向。

另外也可接受的方法为百分比组合，对于 $|R_1| \geqslant |R_2| \geqslant |R_3|$ 时，

$$R = 1.0|R_1| + 0.4|R_2| + 0.4|R_3| \tag{6.3.12}$$

反应谱方法分析时需注意几点：

（1）由动力法求解结构的模态特性（固有频率、振型等）后，从输入的设计反应谱上获得对应的反应值，再由静力法求解各阶模态的位移、反力、内力、内矩和应力。

（2）再由式（6.3.7）对各种反应进行组合得到各点上的总反应值。

（3）对结构上各个截面的应力分解（P_m，P_b，Q，F）是由各阶模态中分别求得的，所得到总的应力分解值也是按式（6.3.7）分别求得 P_{mj}，$(P_m + P_b)_j$，$(P_m + P_b + F)_j$ 后进行组合，得到总 P_m，$P_m + P_b$，$P_m + P_b + Q$

和P_m+P_b+Q+F值。而不是在截面上的最终组合应力分量结果上进行应力分解。

（4）当结构多点支承处有不同反应谱输入时，可保守地用包络各输入反应谱作为输入，也可用其他适用的方法。

（5）特别注意结构上所得到的位移值均是相对于不动支承处的相对位移。

［**例**］　简支梁尺寸与材料参数（见图 6.3.8）为

$L=10\ \text{m}$，$b=0.05\ \text{m}$，$h=0.1\ \text{m}$，$E=2\times10^{11}\ \text{N/m}^2$，$\rho=7.8\times10^3\ \text{kg/m}^3$，$\xi=4\%$

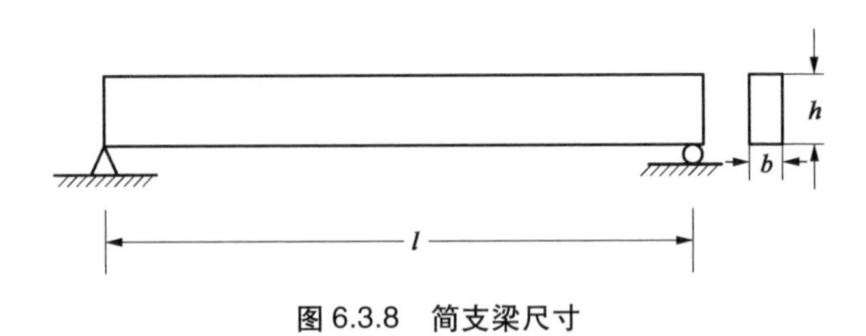

图 6.3.8　简支梁尺寸

解：两端简支梁的齐次特征方程与振型为

$$\begin{cases}\lambda l=j\pi\\ \omega_j=\dfrac{(\lambda l)^2}{l^2}\sqrt{\dfrac{EI}{m}}=\dfrac{(j\pi)^2}{l^2}\sqrt{\dfrac{EI}{\rho A}}\\ f_j=\dfrac{\omega_j}{2\pi}\\ \varphi_j(x)=B_j\sin\dfrac{j\pi x}{l}\end{cases}\tag{6.3.13}$$

图 6.3.9 为支承上输入的地震设计加速度楼面反应谱。

（1）求梁模态固有频率与振型。

$$f_j=\frac{(j\pi)^2}{2\pi l^2}\sqrt{\frac{EI}{\rho A}}=\frac{(j\pi)^2}{2\pi l^2}\sqrt{\frac{\frac{1}{12}bh^3}{\rho bh}}=\frac{j^2\pi}{4\sqrt{3}}\left(\frac{h}{l^2}\right)\sqrt{\frac{E}{\rho}}\tag{6.3.14}$$

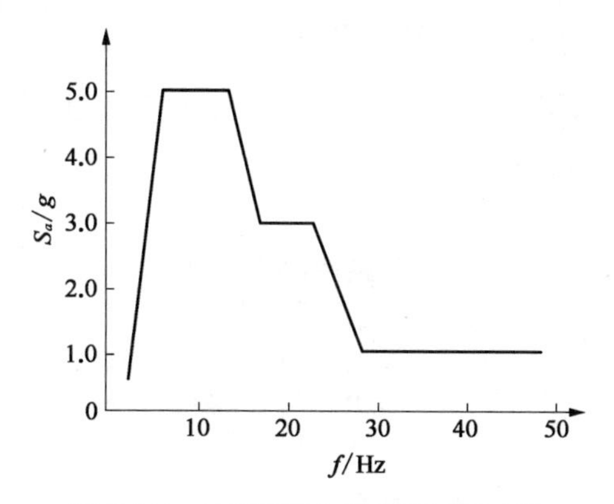

图 6.3.9　地震设计加速度楼面反应谱

将 E, ρ 代入 f_j 得

$$f_j = 2\,296 j^2 \left(\frac{h}{l^2} \right) \tag{6.3.15}$$

将 h 和 l 代入后得前 5 阶固有频率，如表 6.3.2 所示。

表 6.3.2　前 5 阶固有频率

j(阶)	1	2	3	4	5
f_j/Hz	2.30	9.19	20.66	36.74	57.40

设振型 $\varphi_j(x)$ 的系数 $B_j = 1$

$$\int_0^l \varphi_j^2(x)\,\mathrm{d}x = \int_0^l \sin^2 \lambda x \mathrm{d}x = 0.5l$$

$$\int_0^l \varphi_j(x)\,\mathrm{d}x = \int_0^l \sin \lambda x \mathrm{d}x = \frac{1}{\lambda}(1 - \cos \lambda l) = \frac{1}{\lambda}(1 - \cos j\pi)$$

$$= \frac{1}{\lambda}[1 - (-1)^j] = \begin{cases} 2/\lambda & j = 1, 3, 5, \cdots \\ 0 & j = 2, 4, 6, \cdots \end{cases}$$

振型参与系数 η_j 为

$$\eta_j = \frac{\int_0^l \varphi_j(x)\,\mathrm{d}x}{\int_0^l \varphi_j^2(x)\,\mathrm{d}x} = \frac{4}{\lambda l} = \begin{cases} \dfrac{4}{j\pi} & j = 1, 3, 5, \cdots \\ 0 & j = 2, 4, 6, \cdots \end{cases} \tag{6.3.16}$$

(2) 求解各阶模态的最大位移和最大应力。

由式(6.3.4)求解作用在梁垂直方向上的线分布力,对于每阶模态所对应参数值和计算结果如表 6.3.3 所示。

表 6.3.3　各阶模态所对应的参数

j	1	2	3	4	5
f_j/Hz	2.30	9.19	20.66	36.74	57.40
S_a/g	1.1	5.0	3.0	1.0	1.0
η_j	1.273	0	0.424	0	0.255
a_j/(m/s^2)	13.737	0	12.478	0	2.502
p_j/(N/m)	535.7	0	486.6	0	97.6
d_j/m	0.065 8	0	-7.405×10^{-4}	0	1.924×10^{-5}
σ_j/MPa	64.94	0	−6.58	0	0.474
总位移	w/m	$\left[\sum_{j=1}^{n} d_j^2\right]^{1/2} = 0.0658$			
总应力	σ/MPa	$\left[\sum_{j=1}^{n} \sigma_j^2\right]^{1/2} = 65.27$			

表 6.3.3 中的每阶模态的最大位移和最大作用分布力的计算式为

$$\begin{cases} q_{yj} = d_j(\xi_j,\ \omega_{0j}) = \eta_j S_{dj}(\xi_j,\ \omega_{0j}) \approx \eta_j \dfrac{S_a(\xi_j,\ \omega_{0j})}{\omega_{0j}^2} = \eta_j \dfrac{a_j}{\omega_{0j}^2} \\ p_j = \rho A \ddot{q}_{zj} = \rho A \eta_j S_{aj}(\xi_j,\ \omega_{0j}) = \rho A a_j(\xi_j,\ \omega_{0j}) \end{cases} \tag{6.3.17}$$

由式(6.3.6)求得每阶模态弯曲应力最大值为

$$\sigma_j = -\left(\frac{Eh}{2}\right)\varphi_j''(x) d_j(\xi_j,\ \omega_{0j}) = -\left(\frac{Eh}{2}\right)\left(\frac{j\pi}{l}\right)^2 d_j(\xi_j,\ \omega_{0j}) \tag{6.3.18}$$

梁上各点 x 对应的总位移 $w(x)$ 和总弯曲应力 $\sigma(x)$ 为

$$\begin{cases} w(x) = \left\{ \sum_{j=1}^{n} [d_j \varphi_j(x)]^2 \right\}^{1/2} \\ \sigma(x) = \left\{ \sum_{j=1}^{n} [\sigma_j \varphi_j(x)]^2 \right\}^{1/2} \end{cases} \tag{6.3.19}$$

（3）应力分类。

由式(6.3.18)计算的各阶模态下的应力 σ_j 应归属为一次弯曲应力强度 $(P_b)_j = \sigma_j$，而由式(6.3.19)所计算的总应力 σ 则为总一次弯曲应力强度 $P_b = \left[\sum_{j=1}^{n} (P_b)_j^2 \right]^{1/2} = \left[\sum_{j=1}^{n} (\sigma)_j^2 \right]^{1/2}$。各个应力强度分类计算值如表 6.3.4 所示。

表 6.3.4　应力强度分类表

阶数 j	1	2	3	4	5
P_{mj}/MPa	0	0	0	0	0
P_{bj}/MPa	64.94	0	6.58	0	0.474
$(P_m+P_b)_j$/MPa	64.94	0	6.58	0	0.474
F_j/MPa	0	0	0	0	0
$(P_m+P_b+F)_j$/MPa	64.94	0	6.58	0	0.474
P_m/MPa	$\left[\sum_{j=1}^{5} (P_m)_j^2 \right]^{1/2} = 0$				
(P_m+P_b)/MPa	$\left[\sum_{j=1}^{5} (P_m + P_b)_j^2 \right]^{1/2} = 65.27$				
(P_m+P_b+F)/MPa	$\left[\sum_{j=1}^{5} (P_m + P_b + F)_j^2 \right]^{1/2} = 65.27$				

2）时程法

时程法包括模态叠加分析方法和全瞬态动力分析方法两种，与反应谱方法最本质区别是，它是全程与时间 t 有关的动态分析方法。

（1）模态叠加法是多步、时间步长的线性分析，该解法先是采用与反应谱方法相同的模态分析求解各阶模态，然后再由各阶模态时程分析，求得各阶模态位移、速度、加速度及应力，再线性叠加起来计算结构总响应，包括位移、速度、加速度及应力等反应。该基本理论详见 5.4 节。

对于地震分析常见的具有间隙支承的结构抗震分析，简化为模态叠加法是十分有成效的，读者可参考附录G。

（2）全瞬态动力分析方法是使用振动方程的全质量阵 $\boldsymbol{M}$ 、阻尼阵 $\boldsymbol{C}$ 和刚度阵 $\boldsymbol{k}$。它具有完整的非线性求解功能，在抗震分析中的重要设施，需要求解结构各处所需的楼面反应谱时采用该方法。另外，如不同支承处有不同的地震位移时程输入时也可应用该方法求解其反应，由于每个支承产生不同的运动，结构系统的反应可包括质量点上的惯性效应以及支承之间差异运动引起位移差等两种反应。具体如何分解可按如下步骤进行。

多自由度动力方程可表示为

$$\boldsymbol{M}\ddot{\boldsymbol{z}} + \boldsymbol{C}\dot{\boldsymbol{y}} + \boldsymbol{K}\boldsymbol{y} = \boldsymbol{F} \tag{6.3.20}$$

式中，$\boldsymbol{M}$, $\boldsymbol{C}$, $\boldsymbol{K}$ 分别为系统质量、阻尼和刚度矩阵，$\ddot{z}$ 为质量点上的绝对加速度，$\boldsymbol{y} = \boldsymbol{z} - \boldsymbol{x}$ 为节点上相对于支承激励处的相对位移。

假设系统内其中有一个支承认为是“基准支承”的不动点，则其余支承可作为基准支承的相对运动来描述，式(6.3.20)可分解为

$$\begin{bmatrix} \boldsymbol{M}_{\mathrm{m}} & 0 \\ 0 & \boldsymbol{M}_{\mathrm{s}} \end{bmatrix} \begin{Bmatrix} \ddot{z}_{\mathrm{m}} \\ \ddot{z}_{\mathrm{s}} \end{Bmatrix} \begin{bmatrix} \boldsymbol{C}_{\mathrm{m}} & 0 \\ 0 & \boldsymbol{C}_{\mathrm{s}} \end{bmatrix} \begin{Bmatrix} \dot{y}_{\mathrm{m}} \\ \dot{y}_{\mathrm{s}} \end{Bmatrix} + \begin{bmatrix} \boldsymbol{K}_{\mathrm{mm}} & \boldsymbol{K}_{\mathrm{ms}} \\ \boldsymbol{K}_{\mathrm{sm}} & \boldsymbol{K}_{\mathrm{ss}} \end{bmatrix} \begin{Bmatrix} y_{\mathrm{m}} \\ y_{\mathrm{s}} \end{Bmatrix} = \begin{Bmatrix} F_{\mathrm{m}} \\ F_{\mathrm{s}} \end{Bmatrix} \tag{6.3.21}$$

式中，$\boldsymbol{M}_{\mathrm{m}}$ 为系统集中质量矩阵；$\boldsymbol{M}_{\mathrm{s}}$ 为与系统相连支承惯性项的质量矩阵，如支承连接无质量时，认为 $\boldsymbol{M}_{\mathrm{s}} = 0$；$\boldsymbol{C}_{\mathrm{m}}$, $\boldsymbol{C}_{\mathrm{s}}$ 分别为集中质量点和支承点的阻尼矩阵；$\boldsymbol{K}_{\mathrm{mm}}$ 为质量有关的刚度矩阵；$\boldsymbol{K}_{\mathrm{ss}}$ 为支承有关的刚度矩阵；$\boldsymbol{K}_{\mathrm{ms}}$, $\boldsymbol{K}_{\mathrm{sm}}$ 分别为质量点与支承之间的耦合刚度矩阵；$\ddot{z}_{\mathrm{m}}$ 为质点动态自由度的绝对加速度；$\ddot{z}_{\mathrm{s}}$ 为支承点上的绝对加速度；y_{m}为每个坐标方向上相对于基准支承点的位移；y_{s}为非基准支承相对于基准支承点的位移；F_{m}为作用在质量点上的外力；F_{s}为作用在支承点上的外力。如仅仅在支承上输入位移时，则可以设 $F_{\mathrm{m}} \equiv F_{\mathrm{s}} \equiv 0$。

对于非基准支承上的支承运动应只计及系统产生变形(或应力)的支承位移,对于刚性平动或刚性转动不会产生变形的应通过非基准支承相对运动方法给予去除。

$$y_s = (x_s - x_d) - \boldsymbol{R}_s\theta_{sd} \tag{6.3.22}$$

式中,x_s为每个激励方向上非基准支承点的绝对位移(输入),x_d为每个激励方向上基准支承点的绝对位移(输入),$\boldsymbol{R}_s$ 为基准支承点与非基准支承点之间距离的3个正交矢量矩阵,θ_{sd} 为支承结构绕三个坐标上每个轴的刚体转动(相对输入)。

式(6.3.21)中第1个方程可表示为

$$\boldsymbol{M}_m\ddot{y}_m + \boldsymbol{C}_m\dot{y}_m + \boldsymbol{K}_{mm}y_m = -\boldsymbol{M}_m\boldsymbol{\gamma}\ddot{x}_d + \boldsymbol{M}_m\boldsymbol{R}_m\ddot{\theta}_d + \boldsymbol{K}_{ms}y_s \tag{6.3.23}$$

式中,x_d, $\dot{x}_d$, $\ddot{x}_d$ 分别为基准点每个坐标方向上的绝对位移、速度和加速度,θ_d, $\dot{\theta}_d$, $\ddot{\theta}_d$ 分别为基准点每个坐标方向上的绝对转动、角速度和角加速度,$\boldsymbol{R}_m$ 为基准支承点到质点之间每个转动分量距离矩阵,$\boldsymbol{\gamma}$ 为每个自由度平动的方向矩阵。

$$\gamma_{ij} = \begin{cases} 1 & \text{当第 } i \text{ 个动态自由度是在支承平动的第 } j \text{ 个方向上时} \\ 0 & \text{当第 } i \text{ 个动态自由度不是在支承平动的第 } j \text{ 个方向上时} \end{cases}$$

式(6.3.23)左端表示系统相对于基准支承的动态3个自由度上惯性力、阻尼力和刚度力的合成,其右端表示相对丁基准支承上的地震加速度产生的外力等效作用在系统上,其等效外力包括基准支承上平动加速度 $\ddot{x}_d$ 和转动加速度 $\ddot{\theta}_d$ 所产生的等效惯性力 $[-\boldsymbol{M}_m(\boldsymbol{\gamma}\ddot{x}_d + \boldsymbol{R}_m\ddot{\theta}_d)]$,以及非基准支承相对于基准支承之间相对位移 y_s所产生的等效刚度力 $(-\boldsymbol{K}_{ms}y_s)$。

这两部分可以分别等效作用,图6.3.10为其典型的分解方法,第1部分作用在系统质点上,第2部分作用在非基准支承上,由式(6.3.17)分别求出其反应后,其第1部分所引起的应力可视为一次应力(P_m, $P_m + P_b$)。第2部分所引起的应力可视为二次应力(Q),分别与其他载荷组合后给予应力强度评定。

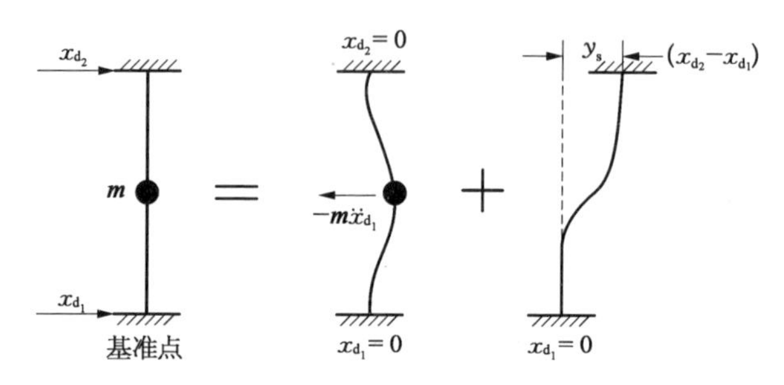

图 6.3.10　典型支承激励的分解

这里值得注意的是，从图 6.3.10 中支承点运动可清楚看出，即使两处支承在水平方向以相同幅值和频率的绝对位移做同步运动时，在集中质量 m 处仍然会产生惯性效应的运动，这时在结构中所产生的应力将视为一次应力。

全瞬态动力方法求解方程式(6.3.23)可基于 Newmark 直接积分法和 Newton - Raphson 方法，具体步骤求解方法可参考有关资料。

6.3.4　圆筒形储箱的抗震近似分析法

(1) 本节介绍液态储箱的内径小于 20 m，内径和高度之比小于 1.25 时可采用以下近似公式分析方法。

(2) 液面晃动自振频率可近似为

$$f=\frac{1}{2\pi}\sqrt{3.682\left(\frac{g}{D}\right)\cdot \mathrm{th}\left[3.682\left(\frac{H}{D}\right)\right]} \tag{6.3.24}$$

式中，f 为液态晃动第 1 阶固有频率，g 为重力加速度，D 为储箱罐内直径，H 为液面高度。

(3) 液面反应波高估计。

设液面反应波高 h 是与液面晃动第 1 阶振型与壁面相接触位置处于 0°方向上的波高。假设液体波动时阻尼比为 0.5%，储存箱底部输入地震最大位移为 D_m，其波高 h 为

$$h=\frac{297.4D_mRf^2}{g} \tag{6.3.25}$$

式中，R 为储存箱半径，f 为液面晃动第1阶固有频率，D_m 为基础地震输入最大位移幅值。

（4）壁上波动压力 P_s 计算：

$$P_s = \rho g h \frac{\mathrm{ch}\left[1.841\left(\frac{z}{R}\right)\right]}{\mathrm{ch}\left[1.841\left(\frac{H}{R}\right)\right]}\cos\theta \tag{6.3.26}$$

式中，z 为圆柱坐标系上，从底板向上计算的高度，H 为液面高度，ρ 为液体密度，h 是由式(6.3.25)计算最大液面晃动高度，θ 为圆柱坐标上，从0°方向测量的角度。$\theta=0°$ 为最大压力 P_{smax}。

（5）底板上产生的波动压力 P_b 计算。

$$P_b = \frac{\rho g h_r}{\mathrm{ch}\left[1.841\left(\frac{H}{R}\right)\right]} \tag{6.3.27}$$

$$h_r = h\frac{J_1\left[1.841\left(\frac{r}{R}\right)\right]}{J_1(1.841)}\cos\theta$$

式中，J_1 为第1类1阶贝塞尔函数，r 为在圆柱坐标上，从中心到半径 R 方向上的距离。

（6）波动压力 P_h 的计算。

当储存箱的液体自由表面往上升时，液面晃动产生的波动压力作用于箱顶壁（或柱壁）法线方向上，其作用于图6.3.11中 h_{max} 以下处的波动压力 P_s 可近似表示为

$$P_h = \rho g(h - h_1) \tag{6.3.28}$$

式中，h_1 为从静液面为原点向上所要计算压力处的高度。

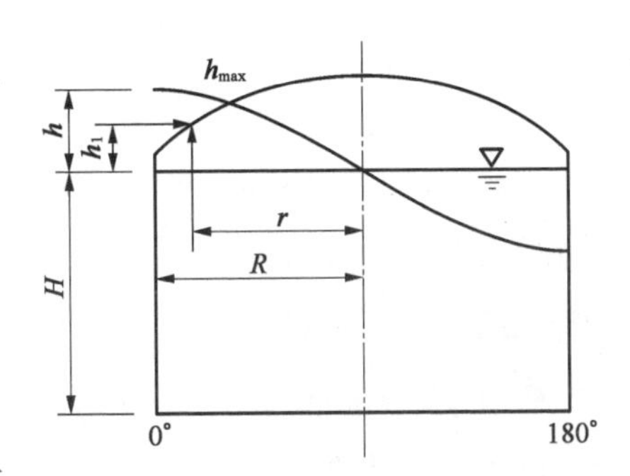

图6.3.11　液面晃动波高尺寸示意

6.4 核电厂设备抗震鉴定试验

6.4.1 引言

核电厂所有的抗震Ⅰ类设备均应进行抗震鉴定,前面已说过抗震鉴定可以采用分析方法、试验方法或分析与试验相结合的方法,另外还可采用经验反馈方法进行推理论证。当分析不足以合理又可信地证实抗震Ⅰ类设备的完整性和可运行性时,必须用试验方法进行鉴定。另外当主要设备为了更好验证分析方法的结果时,也可采用缩比模型进行抗震试验。

6.4.2 缩比模型的地震试验方法

该试验方法目的是重要设备经过缩小比例模型的地震试验后,所获得地震激励反应可以一方面验证地震分析结果或者验证分析程序的正确性,另一方面通过一定的相似关系可推算到实物的反应结果。

由于核电厂实物十分庞大,如像反应堆压力容器加堆内构件、蒸汽发生器等重要设备不可能直接安装在地震激振台上进行地震试验,所以必须采用缩小比例的模型进行地震试验。因此,在地震试验时,如何正确合理应用相似准则和相似关系将模型地震试验结果正确推算到实物就十分重要。

核电厂系统和设备的主要特点为:

(1) 流-固耦合效应,如堆内构件、管系等。

(2) 重力下流体晃动效应,如水箱、水池等。

(3) 结构振动的动态效应。

根据这些特点需要将流体、固体以它们之间的耦合效应建立合理的相似关系。流-固耦合与重力这两个类型的相似关系往往是相互矛盾的,流-固耦合动力效应的相似必须满足所有速度比例 $C_v = 1$, 而重力场(如水晃动)效应的相似必须满足加速度(包括重力)比例 $C_a = C_g = 1$。如果设备在地震条件下这两种效应同时存在时,如何合理应用相似关系是很关键的。本书附录D从流体与固体的波动方程出发详细推导了相似关系并对如何正确应用相似关系作了说明和举例,可供参考。

缩比模型的地震试验方法也可以归入抗震分析方法大类中,因为该方法与抗震分析的目的联系更紧密,其目的并不是用缩比模型的试验方法直接作为设备抗震鉴定,而是用来验证抗震分析方法(或分析软件)和结果的正确性。

6.4.3　抗震鉴定中的试验方法

通常,设备抗震鉴定试验按下列步骤进行:

(1) 动态特性试验。

(2) 抗震性能试验。

(3) 如需要时进行抗震极限试验。

(4) 最终检验。

具体说明如下:

1) 动态特性试验

设备动态特性试验可查明设备的固有频率、阻尼和振型等固有动态特性,以选取抗震性能试验所用激励的频率和幅值。另外,可为验证和修正计算的力学模型提供正确依据。典型例子是,燃料组件结构十分复杂,在抗震分析中难以建立一种完整结构全模拟的计算模型,因此如何将组件简化为一根具有合理分布质量和刚度的直梁,使其中主要几阶模态试验的固有频率、振型与实际情况基本一致是十分关键的问题。

动态特性探查方法一般可采用0.1~0.2g白噪声或用1~50 Hz连续扫频的正弦波作为激振台的激励,特别要注意当动力反应为非线性时,应采用不同输入激振幅值进行试验,如燃料组件在不同的位移反应幅值下的固有频率与阻尼比是不相同的,特别低阶固有频率下,随激励幅值增大,其固有频率会明显降低,阻尼比明显增加。

2) 抗震性能试验

其目的是考核设备在规定的地震激励下,确保其正常要求的安全功能以及结构完整性。

抗震试验的试件应是经老化试验后的设备，根据设备安装位置处SSE（或 SL－2）和 OBE（或 SL－1）的楼面设计反应谱来生成激励源，先做5 次 OBE 试验，再做 1 次 SSE 试验。

性能试验时，其设备安装条件应与工程实际基本相同，其地震台产生的试验反应谱（TRS）应包络要求的反应谱（RRS），它们之间均为相同的阻尼比。

一般尽可能采用从 RRS 获得的多频人工时程波激励下进行三轴方向的性能试验。如阀门等设备也可以按有关标准进行单频下的正弦拍波试验，其重心处最大加速度一般在（$6g+10\%g$）范围内激励即可，拍波扫频要求根据有关规定。另外，如电器仪表柜也可根据标准采用包络的通用楼面反应谱（图 6.4.1）进行鉴定试验。对图 6.4.1 通用楼面反应谱的使用可参考附录 J。

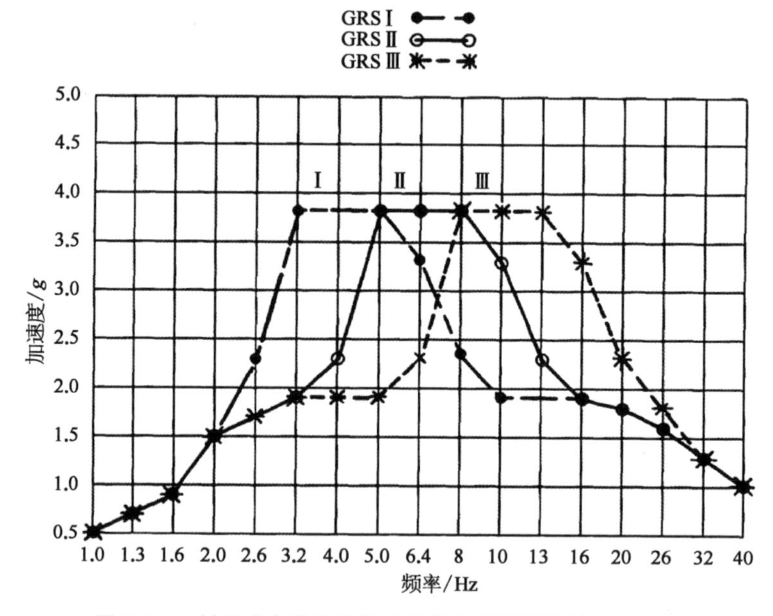

图 6.4.1 封闭式电器仪表柜抗震鉴定用的通用楼面反应谱

3）抗震极限试验

极限试验也称为易损性试验，极限功能试验的目的是确定设备或部件所能承受的极限地震强度，一般用于产品定型或系列化的鉴定。

极限试验方法步骤与抗震性能试验基本相同，但需逐步提高幅值，直至试件开始功能失效或完整性失效为止。

一般因该极限试验代价高,只有必要时才进行。一般针对电厂额定超设计基准地震下考核鉴定试验,采用抗震裕度评估(SMA)分析的验证就足够了。

4）最终检验

设备抗震性能试验后,应对设备的外形、构造和功能进行测量和检查,并与试验前的基准数据对比,以确定设备在地震后的完整性、功能性和可运行性,并详细记录在报告中。

6.4.4　抗震鉴定中注意的问题

抗震试验的次序为

（1）基本可运行性功能试验。

（2）常规温度和压力老化试验。

（3）辐照老化试验。

（4）振动老化试验。

（5）地震鉴定试验。

（6）LOCA 环境鉴定试验。

（7）可运行性试验。

鉴定内容可按表 6.4.1 所选鉴定进行分类。

表 6.4.1　鉴定内容分类

设备位置		正 常 工 况					事 故 工 况		
		功能	热老化	辐照	机械振动	OBE	SSE	辐照	热环境
安全壳内	电气 1	√	√	√	√	√	√	√	√
	电气 2	√	√	√	√	√	√		
	机械	√	自选		√	√	√		
安全壳外	电气	√	自选		√	√	√		
	机械	√	自选		√	√	√		

注：电气 1 与电气 2 根据具体环境条件而定。

对于需要采用多点同步地震激励下的抗震鉴定试验，如控制棒驱动线（包括控制棒驱动机构、导向筒、燃料组件等组件组合成驱动线）抗震试验时，多点处的地震输入应采用“绝对位移”同步输入才能表明机构中控制棒及所有组件反应惯性作用对落棒时间的影响。

6.4.5 分析与试验相结合的方法

对于大型和复杂的设备可以推荐的方法是6.3.3节分析方法与6.3.4节试验方法有机组合的一种方法。

（1）如应急柴油发电机组、电器仪表柜组件、堆内构件等复杂结构可采用抗震分析方法，获得设备各个关键部位的时程曲线和对应的设计反应谱。

（2）对于复杂结构内部，如应急柴油机组内的调速器、增压泵、仪表柜内安装的电器件和仪表件，堆内构件中导向筒、燃料组件等具有功能要求的部件、配件，可按分析所得到的设计反应谱进行抗震功能性鉴定试验。

6.4.6 间接鉴定的方法

该方法是以过去已被鉴定过物项或以经验资料鉴定过的单个物项为依据进行鉴定。必须注意的是以往鉴定过的地震输入应包络需鉴定物项所采用的设计反应谱和参照物项所用地震输入，同时还应等于或超过需鉴定物项所要求的地震输入。另外地震经验也可作为间接法鉴定的依据。

上述这些内容均应经过详细的论证和分析，证实其间接方法鉴定是切实可行的，并有详细资料记录和归档。

6.5 核电厂地震监测与停堆要求

6.5.1 核电厂设置地震监测系统的目的与原因

（1）核电厂重要构筑物的地震监测，收集当地震时电厂的SSC所经受地震状况的详细数据资料，以评价SSC在抗震设计与鉴定所采用地震输入或反应的适用程度。

（2）为核电厂运行人员提供确切的停堆报警数据。

（3）为核电厂运行人员提供必要的震后状态以确定合理的震后巡检程序和路线。

6.5.2　地震检测的基本要求和停堆判别准则

1）地震检测的基本要求

在我国核安全局发布的安全导则 HAD 102/02—2019《核动力厂抗震设计与鉴定》第 5 章“地震仪表”中专门规定了电厂地震监测仪表的基本要求。国标 GB50267《核电厂抗震设计标准》和美国国家标准 ANSI－2.2《核电厂地震仪表准则》列出了监测仪表系统的测点位置要求，分别列于表 6.5.1 和表 6.5.2。美国核电厂安全分析标准审查大纲 3.7.4《地震仪表》也给出了地震监测仪表系统的测点位置要求。

表 6.5.1　国标 GB50267 中的地震仪表系统测点位置

<table>
<tr><td colspan="2">仪表类型</td><td colspan="2">三轴向时程
加速度计</td><td colspan="2">三轴向峰值
加速度计</td><td colspan="2">地震开关</td></tr>
<tr><td colspan="2">安全停堆地震</td><td>$<0.3g$</td><td>$\geq 0.3g$</td><td>$<0.3g$</td><td>$\geq 0.3g$</td><td>$<0.3g$</td><td>$\geq 0.3g$</td></tr>
<tr><td colspan="2">自由场</td><td>1</td><td>1</td><td></td><td></td><td>3</td><td>3</td></tr>
<tr><td rowspan="7">安全壳内</td><td>底板</td><td>1</td><td>1</td><td></td><td></td><td>3</td><td>3</td></tr>
<tr><td>地面高度</td><td>1</td><td>1</td><td></td><td></td><td></td><td></td></tr>
<tr><td>反应堆设备支承</td><td rowspan="2">1</td><td>1</td><td></td><td></td><td></td><td rowspan="2">3</td></tr>
<tr><td>反应堆管道支承</td><td>1</td><td></td><td></td><td></td></tr>
<tr><td>反应堆设备</td><td></td><td></td><td>1</td><td>1</td><td></td><td></td></tr>
<tr><td>反应堆管系</td><td></td><td></td><td>1</td><td>1</td><td></td><td></td></tr>
<tr><td rowspan="5">安全壳外</td><td>I 类物项</td><td>1</td><td>1</td><td></td><td></td><td></td><td></td></tr>
<tr><td>I 类设备支承</td><td rowspan="2">1</td><td>1</td><td></td><td></td><td></td><td></td></tr>
<tr><td>I 类管系支承</td><td>1</td><td></td><td></td><td></td><td></td></tr>
<tr><td>I 类设备</td><td></td><td></td><td rowspan="2">1</td><td>1</td><td></td><td></td></tr>
<tr><td>I 类管系</td><td></td><td></td><td>1</td><td></td><td></td></tr>
</table>

表 6.5.2　美标 ANSI－2.2 中的地震仪表系统测点位置

<table>
<tr><td colspan="2">仪表类型</td><td colspan="2">三轴向时程加速度计</td><td colspan="2">三轴向反应谱记录仪</td><td colspan="2">三轴向峰值加速度计</td><td colspan="2">三轴向地震开关</td></tr>
<tr><td colspan="2">安全停堆地震</td><td>$<0.3g$</td><td>$\geq 0.3g$</td><td>$<0.3g$</td><td>$\geq 0.3g$</td><td>$<0.3g$</td><td>$\geq 0.3g$</td><td>$<0.3g$</td><td>$\geq 0.3g$</td></tr>
<tr><td colspan="2">自由场</td><td>1</td><td>1</td><td></td><td></td><td></td><td></td><td></td><td></td></tr>
<tr><td rowspan="6">安全壳内</td><td>安全壳基础</td><td>1</td><td>1</td><td>1</td><td>1</td><td></td><td></td><td>1</td><td>1</td></tr>
<tr><td>安全壳构筑物</td><td>1</td><td>1</td><td></td><td></td><td></td><td></td><td></td><td></td></tr>
<tr><td>反应堆设备支承</td><td></td><td></td><td rowspan="2">1*</td><td rowspan="2">1</td><td></td><td rowspan="2">1#</td><td></td><td rowspan="2">1</td></tr>
<tr><td>反应堆管道支承</td><td></td><td></td><td></td><td></td></tr>
<tr><td>反应堆设备</td><td></td><td></td><td></td><td></td><td>1</td><td>1</td><td></td><td></td></tr>
<tr><td>反应堆管道</td><td></td><td></td><td></td><td></td><td>1</td><td>1</td><td></td><td></td></tr>
<tr><td rowspan="7">安全壳外</td><td>设备支承</td><td></td><td></td><td rowspan="2">1*</td><td>1*</td><td></td><td></td><td></td><td></td></tr>
<tr><td>管道支承</td><td></td><td></td><td>1*</td><td></td><td></td><td></td><td></td></tr>
<tr><td>代表性设备</td><td></td><td></td><td></td><td></td><td rowspan="2">1</td><td rowspan="2">1</td><td></td><td></td></tr>
<tr><td>代表性管道</td><td></td><td></td><td></td><td></td><td></td><td></td></tr>
<tr><td>独立的抗震 I 类构筑物上的设备</td><td></td><td></td><td></td><td></td><td></td><td rowspan="2">1</td><td></td><td></td></tr>
<tr><td>独立的抗震 I 类构筑物上的管道</td><td></td><td></td><td></td><td></td><td></td><td></td><td></td></tr>
<tr><td>独立的抗震 I 类构筑物基础</td><td>1**</td><td>1</td><td></td><td></td><td></td><td></td><td></td><td></td></tr>
</table>

具体设置位置要求的共同点主要为：① 自由场；② 安全壳基础；③ 安全壳构筑物内两个标高位置；④ 取一个独立的，其反应不同于安全壳的抗震 I 类构筑物基础；⑤ 独立的抗震 I 类构筑物上某一个标高位置处。

另外地震监测系统包括监测加速度传感器的主要性能要求，对于不同标准之间的比较如表 6.5.3 所示。

2）地震后停堆判别准则

核电厂地震监测系统的一个重要作用就是当地震超过规定阈值时能及时报警，根据需要可另外设置自动停堆触发机制。核电厂地震监测系统根据监测到的地震信号对其进行快速实时处理和分析，其目的是对是否需要停堆以及震后行动作出正确判断。

表 6.5.3　监测系统的主要性能比较

性能/标准规范	SRP 3.7.4	EJ/T 761—93	GB 50267—97	ANSI－2.2	
				1988 版	2002 版
动态范围	/	100 : 1	100 : 1	100 : 1	1 000 : 1
频率范围/Hz	/	0.1～33	0.1～33*	0.5～33*	0.02～50*
横向灵敏度	/	<0.03*g*/*g*	<0.03*g*/*g*	<0.03*g*/*g*	<0.03*g*/*g*
量程/*g*	/	/	1～2	/	/
地震触发值/*g*	/	0.005～0.02 内可调	0.005～0.02 内可调	0.005～0.02 内可调	0.005～0.02 内可调
通道检查时间/天	30	30	/	30	30
通道标定时间/天	换料周期	540 天或换料周期	/	540 天或换料周期	540 天或换料周期
通道功能试验/天	540	180	/	180	180

注：*该范围可通过对记录加速度信号进行计算校正的方法实现。

RG.1.166《地震前计划与地震后行动》要求核电厂发生地震后停堆准则是能快速确定地震事件对核电厂造成严重程度即是否有必要停运作出判断。图 6.5.1 为核电厂震后如何决策停堆的流程。

该流程要求地震监测分析系统应具有计算 5%阻尼比下 1～2 Hz 范围内的速度反应谱与 2～10 Hz 范围内的加速度反应谱以及计算时程上的累加绝对速度(CAV)值的能力。其判断停堆准则为下述 3 方面要求，如其中一项超过就认为超出。

(1) 核电厂地面自由场上的速度反应谱或加速度反应谱是否超出并与加速度时程得到的累计绝对速度是否同时超出。

(2) 反应堆厂房基础上的速度反应谱或加速度反应谱是否超出。

(3) 厂外地震烈度或震级水平是否超出。

但需注意的是上述 3 项中优先选项为(1)，在图 6.5.1 中Ⓐ与Ⓑ应同时满足；其次选项为(2)，应满足图 6.5.1 中的Ⓒ；再次选项为(3)。当不超出电厂继续运行 OBE 值时，则可认为电厂仍可继续运行。这里还需注意：

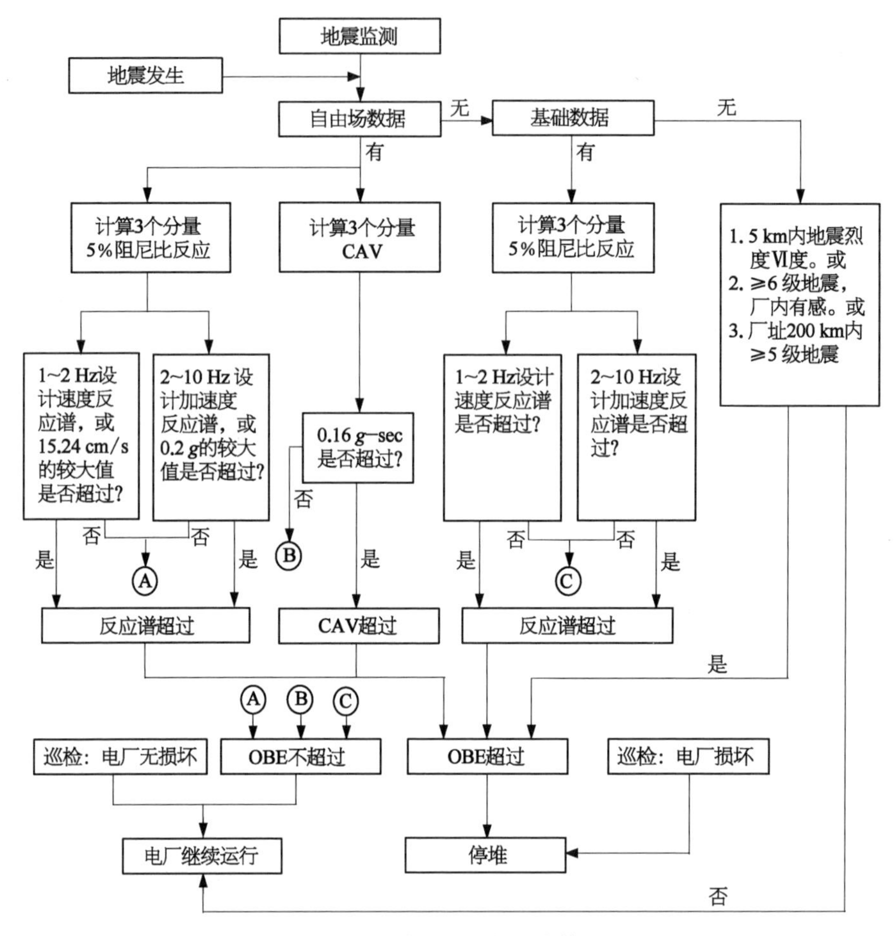

图 6.5.1　核电厂震后停堆决策流程

（1）当与设计反应谱作比较时，在 1~2 Hz 范围内的测量分析获得的反应谱应与地面运动设计速度反应谱（如低水平地震反应谱或按安全停堆地震缩减 1/3 的设计速度反应谱）和谱速度 15.24 cm/s 中取大者进行比较。

在 2~10 Hz 范围内的测量分析获得的反应谱应与地面设计加速度反应谱（如低水平地震反应谱或按安全停堆地震缩减 1/3 的设计加速度反应谱）和 0.2g 中取大者进行比较。

（2）累加绝对速度（CAV）的计算方法为：首先将地面每个方向运动的绝对加速度时程以 1 s 为间隔进行划分，然后对 1 s 间隔内至少有 1 个峰值超过 0.025g 的加速度进行处理，将整个记录中的处理值作累加即可得到该时程记录的 CAV 值(单位为 $g-\mathrm{s}$)。对于低水平地震取 1/3SSE 时 CAV 值可取 0.16 $g-\mathrm{s}$。

CAV 的计算式为

$$CAV = \int_0^{T_{\max}} |\ a(t)\ |\ \mathrm{d}t \tag{6.5.1}$$

式中,$a(t)$为检测到的地面加速度时程曲线。

典型 CAV 图如图 6.5.2 所示。

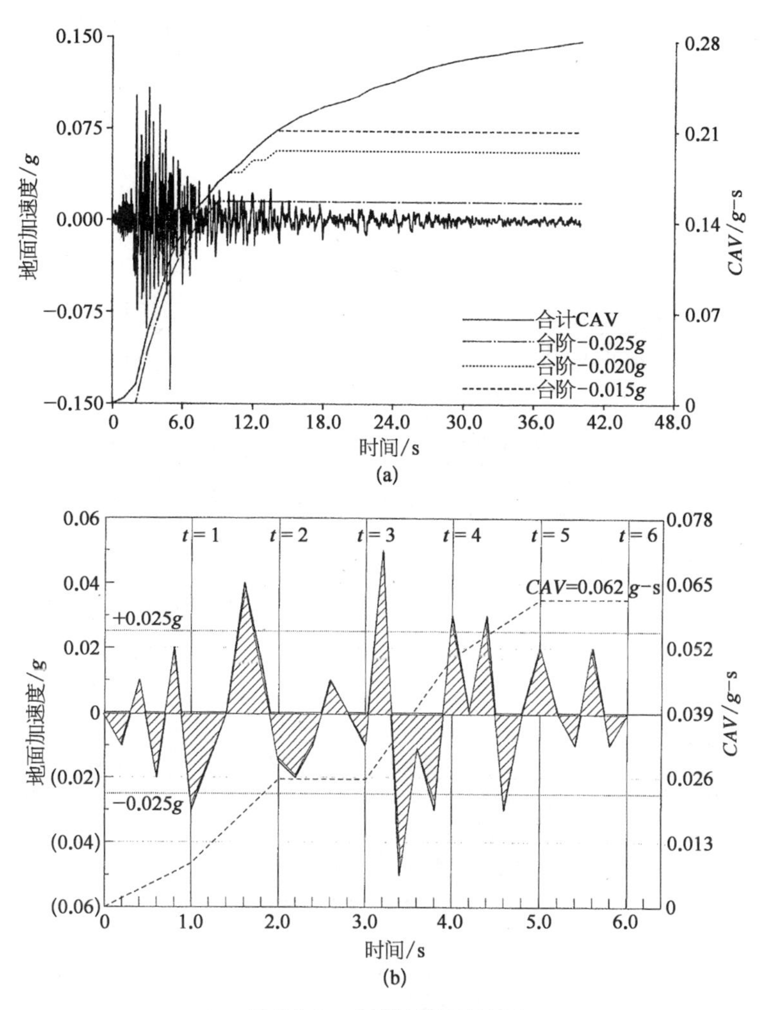

图 6.5.2　典型计算 CAV 图

(a) 全程分析图;(b) 细化分析图

3）震后行动

（1）即使核电厂安装了自动停堆系统，也应对震后行动制订详细计划和规程。

（2）主控室运行人员应通过地震监测系统对地震测量数据分析后数据与原抗震设计作比较后作出评估，并对电厂损坏状况作现场巡检与评估，还应包括恢复（或继续）运行是否准备就绪作出评估。

（3）震后巡检行动应与原制订的“震后检查大纲”基本一致，并与核电厂物项的安全分级和抗震分类相一致。震后应将需要进行试验的

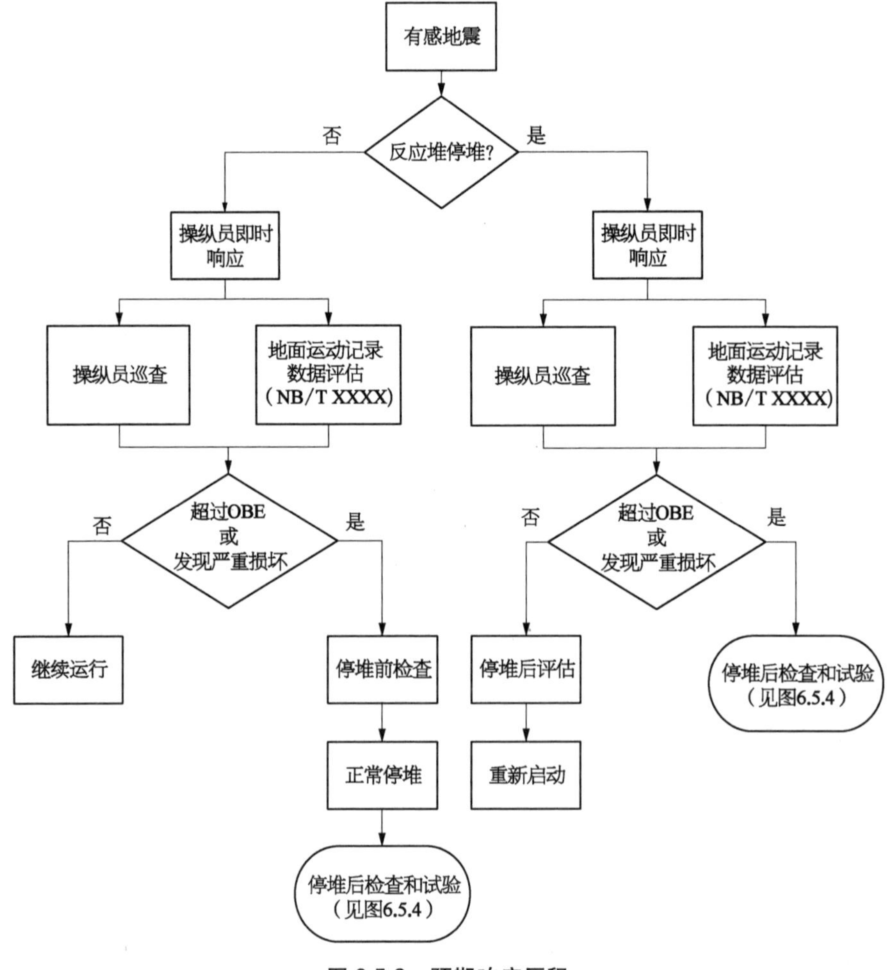

图 6.5.3　预期响应历程

性质、范围和位置等条件清楚地列入计划中，并说明是否直接与预期物项的损伤相关。考虑到实际可行，试验尽可能限于可达物项的目视检查，并与所有安全相关物项进行过所规定的抗震性能鉴定的验证结果作对比。

（4）制订震后巡检规程的内容至少包括① 总规程逻辑——包括《预期响应》和《非预期响应》，其流程如图 6.5.3 所示。② 附件 1——震后巡检活动清单和流程(见图 6.5.4)。③ 附件 2——恢复运行评估表，其流程如图 6.5.5 所示。④ 附件 3——SSC 地震损伤程度分级表。

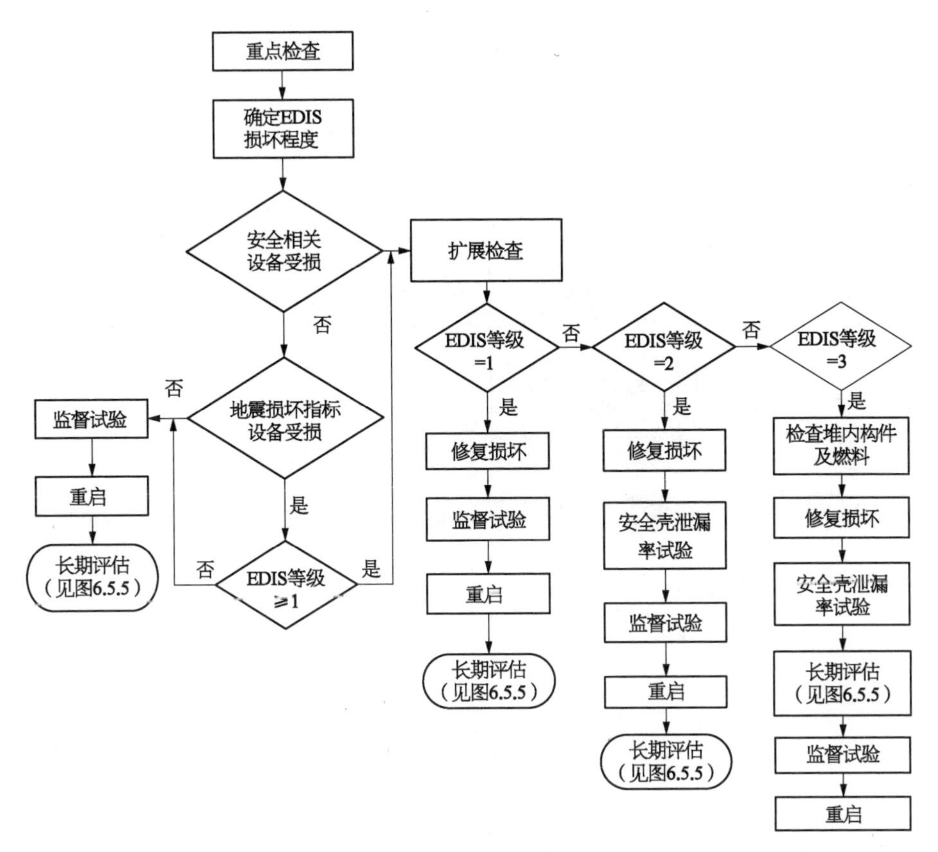

图 6.5.4　停运后检查和试验流程

（5）应在规程中明确并及时告知核安全监管部门有关重新启动运行的规定。重要文件应永久保存并有追溯性校验。

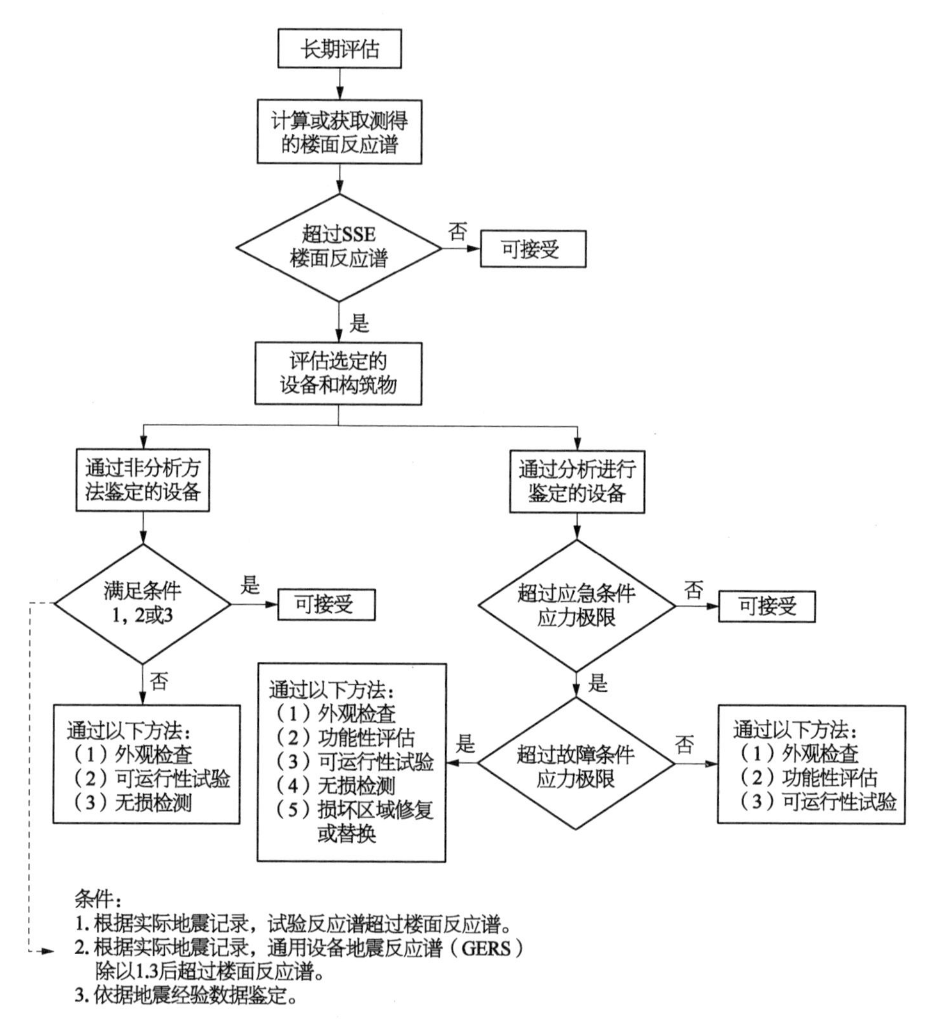

图 6.5.5　长期评估的验收准则流程

6.6　核电厂抗震裕度评估(SMA)方法

6.6.1　引言

前面几节所述的核电厂抗震设计是从确定性的角度保证设计的充分性,并在设计分析的某种程度上引入一定的保守性。主要表现为:

(1) 设计基准地震(DBE)的规定。

（2）地面和楼面反应谱的平滑与拓宽。

（3）动载荷的组合与应力限制的规则。

所以当前的设计分析方法并未给出实际失效的裕度与实际安全评估的充分信息。

后来发展了两种对地震安全评估的新方法，一种称为地震概率安全评估(SPSA)方法，该方法综合考虑了地震危害性的不确定性以及结构反应和材料能力参数的随机性，将他们整合起来对风险进行概率评估。

另一种方法是评估核电厂的抗震裕度，即抗震裕度评估方法，该方法目的主要用于证明超过设计地震基准的裕度，对核电厂的抗震安全进行定量化。该方法大约从 1983 年启动，在美国反应堆安全咨询委员会(ACRC)的推动下，NRC 开始了抗震裕度研究项目，成立的专家组并不能回答 ACRC 提出的“究竟存在多少抗震裕度”的难题，而是将研究重点放在高于设计基准的抗震裕度地震(SME)上。专家们提出当核电厂在 SME 时是否具有高置信度低失效概率(HCLPF)的关键问题，还制定了实施 SMA 的试验性导则，在 M·杨基核电厂的审查中得到首次应用。

与此同时，美国电力研究院(EPRI)也开发了类似的 SMA 方法，不同的是，该方法更强调采用确定性的高置信度低失效概率(HCLPF)计算，而不是进行脆弱性分析(FA)，另外该方法使用成功路径方法定义需要评估的部件，这点与 NRC 方法规定的事件树/故障树方法相反。第一个 EPRI－SMA 报告发表于 1988 年，之后进行修订并提供了更为详细的计算 HCLPF 导则，有两座核电厂成功地应用了 EPRI 方法的尝试。

6.6.2　核电厂 SMA 的基本要求

美国 NRC 发布的 NUREG/CR－4334(1985)提出核电厂抗震裕度评估方法定义为“会威胁核电厂的安全，尤其是会导致反应堆堆芯损伤的地震运动水平”，这种裕量可以扩展到电厂这类特定的构筑物、系统和部件，实质上它是 SSC 在超过 SSE 地震水平下仍能将电厂保持在安全停堆状态的能力。

NRC－SECY－93－087 要求先进轻水堆核电厂“概率风险评价(PRA)

用于支持地震事件中的抗震裕度类型进行评价，依据 PRA 的 SMA 在高置信度低失效概率（HCLPF）以及在等于 1⅔倍的 SSE 设计基准地震地面加速度时，分析导致堆芯损坏或安全壳失效序列的脆弱性程度”。

这里某核电厂的设计基准地震（DBE）为 SSE = 0.3g，SMA 采用抗震裕度地震（SME）为 DBE 的 1⅔倍，即 0.3×1⅔ = 0.5g。

另外，假设发生地震时电厂处于满功率运行状态。

6.6.3　SSC 的 HCLPF 计算方法简述

（1）对于核电厂关键的 SSC 进行脆弱性评估（FA）时，需用到如下信息：

- SSC 设计的布置图纸与计算书
- SSC 抗震设计准则与规程
- 抗震鉴定（试验或分析）报告
- 重要的 SSC 有关设计规格书、管道和仪表系统详细布置图
- 常用的脆弱性数据
- 系统与部件在 SSE 下的设计反应谱

（2）SSC 的 HCLPF 值可根据如下方法中的一种加以确定：

- 概率脆弱性分析（PFA）
- 保守的确定论失效裕度法（CDFM）
- 抗震鉴定试验结果
- 确定论方法
- 常规的脆弱性数据

这里重点简述第 1 种 PFA 方法。

如脆弱性分析（FA）方法中采用概率论方法计算时，可得到重要 SSC 完整的易损度分布，如对部件进行地震峰值加速度承载值计算时，需考虑到保守性和随机性的众多不确定性因素，则 HCLPF 值反映具有“高置信度和低概率失效”准则，即从中可反映不超过 5%的失效概率具有 95%的置信度。而 HCLPF 值一般可通过对数正态概率分布加以定义的，该对数正态概率分布是地震承载中值 A_m 与复合标准差 β_c 的函数：

$$HCLPF = A_m e^{-2.3\beta_c} \tag{6.6.1}$$

式中，A_m为地震承载的中值，$\beta_c = \sqrt{\beta_R^2 + \beta_v^2}$ 为复合标准差，β_R 为地震随机不确定性的综合标准差，β_v 为 SSC 模型不确定性的综合标准差。

地震承载中值 A_m与地震承载均值 $\bar{A}$ 之间关系为

$$A_m = \bar{A} e^{(-\beta_c^2/2)} \tag{6.6.2}$$

地震承载均值 $\bar{A}$ 与应力、强度设计裕量因子之间关系为

$$\bar{A} = \left[\prod_{i=1}^{N} X_i\right] A_0 \tag{6.6.3}$$

式中，A_0 为以地震地面加速度峰值计及的承载名义值，X_i 为第 i 个设计平均裕量因子（$i=1, 2, \cdots, N$）。

复合标准差 β_c 等于各个裕量因子 X_i 相关标准差 β_i 的均方根值，即可表示为

$$\beta_c = \left[\sum_{i=1}^{N} \beta_i^2\right]^{1/2} \tag{6.6.4}$$

由式(6.6.1)~式(6.6.3)，HCLPF 可表示为

$$HCLPF = \left[\prod_{i=1}^{N} X_i\right] A_0 e^{-\beta_c^2/2} e^{-2.3\beta_c} \tag{6.6.5}$$

式中，A_0，$\bar{A}$，A_m 的单位均可用重力加速度 g 来表示（$9.81\ m/s^2$）。

裕量因子 X_i的基本种类包括确定性强度因子、可变强度因子、材料阻尼比、非弹性的能量吸收（延性）、分析或模型误差、±结构相互作用（SSI）等方面。如确定 HCLPF 值的部件，其对于 SSE 的阻尼比可取表 6.6.1 中的值。

表 6.6.1　不同部件 SSE 下的阻尼比

部　　件	阻尼比/(%)
主冷却剂回路上的部件与支承	7
主冷却剂回路（反应谱分析）	5
主冷却剂回路（时程分析）	4

（续表）

部　件	阻尼比/(%)
安全壳内部结构和 IRWST 模块 钢筋混凝土结构	5
钢安全壳 焊接结构	4

注：超过屈服强度变形的部件，可取等于 7%或更高。

又如分析误差类中为了反映用于计算地震承载的动态振型模型中的建模误差，SMA 分析中可计及分析误差产生的标准差为

$$\beta_c = \begin{cases} 0.15 & \text{多自由系统模型} \\ 0.10 & \text{以某个主要模态反应的系统} \end{cases}$$

（3）概率脆弱性曲线。

根据式(6.6.1)给出求解 HCLPF 值的概率脆弱性公式以及它们的对数正态分布假设，可以计算一组近似表达脆弱性不确定性的概率脆弱曲线。给定峰值地面加速度(PGA) a 与条件失效概率 f_0 的关系式为

$$f_0 = \Phi\left[\frac{\ln\left(\frac{a}{A_m}\right)}{\beta_R}\right] \tag{6.6.6}$$

式中，$\Phi[\cdot]$ 为标准高斯正态概率分布函数，表达式为 $\Phi(x) = \int_{-\infty}^{x} \frac{1}{\sqrt{2\pi}} e^{-\frac{\nu^2}{2}} d\nu$。

如果也考虑 SSC 模型随机不确定的综合标准差的话，该脆弱性曲线可由两组复合随机不确定标准差来表示。在任意峰值地面加速度值作用下，脆弱性条件失效概率 f' 均可以由重合概率密度来表达。

$$f' = \Phi\left[\frac{\ln\left(\frac{a}{A_m}\right) + \beta_v \Phi^{-1}(Q)}{\beta_R}\right] \tag{6.6.7}$$

式中，$Q=P[f<f'\mid a]$ 为 $PGA=a$ 时的条件概率 $f<f'$ 的置信度值，$\Phi^{-1}[\cdot]$ 为标准高斯正态概率分布反函数。

例如某部件的地面加速度中值 $A_m=0.67g$，$\beta_R=0.25$，$\beta_v=0.35$，其条件失效概率 f_0 和 a 关系的 PFA 曲线如图 6.6.1 所示。

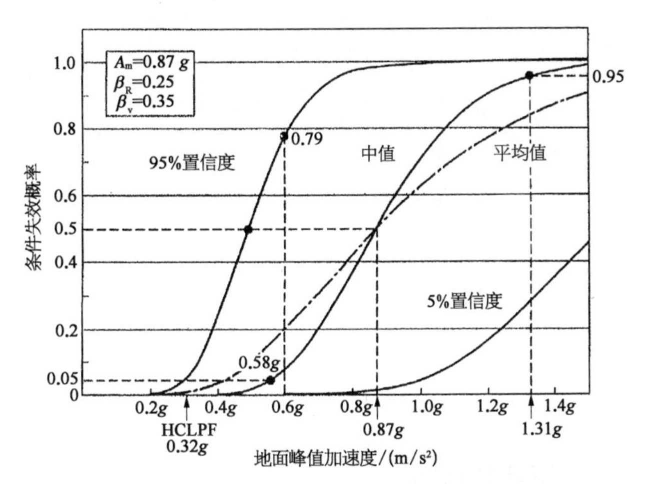

图 6.6.1　部件的均值、中值、5%和 95%不超越失效概率（置信度）的脆弱性曲线

当 $PGA=0.6g$ 时，由式（6.6.7）计算出具有 95%条件失效概率 $f'=0.79$，即在图 6.6.1 中由 95%置信度的曲线所示。失效概率在 5%~95%置信度区间内的 f' 变化范围为 0~0.79。图 6.6.1 还给出了由式（6.6.6）得到的平均概率脆弱性曲线和中值概率脆弱性曲线。

中值 $A_m=0.87g$，$\beta_c=\sqrt{\beta_v^2+\beta_R^2}=\sqrt{0.35^2+0.25^2}=0.43$，按式（6.6.1）可计算出 $HCLPF=A_m e^{-2.3\beta_c}=0.32g$。

当条件失效概率中值（即置信度）从 5%变化到 95%时，其地面加速度的对数正态概率分布是±1.65 倍综合标准差 β_R 的函数，即地面加速度峰值将从 $A_m e^{-1.65\beta_R}$ 变化到 $A_m e^{1.65\beta_R}$，在图 6.6.1 中的中值曲线上，求得 $a=(0.58\sim1.31)g$。

（4）特例。

某核电厂一次侧部件进行 PFA 评估得到的 A_m，β_c 和 HCLPF 值如表 6.6.2 所示。

表 6.6.2　一次侧部件 PFA 结果

名　　称	A_m/g	β_c	HCLPF/g
反应堆压力容器	/	/	0.74[(1)]
反应堆支承	1.59	0.36	0.69
反应堆内构件与堆芯组件	1.50	0.51	0.50
CRDM	2.20	0.51	0.70
稳压器	/	/	0.59[(1)]
稳压器支承	1.04	0.29	0.53
蒸汽发生器	/	/	0.61[(1)]
蒸汽发生器支承	1.03	0.22	0.62
主泵与支承	2.20	0.51	0.68

注(1)：基于确定论法。

6.6.4　地震始发事件分析

1）地震始发事件分级树

地震裕度模型的第一步是要评价在地震后会发生的始发事件，采用建立一组地震始发事件树，在此基础上进行故障树序列分析，以评估地震引起始发事件是否会丧失其功能（见图 6.6.2）。

地震事件发生后，建造分级事件树，首先考虑对电厂安全系统威胁最大的地震导致的始发事件——整体构筑物的倒塌（编码为 EQ－STRUS）。假如未发生整体构筑物倒塌，接下来就考虑超过应急堆芯冷却系统（ECCS）补水能力的反应堆冷却系统（RCS）丧失冷却剂（LOCA）类，也称为压力容器失效（编码为 EQ－RVFA）；假如该失效未发生，则考虑 RCS 的大 LOCA（EQ－LLOCA）；假如此失效仍未发生，则考虑 RCS 的小 LOCA（EQ－SLOCA）。蒸汽发生器传热管破裂（SGTR）和二回路管道大破口事故包络在小 LOCA 事故类中。接下来考虑地震引发的未能紧急停堆的预期瞬态（EQ－ATWS）。最后考虑所有其他瞬态（EQ－LOSP）。

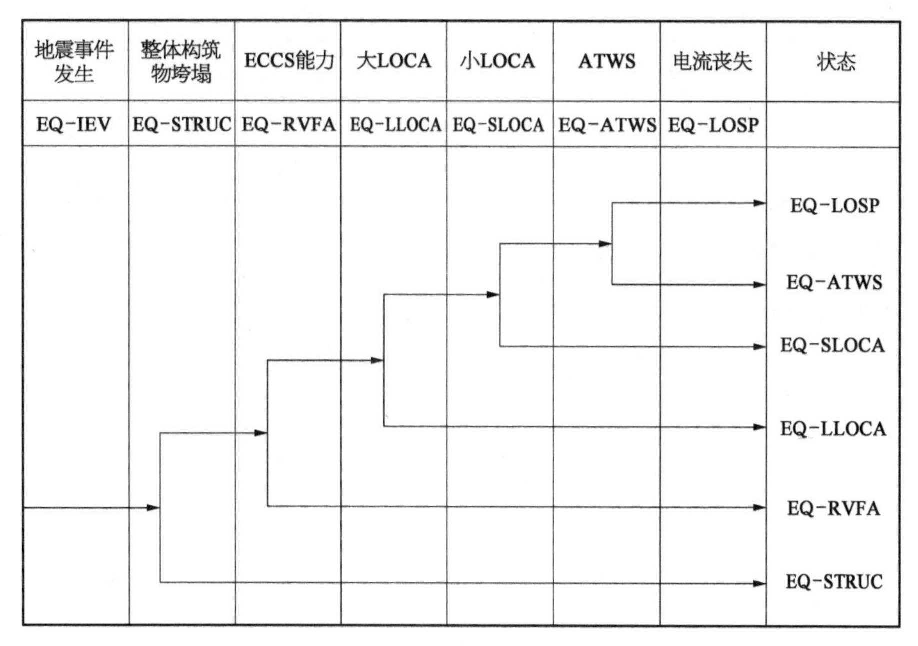

图 6.6.2 地震始发事件分级树

针对该事件的割集均为“组合割集”,包括了引起的始发事件和导致堆芯损伤的随机失效。等级数共定义为6个始发事件,风险导向的SMA虽没有对每个地震类别始发事件频率进行计算,但评价始发事件类别有贡献部件和系统的地震弱点却很重要,通过对每个地震始发事件类别所建立的HCLPF值计算来完成。

2) 始发事件类别的HCLPF计算

始发事件分级树的HCLPF的计算结果如表6.6.3所示。

表 6.6.3 始发事件 HCLPF 计算汇总

序号	始 发 事 件	HCLPF/g	支 配 性 事 件
①	EQ - IEV - STRUC	0.50	IRWST 箱体和安全壳内部失效
②	EQ - EVFA - RVFA	0.50	燃料组件失效
③	EQ - LLOCA	0.76	PRHR -热交换器失效
④	EQ - SLOCA	0.54	主蒸汽管失效

（续表）

序号	始 发 事 件	HCLPF/g	支 配 性 事 件
⑤	EQ－ATWS	0.50	堆芯组件失效(不是燃料)
⑥	EQ－LOSP	0.09	陶瓷绝缘体失效

当采用极限(最大-最小)方法时,由某个始发事件的地震事件的地震系列计算所得到的 HCLPF 值不会比始发事件 HCLPF 值小,因此采用表 6.6.3 中最小 HCLPF 值来确定电厂 HCLPF 值是保守的。因为已假设 E－RVFA 事件会导致堆芯损伤和大量放射性释放,所以针对该点对堆芯损坏频率(CDF)和大量放射性早期释放频率(LERF)后果的电厂 HCLPF 值定为 0.5g 是合理的。

参考文献

[1] 国家核安全局.核电厂抗震设计与鉴定.HAD 102/02,2018.

[2] 国家核安全局.核设备抗震鉴定试验指南.HAF J0053,1995.

[3] ANSI/ANS. Categorization of nuclear facility structures, systems, and components for seismic design. ANSI,2004.

[4] IEEE Std. IEEE recommended practice for seismic qualification of class 1E equipment for nuclear power generating stations. ANSI,2004.

[5] ASME. ASME boiler and pressure vessel code//section Ⅲ, rules for construction of nuclear facility components. Appendix N. New York: ASME Press, 2015.

[6] SECY. Policy, technical, and licensing issues pertaining to evolutionary and advanced light-water reactor (ALWR) designs. USNRC Memorandum, 1993.

[7] US－NRC. An approach to the quantification of seismic margins in nuclear power plants. NUREG/CR－4384, Washington, D.C. NRC, 1985.

[8] EPRI. Methodology for developing seismic fragilities. EPRI TR－103959, 1994.

[9] ASME/ANS. Qualification of active mechanical equipment used in nuclear power plants. ASME QME1－2018.

[10] R.G1.12, Nuclear power plant instrumentation for earthquakes. NRC, 1997.

[11] R.G1.166 Pre-earthquake planning and immediate nuclear power plant operator post-earthquake actions. NRC, 1997.

[12] ANSI/SNS. Earthquake instrumentation criteria for nuclear power plant. ANSI, 2004.

[13] ANSI/SNS. Nuclear plant response to an earthquake. ANSI, 2002.

[14] EPRI. Standardization of the cumulative absolute velocity. EPRI－TR－100082 Tier1, 1991.
[15] 张家倍,李明高,等.核电厂抗震安全评估.上海：上海科学技术出版社,2013.
[16] 姚伟达,张明,秦承军.先进轻水反应堆业主要求文件(ALWR－URD)中对核电厂抗震设计要求.核安全,2004(3).
[17] 谢永诚,姚伟达,杨仁安.核电厂地震仪表系统及震后决策要求//第 13 届全国反应堆结构力学会议论文集.2004.
[18] 张明,等.核电厂定期安全审查中的设备抗震分析评价//第 13 届全国反应堆结构力学会议论文集.2004.
[19] 王新敏.ANSYS 结构动力学分析与应用.北京：人民交通出版社,2014.

附　录

附录 A　抗震系统解耦表

A.1　符号

抗震系统由抗震主系统和子系统组成(图 A.1),与基础相连的主系统由质量 m_1 和弹簧 k_1 组成,附在主系统上的子系统由质量 m_2 和弹簧 k_2 组成。

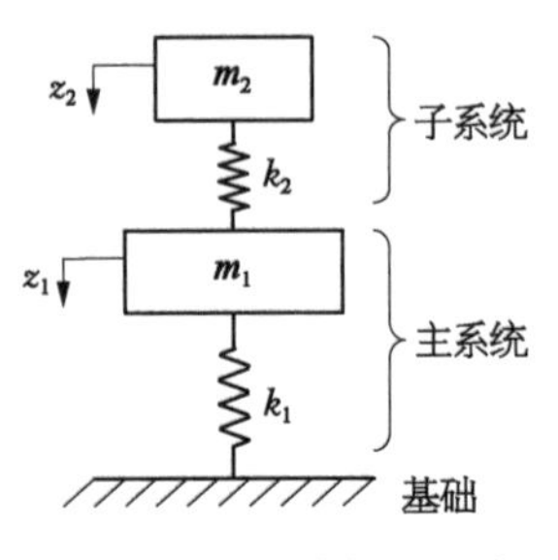

图 A.1　主系统与子系统

符号含义为

$$\text{质量比}: R_m = \frac{\text{子系统质量 } m_2}{\text{主系统质量 } m_1} \tag{A.1}$$

$$\text{频率比}: R_\omega = R_f = \frac{\text{子系统固有圆频率 } \omega_2(\text{或} f_2)}{\text{主系统固有圆频率 } \omega_1(\text{或} f_1)} \tag{A.2}$$

$$\begin{cases} \omega_1 = \sqrt{\dfrac{k_1}{m_1}}\left(\text{或} f_1 = \dfrac{\omega_1}{2\pi}\right) \\ \omega_2 = \sqrt{\dfrac{k_2}{m_2}}\left(\text{或} f_2 = \dfrac{\omega_2}{2\pi}\right) \end{cases} \tag{A.3}$$

A.2　解耦表 A.1 的说明

(1) 表中横坐标列出的质量比 $R_m = 0.005 \sim 1.00$ 范围,纵坐标列出频率比 $R_f = 0.10 \sim 100.00$ 范围。

表 A.1 主系统与子系统的解耦表

R_f \ R_m	0.005	0.01	0.02	0.03	0.04	0.05	0.06	0.07	0.08	0.09	0.10	0.15	0.20	0.25	0.50	1.00
0.10	0.000 0	0.000 1	0.000 1	0.000 2	0.000 2	0.000 3	0.000 3	0.000 4	0.000 4	0.000 5	0.000 5	0.000 8	0.001 0	0.001 3	0.002 5	0.005 0
0.20	0.000 1	0.000 2	0.000 4	0.000 6	0.000 3	0.001 0	0.001 2	0.001 5	0.001 7	0.001 9	0.002 1	0.003 1	0.004 2	0.005 2	0.010 4	0.020 6
0.30	0.000 2	0.000 5	0.001 0	0.001 5	0.002 0	0.002 5	0.003 0	0.003 5	0.003 9	0.004 4	0.004 9	0.007 4	0.009 8	0.012 3	0.024 3	0.047 9
0.40	0.000 5	0.001 0	0.001 9	0.002 9	0.003 8	0.004 7	0.005 7	0.006 6	0.007 6	0.008 5	0.009 4	0.014 1	0.018 7	0.023 3	0.045 8	0.088 6
0.50	0.000 8	0.001 7	0.003 3	0.005 0	0.006 6	0.008 3	0.009 9	0.011 5	0.013 1	0.014 7	0.016 4	0.024 3	0.032 1	0.039 9	0.076 7	0.144 1
0.60	0.001 4	0.002 8	0.005 6	0.008 3	0.011 1	0.013 8	0.016 4	0.019 1	0.021 7	0.024 4	0.027 0	0.039 7	0.052 0	0.063 9	0.119 2	0.215 0
0.70	0.002 4	0.004 7	0.009 4	0.013 9	0.018 4	0.022 8	0.027 1	0.031 3	0.035 5	0.039 6	0.043 6	0.062 9	0.081 1	0.098 3	0.174 7	0.300 0
0.80	0.004 4	0.008 6	0.016 7	0.024 3	0.031 6	0.038 6	0.045 3	0.051 8	0.058 1	0.064 2	0.070 1	0.097 6	0.122 5	0.145 6	0.243 4	0.397 2
0.90	0.009 8	0.018 3	0.033 1	0.045 8	0.057 2	0.067 7	0.077 4	0.086 6	0.095 2	0.103 5	0.111 4	0.147 2	0.178 4	0.206 8	0.324 0	0.504 0
0.95	0.017 4	0.029 8	0.049 0	0.064 5	0.077 9	0.089 9	0.100 9	0.111 2	0.120 9	0.130 0	0.138 8	0.177 9	0.211 8	0.242 3	0.368 0	0.560 2
1.00	0.036 0	0.051 2	0.073 2	0.090 3	0.105 0	0.118 0	0.129 9	0.141 0	0.151 4	0.161 2	0.170 5	0.212 2	0.248 3	0.280 8	0.414 2	0.618 0
1.05	0.019 5	0.032 8	0.053 4	0.069 8	0.084 1	0.096 9	0.108 6	0.119 5	0.129 8	0.139 5	0.148 8	0.190 3	0.226 3	0.258 8	0.392 6	0.597 4
1.10	0.012 8	0.023 4	0.041 2	0.056 3	0.069 6	0.081 8	0.093 0	0.103 5	0.113 5	0.123 0	0.132 1	0.172 9	0.208 6	0.240 8	0.374 4	0.579 6
1.20	0.007 9	0.015 2	0.028 7	0.040 9	0.052 3	0.062 9	0.072 9	0.082 5	0.091 7	0.100 5	0.108 9	0.147 7	0.182 2	0.213 7	0.345 7	0.551 1
1.25	0.006 8	0.013 2	0.025 2	0.036 4	0.047 0	0.056 9	0.066 4	0.075 5	0.084 2	0.092 7	0.100 9	0.138 5	0.172 3	0.203 3	0.334 4	0.539 6
1.30	0.006 0	0.011 8	0.022 8	0.033 1	0.042 9	0.052 3	0.061 3	0.070 0	0.078 4	0.086 5	0.094 4	0.131 0	0.164 1	0.194 6	0.324 6	0.529 3
1.40	0.005 0	0.010 0	0.019 5	0.028 6	0.037 3	0.045 8	0.054 0	0.062 0	0.069 7	0.077 3	0.084 7	0.119 4	0.151 2	0.180 8	0.308 5	0.512 3
1.50	0.004 5	0.008 8	0.017 4	0.025 6	0.033 7	0.041 5	0.049 1	0.056 6	0.063 8	0.071 0	0.077 9	0.111 0	0.141 7	0.170 5	0.296 1	0.498 9
2.00	0.003 3	0.006 6	0.013 1	0.019 6	0.025 9	0.032 1	0.038 3	0.044 4	0.050 4	0.056 4	0.062 3	0.090 8	0.118 0	0.144 1	0.262 2	0.460 4
3.00	0.002 8	0.005 6	0.011 2	0.016 7	0.022 1	0.027 6	0.032 9	0.038 3	0.043 6	0.048 9	0.054 1	0.079 7	0.104 6	0.128 7	0.240 5	0.434 3
5.00	0.002 6	0.005 2	0.010 4	0.015 5	0.020 6	0.025 7	0.030 7	0.035 7	0.040 7	0.045 7	0.050 6	0.074 9	0.098 6	0.121 7	0.230 3	0.421 3
10.00	0.002 5	0.005 0	0.010 0	0.015 0	0.020 0	0.024 9	0.029 8	0.034 7	0.039 6	0.044 4	0.049 2	0.073 0	0.096 2	0.118 9	0.226 1	0.416 0
100.00	0.002 5	0.005 0	0.010 0	0.014 9	0.019 8	0.024 7	0.029 6	0.034 4	0.039 2	0.044 0	0.048 8	0.072 4	0.095 5	0.118 0	0.224 8	0.414 2

（2）表中所列值表示抗震系统的耦合固有圆频率 ω_1^*，ω_2^* 与主系统、子系统本身的固有频率 ω_1，ω_2 之间的相对偏差值，由第 4 章中式(4.4.1)所示。

（3）表中所示的在两条方框粗线分别表示相对偏差值为 5%和 10%。

（4）在表中方框粗线以外区域表示可解耦的 R_m 和 R_f 值，反之粗线之内区域表示不可解耦的 R_m 和 R_f 值。

附录 B　楼面反应谱精确计算程序的理论文本及其验证

B.1　加速度反应谱理论解的推导

反应谱是一族理想化的线性、单自由度、有阻尼所组成振动子上求得的最大反应曲线，其反应可包括加速度、速度或位移。该最大反应曲线反映了当振子在其对应楼面处有特定的地震运动输入时，建立一族楼面反应与振动子自然频率(或周期)的函数关系。

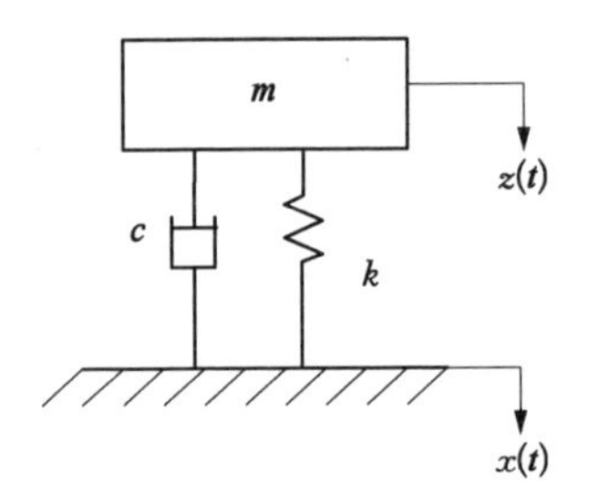

图 B.1　单自由度振子模型

单自由度振子模型由质量 m、弹簧刚度 k 与阻尼 c 组成(见图 B.1)，其基础输入为运动的位移 $x(t)$，其振子质量上输出运动位移为 $z(t)$。其动力平衡方程为

$$m\ddot{z}+c(\dot{z}-\dot{x})+k(z-x)=0 \tag{B.1}$$

设 $z(t)$ 相对于基础的相对位移 $y(t)$ 为

$$y(t)=z(t)-x(t) \tag{B.2}$$

代入式(B.1)后得相对位移 $y(t)$ 下的动力平衡方程为

$$m\ddot{y}+c\dot{y}+ky=-m\ddot{x} \tag{B.3}$$

令 $\omega_0=\sqrt{\dfrac{k}{m}}$，$\xi=\dfrac{c}{2\sqrt{mk}}$

式(B.3)可转化为

$$\ddot{y} + 2\xi\omega_0\dot{y} + \omega_0^2 y = -\ddot{x} \tag{B.4}$$

式中,$\ddot{x}$ 为基础上输入的加速度时程,ω_0 为振子的无阻尼自振圆频率(或称自然圆频率),ξ 为振子的阻尼比。

令振子固有圆频率为 $p = \sqrt{1-\xi^2}\,\omega_0$ (B.5)

并设初始条件 $t = 0$ 时的相对位移和速度为

$$\begin{cases} y(t)\mid_{t=0} = y(0) \\ \dot{y}(t)\mid_{t=0} = \dot{y}(0) \end{cases} \tag{B.6}$$

由此振子动力方程式(B.4)可求得含初始条件的通解以及从方程右端 $\ddot{x}(t)$ 求得其特解,经整理后表示为

$$\begin{cases} y(t) = \left[e^{-\xi\omega_0 t}\left(\cos pt + \dfrac{\xi}{\sqrt{1-\xi^2}}\sin pt\right)\right] y(0) + \left(\dfrac{1}{\sqrt{1-\xi^2}} e^{-\xi\omega_0 t}\sin pt\right)\dfrac{\dot{y}(0)}{\omega_0} - \\ \qquad \dfrac{1}{p}\displaystyle\int_0^t \ddot{x}(\tau) e^{-\xi\omega_0(t-\tau)} \sin p(t-\tau)\,d\tau \\ \dfrac{\dot{y}(t)}{\omega_0} = \left[-\dfrac{1}{\sqrt{1-\xi^2}} e^{-\xi\omega_0 t}\sin pt\right] y(0) + \left[e^{-\xi\omega_0 t}\left(\cos pt - \dfrac{\xi}{\sqrt{1-\xi^2}}\sin pt\right)\right]\dfrac{\dot{y}(0)}{\omega_0} + \\ \qquad \dfrac{\xi}{p}\displaystyle\int_0^t \ddot{x}(\tau) e^{-\xi\omega_0(t-\tau)} \sin p(t-\tau)\,d\tau - \dfrac{1}{\omega_0}\displaystyle\int_0^t \ddot{x}(\tau) e^{-\xi\omega_0(t-\tau)} \cos p(t-\tau)\,d\tau \end{cases}$$

(B.7)

直接利用式(B.4),振子质量上求得的绝对加速度 $\ddot{z}(t)$ 可表示为

$$\ddot{z}(t) = \ddot{y}(t) + \ddot{x}(t) = -\left[2\xi\omega_0\dot{y}(t) + \omega_0^2 y(t)\right] \tag{B.8}$$

在 t 时刻上取绝对加速度 $\ddot{z}(t)$ 的最大峰值的绝对值为 $|\ddot{z}(t)|_{max}$,再以振子的自然圆频率 ω_0(或 f_0)和阻尼比 ξ 为自变量,作出 $|\ddot{z}(t)|_{max}$ 与 ω_0 和 ξ 的函数关系曲线,可定义为绝对加速度反应谱 $A(\omega_0, \xi)$:

$$A(f_0) = \max |\ \ddot{z}(t)\ | \tag{B.9}$$

实际上，$A(\omega_0, \xi)$ 就是表征当地震加速度输入时的单自由度体系反应的最大值，作为该体系的阻尼和固有频率的函数而求得反应谱来判断设计抗震能力。

B.2 加速度反应谱的差分格式

振子动力微分方程的通解和特解表示在式(B.7)和式(B.8)中，通解与初始条件 $y(0)$ 和 $\dot{y}(0)$ 有关，特解则表征为标准的杜哈梅积分形式。由于楼面输入加速度 $\ddot{x}(t)$ 是一种随机函数形式的时程曲线，因此该积分通常不能由解析函数形式求得。应当采用有限差分格式对杜哈梅积分形式进行数值计算得到其解，设在有限时间从 t_n 变至 t_{n+1} 的时间间隔 Δt 足够小时，可从时刻 t_n 求出 t_{n+1} 的函数值的收敛解。

对于式(B.7)可以 t_n 时刻的解 $y(t_n)$ 和 $\dot{y}(t_n)$ 作为在 t_{n+1} 时刻解 $y(t_{n+1})$ 和 $\dot{y}(t_{n+1})$ 时的初始值，即将 $y(0)$ 和 $\dot{y}(0)$ 用 $y(t_n)$ 和 $\dot{y}(t_n)$ 代替。其特解的杜哈梅积分中可变换为 (t_n, t_{n+1}) 的积分区间内对 τ 进行积分。这样由向前差分格式形式可将式(B.7)、式(B.8)转化为

$$\begin{cases} Y_{n+1} = \left[\mathrm{e}^{-\xi\omega_0 h}\left(\cos ph + \dfrac{\xi}{\sqrt{1-\xi^2}}\sin ph\right)\right] Y_n + \left[\dfrac{1}{\sqrt{1-\xi^2}}\mathrm{e}^{-\xi\omega_0 h}\sin ph\right]\dfrac{\dot{Y}_n}{\omega_0} - \\ \qquad \dfrac{1}{p}\displaystyle\int_{t_n}^{t_{n+1}} \ddot{x}(\tau)\,\mathrm{e}^{-\xi\omega_0(t_{n+1}-\tau)}\sin p(t_{n+1}-\tau)\,\mathrm{d}\tau \\ \dfrac{\dot{Y}_{n+1}}{\omega_0} = \left[-\dfrac{1}{\sqrt{1-\xi^2}}\mathrm{e}^{-\xi\omega_0 h}\sin ph\right] Y_n + \left[\mathrm{e}^{-\xi\omega_0 h}\left(\cos ph - \dfrac{\xi}{\sqrt{1-\xi^2}}\sin ph\right)\right]\dfrac{\dot{Y}_n}{\omega_0} - \\ \qquad \dfrac{\xi}{p}\displaystyle\int_{t_n}^{t_{n+1}} \ddot{x}(\tau)\,\mathrm{e}^{-\xi\omega_0(t_{n+1}-\tau)}\sin p(t_{n+1}-\tau)\,\mathrm{d}\tau - \\ \qquad \dfrac{1}{\omega_0}\displaystyle\int_{t_n}^{t_{n+1}} \ddot{x}(\tau)\,\mathrm{e}^{-\xi\omega_0(t-\tau)}\cos p(t_{n+1}-\tau)\,\mathrm{d}\tau \end{cases} \tag{B.10}$$

$$\ddot{z}_{n+1}=-\left[2\xi\omega_0\dot{Y}_{n+1}+\omega_0^2\dot{Y}_{n+1}\right] \tag{B.11}$$

式中，h 为从时间 t_n 至 t_{n+1} 的时间间隔，$h=t_{n+1}-t_n$，

Y_n，Y_{n+1} 为在时间 t_n 和 t_{n+1} 时的相对位移 $y(t)$ 值，

$\dot{Y}_n$，$\dot{Y}_{n+1}$ 为在时间 t_n 和 t_{n+1} 时的相对速度 $\dot{y}(t)$ 值，

$\ddot{z}_n$，$\ddot{z}_{n+1}$ 为在时间 t_n 和 t_{n+1} 时的相对加速度 $\ddot{z}(t)$ 值。

积分式中基础处输入加速度 $\ddot{x}(t)$ 可应用两阶向前插值公式，在一个采样周期内 $\ddot{x}(t)$ 可近似表示的差分格式为

$$\ddot{X}(t_n+hs)=\ddot{X}(t_n)+s\Delta\ddot{X}(t_n)+\frac{s(s-1)}{2}\Delta^2\ddot{X}(t_n) \tag{B.12}$$

式中，$\ddot{X}(t_n)$，$\ddot{X}(t_n+hs)$ 为在时间 t_n，(t_n+hs) 时的加速度 $\ddot{x}(t)$ 值，s 为在时间 t_n 至 t_{n+1} 时间间隔内有关 τ 时刻的无量纲值。

$$s=\frac{\tau-t_n}{h} \tag{B.13}$$

$$\begin{cases}\Delta\ddot{X}(t_n)=\ddot{X}_{n+1}-\ddot{X}_n\\ \Delta^2\ddot{X}(t_n)=\ddot{X}_{n+1}-2\ddot{X}_n+\ddot{X}_{n-1}\end{cases} \tag{B.14}$$

式中，$\ddot{X}_{n-1}$，$\ddot{X}_n$ 和 $\ddot{X}_{n+1}$ 为分别在时间 t_{n+1}，t_n 和 t_{n+1} 时的加速度 $\ddot{x}(t)$ 值，$\Delta\ddot{X}(t_n)$ 和 $\Delta^2\ddot{X}(t_n)$ 分别为一阶和二阶差分格式。

将插值公式(B.12)代入式(B.10)、式(B.11)中的 $\ddot{x}(\tau)$，对 τ 进行积分后，经整理可得到十分简洁的表达式：

$$\begin{cases}Y_{n+1}=A_1Y_n+B_1\dfrac{\dot{Y}_n}{\omega_0}+C_1\ddot{X}_n+D_1(\Delta\ddot{X}_n)+E_1(\Delta^2\ddot{X}_n)\\ \dfrac{\dot{Y}_{n+1}}{\omega_0}=A_2Y_n+B_2\dfrac{\dot{Y}_n}{\omega_0}+C_2\ddot{X}_n+D_2(\Delta\ddot{X}_n)+E_2(\Delta^2\ddot{X}_n)\\ \ddot{Z}_{n+1}=A_3Y_n+B_3\dfrac{\dot{Y}_n}{\omega_0}+C_3\ddot{X}_n+D_3(\Delta\ddot{X}_n)+E_3(\Delta^2\ddot{X}_n)\end{cases} \tag{B.15}$$

式中，

$$\begin{cases} A_1 = e^{-\xi\omega_0 h}\left(\cos ph + \dfrac{\xi}{\sqrt{1-\xi^2}}\sin ph\right) \\ B_1 = \dfrac{1}{\sqrt{1-\xi^2}}e^{-\xi\omega_0 h}\sin ph \\ C_1 = -\dfrac{h}{p}I_1 \\ D_1 = \dfrac{h}{p}(I_3 - I_1) \\ E_1 = \dfrac{h}{2p}(I_3 - I_5) \end{cases} \tag{B.16}$$

$$\begin{cases} A_2 = -B_1 \\ B_2 = e^{-\xi\omega_0 h}\left(\cos ph - \dfrac{\xi}{\sqrt{1-\xi^2}}\sin ph\right) \\ C_2 = \dfrac{h}{\omega_0}\left(\dfrac{\xi}{\sqrt{1-\xi^2}}I_1 - I_2\right) \\ D_2 = \dfrac{h}{\omega_0}\left[\dfrac{\xi}{\sqrt{1-\xi^2}}(I_1 - I_3) - I_2 + I_4\right] \\ E_2 = \dfrac{h}{\omega_0}\left[\dfrac{\xi}{\sqrt{1-\xi^2}}(I_5 - I_3) - I_6 + I_4\right] \end{cases} \tag{B.17}$$

$$\begin{cases} A_3 = -\omega_0^2 A_1 - 2\xi\omega_0^2 A_2 \\ B_3 = -\omega_0^2 B_1 - 2\xi\omega_0^2 B_2 \\ C_3 = -\omega_0^2 C_1 - 2\xi\omega_0^2 C_2 \\ D_3 = -\omega_0^2 D_1 - 2\xi\omega_0^2 D_2 \\ E_3 = -\omega_0^2 E_1 - 2\xi\omega_0^2 E_2 \end{cases} \tag{B.18}$$

$$
\begin{cases}
I_1 = \int_0^1 e^{-\xi\omega_0 hs}\sin(phs)\,ds = \dfrac{1}{\omega_0 h}[p - e^{-\xi\omega_0 h}(\xi\omega_0 \sin ph + p\cos ph)] \\
I_2 = \int_0^1 e^{-\xi\omega_0 hs}\cos(phs)\,ds = \dfrac{e^{-\xi\omega_0 h}}{\omega_0 h}[-\xi\cos ph + \sqrt{1-\xi^2}\sin ph] + \dfrac{\xi}{\omega_0 h} \\
I_3 = \int_0^1 s e^{-\xi\omega_0 hs}\sin(phs)\,ds = -\dfrac{e^{-\xi\omega_0 h}}{\omega_0 h}(\xi\omega_0 \sin ph + p\cos ph) + \dfrac{1}{\omega_0^2 h}(\xi\omega_0 I_1 + pI_2) \\
I_4 = \int_0^1 s e^{-\xi\omega_0 hs}\cos(phs)\,ds = \dfrac{e^{-\xi\omega_0 h}}{\omega_0^2 h}(p\sin ph - \xi\omega_0 \cos ph) + \dfrac{1}{\omega_0^2 h}(\xi\omega_0 I_2 - pI_1) \\
I_5 = \int_0^1 s^2 e^{-\xi\omega_0 hs}\sin(phs)\,ds = -\dfrac{e^{-\xi\omega_0 h}}{\omega_0^2 h}(\xi\omega_0 \sin ph + p\cos ph) + \dfrac{2}{\omega_0^2 h}(\xi\omega_0 I_3 + pI_4) \\
I_6 = \int_0^1 s^2 e^{-\xi\omega_0 hs}\cos(phs)\,ds = \dfrac{e^{-\xi\omega_0 h}}{\omega_0^2 h}(p\sin ph - \xi\omega_0 \cos ph) + \dfrac{2}{\omega_0^2 h}(\xi\omega_0 I_4 - pI_5)
\end{cases}
\tag{B.19}
$$

按差分格式[式(B.10)~式(B.14)]可计算出不同阻尼比 ξ 与自振频率 $f_0 = \dfrac{\omega_0}{2\pi}$ 时振动子绝对加速度时程 (t_1, t_2, …, t_N) 的离散值,从时程中求出加速度幅值中的最大峰值。该最大峰值就是对应阻尼比 ξ 与自振频率 f_0 所对应的加速度反应谱,固定某阻尼比 ξ 后可获得如图 B.2 中虚线所示的加速度反应谱曲线。

即

$$
A(\xi, f_0) = \max|\ddot{z}(t)| \tag{B.20}
$$

B.3 设计反应谱的生成

考虑到楼面所安装的系统、设备和部件的自振频率不确定性所引起的偏差,对计算得到的加速度反应谱作两方面的偏差修正。

(1) 在反应谱曲线上对应自振频率 f_0 所选用的频率点应按 ASME BPVC,第Ⅲ卷附录 N,N－1226 的规定列于表 B.1 中。

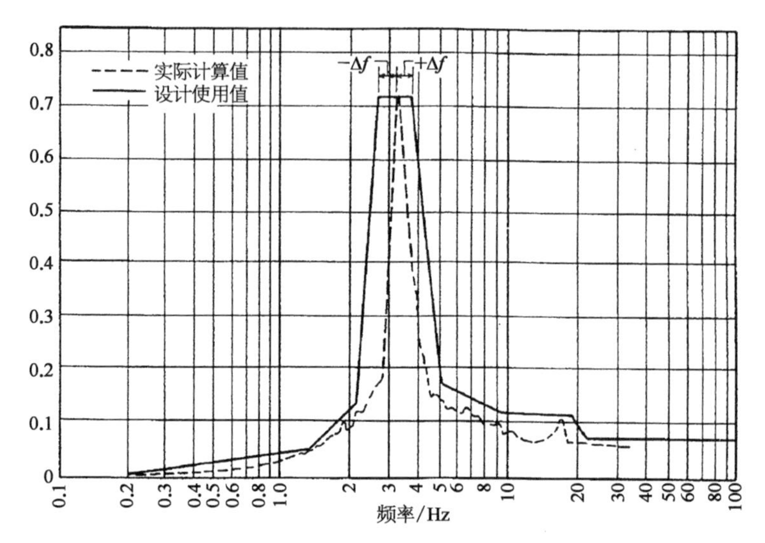

图 B.2　设计加速度反应谱

表 B.1　计算加速度反应谱所选用的频率点

反应谱上频率范围/Hz	增量/Hz
0.2~3.0	0.10
3.0~3.6	0.15
3.6~5.0	0.20
5.0~8.0	0.25
8.0~15.0	0.50
15.0~18.0	1.0
18.0~22.0	2.0
22.0~24.0	3.0

(2) 按 ASME BPVC,第Ⅲ卷附录 N,附录 N－1226 规定的方法,计算所得到的加速度反应谱曲线中某频率 f_0 对应的谱峰值,按频宽为 $\Delta f = \pm 0.15 f_0$ 进行左右两方向拓宽,如图 B.2 中实线所示的加宽反应谱曲线称为设计反应谱,该设计反应谱可用作核电厂设施的抗震设计分析的输入。

B.4　计算所得加速度反应谱的验证

为了验证所编制的加速度反应谱数字化程序是否正确,可用标准有理论解的考题进行考核。这里采用的考题是楼面输入加速度 $\ddot{x}(t)$ 为多个周期交变性质的组合波形,单自由度振子方程式(B.4)可表示为

$$\ddot{y}+2\xi\omega_0\dot{y}+\omega_0^2 y=-\ddot{x}=-\sum_{k=1}^{N}a_k\sin(\omega_k t+\theta_k) \tag{B.21}$$

式中, a_k, ω_k, θ_k 分别为周期交变形状波形的幅值、圆频率与相位, $k=1$, 2, …, N。其方程的相对位移 $y(t)$ 和相对速度 $\dot{y}(t)$ 之解为

$$\begin{cases} y(t)=-\sum\limits_{k=1}^{N}\dfrac{a_k}{\sqrt{\delta}}\sin(\omega_k t+\theta_k-\phi_k) \\ \dot{y}(t)=-\sum\limits_{k=1}^{N}\dfrac{a_k\omega_k}{\sqrt{\delta}}\cos(\omega_k t+\theta_k-\phi_k) \end{cases} \tag{B.22}$$

绝对加速度 $\ddot{z}(t)$ 之解为

$$\ddot{z}(t)=2\xi\omega_0\dot{y}+\omega_0^2 y=-\sum_{k=1}^{N}a_k\sqrt{\frac{\delta_1}{\delta}}\sin(\omega_k t+\theta_k-\phi_k+\varphi_k) \tag{B.23}$$

式中,有关系数为

$$\begin{cases} \delta=(\omega_0^2-\omega_k^2)^2+(2\xi\omega_0\omega_k)^2 \\ \delta_1=\omega_0^4+(2\xi\omega_0\omega_k)^2 \\ \phi_k=\arctan\left[\dfrac{2\xi\omega_0\omega_k}{\omega_0^2-\omega_k^2}\right] \\ \varphi_k=\arctan\left[\dfrac{2\xi\omega_k}{\omega_0}\right] \end{cases} \tag{B.24}$$

$$\begin{cases} \omega_k=2\pi f_k \\ \omega_0=2\pi f_0 \end{cases} \tag{B.25}$$

对于不同的阻尼比 ξ, 反应谱的幅值是 f_0 上所对应式(B.23)中 $\ddot{z}(t)$ 在时域上的最大峰值,即反应谱幅值为

$$A(\xi, f_0) = \max | \ddot{z}(t) | \tag{B.26}$$

多频波输入的反应谱曲线上的每个峰值 $A_{\max}$ 应落在频率 $f_0 = f_k$ 处，对应 $(A_k)_{\max}$ 的近似表示式为

$$(A_k)_{\max} = \frac{a_k}{2\xi} \quad (k = 1, 2, \cdots, N) \tag{B.27}$$

若输入加速度 $\ddot{x}(t)$ 为一个幅值为 A、圆频率为 ω 的矩形波时，其展开为傅里叶级数的表达式为

$$\ddot{x}(t) = \frac{4A}{\pi}\sum_{k=1}^{\infty} \frac{1}{(2k - 1)}\sin[(2k - 1)\omega t] \tag{B.28}$$

对照式(B.21)的右端项可得 a_k 为

$$\begin{cases} a_k = \dfrac{4A}{(2k - 1)\pi} \\ \omega_k = (2k - 1)\omega = 2\pi(2k - 1)f \\ k = 1, 2, \cdots, N \end{cases} \tag{B.29}$$

代入式(B.21)可得到加速度反应谱最大幅值近似式为

$$(A_k)_{\max} = \frac{2A}{(2k - 1)\pi\xi} \quad (k = 1, 2, \cdots, N) \tag{B.30}$$

[**例**] 输入幅值 $A = 1g(9.81\ \mathrm{m/s^2})$，$f = 5$ Hz 的矩形波，对应不同阻尼比的加速度反应谱上峰值如表 B.2 所示，可作为考核编制反应谱计算程序的校验值。

表 B.2 反应谱上峰值 $(A_k)_{\max}$

k	f_0/Hz	$(A_k)_{\max}(f_0)$		
		$\xi = 2\%$	$\xi = 5\%$	$\xi = 10\%$
1	5	31.90	12.66	6.53
2	15	11.84	5.81	3.25
3	25	8.15	4.63	3.05

B.5 速度反应谱与位移反应谱

在某些特定的设施抗震设计分析(或试验)时需用到速度反应谱或位移反应谱,当已按式(B.20)求出了加速度反应谱时,可近似按下式计算速度反应谱 $V(\xi, f_0)$ 和位移反应谱 $D(f_0)$。

$$\begin{cases} V(\xi, f_0) \approx \dfrac{1}{2\pi f_0} A(\xi, f_0) \\ D(\xi, f_0) \approx \dfrac{1}{(2\pi f_0)^2} A(\xi, f_0) \end{cases} \tag{B.31}$$

如需精确获得速度反应谱和位移反应谱,可从绝对加速度反应 $\ddot{z}(t)$ 直接积分求得速度反应 $\dot{z}(t)$ 和位移反应 $z(t)$ 方法,再求绝对速度反应谱 $V(\xi, f_0)$ 与绝对位移反应谱 $D(\xi, f_0)$。在对时程数值积分运算时,往往由于初值问题或者时程漂移及摄动等问题,很难获得真实的交变运动的时程曲线。这里推荐采用三角级数展开方法,对于低频振动条件是适用的。

将 $\ddot{z}(t)$ 时程展开为余弦级数:

$$\ddot{z}(t) = \sum_{k=1}^{N} a_k \cos(2\pi f_k t + \theta_k) \tag{B.32}$$

$$\begin{cases} a_k = \sqrt{2G(f_k)\Delta f} \\ f_k = (k-1)\Delta f \quad (k = 1, 2, \cdots, N) \end{cases} \tag{B.33}$$

式中,a_k 为对应 f_k 的幅值,$G(f_k)$ 对应 $\ddot{z}(t)$ 的功率谱密度函数,Δf 为采样频率宽度。

按式(B.32)中 $\ddot{z}(t)$ 在积分时不考虑初始条件引起的过渡效应,其速度 $\dot{z}(t)$ 和位移 $z(t)$ 可表示为

$$\begin{cases} \dot{z}(t) = \displaystyle\sum_{k=1}^{N} \frac{a_k}{2\pi f_k} \sin(2\pi f_k t + \theta_k) \\ z(t) = -\displaystyle\sum_{k=1}^{N} \frac{a_k}{(2\pi f_k)^2} \cos(2\pi f_k t + \theta_k) \end{cases} \tag{B.34}$$

其绝对速度反应谱 $V(\xi, f_0)$ 与绝对位移 $D(\xi, f_0)$ 反应谱可由 $\dot{z}(t)$ 与 $z(t)$ 时程的最大峰值求得

$$\begin{cases} V(\xi, f_0) = \max|\dot{z}(t)| \\ D(\xi, f_0) = \max|z(t)| \end{cases} \tag{B.35}$$

这里值得注意的是，$D(f_0)$ 是绝对位移 $z(t)$ 所得到的位移反应谱，并非由式(B.4)中所表示的相对位移 $y(t)$ 所得到位移反应谱，$y(t)$ 是振子质量上绝对位移 $z(t)$ 相对于基础运动位移 $x(t)$ 所得到的相对位移，这两者不可混淆。

附录 C　先进轻水堆业主要求文件(ALWR - URD)中对核电厂抗震设计的要求

C.1　引言

自 20 世纪 80 年代开始，美国电力公司在工业界一直致力于为下一代美国轻水反应堆(LWR)的设计建立技术基础，1985 年通过美国电力研究院主管为下一代美国先进轻水堆(ALWR)设计建立 ALWR 技术计划，落实了电力界的创意。ALWR 计划的主要目的是为 ALWR 建立一整套综合性的设计要求，这些要求是以《ALWR - URD》的形成为未来改进的和标准化的轻水堆(LWR)设计确定技术基础。ALWR 计划吸取 35 年来在美国 100 余座压水堆和海外核电厂的运行经验和教训组成巨大数据库。包括美国 1 700 堆年和世界范围 5 000 堆年以上的运行经验。

美国核管会(NRC)直接参与 ALWR 计划，ALWR 计划指导委员会与 NRC 一起工作以明确和解决执照审批问题。在 URD 编制中已将该结果包含在《ALWR - URD》内容中，另外，NRC 正式对 URD 进行评审并对每种类型 ALWR 的要求反映和编写在安全评审报告(SER)中。

ALWR 计划的方针与目标包括：简化、设计裕量、人因、安全、设计准则和安全裕量的关系、审批的稳定性、标准化、成熟技术应用、可维修性、

可建造性、质保、经济性、保安、睦邻友好政策等14个要素。

ALWR计划指导委员会声明将“简化方针”放在首位的原因，是强调了“现行核电厂中所有不必要的复杂性是出现各种各样问题的根本原因。所以ALWR设计应以高度优先抓住‘简化方针’的机遇，要比现在运行电厂所做的予以更大重视”。“简化”包括：在满足重要安全功能要求前提下，尽量采用最少的系统、阀、泵、仪表和其他机电设备；系统和部件的设计要确保电厂在正常和事故工况下，对运行人员的要求为最少和最简单；设备和布置便于建造和维修等内容。

URD中关于核电厂抗震设计要求主要根据“简化、设计裕量、安全、标准化、成熟技术应用、经济性等”方面来确定。内容包括：

(1) 核电厂抗震分类。

(2) 取消OBE地震的抗震设计基准要求。

(3) 核电厂SSC抗震设计。

(4) 抗震裕度和地震风险评价。

国际上核电厂设计发展可划分为3个阶段，20世纪六七十年代为初步形成规模和较完整建立规范、标准阶段，抗震设计约占核电厂总投资的2%~4%；在20世纪七八十年代为完善和严格的规范、标准阶段，详细的抗震设计约占核电厂总投资的5%~8%；20世纪80年代末~90年代起开展抗震安全裕量研究计划(SSMRP)以考虑经济性和安全性，特别是ALWR计划实施预估总投资可回落到5%以下。

C.2　核电厂抗震分类

URD对核电厂构筑物、系统和设备(SSC)的抗震分类按承受安全停堆地震效应要求可划分为抗震Ⅰ类(C－Ⅰ)、抗震Ⅱ类(C－Ⅱ)和非抗震类(NS)等3类。

1) 抗震Ⅰ类

包括安全1,2,3级所有的构筑物、系统和设备，乏燃料贮存池构筑物和所有燃料格架以及其他非安全级的抗震Ⅰ类物项。设计者必须确定在地震事件发生时和发生后应满足详细性能的要求，保持预定设计功能及规范的要求。

2）抗震Ⅱ类

适用于不执行安全功能，地震后不要求继续工作，但结构损坏或相互作用不能使C－Ⅰ的SSC的功能劣化到不可接受水平，或者导致控制室人员丧失能力的所有SSC。

对抗震Ⅱ类系统和设备局限于支承锚固件而不是设备本身抗SSE地震设计，抗震Ⅱ类构筑物则可按通用建筑规范选定的特定范围来进行抗震设计。

3）非抗震类

不属于C－Ⅰ和C－Ⅱ的SSC称为非抗震类（NS）。NS的构筑物可按通用规范选定的特定范围进行抗震设计。

C.3 取消OBE地震后的抗震设计要求

1）安全停堆地震

在ALWR设计中不再使用“运行基准地震（OBE）”，即不作为设计的一项基准，也不作为地震事件后电厂停闭评价的准则。标准电厂设计的SSE必须要求保证公众的健康和安全，为此它必须保证核电厂抗震Ⅰ类的SSC结构的完整性和可运行性，防止放射性泄漏到不可接受的程度。

标准核电厂SSE地面水平运动反应谱应满足10CFR100附录A和R.G1.60导则要求。标准核电厂SSE的加速度峰值（ZPA）为0.3g。

对于土沙场地模式，必须考虑土壤结构相互作用（SSI）技术应用到构筑物分析的模型中。

2）厂址特定的SSE

厂址特定的SSE是由核电厂业主委托相关设计部门在初建时对厂址进行详细勘察和审查厂址地质、历史资料等设计参数基础后确定的。涉及的内容包括自由场中地层剖面上不同深度处地震峰值加速度变化与分布、运动的来源与方向、地震波传播及其反应特性等，并考虑该区域历史上记载所发生过的地震级别和次数、地震对地面破坏状况所确定的烈度等资料,在此基础上可采用确定论方法或概率论方法确定厂址特定的 SSE 地面运动。该厂址特定的设计基准地面运动特征包括考虑土壤-结构耦合效应来确定其厂址特定的设计反应谱和设计时程。但必须对超出标准核电厂规定的设计反应谱参数给予独立评定,最终由业主批准。

3) 低水平地震(LLE)

地震对核电厂设施可能会形成两种不同损伤机理的失效,一种是当地震载荷组合后使设备的应力强度超过允许的应力强度而损伤失效;另一种是地震载荷和运行载荷组合后由于应力循环效应超过允许疲劳循环数而损伤失效。因此,对核电厂的管系和设备,特别是安全 1 级(包括部分安全 2 级)管系和设备与 1E 级电器设备的抗震鉴定,无论是分析或试验方法来进行抗震鉴定,还是作为应力强度和疲劳强度评定,除必须要求明确地震反应的幅值外,还应明确反应的循环次数。

电厂抗震设计原按“运行基准地震(OBE)”作为预计电厂运行寿期而言是一种有影响的地震,它的基本技术要求有两层含义:① 应合理预期 OBE 地震,它对电厂继续运行提供一个具有高可信度功能的可靠性,地震后不会出现需要维修的损坏。② 检验出现低周疲劳损伤的确切地震水平值。因此,OBE 水平及对应的循环次数的确定是电厂技术条件中最关键的问题。但是过去的有关法规、导则、标准或标准审查大纲未作出一致的规定,10CFR100 附录 A -(a)(2)提出专门要求“OBE 的幅值至少为 SSE 的一半”,但未给出对应的循环次数。标准审查大纲(SRP)3.7.3 - Ⅱ 2.b 要求“在电厂寿期内至少应假定发生 1 次 SSE、5 次 OBE,每次有 10 次最大应力循环”,在有关电厂的安全分析报告中的 OBE 循环次数更是各有其说法,差别甚大。

另外在管系和设备的地震分析和试验中,所规定的 OBE 和 SSE 的阻尼比数值不一样,由于 OBE 的阻尼比均低于 SSE,往往会出现 OBE 的反应高于 SSE 的反应。而 OBE 的应力允许限值又低于 SSE 对应允许限值。

这种不尽合理的结果,使核电厂抗震设计偏于保守,其后果往往使管系、设备的布置设计复杂化,从而建造价格升高并给维修带来困难。

为了克服过去存在的这些问题,ALWR 和 URD 决定在保证抗震设计安全的前提下给予“简化”,提出在抗震设计中取消 OBE 地震效应,但对管系和设备仍应考虑地震事件中循环产生的疲劳效应,并认为这也是解决连续安全运行中一个重要的问题。在 SSE 为地震的立足点的基础上引入一个“低水平地震(LLE)”,这种低水平地震被认为是在核电厂寿期内可能发生的地震水平,URD 推荐 LLE 反应的幅值为等于或高于 1/3 SSE(ZPA)条件下,LLE 所产生的应力循环应计入疲劳损伤之中。

URD 要求 LLE 的应力循环次数相当于 SSE 的 20 次最大峰值出现次数,1 次 SSE 中最大峰值循环次数至少为 10 次。LLE 的应力循环次数应按 IEEE 344 附录 D 方法给予折算,同时 URD 对 LLE 的结构阻尼值与 SSE 完全一致。

URD 第Ⅱ卷第 1 章附录 B 中指出,目前的有关涉及地震方面的法规、导则、标准、标准审查大纲等对 OBE 作了修改,并在设计中取消“1 次 SSE 加 5 次 OBE”的提法。

这里对 LLE 循环次数如何折算的方法作简单说明,IEEE 344 附录 D 折算等效循环数公式为

$$S^{2.5}N = C \tag{C.1}$$

式中,S, N 分别为最大峰值和对应的循环数,C 为常数,由式(C.1)可求得 LLE 的折算循环数为

$$N_{(\mathrm{LLE})} = N_{(\mathrm{SSE})}\left(\frac{S_{(\mathrm{SSE})}}{S_{(\mathrm{LLE})}}\right)^{2.5} = N_{(\mathrm{SSE})}m^{2.5} \tag{C.2}$$

式中, $S_{(\mathrm{LLE})} = \dfrac{1}{m}S_{(\mathrm{SSE})}$

对于不同的低水平地震所对应的等效循环次数如表 C.1 所示。表 C.1 说明了采用不同的 LLE 时,所对应的等效循环次数是不相同的。若在寿

期内假定发生 5 次 LLE 时,则每次 LLE 的等效循环次数是不相同的;若假设每次 LLE 最大峰值等效循环次数为 10 次时,则寿期总共发生的 LLE 次数也不相同。

表 C.1 URD 采用的 LLE 等效循环次数折算

LLE 值 $S_{(LLE)}=S_{(SSE)}/m$	等效循环次数 $N_{(LLE)}^{*}$	等效 5 次 LLE 地震		每次 LLE 为 10 次等效循环		
		地震次数	每次的等效循环次数	每次的等效循环次数	地震次数	合计
1/3 $S_{(SSE)}$	320	5	320÷5=64	10	32	320
1/2 $S_{(SSE)}$	115	5	115÷5=23	10	12	120
2/3 $S_{(SSE)}$	55	5	55÷5=11	10	6	60
3/4 $S_{(SSE)}$	40	5	40÷5=8	10	5	50

表 C.2 为"在电厂寿期内至少发生 1 次 SSE 和 5 次 OBE,每次地震具有 10 次最大应力循环"提法的计算循环次数的结果。与采用 SSE 的 20 次最大应力循环数来折算 OBE 循环数比较,可发现当设定 OBE 小于 1/2 SSE 最大峰值时不满足所需总循环次数,而大于 1/2 SSE 最大峰值时又超出所需总循环次数,说明 URD 要求采用 LLE 的折算循环次数的方法已克服了过去提法的不合理性和不统一性。

表 C.2 1 次 SSE 和 5 次 OBE 循环次数折算

OBE 与 SSE 之间关系	OBE 等效的循环总次数		1 次 SSE 和 5 次 OBE,每次地震发生 10 次应力循环			与 OBE 等效循环总次数比较
	$N_{(SSE)}$	$N_{(OBE)}$	5 次 OBE	1 次 SSE	总数	
1/3 $S_{(SSE)}$	20	320	50	160	210	<320
1/2 $S_{(SSE)}$	20	113	50	57	107	<113
2/3 $S_{(SSE)}$	20	55	50	28	78	>55
3/4 $S_{(SSE)}$	20	41	50	20	70	>41

4) 电厂停堆要求

由于 OBE 不再用于 ALWR 核电厂抗震设计,因此实际监测到的地震地面反应谱与 OBE 反应谱相比较已失去依据。它不能包括在平均准则之内。因此 URD 采用了电厂低水平地震 LLE = 1/3 SSE 的 ZPA 值,并取阻尼比为 5%值,按 3 个准则来评估电厂是否要停堆的要求。

（1）自由场。① 设计速度反应谱或加速度反应谱是否超出。② 速度时程的累加绝对速度（CAV）是否超出。

（2）基础。设计速度反应谱或加速度反应谱是否超出。

（3）地震震级与烈度是否超出。在 10CFR50 附录 S、R.G1.12 - 97、R.G1.166 - 97、R.G1.167 - 97 以及 ANSI/ANS - 2.2 - 2002 中均已将该评价准则包括在内。

C.4 核电厂 SSC 抗震设计

1）核电厂构筑物抗震设计

核电厂构筑物的抗震分析和设计方法必须符合现行适用的规范和标准。混凝土安全壳可按 ASME BPVC 第Ⅲ卷第 2 册《混凝土反应堆容器及安全壳规范》CC 分卷进行设计、建造和试验。钢安全壳可按 ASME BPVC 第Ⅲ卷第 1 册 NE 分卷《MC 级设备》进行设计、建造和试验。凡其中含有 OBE 项的载荷或载荷组合均从表内被删去。

2）系统和部件的抗震设计

所有系统和设备的抗震分析和设计方法必须符合现行适用的规范和标准,合适时应采用先进技术消除设计和分析中过多的保守性。安全级设备的动力分析技术可遵照 ASME BPVC 第Ⅲ卷附录 N《动力分析方法》。

低水平地震 LLE 的幅值与等效循环数应增加在核电厂异常工况所涉及的瞬态中,与其他载荷组合进行应力与疲劳分析评定。在有关 OBE 删去同时对应的阻尼值仅适用于 SSE 地震,管道系统的抗震设计和分析可遵照 ASME 规范案例 N - 411 所推荐的阻尼值。阀门采用规格书中 SSE≥6g（ZPA）,水锤 12g。

限制使用液压和机械缓冲阻尼器是必要的,通过更好的支承布置和管道走向、较少保守、更现实的分析技术,可将阻尼器和支承减少。取代阻尼器的方法是用非线性动力分析和吸收能量来考虑管道和支承间的间隙。这样可以大大降低设备制造费用和减小运行中的维修费用。但是，应同时兼顾到管道振动过大的负面影响，需通过预运行阶段振动试验，确保管道振动在允许范围之内。

3）机电设备的抗震鉴定

采用 LLE 的等效循环次数考核疲劳损伤，抗震鉴定方法应遵循 IEEE - 344 - 1987 标准。可采用试验、分析、分析与试验相结合或经验等方法证明结构完整性和功能要求的可运行性。

C.5 抗震裕度和地震风险评价

1）抗震裕度评价

标准核电厂要求运行抗震裕度评价（SMA）以证明电厂对超过设计水平的 SSE 地震仍有裕度。而且还要证明核电厂具有抗御“抗震裕度地震（SME）”的“低故障率的高置信度（HCLPE）”，即应小于等于 5%故障概率，高于 95%的置信度。

标准电厂设计中选用 SME（0.5g）与 SSE（0.3g）之比为 1.67，在 NUREG/CR - 0098 的中值曲线适合于作抗震裕度评价的谱。

经验证明设备的锚固能力是抗 SME 的关键，因此设备应进行锚固能力计算以证实锚固失效模式 HCLPE 超过 SME。

经验表明，抗 SME 的关键是设备的锚固能力，设备锚固能力失效模式具有的 HCLPF 超过 SME。

另一个重要环节是电厂竣工后的工程巡查，寻找设计过程中无法证明的潜在的抗震薄弱环节，以验证已计算的裕度。

2）地震风险评价

地震风险评价的重点必须为构筑物和设备制定脆弱性曲线，进行地震外部事件的概率风险评价（PRA）。即为了确定电厂抗地震事件的能力，需明确电厂构筑物和设备在不同地震水平下的失效概率。典型的脆弱性曲线是一条 S 形曲线，在较高的地震水平作用下使失效概率增加，而曲线中存在某个坡度来反映设备抗震能力上的随机性。

构筑物和设备可能失效的模式必须要考虑，包括压力边界的损坏和失效、部件和支承发生阻碍运行的变形、设备支承件失效导致倒塌、跌落物所致损坏、构筑物过度变形和塌方等。

C.6 相应法规、导则、规范和标准的修改

由于 ALWR - URD 抗震设计中取消 OBE，因此所对应的联邦法规（10CFR100，附录 A）、核管会管理导则（NRC - RG）、NUREG 报告、核电厂安全评审大纲（SRP 第 3 章）、ASME BPVC 第Ⅲ卷第 1 册附录 N、IEEE 344 等均对 OBE 处作了修改。

另外要提供专门准则来论述地震引起 SSC 的疲劳效应，在 10CFR100 附录 A 中要增加根据累加绝对速度（CAV）值作为电厂停闭条件。

C.7 结论

（1）URD 对核电厂抗震设计要求符合 ALWR 计划的方针，特别是符合“简化、安全、经济性、标准化”的目标。

（2）核电厂的 SSC 抗震分类是合理的，特别是非安全级的 SSC 划为抗震Ⅱ类满足了抗震Ⅰ类的 SSC 某些特定的抗震要求。

（3）核电厂 SSC 载荷和载荷组合中取消 OBE 地震，增加“低水平地震（LLE）”的疲劳效应是合理的，统一了地震引起的设备疲劳效应的循环次数，改善了由于过去法规、安全评审大纲中描述的循环次数不一致现象（如 5 次 OBE 和 1 次 SSE 等）所引起的混淆。

（4）机电设备抗震鉴定，明确了按 IEEE 344 的要求执行。

（5）标准核电厂抗震设计附加要求应进行抗震裕度和地震风险评价。

（6）取消 OBE 地震和该动态分析方法容许核电厂管道主系统和子系统的较柔性设计，分析论证了减少大量支承数量，而不会降低其安全性，使其投资和维修成本大大降低。但是，应同时兼顾到管道振动带来的负面影响，需通过预运行阶段进行振动试验，保证管道振动在允许范围之内。

参考文献

[1] ALWR Utility Requirement Document (URD). EPRI - URD, 1996.

[2] 姚伟达,张明,秦承军.先进轻水反应堆业主要求文件(ALWR - URD)中对核电厂抗震设计要求.核安全,2004(3):26 - 30.

[3] IEEE 344 - 2004. IEEE recommended practice for seismic qualification of class 1E equipment for NPGS. IEEE, 2004.

[4] NUREG - 0800.审查核电厂安全分析报告的标准审查大纲.美国核管理委员会核反应堆管理局,1996.

[5] 10CFR100. Appendix A, seismic and geologic siting criteria for NPP. 1997.

[6] 姚伟达,杨仁安.疲劳分析时地震反应循环次数的确定//第 10 届反应堆结构力学会议论文集.北京:中国原子能出版社,1998:483.

[7] 谢永诚,等.核电厂地震仪表系统及震后决策要求//第 13 届全国反应堆结构力学会议论文集.北京:中国原子能出版社,2004:69.

[8] 张明,等.核电厂定期安全审查中的设备抗震分析评价//第 13 届全国反应堆结构力学会议论文集.北京:中国原子能出版社,2004:16.

附录 D 流-固耦合动力相似准则的推导

D.1 引言

核电厂众多系统和设备内存在流体。流体流动或地震激励引起流体与结构相互作用下的振动问题十分突出,若用分析方法求解流致振动或地震反应往往存在两个难点:一是结构可能相对复杂,很难建立完整的"流-固耦合"计算模型;二是流体对结构物上作用的"力函数"难以用理论方法来求解,特别是对于首次设计的"原型堆"(或其他行业中的新型设施),在设计阶段需要采用一定比例的模型进行模拟试验来解决其中的振动问题。例如,反应堆内部构件的流致振动、堆内构件及其他设备的地震试验、贮罐和水池的晃动等问题。这些模型试验要求有一个满足流-固耦合条件下的相似准则,并按这些相似关系来进行模型设计及其相关试验参数的换算。

从流体动力学与固体动力学的基本方程,以及流体与固体相交面上的动力平衡条件等三方面分别导出流体、固体及流-固耦合的相似关系，从而得到流-固耦合动力相似准则。根据流体运动和流-固耦合的特点，流体动力学基本方程可以分解为两部分：① 在不可压缩流动状态条件下的运动方程；② 在可压缩流动（或不流动）状态条件下的质点波动方程（类似于固体质点的波动方程）。其中第①部分主要是表征流体流动所产生的运动，可以求解作用在固体上的力（或压力），如在地震作用下液体晃动对水池或储罐的压力、流体流动在固体结构边界层上产生的漩涡脱落或湍流脉动压力。而第②部分主要是表征在流-固交界面上形成脉动压力与脉动速度相互作用的流-固耦合状态，例如梁、板、壳与流体之间的动力相互作用后引起了流体叠加在固体上的“附加质量”以及“附加惯性力”。

从流体与固体运动方程出发所获得的相似关系甚多，在一个模型试验中不可能满足所有的相似关系，但可以针对不同的特定物理现象，抓住主要特征的相似关系，忽略次要因素的相似关系。例如在流-固耦合为主的流致振动试验中，除以斯特劳哈尔数 St 为主的相似准则必须满足外，其雷诺数 Re 与弗劳德数 Fr 可给予放宽。当流体以晃动为主的试验中，以弗劳德数 Fr 为主的相似准则必须满足。当然也存在既有流体晃动又有流-固耦合的试验，应尽量找到合适的试验条件加以满足。所以在模型试验以前必须对所有的相似准则仔细推敲，找出合适的方法并给出主要参数，从模型正确推算到实物的相似关系。

D.2 流体动力相似

D.2.1 流体动力学基本方程

假设为牛顿黏性流动的流体，其基本 N－S 动力方程为

$$\frac{\partial V}{\partial t} + (V \cdot \mathrm{grad}V) = F_f - \frac{1}{\rho_f}\mathrm{grad}P + \nu_f \nabla^2 V \tag{D.1}$$

其流体质量平衡方程为

$$\frac{\partial \rho_t}{\partial t} + \rho_f \mathrm{div}V = 0 \tag{D.2}$$

式中，$V=V_x i+V_y j+V_z k$，V_x，V_y，V_z 分别为流体微元在坐标 x，y，z 3 个方向（i，j，k）上的速度；P 为流体微元的总压力；$F_f=F_x i+F_y j+F_z k$，F_x，F_y，F_z 为流体微元在坐标 x，y，z 3 个方向（i，j，k）上的质量力，当只考虑流体微元在重力加速度 g 下的质量力时，$F_f=gk$；ρ_f，ν_f 为流体密度和运动黏性系数；t 为时间；$\nabla^2=\frac{\partial^2}{\partial x^2}+\frac{\partial^2}{\partial y^2}+\frac{\partial^2}{\partial z^2}$ 为拉氏算子；$\mathrm{grad}P=\frac{\partial P}{\partial x}i+\frac{\partial P}{\partial y}j+\frac{\partial P}{\partial z}k$ 为梯度；$\mathrm{div}V=\frac{\partial V_x}{\partial x}+\frac{\partial V_y}{\partial y}+\frac{\partial V_z}{\partial z}$ 为散度。

D.2.2 流体动力学方程的分解

根据流体运动的特征，流体动力学方程中的流体微元在理论上可假设为两部分：

（1）总体平均流动状态下假设为不可压缩的黏性流体微元。

（2）流体流动状态（或不流动）下假设为可压缩、无黏性的微幅波动微元。

第（1）部分流体微元类似流体流动作用在固体表面上的湍流、漩涡脱落压力脉动、液体的晃动或波浪运动。第（2）部分流体微元表征为在流体中传播的声波动，其波动假设为微幅脉动。

在式（D.1）中流体微元速度 V 和压力 P 可分解为平均流动微元和微振幅微元两部分，即

$$\begin{cases}V=\bar{V}+v\\ P=\bar{P}+p\end{cases}\tag{D.3}$$

由于波动速度 v 和压力 p 是附加在平均流体速度 $\bar{V}$ 和压力 $\bar{P}$ 上的一个小量，即

$$v\ll\bar{V},\ p\ll\bar{P}\tag{D.4}$$

将式（D.3）代入式（D.1）和式（D.2），考虑到式（D.4）的假设条件，并略去高阶小项后可得到

（1）流体总体平均微元运动方程和质量平衡方程为

$$\begin{cases}\dfrac{\partial \bar{V}}{\partial t}+(\bar{V}\cdot \mathrm{grad}\bar{V})=F_f-\dfrac{1}{\rho_f}\mathrm{grad}\bar{P}+\nu_f\nabla^2\bar{V}\\ \mathrm{div}\bar{V}=0\end{cases}\tag{D.5}$$

（2）流体微元质点波动方程为

$$\begin{cases}\dfrac{\partial v}{\partial t}+(\bar{V}\cdot \mathrm{grad}v)=-\dfrac{1}{\rho_f}\mathrm{grad}p\\ \dfrac{\partial \rho_t}{\partial t}+\rho_f\mathrm{div}v=0\end{cases}\tag{D.6}$$

对于方程式(D.6)中假设小振幅波动的可压缩条件可满足：

$$\frac{\partial p}{\partial \rho_f}\approx\frac{K}{\rho_f}=c_f^2\tag{D.7}$$

式中，c_f 为声波在流体中传播的速度，K 为流体微元体积压缩模量，则式(D.7)可转化为

$$\frac{\partial p}{\partial t}=c_f^2\frac{\partial \rho_f}{\partial t}\tag{D.8}$$

代入式(D.6)中的第 2 式得

$$\frac{\partial p}{\partial t}+\rho_f c_f^2\mathrm{div}v=0\tag{D.9}$$

对式(D.6)中的第 1 式 $\dfrac{\partial}{\partial t}$ 微分后，忽略高阶小项得到

$$\frac{\partial^2 v}{\partial t^2}+\bar{V}\cdot \mathrm{grad}\left(\frac{\partial v}{\partial t}\right)=c_f^2\nabla^2 v\tag{D.10}$$

式(D.10)与式(D.5)组成流体运动与波动相耦合的方程。

如在无流动条件下则为 $\bar{V}\equiv 0$，方程(D.10)可退化为通用的声波动速度 v 所表示的方程：

$$\frac{\partial^2 v}{\partial t^2}=c_f^2\nabla^2 v\tag{D.11}$$

或者用波动压力 p 表示的方程：

$$\frac{\partial^2 p}{\partial t^2} = c_f^2 \nabla^2 p \tag{D.12}$$

D.2.3 相似关系的推导

1）流体总体平均微元运动

针对流体流动方程(D.5)中共有 7 个基本量：平均速度、尺寸、时间、质量力、压力、密度和黏度。实物与模型之间的比例关系设为相应的 $C_{\bar{V}}$，C_l，C_t，C_{Ff}，C_P，$C_{\rho f}$，$C_{\nu f}$。如模型试验中的流体运动和实物中流体运动相似，则必须使模型和实物的流体微元均满足式(D.5)，将 7 个基本参数代入式(D.5)后，可得到

$$\frac{C_{\bar{V}}}{C_t} = \frac{C_{\bar{V}}^2}{C_l} = \frac{C_{\bar{P}}}{C_{\rho f} C_l} = C_{Ff} = \frac{C_{\bar{V}} C_{\nu f}}{C_l^2} \tag{D.13}$$

由上式整理后可得到 4 个基本相似准则，其物理意义为：

（1）$\frac{C_{\bar{V}} C_t}{C_l} = 1$，该准则表征相应流体微元牵连运动的相对惯性力 $\frac{(C_{\bar{V}})^2}{C_l}$ 和非定常绝对惯性力 $\frac{C_{\bar{V}}}{C_t}$ 的比值相等，通常称为斯特劳哈尔数。

$$St = \frac{l}{\bar{V} t} \tag{D.14}$$

（2）$\frac{(C_{\bar{V}})^2}{C_l C_{Ff}} = 1$，该准则表征相应的流体微元牵连运动的相对惯性力 $\frac{(C_{\bar{V}})^2}{C_l}$ 和质量力 C_{Ff} 的比值相等，通常称为弗劳德数。

$$Fr = \frac{\bar{V}^2}{l g} \tag{D.15}$$

（3）$\frac{C_{\bar{P}}}{C_{\rho f}(C_{\bar{V}})^2} = 1$，该准则表征相应的流体微元的压力 $\frac{C_{\bar{P}}}{C_{\rho f} C_l}$ 和相对惯

性力 $\dfrac{(C_{\bar{V}})^2}{C_l}$ 的比值相等,通常称为欧拉数。

$$Eu = \frac{\bar{P}}{\rho_f \bar{V}^2} \tag{D.16}$$

(4) $\dfrac{C_{\bar{V}} C_l}{C_{vf}} = 1$, 该准则表征相应流体微元相对惯性力 $\dfrac{(C_{\bar{V}})^2}{C_l}$ 和黏性力 $\dfrac{C_{\bar{V}} C_{vf}}{C_l^2}$ 的比值相等,通常称之为雷诺数。

$$Re = \frac{\bar{V} l}{\nu_f} \tag{D.17}$$

2）流体质点波动

针对流体质点波动方程式(D.10)中有5个基本量:平均流速 $\bar{V}$、波动流速 v、尺寸 L、时间 t 和声速 c_f。如模型试验中的流体波动和实物中流体波动相似,则必须使模型和实物的流体微元均满足式(D.10),将5个基本参数代入式(D.10)后,可得到

$$\frac{C_v}{C_t^2} = \frac{C_{\bar{V}} C_v}{C_t C_L} = \frac{C_{c_f}^2 C_v}{C_L^2} \tag{D.18}$$

由上式整理后可得到2个基本相似准则:

(1) $\dfrac{C_{\bar{V}} C_t}{C_L} = 1$, 该式与式(D.14)完全相同,即为斯特劳哈尔数。

$$C_t = \frac{L}{\bar{V} t} \tag{D.19}$$

(2) $\dfrac{C_L^2}{C_{c_f}^2 C_t^2} = 1$, 如满足全相似 $C_{\bar{V}} = C_v = 1$ 条件下则得到: $C_{\bar{V}} = C_v = C_L / C_t$ 关系,该式可变换成 $\dfrac{C_{\bar{V}}}{C_{c_f}} = \dfrac{C_v}{C_{c_f}}$ 条件,即通常称之为马赫数。

$$Ma = \frac{\bar{V}}{c_f} \tag{D.20}$$

汇总式(D.14)~式(D.17)和式(D.19)、式(D.20)后可得到流体运动和波动共5个相似准则:

$$\begin{cases} St = \dfrac{l}{\bar{V}t} \\ Fr = \dfrac{\bar{V}^2}{\lg} \\ Eu = \dfrac{\bar{P}}{\rho_f \bar{V}^2} \\ Re = \dfrac{\bar{V}l}{\nu_f} \\ Ma = \dfrac{\bar{V}}{c_f} \end{cases} \tag{D.21}$$

若要在模型试验中都满足式(D.21)所有的相似准则是十分困难的,但可根据试验的要求,选择主要的相似准则给予满足,对于次要的相似准则给予放宽。

D.3 固体动力相似

D.3.1 固体动力学基本方程

假设固体质点运动位移十分小,可忽略大变形的非线性项,则其弹性位移表征的动力学方程可表示为

$$\frac{\partial^2 \boldsymbol{u}}{\partial t^2} = \frac{(\lambda + \mu)}{\rho_s} \text{grad div } \boldsymbol{u} + \frac{\mu}{\rho_s} \nabla^2 \boldsymbol{u} + F_s \tag{D.22}$$

式中,$\boldsymbol{u}$ 为质点位移矢量,$\boldsymbol{u} = u_x i + u_y j + u_z k$;$\rho_s$ 为固体密度;λ,μ 分别为拉梅弹性系数,$\lambda = \dfrac{E}{(1+\nu_0)(1-2\nu_0)}$,$\mu = G = \dfrac{E}{2(1+\nu_0)}$,$E$,$\nu_0$ 分别为弹性模量和泊松比;G 为剪切模量。

质量力为

$$F_s = F_{sx} i + F_{sy} j + F_{sz} k \tag{D.23}$$

当只考虑重力场加速度 g 时，

$$F_s = gk \tag{D.24}$$

应力分量 σ_{ij} 与应变分量 ε_{ij} 在小形变条件下的关系为

$$\sigma_{ij} = \lambda \operatorname{div} \boldsymbol{u}(\delta_{ij}) + 2\mu\varepsilon_{ij} \tag{D.25}$$

应变为

$$\varepsilon_{ij} = \frac{1}{2}\left(\frac{\partial u_i}{\partial j} + \frac{\partial u_j}{\partial i}\right) \tag{D.26}$$

式中，$\delta_{ij} = \begin{cases} 1 & i = j \\ 0 & i \neq j \end{cases} \quad (i,\ j = x,\ y,\ z)$

D.3.2　相似关系推导

方程式(D.22)中有 7 个参量：位移、尺寸、时间、质量力、弹性模量、密度和泊松比。实物与模型之间的比例关系设为 C_u，C_l，C_t，C_{F_s}，C_E，C_{v_0}，C_{ρ_s}。如模型试验中的质点波动和实物中固体运动相似，必须使模型和实物的固体元运动和本构关系均满足式(D.22)，则可得到

$$\frac{C_u}{C_t^2} = \frac{C_E C_u}{C_{\rho_s} C_l^2} = C_{F_s} \tag{D.27}$$

由上式整理后可得到两个基本相似关系，其物理意义为：

(1) $\dfrac{C_E C_t^2}{C_{\rho_s} C_l^2} = 1$，该准则表征相应固体微元的弹性力 $\dfrac{C_E C_u}{C_{\rho_s} C_l}$ 与非定常运动惯性力 $\dfrac{C_u}{C_t^2}$ 的比值相等。

(2) $\dfrac{C_u}{C_t^2 C_{F_s}} = 1$，该准则表征相应的固体微元非定常运动的惯性力 $\dfrac{C_u}{C_t^2}$ 和质量力 C_{F_s} 的比值相等。

由此可得到两个相似准则：

$$\frac{\rho_s l^2 f^2}{E} 与 \frac{uf^2}{g}$$

由于固体中声音传播速度 $c_s = \sqrt{\frac{E}{\rho_s}}$，所以

$$\frac{\rho_s l^2 f^2}{E} = \frac{l^2 f^2}{c_s^2} = \left(\frac{v}{c_s}\right)^2 \tag{D.28}$$

式中，f 为频率参数，满足 $C_f = (C_t)^{-1}$。

D.4　流-固耦合界面上的相似关系

在流-固耦合界面上，由固体界面上的法向应力[式(D.25)]与流体流动压力[式(D.12)]平衡、固体界面上的法向速度[式(D.22)]与流体波动速度[式(D.11)]相平衡条件可得到

$$\begin{cases} -p = (\sigma_{ij})_n \\ (v_x, v_y, v_z)_n = \left(\frac{\partial u_x}{\partial t}, \frac{\partial u_y}{\partial t}, \frac{\partial u_z}{\partial t}\right)_n \end{cases} \tag{D.29}$$

式中，下标 n 表示各分量在边界法线 n 方向上的投影，由式(D.29)可得到以下两个相似关系：

$$\begin{cases} C_p = C_\sigma = \frac{C_E C_u}{C_l} \\ C_v = \frac{C_u}{C_t} = C_u C_f \end{cases} \tag{D.30}$$

D.5　流-固耦合相似准则汇总

流体与固体耦合的相似准则如表 D.1 所示，其中流体相似准则包括

流体总体平均微元运动和流体微元质点波动相似准则的综合，时间比例 C_t 和频率比例 C_f 之间关系满足 $C_f = (C_t)^{-1}$。

表 D.1 流-固耦合相似准则

流　　体	固　　体	流-固界面
$\frac{lf}{\bar{V}}(St)$	$\frac{\rho_s l^2 f^2}{E}$	$\frac{Eu}{pl}$
$\frac{\bar{P}}{\rho_f \bar{V}^2}(Eu)$		
$\frac{\bar{V}^2}{\lg}(Fr)$	$\frac{uf^2}{g}$	
$\frac{Vl}{v_f}(Re)$	$\frac{\varepsilon l}{u}$	
$\frac{\bar{V}}{c_f}(Ma)$	$\frac{v}{c_s}$	$\frac{uf}{v}$

注：(1) 均满足流体中 $C_{\bar{V}} = C_v$ 的全相似条件。
(2) 流-固耦合是流体质点波动与固体质点波动在界面上相连续而得到的。

D.6 相似准则的应用

D.6.1 反应堆吊篮水流振动模型试验

在该模型试验的反应堆容器内充满水，不存在流体晃动，因此可以忽略固体和流体重力对运动的影响，则 Fr 和 $\frac{uf^2}{g}$ 数可以放宽。另外 Re 数在 $10^3 \sim 10^7$ 范围内具有自相似关系也予以放宽。所以重点确保 St 数和 Ma 数作为主要的相似准则。

如模型的固体的材料与实物完全相同，即 $C_{\rho_s} = C_E = 1$，则满足 $C_l C_f = 1$，则流体微元运动的 St 数中必须满足 $C_{\bar{V}} = C_v = 1$，即 $C_l C_f = 1$ 也得到满足。

表 D.2 列出实物和模型尺寸比例 $C_l = 6$ 时的所有有关参数的相似关系。

表 D.2 模型和实物的相似关系(C_v=1)

物理量	符号	单位	相似关系	比例
尺寸	l	m	C_l	6
密度	ρ_s, ρ_f	kg/m^3	C_ρ	1
弹性模量	E	MPa	C_E	1
质量	M	kg	$C_m = C_l^3$	216
时间	t	s	$C_t = C_l$	6
频率	f	Hz	$C_f = 1/C_l$	1/6
体积流量	Q	m^3/s	$C_Q = C_l^2$	36
速度	$\overline{V}$, v	m/s	$C_{\overline{V}} = C_v = 1$	1
加速度	a	m/s^2	$C_a = 1/C_l$	1/6
位移	u	m	$C_u = C_l$	6
力	F	N	$C_F = C_l^2$	36
压力	$\overline{P}$, p	MPa	$C_{\overline{P}} = C_p = 1$	1
应力	σ	MPa	$C_\sigma = 1$	1
应变	ε	m/m	$C_\varepsilon = 1$	1
压力功率谱密度	G_p	(Pa)^2/Hz	$C_{G_p} = C_l$	6
应力功率谱密度	G_σ	(MPa)^2/Hz	$C_{G_\sigma} = C_l$	6
位移功率谱密度	G_u	(m)^2/Hz	$C_{G_u} = 1$	216
速度功率谱密度	G_v	(m/s)^2/Hz	$C_{G_v} = C_l$	6
加速度功率谱密度	G_a	(m/s^2)^2/Hz	$C_{G_a} = 1/C_l$	1/6

D.6.2 反应堆本体地震模型试验

如果反应堆容器内充满水,地震时不会产生液态晃动,则该试验仍遵从流-固耦合效应为主,忽略重力影响。仍可满足表 D.2 中的相似关系。但带来一个问题是在模型试验中要求的地震输入加速度需扩大 6 倍,其地震台的容量可能达不到该要求,为此可考虑地震输入加速度反应谱的幅值缩小 1/6,如在线弹性范围内所测的模型上所有相关的输出值同时也下降 1/6 倍。但需注意的是所有参数和表 D.2 相同不变。

从图 D.1 的模型试验中输入的加速度反应谱可看出横坐标的频率比例关系为 1 : 6,其纵坐标上的加速度幅值仍保持 1 : 1 比例关系。在表 D.2 中测量值的输出(如速度、加速度……)的幅值均降低了 1/6。

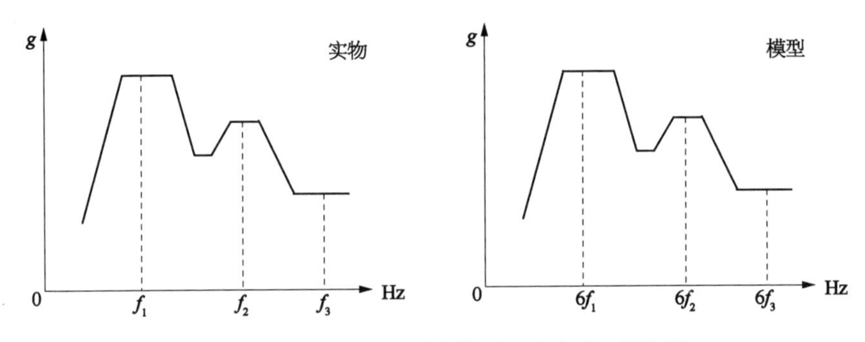

图 D.1　实物和模型的地震输入加速度反应谱比例

D.6.3　水池(储罐)的地震模型试验

水池(或储罐)在地震作用下存在水的晃动与流-固耦合两种反应。流-固耦合在 D.6.2 节的应用中已证明,满足波动速度相似关系 $C_v = 1$ 为主要目标,但池内水晃动现象是与重力加速度 g 有关,所以要以加速度相似关系 $C_g = 1$ 为主要目标,若采用模型中的流体与固体与实物完全相同条件时,相似关系满足 $C_\rho = C_E = 1$ 条件。表 D.3 列出了实物和模型尺寸比例 $C_l = 6$ 时的所有有关参数的相似关系。这两种现象同时要遵循的相似准则必然存在着矛盾,如流体晃动频率远低于流-固耦合共振频率的假设条件下可采用相同的模型分 3 步进行地震试验。

表 D.3　模型和实物的相似关系($C_g = C_a = 1$)

物 理 量	符　号	单　位	相似关系	比　例
尺寸	l	m	C_l	6
密度	ρ_s , ρ_f	kg/m^3	C_ρ	1
弹性模量	E	MPa	C_E	1
质量	M	kg	$C_m = C_l^3$	216

（续表）

物理量	符 号	单 位	相似关系	比 例
时间	t	s	$C_t = \sqrt{C_l}$	$\sqrt{6}$
频率	f	Hz	$C_f = 1/\sqrt{C_l}$	$1/\sqrt{6}$
加速度	a	m/s^2	$C_a = 1$	1
速度	$\overline{V}$, v	m/s	$C_{\overline{V}} = \sqrt{C_l}$	$\sqrt{6}$
位移（振幅）	$\overline{u}$, u	m	$C_u = C_l$	6
压力	$\overline{P}$, p	MPa	$C_p = C_l$	6
应力	σ	MPa	$C_\sigma = C_l$	6
应变	ε	m/m	$C_\varepsilon = C_l$	6
力	F	N	$C_F = C_l^3$	216
压力功率谱密度	G_p	$(Pa)^2/Hz$	$C_{G_p} = (C_l)^{5/2}$	$36\sqrt{6}$
应力功率谱密度	G_σ	$(MPa)^2/Hz$	$C_{G_\sigma} = (C_l)^{5/2}$	$36\sqrt{6}$
位移功率谱密度	G_u	$(m)^2/Hz$	$C_{G_u} = (C_l)^{5/2}$	$36\sqrt{6}$
速度功率谱密度	G_v	$(m/s)^2/Hz$	$C_{G_v} = C_l$	$6\sqrt{6}$
加速度功率谱密度	G_a	$(m/s^2)^2/Hz$	$C_{G_a} = \sqrt{C_l}$	$\sqrt{6}$

（1）水池内水晃动条件下的地震模型试验，可采用 $C_g = 1$ 为出发点建立所有参数的相似关系（见表 D.3）。

（2）水池水面用盖封住，池内水无晃动条件下的地震模型试验，可采用 $C_v = 1$ 为出发点建立所有参数的相似关系（见表 D.2）。

（3）两种试验结果分别换算到实物后再按实物统一的时程进行叠加，获得各类参数的总结果。

D.6.4 纯氧顶吹炼钢转炉模拟技术

该问题属于典型的气（氧吹）-流体（钢液）-固体（转炉）的耦合振动，钢液扰动时的质量力影响不能被忽略，因此应按加速度相似保证满足：

$$C_g = C_a = 1 \tag{D.31}$$

合理选取模型的材料可满足式(D.31),该模型可采用硬聚氯乙烯板材(PV)制成转炉模型,其弹性模型 $E^{(m)} = 4 \times 10^3$ MPa, 密度 $\rho_s^{(m)} = 1.56\ \mathrm{kg/m^3}$, 实物 $E^{(p)} = 2 \times 10^5$ MPa, 密度 $\rho_s^{(p)} = 7.8\ \mathrm{kg/m^3}$, 则 $C_E = 50$, $C_{\rho_s} = 5$。按表 D.1 中 $\dfrac{\rho_s l^2 f^2}{E}$ 相似条件可得到尺寸比例 $C_l = 10$ 与频率比例 $C_f = \dfrac{1}{\sqrt{10}}$。钢液 $\rho_f^{(p)} = 6.9\ \mathrm{kg/m^3}$, 可合理配置一定浓度的三氯化铁溶液时,其密度 $\rho_f^{(p)} = (6.9/5)\ \mathrm{kg/m^3} = 1.38\ \mathrm{kg/m^3}$, 即可满足 $C_{\rho_f} = C_{\rho_s} = 5$ 的条件。所有参数的相似关系如表 D.4 所示。该相似条件既满足重力的影响又满足了流固耦合条件,属于圆满解决了 D.6.2 节中存在矛盾问题的一个典型的案例。

表 D.4　模型和实物的相似关系($C_g = 1$)

物理量	符　号	单　位	相似关系	比　例
尺寸	l	m	$C_l = \sqrt{\dfrac{C_E}{C_{\rho_s}}} \Big/ C_f$	10
密度	ρ_s, ρ_f	$\mathrm{kg/m^3}$	$C_{\rho_s} = C_{\rho_f}$	5
弹性模量	E	MPa	C_E	50
质量	M	kg	$C_m = C_{\rho_s} C_l^3$	5×10^3
时间	t	s	$C_t = \sqrt{C_l}$	$\sqrt{10}$
频率	f	Hz	$C_f = 1/\sqrt{C_l}$	$1/\sqrt{10}$
体积流量	Q	$\mathrm{m^3/s}$	$C_Q = C_l^3/\sqrt{C_l}$	$100\sqrt{10}$
加速度	a	$\mathrm{m/s^2}$	$C_a = C_g = 1$	1
速度	$\bar{V}$, v	m/s	$C_{\bar{V}} = C_v = \sqrt{C_l}$	$\sqrt{10}$
位移(振幅)	u	m	$C_u = C_l$	10
力	F	N	$C_F = C_m C_a$	5×10^3
压力	$\bar{P}$, p	Pa	$C_{\bar{P}} = C_p = C_E$	50
应力	σ	MPa	$C_\sigma = C_E$	50

（续表）

物理量	符 号	单 位	相似关系	比 例
应变	ε	m/m	$C_\varepsilon = C_\sigma / C_E$	1
压力功率谱密度	G_p	$(\text{Pa})^2/\text{Hz}$	$C_{G_p} = C_E^2 \sqrt{C_l}$	$50^2 \sqrt{10}$
应力功率谱密度	G_σ	$(\text{MPa})^2/\text{Hz}$	$C_{G_\sigma} = C_{G_p}$	$50^2 \sqrt{10}$
加速度功率谱密度	G_a	$(\text{m/s}^2)^2/\text{Hz}$	$C_{G_a} = \sqrt{C_l}$	$\sqrt{10}$
速度功率谱密度	G_v	$(\text{m/s})^2/\text{Hz}$	$C_{G_v} = C_l \sqrt{C_l}$	$10\sqrt{10}$
位移功率谱密度	G_u	$(\text{m})^2/\text{Hz}$	$C_{G_u} = C_l^2 \sqrt{C_l}$	$100\sqrt{10}$
力功率谱密度	G_F	$(\text{N})^2/\text{Hz}$	$C_{G_F} = C_F^2 \sqrt{C_l}$	$(5 \times 10^3)^2 \sqrt{10}$

D.7 结论

（1）上面是以流-固耦合角度为基点推导的相似准则，当在工程中应用模型试验技术时应抓住相似准则中的“主要因素”，而放松“次要因素”。“主要因素”含义是保证流-固耦合动力非定常惯性项相似，“次要因素”含义是指在模拟技术中某些参数相似较难实现或会产生相矛盾的结果，且又极少影响其“主要因素”的参数。

（2）所列举的不同相似关系是针对工程中不同场合下被应用，特别要注意像水池（储罐）抗震模型试验既存在液体晃动，又存在流-固耦合条件，要同时满足往往十分困难。所以需要对相似关系仔细推敲，尽量使两类（$C_a = 1$，$C_v = 1$）相互矛盾的，又是主要因素的相似准则得以满足。

参考文献

[1] ASME. Boiler and pressure vessel code, section Ⅲ, rules for construction of nuclear power plant componets, division 1 - subsection NG, core support structures, NG - 3112.3(c), 2015: 38.
[2] Regulatory Guide 1.20, Comprehensive vibration assessment program for reactor internals during preoperational and initial startup testing. U.S.NRC, 1978.
[3] A・B・列兹尼亚科夫.相似方法.北京：科学出版社，1964.

[4] 柯青.流体力学.北京：人民教育出版社,1962.
[5] M·R·阿尔菲雷也夫.流体力学.北京：高等教育出版社,1964.
[6] 窦国仁.紊流力学.北京：人民教育出版社,1981.
[7] 张仲寅.粘性流体力学.北京：国防工业出版社,1982.
[8] M·R·雷特伍.声波导.严仁博,译.上海：上海科学技术出版社,1965.
[9] 姚伟达,施国麟,杨仁安.核电厂设备的流-固耦合动力相似准则的推导和应用.振动和冲击,1997,16(增刊)：143.
[10] 姚伟达,施国麟,郭春华,等.反应堆吊篮水流振动研究和分析.中国核科技报告,1989.
[11] 姚伟达,施国麟,等.反应堆吊篮水流振动试验研究.核科学报告,CNIC－296,1987.

附录E　加速度时程积分值处理方法及验证

E.1　引言

在振动或地震试验中往往需要对设备、管系或传热管反应结果以位移量作为评定依据,然而在实际测量中,常常难以使用位移传感器来监测位移量。由于加速度传感器具有体积小、质量轻、频率范围宽、灵敏度高等优点,常常采用加速度传感器作为振动测量的主要方法之一。其位移数据可以通过模拟信号的电路直接积分或数字信号积分等方法来实现。

由于计算机与信号处理软件的充分发展,使数字信号积分方法得到有效发展。数字信号积分方法可以改变电路模拟装置体积庞大等缺点,并可得到精确的积分值。

本数字积分方法基于时域上傅氏级数展开与频域上快速傅氏变换(FFT)相结合,将加速度信号的积分过程转变为纯代数运算过程。

E.2　三角级数模型方法

E.2.1　周期函数信号

对任何一个周期为 T 的加速度时程 $a(t)$，可用一个正弦和余弦的傅里叶级数表示为

$$a(t)=\sum_{k=1}^{N}A_k\sin(\omega_k t+\phi_k)=\sum_{k=1}^{N}a_k\cos\omega_k t+\sum_{k=1}^{N}b_k\sin\omega_k t \quad (E.1)$$

展开为傅里叶级数的系数 a_k 和 b_k 为

$$\begin{cases} a_k = \dfrac{2}{T}\int_0^T a(t)\cos\omega_k t\mathrm{d}t \\ b_k = \dfrac{2}{T}\int_0^T a(t)\sin\omega_k t\mathrm{d}t \end{cases} \tag{E.2}$$

$$A_k = \sqrt{a_k^2 + b_k^2} \tag{E.3}$$

$$\omega_k = 2\pi f_k \tag{E.4}$$

$$\phi_k = \arctan\left(\frac{a_k}{b_k}\right) \tag{E.5}$$

a_k, b_k 也可表示为复数形式:

$$a_k + \mathrm{j}b_k = \frac{2}{T}\int_0^T a(t)\mathrm{e}^{-\mathrm{j}2\pi f_k t}\mathrm{d}t \tag{E.6}$$

从原始加速度时程 $a(t)$ 进行傅里叶变换后,按式(E.2)~式(E.5)可求得 a_k, b_k, A_k, ω_k 和 ϕ_k,代入式(E.1)后得到新的 $a(t)$ 时程,只要与原来 $a(t)$ 完全相符作为验证条件,则说明式(E.1)中 A_k 和 ϕ_k 是正确无误的。

E.2.2 随机函数信号

如 $a(t)$ 为各态历经稳态的随机加速度信号时,则式(E.1)中 A_k 可用如下表达式求得:

$$A_k = \sqrt{2G(f_k)\Delta f} \tag{E.7}$$

$G(f_k)$ 为 $a(t)$ 时程的单边自功率谱密度(PSD)函数,PSD 的物理定义是随机信号 $a(t)$ 通过中心频率 f_k,带宽为 Δf 的窄带滤波器后,获得时间历程 $a(t, f, \Delta f)$ 上求其均方值。当带宽 Δf 趋向于零,统计的平均时间区间 T 趋向于无穷大时,其均方值的极限即为随机信号 $a(t)$ 的 PSD,其数学表达式为

$$G(f_k) = \lim_{T\to\infty}\lim_{\Delta f\to 0}\left[\left(\frac{1}{T\Delta f_k}\right)\int_0^T a^2(t, f, \Delta f)\,\mathrm{d}t\right] \tag{E.8}$$

E.2.3　速度和位移求解

速度 $v(t)$ 和位移 $d(t)$ 可按式(E.1)对时域 t 积分并略去刚体位移的积分常数后可表示为

$$v(t) = -\sum_{k=1}^{N} \frac{A_k}{\omega_k}\cos(\omega_k t + \phi_k) = \sum_{k=1}^{N} \frac{a_k}{\omega_k}\sin\omega_k t - \sum_{k=1}^{N} \frac{b_k}{\omega_k}\cos\omega_k t \quad (E.9)$$

$$d(t) = -\sum_{k=1}^{N} \frac{A_k}{\omega_k^2}\sin(\omega_k t + \phi_k) = -\sum_{k=1}^{N} \frac{a_k}{\omega_k^2}\cos\omega_k t - \sum_{k=1}^{N} \frac{b_k}{\omega_k}\sin\omega_k t \quad (E.10)$$

为了验证上述的三角级数模型方法的正确性和可靠性,可应用以下考题加以验证。

E.3　基本考题的理论解

E.3.1　考题 1——等频变幅(1)

该考题是主频 f_0 不变而振幅有周期变化,其频谱图除主频 f_0 外,还会出现低于或高于主频 f_0 的其他周期性频率成分($k=1,\ 3,\ 5,\ \cdots$)的信息。验证加速度、速度和位移谱值 a_k 和 b_k 是否正确,以考核积分程序的正确性。以 3 个不同主频 f_0 作为考题,该类型加速度波形在 FFT 变换中特别注意低频滤波的范围,防止失去最低频率对位移幅值的贡献。

加速度时程(见图 E.1)为

$$a(t) = \begin{cases} A\sin\omega_0 t & 0 \leqslant t \leqslant T/2 \\ mA\sin\omega_0 t & T/2 \leqslant t \leqslant T \end{cases} \quad (E.11)$$

式中,

$$\begin{cases} \omega_0 = 2\pi f_0 \\ \omega = 2\pi f = 2\pi/T \\ n = f_0/f = \omega_0/\omega \\ 0 \leqslant m \leqslant 1 \end{cases} \quad (E.12)$$

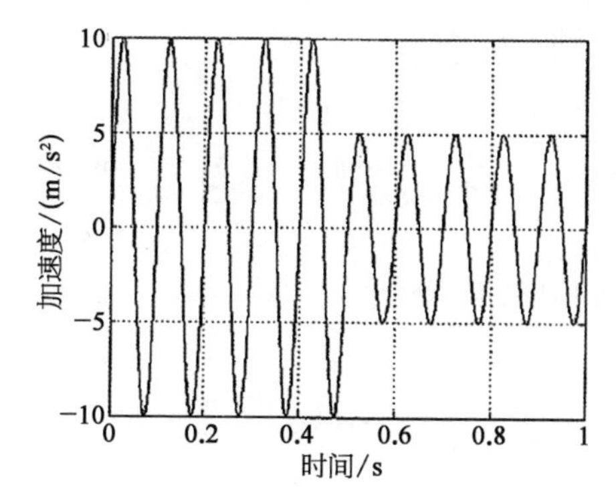

图 E.1 加速度时程

由式(E.12)可得

$$\begin{cases}\omega T = 2\pi \\ \omega_0 T = 2n\pi\end{cases} \tag{E.13}$$

将式(E.1)中用 $\omega_k = k\omega$ 代入后得到

$$a(t) = \sum_{k=0}^{N} a_k \cos k\omega t + \sum_{k=0}^{N} b_k \sin k\omega t \tag{E.14}$$

其系数 a_k 和 b_k 为

$$\begin{cases}a_k = \dfrac{2}{T}\int_0^T a(t)\cos k\omega t \mathrm{d}t \\ b_k = \dfrac{2}{T}\int_0^T a(t)\sin k\omega t \mathrm{d}t\end{cases} \tag{E.15}$$

将式(E.11)的 $a(t)$ 代入式(E.15)后并运用式(E.12)和式(E.13),经运算后可得 a_k 和 b_k 为

$$\begin{cases}a_k = \begin{cases}\left(\dfrac{2A}{\pi}\right)\left[\dfrac{n(1-m)}{(n^2-k^2)}\right] & \text{当 } n+k \text{ 为奇数与 } n \neq k \\ 0 & \text{当 } n+k \text{ 为偶数或 } n = k\end{cases} \\ b_k = \begin{cases}\dfrac{(1+m)}{2}A & \text{当 } n = k \\ 0 & \text{当 } n \neq k\end{cases}\end{cases} \tag{E.16}$$

代入式(E.9)得到速度为

$$v(t)=\sum_{k=1}^{N}\frac{a_k}{k\omega}\sin k\omega t-\sum_{k=1}^{N}\frac{b_k}{k\omega}\cos k\omega t \tag{E.17}$$

代入式(E.10)得到位移为

$$d(t)=-\sum_{k=1}^{N}\frac{a_k}{(k\omega)^2}\cos k\omega t-\sum_{k=1}^{N}\frac{b_k}{(k\omega)^2}\sin k\omega t \tag{E.18}$$

如已知：$A=10\ \mathrm{m/s^2}$，$f_0=2\ \mathrm{Hz}$，$T=1\ \mathrm{s}$，$f=1\ \mathrm{Hz}$，$n=f_0/f=2$，$m=0.5$。

可按式(E.14)~式(E.18)求得加速度、速度和位移上各阶频率f_k对应的系数幅值，如表E.1所示，其主频为$f_0=2\ \mathrm{Hz}$的幅值为b_2。

表E.1　各阶频率对应加速度、速度和位移的系数幅值

加速度系数	f_k/Hz	$a/(\mathrm{m/s^2})$	$v/(\mathrm{m/s})$	d/mm
a_1	1	2.122 1	0.337 7	53.753 0
b_2	2	7.500 0	0.596 8	47.493 1
a_3	3	1.273 2	0.067 5	3.583 5
a_5	5	0.303 2	0.009 7	0.307 2
a_7	7	0.141 5	0.003 2	0.073 1
a_9	9	0.082 7	0.001 5	0.026 2

表E.1中，主频$f_2=2\ \mathrm{Hz}$时，其低频$f_1=1\ \mathrm{Hz}$对位移d_1的贡献是主要的成分，所以需注意对最低频率滤波值的控制。

E.3.2　考题2——等频变幅(2)

同E.3.1中考题1，其参数改变为

$$A=10\ \mathrm{m/s^2},\ f_0=10\ \mathrm{Hz},\ T=1\ \mathrm{s},\ f=1\ \mathrm{Hz},\ n=f_0/f=10,\ m=0.5。$$

其结果如表E.2所示，其主频为$f_0=10\ \mathrm{Hz}$的幅值为b_{10}。

表 E.2 各阶频率对应加速度、速度和位移的系数幅值

加速度系数	f_k/Hz	a/(m/s^2)	v/(m/s)	d/mm
a_1	1	0.321 5	0.051 17	8.144 3
a_3	3	0.349 8	0.018 55	0.984 5
a_5	5	0.424 4	0.013 51	0.430 0
a_7	7	0.624 1	0.014 19	0.322 6
a_9	9	1.675 3	0.029 63	0.523 9
b_{10}	10	7.500 0	0.119 4	1.899 8
a_{11}	11	1.515 8	0.021 93	0.317 3
a_{13}	13	0.461 3	0.005 6	0.069 1
a_{15}	15	0.254 6	0.002 7	0.028 7
a_{17}	17	0.168 4	0.001 6	0.014 9

表 E.2 中，主频f_{10} = 10 Hz 时，其低频f_1 = 1 Hz 对位移 d_1的贡献比 d_{10}高得多，而成为最主要的成分，所以需注意对最低频率滤波值的控制。

E.3.3 考题 3——等频变幅(3)

同 E.3.1 中考题 1，其参数改变为

$$A = 10\ \text{m/s}^2,\ f_0 = 20\ \text{Hz},\ T = 1\ \text{s},\ f = 1\ \text{Hz},\ n = f_0/f = 20,\ m = 0.5。$$

其结果如表 E.3 所示，其主频为f_0 = 20 Hz 的幅值为 b_{20}。

表 E.3 各阶频率对应加速度、速度和位移的系数幅值

加速度系数	f_k/Hz	a/(m/s^2)	v/(m/s)	d/mm
a_1	1	0.159 6	25.392 8	4.041 5
a_3	3	0.162 8	8.637 8	0.458 2
a_5	5	0.169 8	5.403 7	0.172 0
a_7	7	0.181 4	4.123 8	0.093 76
a_9	9	0.199 6	3.529 1	0.062 41
a_{11}	11	0.228 2	3.301 4	0.047 77
a_{13}	13	0.275 6	3.374 0	0.041 31
a_{15}	15	0.363 8	3.859 9	0.040 95

（续表）

加速度系数	f_k/Hz	a/(m/s^2)	v/(m/s)	d/mm
a_{17}	17	0.573 5	5.369 4	0.050 27
a_{19}	19	1.632 3	13.673 6	0.114 5
b_{20}	20	7.500 0	59.683 1	0.474 9
a_{21}	21	1.552 7	11.767 8	0.089 19
a_{23}	23	0.493 5	3.414 9	0.023 61
a_{25}	25	0.282 9	1.801 3	0.014 67
a_{27}	27	0.193 5	1.140 6	0.006 724

表 E.3 中，主频 f_{20} = 20 Hz 时，其低频 f_1 = 1 Hz 对位移 d_1 的贡献比 d_{20} 高一个量级，而成为最主要的成分，所以需特别注意对最低频率滤波值的控制。

E.3.4　考题 4——具有真实低频成分的信号

对于两频率十分接近的正弦波（或余弦波）相乘后，会出现极低频与高频的波形相叠加（见图 E.2）。其频谱图上极低频率上幅值对速度与位移的影响将成为主要的。所以要特别注意对极低频率滤波的范围，防止失去主要低频位移的幅值。

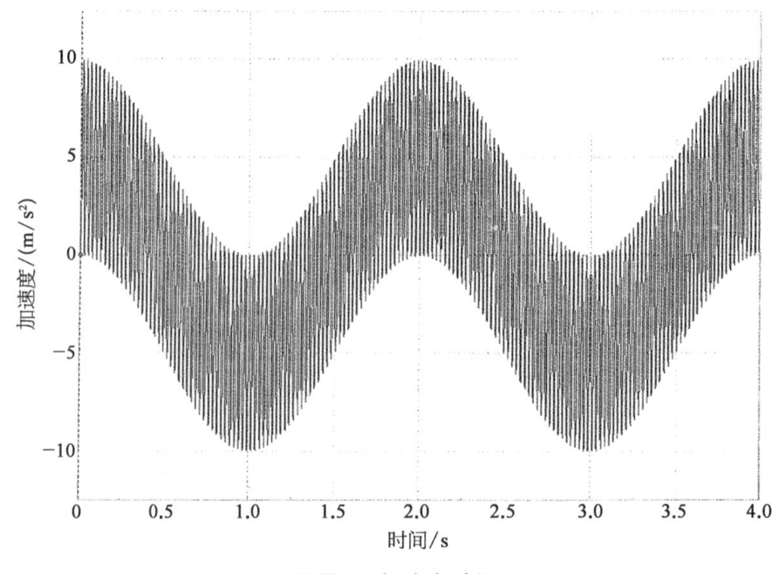

图 E.2　加速度时程

加速度时程为

$$a(t)=A\sin\omega_1 t\cdot\sin\omega_2 t=\frac{A}{2}[\cos(\omega_1-\omega_2)t-\cos(\omega_1+\omega_2)t] \tag{E.19}$$

式中，$\omega_1=2\pi f_1$，$\omega_2=2\pi f_2$。

如：$A=10\ \mathrm{m/s^2}$，$f_1=20\ \mathrm{Hz}$，$f_2=20.5\ \mathrm{Hz}$。

代入式(E.19)得

$$a(t)=5[\cos 2\pi(0.5)t-\cos 2\pi(40.5)t]$$

$$v(t)=+1.591\,5\sin 2\pi(0.5)t-0.019\,65\sin 2\pi(40.5)t$$

$$d(t)=-0.506\,6\cos 2\pi(0.5)t+7.721\,5\times 10^{-5}\cos 2\pi(40.5)$$

其结果如表E.4所示。

表E.4　各阶频率对应加速度、速度和位移的系数幅值

加速度系数	f_k/Hz	$a(\mathrm{m/s^2})$	$v/(\mathrm{m/s})$	d/m
a_1	0.5	5.000	1.591 5	0.506 6
a_2	40.5	5.000	0.019 65	$7.721\,5\times10^{-5}$

E.3.5　考题5——相近频率的分辨能力

对于两频率十分接近的正弦波(或余弦波)相加后，会出现极低频率的拍波(见图E.3)。其频谱图上呈现十分接近的两频率的幅值图。该考题主要考虑两个十分接近频率之间的频率成分和幅值是否能被分辨出来。

加速度时程为

$$a(t)=A(\sin\omega_1 t+\sin\omega_2 t)=2A\left[\sin\left(\frac{\omega_1+\omega_2}{2}\right)t\cdot\cos\left(\frac{\omega_1-\omega_2}{2}\right)t\right] \tag{E.20}$$

式中，$\omega_1=2\pi f_1$，$\omega_2=2\pi f_2$。

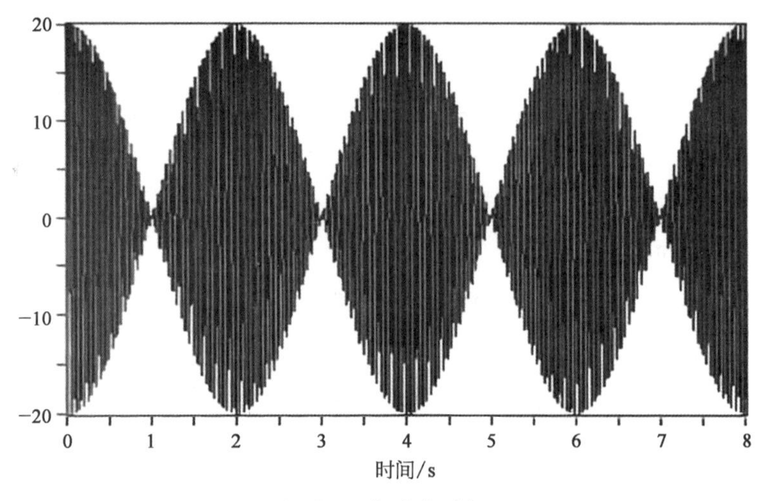

图 E.3　加速度时程

如：$A = 10\ \mathrm{m/s^2}$，$f_1 = 20\ \mathrm{Hz}$，$f_2 = 20.5\ \mathrm{Hz}$。

代入式(E.20)得

$$a(t) = 10[\sin 2\pi(20)t + \sin 2\pi(20.5)t]$$

$$v(t) = -0.079\ 58\cos 2\pi(20)t - 0.077\ 64\cos 2\pi(20.5)t$$

$$d(t) = -6.332\ 6 \times 10^{-4}\sin 2\pi(20)t - 6.027\ 74 \times 10^{-4}\sin 2\pi(20.5)$$

其结果如表 E.5 所示。

表 E.5　各阶频率对应加速度、速度和位移的系数幅值

加速度系数	f_k/Hz	$a/(\mathrm{m/s^2})$	$v/(\mathrm{m/s})$	d/m
a_1	20	10.000	0.079 58	$6.332\ 6\times10^{-4}$
a_2	20.5	10.000	0.077 64	$6.027\ 4\times10^{-4}$

E.3.6　考题 6——多频谱矩形波

矩形波是无限个正弦(或余弦)波的谐波的组合，该考题考核主频 $f_0(k = 1)$ 以及高阶(kf_0)频率($k=3, 5, 7, \cdots$)对应的幅值精度。特别要注意对矩形波进行 FFT 后，防止频率混淆所产生低频成分的渗入。

加速度时程为

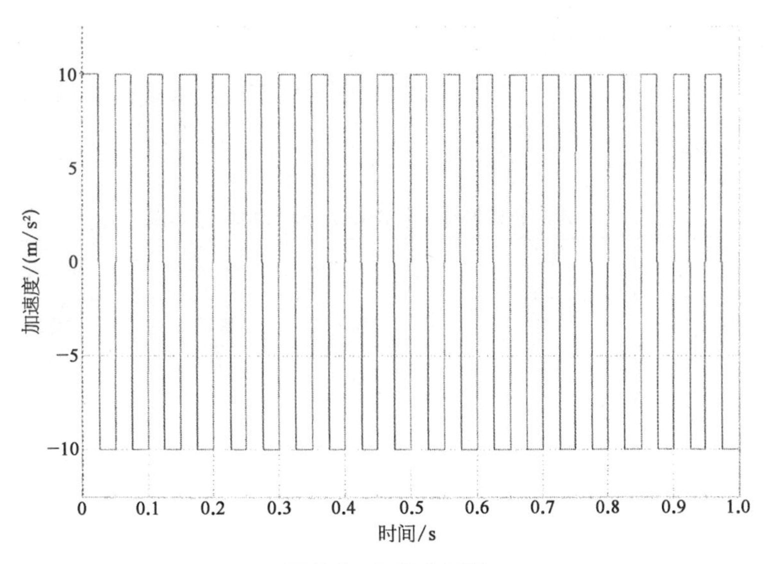

图 E.4 加速度时程

$$a(t)=\begin{cases}A & 0\leqslant t\leqslant T/2\\ -A & T/2\leqslant t\leqslant T\end{cases} \tag{E.21}$$

按式(E.14)、式(E.15)展开成傅氏级数:

$$\begin{cases}a(t)=\dfrac{4A}{\pi}\sum\limits_{k=1,3,5,\cdots}^{\infty}\dfrac{\sin k\omega_0 t}{k}\\ v(t)=-\dfrac{4A}{\pi\omega_0}\sum\limits_{k=1,3,5,\cdots}^{\infty}\dfrac{\cos k\omega_0 t}{k^2}\\ d(t)=-\dfrac{4A}{\pi\,\omega_0^2}\sum\limits_{k=1,3,5,\cdots}^{\infty}\dfrac{\sin k\omega_0 t}{k^3}\end{cases} \tag{E.22}$$

其傅里叶系数为

$$\begin{cases}a_k=\dfrac{4A}{\pi k}\\ v_k=\dfrac{4A}{\pi\omega_0 k^2}\\ d_k=\dfrac{4A}{\pi\,\omega_0^2 k^3}\end{cases} \tag{E.23}$$

式中，$\omega_0 = 2\pi f_0$，$k = 1, 3, 5, \cdots$

如：$A = 10\ \mathrm{m/s^2}$，$f_0 = 20\ \mathrm{Hz}$，$T = 1/f_0 = 0.05\ \mathrm{s}$，代入式(E.23)求得其结果如表 E.6 所示。

表 E.6 各阶频率对应加速度、速度和位移幅值

加速度系数	f_k/Hz	a/(m/s²)	v/(m/s)	d/mm
a_1	20	12.732 4	0.101 3	0.806 3
a_3	60	4.244 1	0.011 26	0.029 86
a_5	100	2.546 5	$4.052\ 8 \times 10^{-3}$	$6.450\ 3 \times 10^{-3}$
a_7	140	1.818 9	$2.067\ 8 \times 10^{-3}$	$2.350\ 7 \times 10^{-3}$
a_9	180	1.414 7	$1.250\ 9 \times 10^{-3}$	$1.106\ 0 \times 10^{-3}$
a_{11}	220	1.517 5	$0.837\ 4 \times 10^{-3}$	$0.605\ 8 \times 10^{-3}$
a_{13}	260	0.979 4	$0.599\ 4 \times 10^{-3}$	$0.367\ 0 \times 10^{-3}$

E.3.7 考题 7——平均值不为零

该考题是平均值不为零的正弦波曲线展开为傅里叶级数后将出现刚体运动的系数项，对于该类时程必须预先做低频的滤波处理，将刚体运动时程去除，或预先将加速度时程(见图 E.5)平均化处理，以确保得到的曲线是正确的。

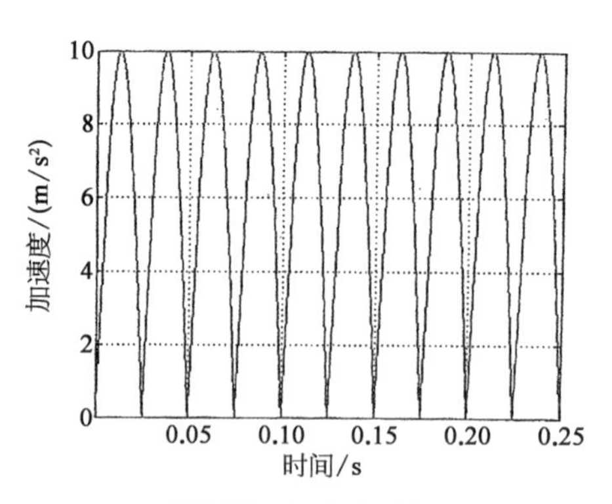

图 E.5 加速度时程

加速度时程为

$$a(t) = A\,|\sin\omega_0 t| \quad 0 \leqslant t \leqslant T \tag{E.24}$$

按式(E.14)、式(E.15)展开成的傅氏级数为:

$$\begin{cases} a(t) = \dfrac{2A}{\pi} - \dfrac{4A}{\pi}\displaystyle\sum_{k=1,2,3,\cdots}^{\infty}\dfrac{\cos 2k\omega_0 t}{(2k-1)(2k+1)} \\ v(t) = \dfrac{2A}{\pi}t - \dfrac{2A}{\pi\omega_0}\displaystyle\sum_{k=1,2,3,\cdots}^{\infty}\dfrac{\sin 2k\omega_0 t}{k(2k-1)(2k+1)} \\ d(t) = \dfrac{A}{\pi}t^2 + \dfrac{A}{\pi\omega_0^2}\displaystyle\sum_{k=1,2,3,\cdots}^{\infty}\dfrac{\cos 2k\omega_0 t}{k^2(2k-1)(2k+1)} \end{cases} \tag{E.25}$$

其中第一项平均值不为零,表征加速度为常数的刚体运动,在交变时程信号中可以将基频 $2f_0$ 以下的低频部分滤去。其傅里叶系数为

$$\begin{cases} a_k = \dfrac{4A}{\pi(2k-1)(2k+1)} \\ v_k = \dfrac{2A}{\pi\omega_0 k(2k-1)(2k+1)} \\ d_k = \dfrac{A}{\pi\,\omega_0^2\,k^2(2k-1)(2k+1)} \end{cases} \tag{E.26}$$

式中, $\omega_0 = 2\pi f_0$, $k = 1, 3, 5, \cdots$

如: $A = 10\ \mathrm{m/s^2}$, $f_0 = 20\ \mathrm{Hz}$, $T = 1/f_0 = 0.05\ \mathrm{s}$, 代入式(E.26)求得其结果如表 E.7 所示。

表 E.7 各阶频率对应加速度、速度和位移幅值

加速度系数	f_k/Hz	a/(m/s^2)	v/(m/s)	d/mm
a_1	40	4.244 1	3.377 3	0.067 19
a_2	80	0.848 8	0.337 7	$3.359\ 5\times10^{-3}$
a_3	120	0.363 8	0.096 50	$0.639\ 9\times10^{-3}$
a_4	160	0.202 1	0.040 21	$0.199\ 9\times10^{-3}$
a_5	200	0.128 6	0.020 47	$8.144\ 3\times10^{-5}$
a_6	240	0.089 0	0.011 81	$3.915\ 5\times10^{-5}$
a_7	280	0.065 3	0.007 42	$2.109\ 6\times10^{-5}$
a_8	320	0.049 9	0.006 50	$1.235\ 1\times10^{-5}$

E.3.8 考题 8——等幅变频

该题是与 E.3.1 等频变幅相反的等幅变频考题(见图 E.6)。其频谱图上除两个主频 f_1 和 f_2 外,还会出现低于或高于主频 f_1, f_2 的其他频率成分的信息。验证加速度、速度和位移谱值 a_k 和 b_k 是否正确,以考核积分程序的正确性。该类型加速度波形在 FFT 变换中应特别注意低频滤波的范围,防止失去最低频率对位移幅值的贡献。

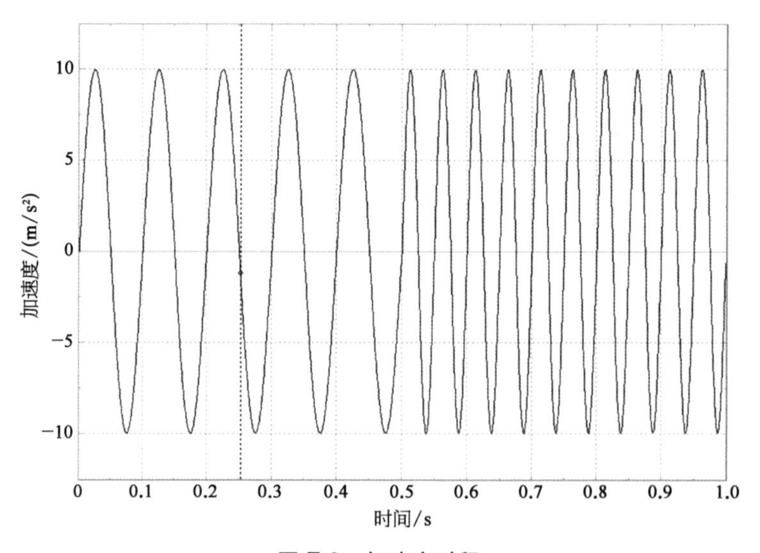

图 E.6 加速度时程

加速度时程为

$$a(t)=\begin{cases}A\sin\omega_1 t & 0\leqslant t\leqslant T/2\\ A\sin\omega_2 t & T/2\leqslant t\leqslant T\end{cases} \tag{E.27}$$

式中,

$$\begin{cases}\omega_1=2\pi f_1\\ \omega_2=2\pi f_2\\ \omega=2\pi f=2\pi/T\\ n_1=f_1/f\\ n_2=f_2/f\end{cases} \tag{E.28}$$

按式(E.14)、式(E.15)展开成傅氏级数的系数为

$$\begin{cases} a_k = \begin{cases} \dfrac{A}{\pi}\left\{\dfrac{n_1}{(n_1^2-k^2)}[1-(-1)^{n_1+k}]-\dfrac{n_2}{(n_2^2-k^2)}[1-(-1)^{n_2+k}]\right\} & (k \neq n_1, n_2) \\ \dfrac{A}{\pi}\left[\dfrac{n_2}{(n_2^2-n_1^2)}[(-1)^{n_1+n_2}-1]\right] & (k = n_1) \\ \dfrac{A}{\pi}\left[\dfrac{n_1}{(n_2^2-n_1^2)}[(-1)^{n_1+n_2}-1]\right] & (k = n_2) \end{cases} \\ b_k = \begin{cases} \dfrac{A}{2} & (k = n_1, n_2) \\ 0 & (k \neq n_1, n_2) \end{cases} \end{cases} \tag{E.29}$$

加速度、速度与位移分别由式(E.14)、式(E.17)和式(E.18)计算。

如：$A = 10\ \mathrm{m/s^2}$，$f = 1\ \mathrm{Hz}$，$T = 1\ \mathrm{s}$，$f_1 = 10\ \mathrm{Hz}$，$f_2 = 20\ \mathrm{Hz}$，$n_1 = f_1/f = 10$，$n_2 = f_2/f = 20$，代入式(E.29)整理后得到

$$\begin{cases} a_k = \begin{cases} \dfrac{2A}{\pi}\left[\dfrac{(n_2-n_1)(n_1 n_2+k^2)}{(n_1^2-k^2)(n_2^2-k^2)}\right] & (k = 1, 3, 5, \cdots) \\ 0 & (k = n_1, n_2) \end{cases} \\ b_k = \begin{cases} \dfrac{A}{2} & (k = n_1, n_2) \\ 0 & (k \neq n_1, n_2) \end{cases} \end{cases} \tag{E.30}$$

求得结果如表 E.8 所示。其中主频为 $f_{10} = 10\ \mathrm{Hz}$ 和 $f_{20} = 20\ \mathrm{Hz}$ 的幅值为 b_{10} 和 b_{20}。

表 E.8 各阶频率对应加速度、速度和位移幅值

加速度系数	f_k/Hz	a/(m/s^2)	v/(m/s)	d/mm
a_1	1	0.323 9	0.051 55	8.204 5
a_3	3	0.373 9	0.019 84	1.052 3

（续表）

加速度系数	f_k/Hz	a/(m/s²)	v/(m/s)	d/mm
a_5	5	0.509 3	0.016 21	0.516 0
a_7	7	0.885 5	0.020 13	0.457 8
a_9	9	2.951 5	0.052 19	0.923 0
b_{10}	10	5.000 0	0.079 58	1.266 5
a_{11}	11	3.487 9	0.050 47	0.730 2
a_{13}	13	1.473 8	0.018 04	0.220 9
a_{15}	15	1.236 9	0.013 12	0.139 2
a_{17}	17	1.483 9	0.013 89	0.130 1
a_{19}	19	3.508 6	0.029 39	0.246 2
b_{20}	20	5.000 0	0.039 79	0.316 6
a_{21}	21	2.918 8	0.022 12	0.167 7
a_{23}	23	0.838 6	0.005 80	0.040 2
a_{25}	25	0.444 6	0.002 80	0.018 0

表 E.8 中，主频 f_{10} = 10 Hz 和 f_{20} = 20 Hz 时，其低频 f_1 = 1 Hz 对位移 d_1 的贡献比 d_{10} 和 d_{20} 高得多，d_2 的贡献与 d_{10} 和 d_{20} 达同一量级。所以需特别注意对最低频率滤波值的控制。

E.3.9　考题 9——等幅扫频(1)

等幅扫频波是频率随时间按一定规律变化的等幅正弦波(余弦波)，虽按式(E.1)~式(E.5)不能得出理论解，但可以求得数值解，再按式(E.9)和式(E.10)求得速度和位移。频谱在包含扫频范围内的频率成分外，还要注意扫频周期 T 对频率成分的影响，如果 T 十分短，则扫频时程趋向于带宽的白噪声。这里列举 3 个不同扫频频宽的例子，以供相互比较。

加速度时程为

$$a(t) = A\sin\omega t \quad 0 \leqslant t \leqslant T \tag{E.31}$$

式中，$\omega = 2\pi f$；$f = f_0 \times 10^{\alpha t}$，为随时间 t 变化的扫频频率；t 为时间；T 为扫

频一次的周期;α 为扫频速率,是一个定常数;f_0 为扫频的起始频率, f_n 为扫频的结束频率。

对 $f = f_0 \times 10^{\alpha t}$ 取 10 为底的对数变成

$$t = \frac{1}{\alpha}\lg\left(\frac{f}{f_0}\right) \tag{E.32}$$

按式(E.32)可得结束时间 t_n,即等于扫描周期 T。

$$T = t_n = \frac{1}{\alpha}\lg\left(\frac{f_n}{f_0}\right) \tag{E.33}$$

如 $\alpha = 1\ \mathrm{s}^{-1}$ 时其扫频为 1/3 倍频程递增的速率,即两个相隔频率比为 $f_i/f_{i-1} = 2^{1/3} \approx 10^{1/10}$, 其对数为

$$\lg(f_i/f_{i-1}) = \lg 2^{1/3} \approx 0.1 \tag{E.34}$$

如: $f_0 = 10$ Hz, $T = 1$ s, $f_n = 100$ Hz 的扫频间隔如表 E.9 所示。

表 E.9 10~100 Hz 扫频频率与时间的关系

f/Hz	10.0	12.5	15.8	20.0	25.1	31.6	40.0	50.0	63.1	79.4	100
$\lg f$	1	1.1	1.2	1.3	1.4	1.5	1.6	1.7	1.8	1.9	2.0
t/s	0	0.1	0.2	0.3	0.4	0.5	0.6	0.7	0.8	0.9	1.0

如已知: $A = 10\ \mathrm{m/s^2}$, $\alpha = 1\ \mathrm{s}^{-1}$, $T = 1$ s, $f_0 = 10$ Hz, $f_n = 100$ Hz。

加速度扫频时程如图 E.7 所示。

E.3.10 考题 10——等幅扫频(2)

同 E.3.9 中考题 9 的式(E.31)~式(E.33),其参数改变为

$$A = 10\ \mathrm{m/s^2},\ \alpha = 2\ \mathrm{s}^{-1},\ T = 1\ \mathrm{s},\ f_0 = 1\ \mathrm{Hz},\ f_n = 100\ \mathrm{Hz}$$

加速度扫频时程如图 E.8 所示。

E.3.11 考题 11——等幅扫频(3)

同 E.3.9 中考题 9 的式(E.31)~式(E.33),其参数改变为

$$A = 10\ \mathrm{m/s^2},\ \alpha = 3\ \mathrm{s}^{-1},\ T = 1\ \mathrm{s},\ f_0 = 0.1\ \mathrm{Hz},\ f_n = 100\ \mathrm{Hz}$$

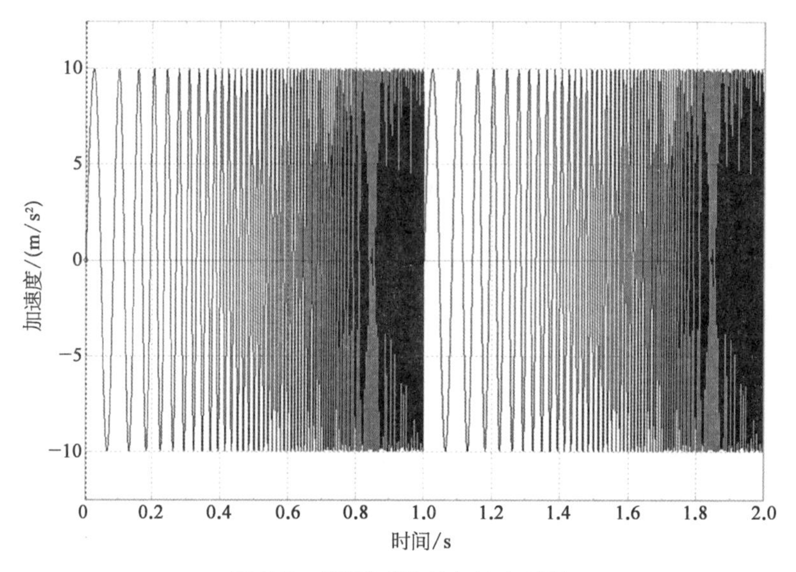

图 E.7　等幅扫频(1)加速度时程

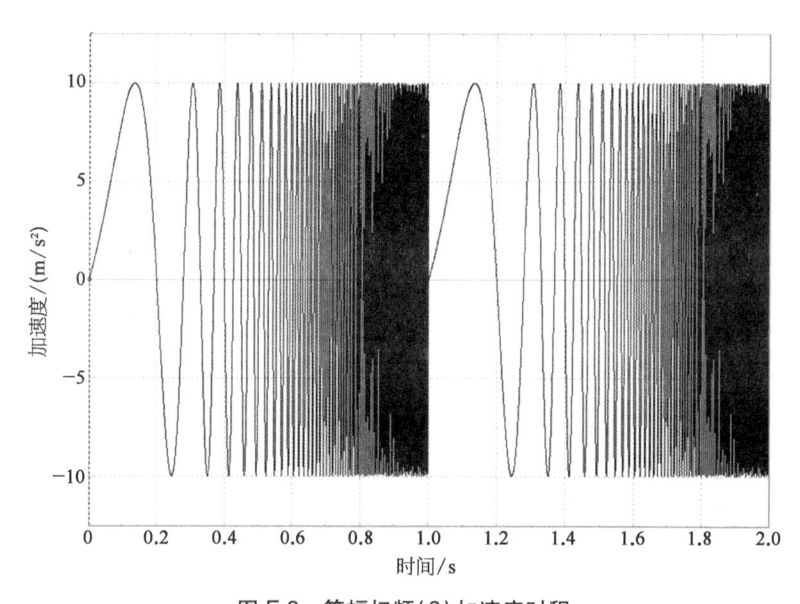

图 E.8　等幅扫频(2)加速度时程

加速度扫频时程如图 E.9 所示。

E.3.12　考题 12——人工随机信号

式(E.1)与式(E.7)适用于随机信号的积分处理方法,加速度 $a(t)$ 可用人工随机信号表示:

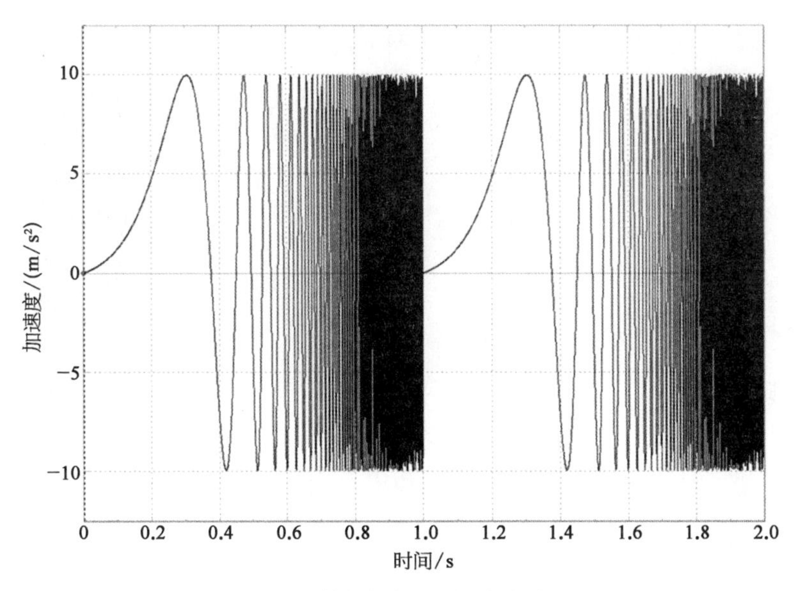

图 E.9　等幅扫频(3)加速度时程

$$a(t) = \sum_{k=1}^{N} A_k \sin(\omega_k t + \phi_k) \tag{E.35}$$

$$A_k = \sqrt{2G(f_k)\Delta f} \tag{E.36}$$

式中，$\omega_k = 2\pi f_k$；ϕ_k 为 0~2π 内的随机数；$\Delta f = (f_H - f_L)/N$ 为中心频率 f_k 的带宽，f_H 为进行 FFT 所设置的高端频率值，f_L 为进行 FFT 所设置的低端频率值（可取 $f_L \equiv 0$）；$f_k \equiv f_L + \left(k - \dfrac{1}{2}\right)\Delta f$。

速度 $v(t)$ 和位移 $d(t)$ 可按式(E.9)和式(E.10)得到。

人工随机信号表达式 $a(t)$ 是否正确，可按如下方法验证。

随机信号功率谱密度函数 $G(f)$ 的傅里叶变换的自相关函数为

$$R(\tau) = \int_0^{\infty} G(f)\cos 2\pi f\tau \mathrm{d}\tau \tag{E.37}$$

而 $R(\tau)$ 的定义为

$$R(\tau) = \lim_{T\to\infty} \frac{1}{T}\int_0^T a(t)a(t+\tau)\mathrm{d}t \tag{E.38}$$

将式(E.35)代入式(E.38)后整理可得

$$R(\tau)=\frac{1}{2}\sum_{k=1}^{N}A_k^2\cos\omega_k\tau \tag{E.39}$$

当 $\tau=0$ 时, $R(\tau)$ 则为

$$R(0)=\frac{1}{2}\sum_{k=1}^{N}A_k^2 \tag{E.40}$$

比较式(E.37)、式(E.38)和式(E.40)可知

$$R(0)=\frac{1}{2}\sum_{k=1}^{N}A_k^2=\int_0^{\infty}G(f)\mathrm{d}f=\lim_{T\to\infty}\frac{1}{T}\int_0^{T}[a(t)]^2\mathrm{d}t \tag{E.41}$$

离散化表示为

$$R(0)=\frac{1}{2}\sum_{k=1}^{N}A_k^2=\sum_{k=1}^{N}G(f_k)\Delta f=\frac{1}{N}\sum_{k=1}^{N}[a(t_k)]^2$$

式(E.41)的含义为随机信号 $a(t)$ 的均方值,如 $R(0)$、$\frac{1}{2}\sum_{k=1}^{N}A_k^2$ 与频域上 $\sum_{k=1}^{N}G(f_k)\Delta f$ 值相等的话,则可验证功率谱密度 $G(f)$ 反演后的时程式(E.35)所表征的 $a(t)$ 是正确的。

[**例**] 带宽的白噪声(见图 E.10)

$$G(f)=\begin{cases}G_0 & f_1\leqslant f\leqslant f_2\\ 0 & f<f_1, f>f_2\end{cases} \tag{E.42}$$

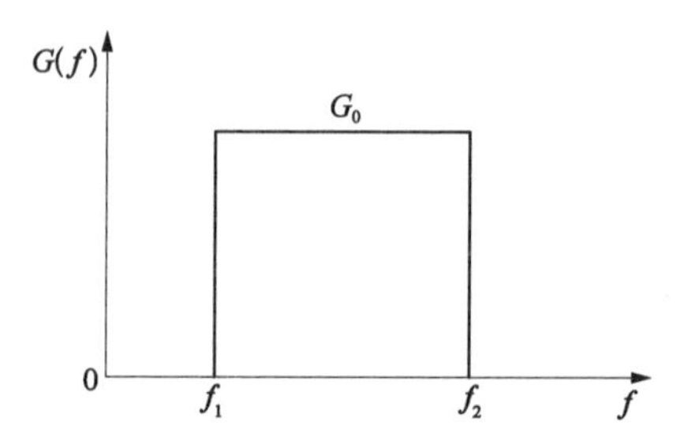

图 E.10 带宽白噪声功率谱密度

设：$G_0 = 1(\mathrm{m/s^2})^2/\mathrm{Hz}$

$$f_1 = 10\ \mathrm{Hz}$$

$$f_2 = 100\ \mathrm{Hz}$$

$$B = f_2 - f_1 = 90\ \mathrm{Hz}$$

其相关函数 $R(\tau)$ 理论解为

$$R(\tau) = G_0 B\left(\frac{\sin 2\pi B\tau}{2\pi B\tau}\right) \tag{E.43}$$

$$R(0) = G_0 B = 90(\mathrm{m/s^2})^2$$

对应的自相关函数如图 E.11 所示。

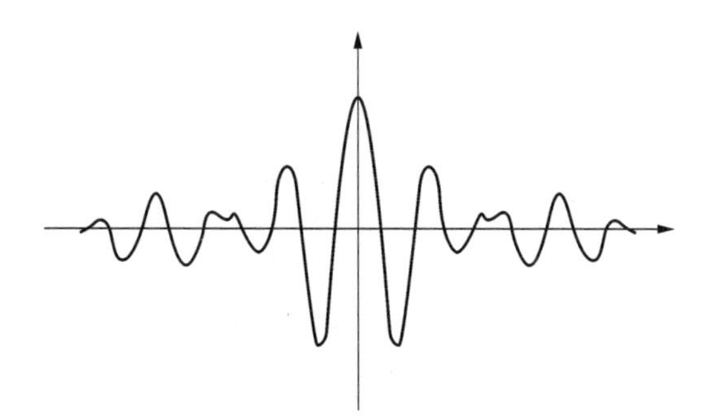

图 E.11　对应的自相关函数

由式(E.35)得到的加速度时程 $a(t)$ 按式(E.41)求时程均方值是否满足下式的要求。

$$\frac{1}{T}\int_0^T [a(t)]^2 \mathrm{d}t = R(0) = 90(\mathrm{m/s^2})^2$$

附录 F　多跨梁的振型曲线

本附录是根据 5.5.6 节所求得的多跨梁振型曲线 $\varphi_i(x)$，共绘制出从 2~10 跨连续梁前两个频率密集区处的振型曲线 $\varphi_i(x)$，如图 F.1~图 F.9

所示。这些曲线均为归一化的标准振型曲线,即满足:

$$\begin{cases} \dfrac{1}{a}\displaystyle\int_0^a [\varphi_i(x)]^2 \mathrm{d}x = 0.5 \\ J_i = \dfrac{a^2\displaystyle\int_0^a \varphi_i''(x)\varphi_i(x)\mathrm{d}x}{\displaystyle\int_0^a [\varphi_i(x)]^2 \mathrm{d}x} \end{cases} \tag{F.1}$$

式中,i 为共振频率的阶数($i=1, 2, \cdots, N$);x 为梁中性轴横坐标;a 为多跨梁的总长度。

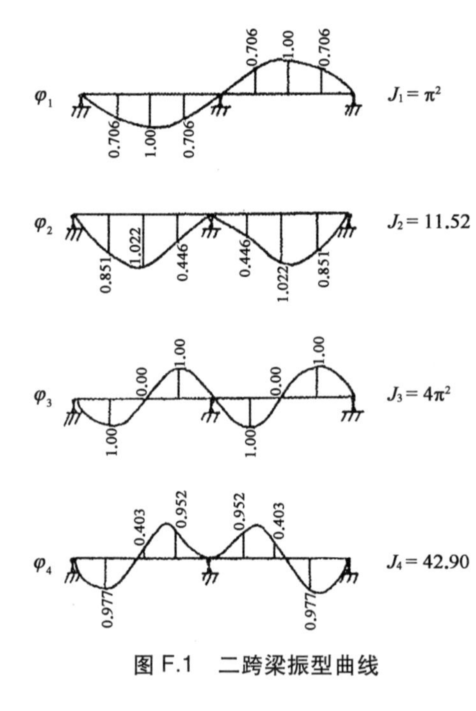

图 F.1　二跨梁振型曲线

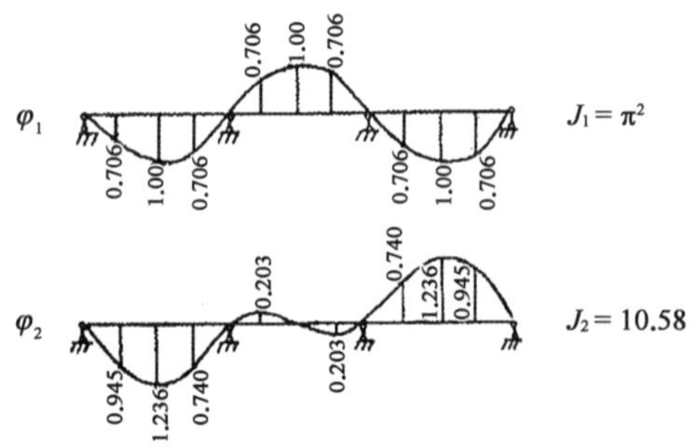

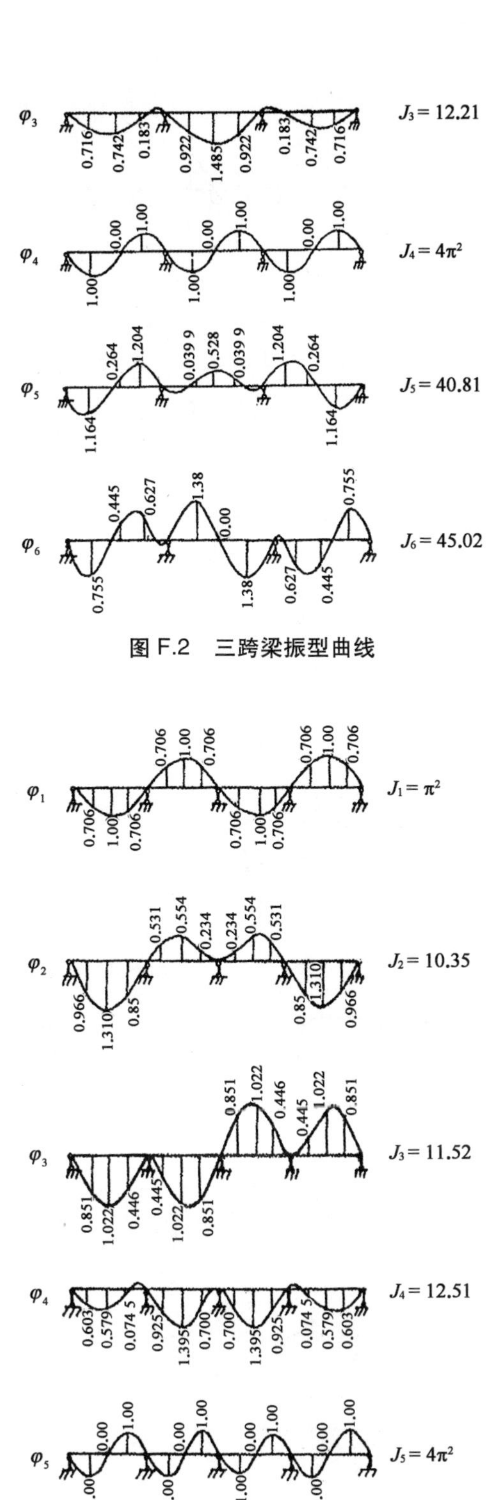

φ3
0.716 0.742 0.183 0.922 1.485 0.922 0.183 0.742 0.716
J3 = 12.21
φ4
0.00 1.00 0.00 1.00 0.00 1.00
1.00 1.00 1.00
J4 = 4π2
φ5
0.264 1.204 0.039 9 0.528 0.039 9 1.204 0.264
1.164 1.164
J5 = 40.81
φ6
0.445 0.627 1.38 0.00 0.755
0.755 1.38 0.627 0.445
J6 = 45.02
φ1
0.706 1.00 0.706 0.706 1.00 0.706
0.706 1.00 0.706 0.706 1.00 0.706
J1 = π2
φ2
0.531 0.554 0.234 0.234 0.554 0.531
0.966 1.310 0.85 0.85 1.310 0.966
J2 = 10.35
φ3
0.851 1.022 0.446 0.445 1.022 0.851
0.851 1.022 0.446 0.445 1.022 0.851
J3 = 11.52
φ4
0.603 0.579 0.074 5 0.925 1.395 0.700 0.700 1.395 0.925 0.074 5 0.579 0.603
J4 = 12.51
φ5
0.00 1.00 0.00 1.00 0.00 1.00 0.00 1.00
1.00 1.00 1.00 1.00
J5 = 4π2

图 F.2 三跨梁振型曲线

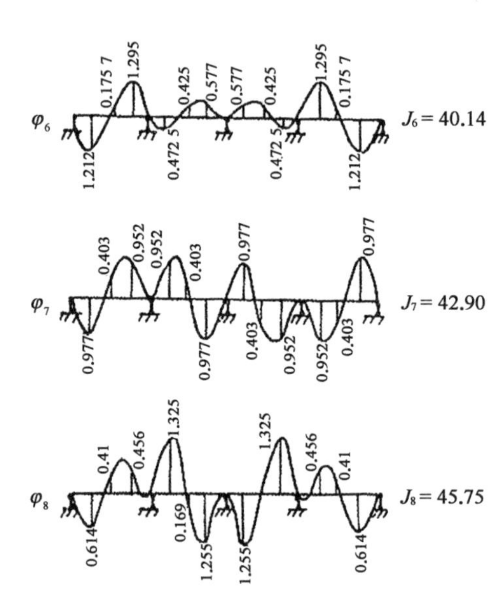

φ6
0.175 7
1.295
0.425
0.577
0.577
0.425
1.295
0.175 7
1.212
0.472 5
0.472 5
1.212
J6 = 40.14
φ7
0.403
0.952
0.952
0.403
0.977
0.977
0.977
0.977
0.403
0.952
0.952
0.403
J7 = 42.90
φ8
0.41
0.456
1.325
1.325
0.456
0.41
0.614
0.169
1.255
1.255
0.614
J8 = 45.75

图 F.3　四跨梁振型曲线

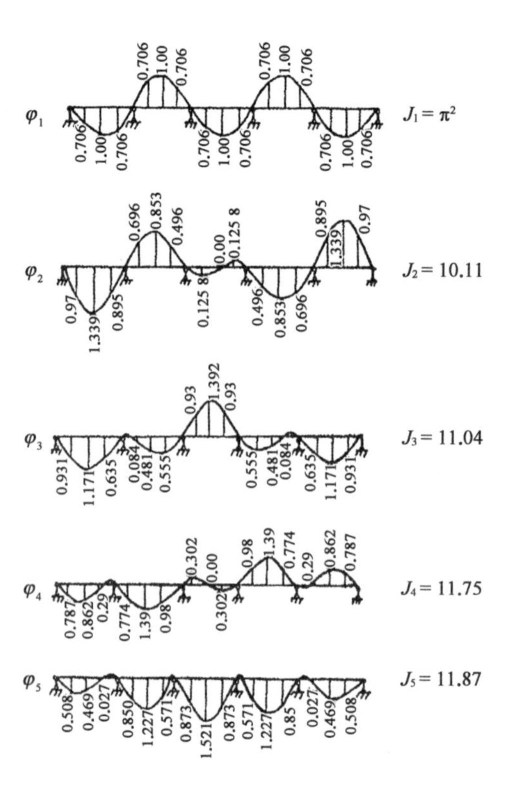

φ1
0.706
1.00
0.706
0.706
1.00
0.706
0.706
1.00
0.706
0.706
1.00
0.706
0.706
1.00
0.706
J1 = π²
φ2
0.696
0.853
0.496
0.00
0.125 8
0.895
1.339
0.97
0.97
1.339
0.895
0.125 8
0.496
0.853
0.696
J2 = 10.11
φ3
0.93
1.392
0.93
0.931
1.171
0.635
0.084
0.481
0.555
0.555
0.481
0.084
0.635
1.171
0.931
J3 = 11.04
φ4
0.302
0.00
0.98
1.39
0.774
0.29
0.862
0.787
0.787
0.862
0.29
0.774
1.39
0.98
0.302
J4 = 11.75
φ5
0.508
0.469
0.027
0.850
1.227
0.571
0.873
1.521
0.873
0.571
1.227
0.85
0.027
0.469
0.508
J5 = 11.87

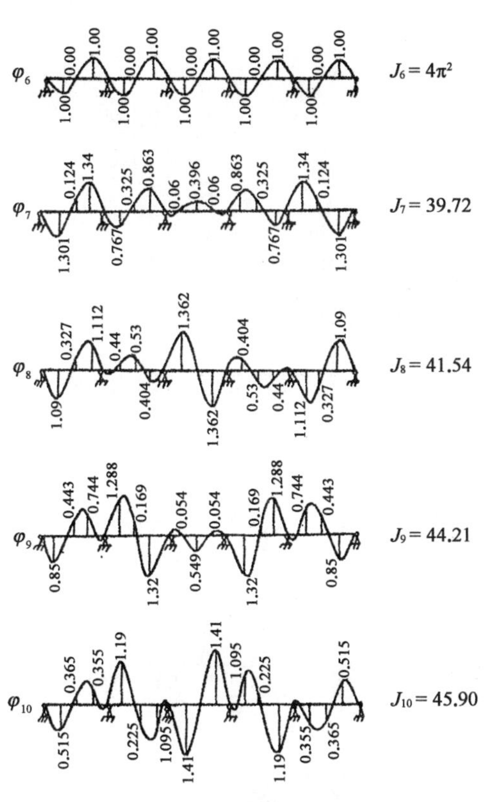
φ_6
1.00 0.00 1.00 0.00 1.00 0.00 1.00 0.00 1.00 0.00 1.00
1.00 1.00 1.00 1.00 1.00
$J_6 = 4\pi^2$
φ_7
0.124 1.34 0.325 0.863 0.06 0.396 0.06 0.863 0.325 1.34 0.124
1.301 0.767 0.767 1.301
$J_7 = 39.72$
φ_8
0.327 1.112 0.44 0.53 1.362 0.404 1.09
1.09 0.404 1.362 0.53 0.44 1.112 0.327
$J_8 = 41.54$
φ_9
0.443 0.744 1.288 0.169 0.054 0.054 0.169 1.288 0.744 0.443
0.85 1.32 0.549 1.32 0.85
$J_9 = 44.21$
φ_{10}
0.365 0.355 1.19 1.41 1.095 0.225 0.515
0.515 0.225 1.095 1.41 1.19 0.355 0.365
$J_{10} = 45.90$

图 F.4 五跨梁振型曲线

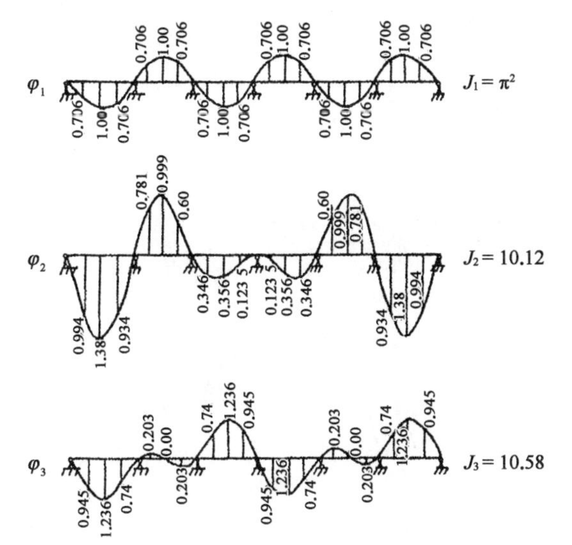
φ_1
0.706 1.00 0.706 0.706 1.00 0.706 0.706 1.00 0.706
0.706 1.00 0.706 0.706 1.00 0.706 0.706 1.00 0.706
$J_1 = \pi^2$
φ_2
0.781 0.999 0.60 0.60 0.999 0.781
0.994 1.38 0.934 0.346 0.356 0.123 5 0.123 5 0.356 0.346 0.934 1.38 0.994
$J_2 = 10.12$
φ_3
0.203 0.00 0.74 1.236 0.945 0.203 0.00 0.74 1.236 0.945
0.945 1.236 0.74 0.203 0.945 1.236 0.74 0.203
$J_3 = 10.58$

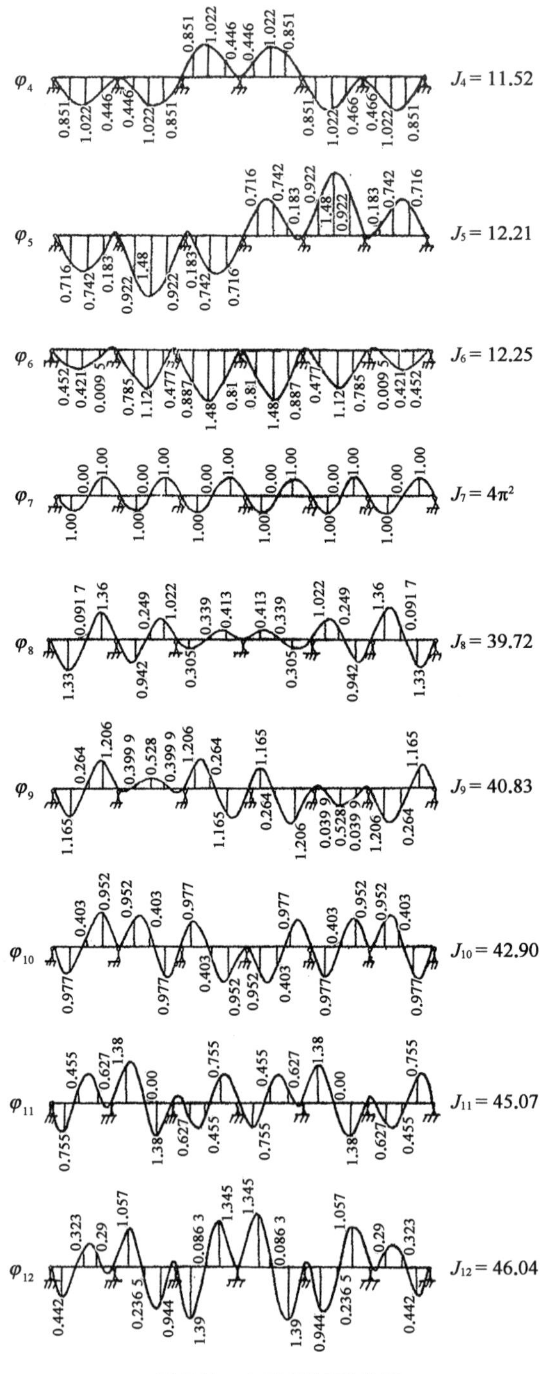
φ_4
$J_4 = 11.52$
φ_5
$J_5 = 12.21$
φ_6
$J_6 = 12.25$
φ_7
$J_7 = 4\pi^2$
φ_8
$J_8 = 39.72$
φ_9
$J_9 = 40.83$
φ_{10}
$J_{10} = 42.90$
φ_{11}
$J_{11} = 45.07$
φ_{12}
$J_{12} = 46.04$

图 F.5 六跨梁振型曲线

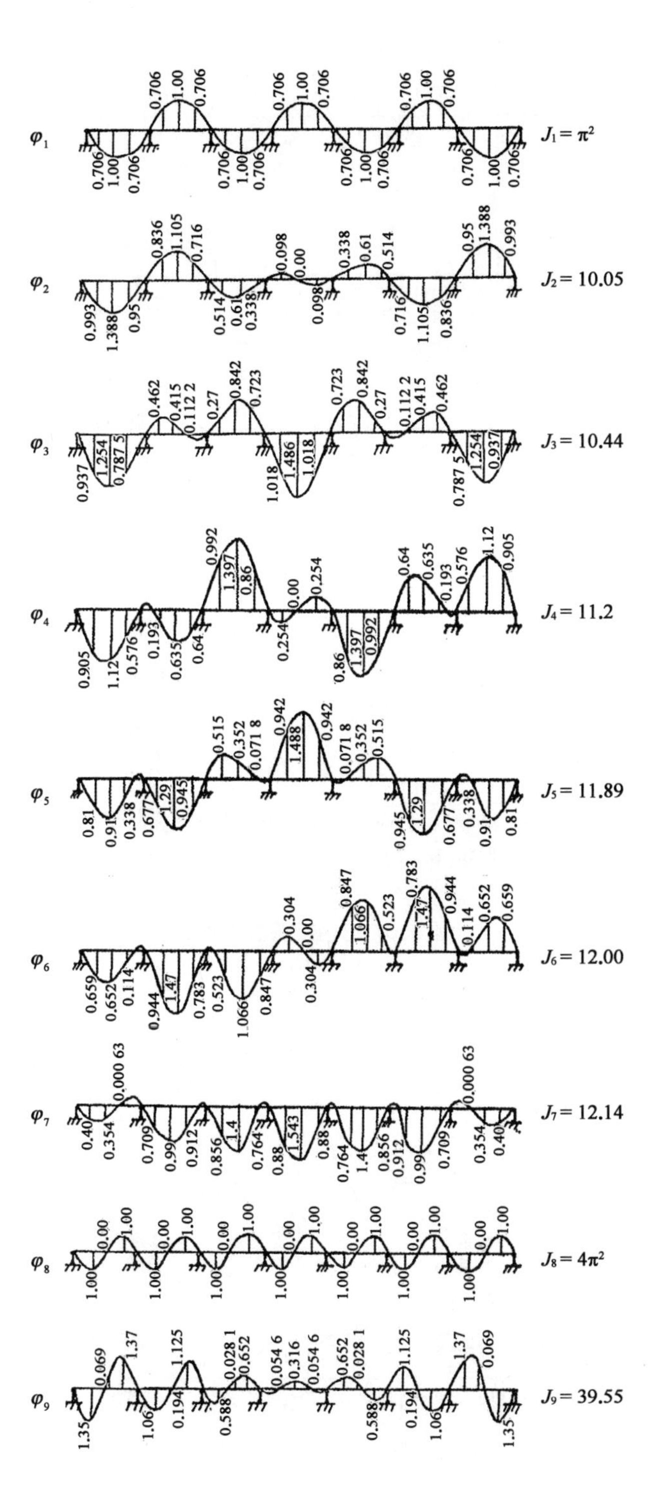

φ1
0.706 1.00 0.706 0.706 1.00 0.706 0.706 1.00 0.706
0.706 1.00 0.706 0.706 1.00 0.706 0.706 1.00 0.706 0.706 1.00 0.706
J1 = π2
φ2
0.836 1.105 0.716 0.098 0.00 0.338 0.61 0.514 0.95 1.388 0.993
0.993 1.388 0.95 0.514 0.61 0.338 0.098 0.716 1.105 0.836
J2 = 10.05
φ3
0.462 0.415 0.112 2 0.27 0.842 0.723 0.723 0.842 0.27 0.112 2 0.415 0.462
0.937 1.254 0.787 5 1.018 1.486 1.018 0.787 5 1.254 0.937
J3 = 10.44
φ4
0.992 1.397 0.86 0.00 0.254 0.64 0.635 0.193 0.576 1.12 0.905
0.905 1.12 0.576 0.193 0.635 0.64 0.254 0.86 1.397 0.992
J4 = 11.2
φ5
0.515 0.352 0.071 8 0.942 1.488 0.942 0.071 8 0.352 0.515
0.81 0.91 0.338 0.677 1.29 0.945 0.945 1.29 0.677 0.338 0.91 0.81
J5 = 11.89
φ6
0.304 0.00 0.847 1.066 0.523 0.783 1.47 0.944 0.114 0.652 0.659
0.659 0.652 0.114 0.944 1.47 0.783 0.523 1.066 0.847 0.304
J6 = 12.00
φ7
0.000 63 0.000 63
0.40 0.354 0.709 0.99 0.912 0.856 1.4 0.764 0.88 1.543 0.88 0.764 1.4 0.856 0.912 0.99 0.709 0.354 0.40
J7 = 12.14
φ8
0.00 1.00 0.00 1.00 0.00 1.00 0.00 1.00 0.00 1.00 0.00 1.00 0.00 1.00
1.00 1.00 1.00 1.00 1.00 1.00 1.00
J8 = 4π2
φ9
0.069 1.37 1.125 0.028 1 0.652 0.054 6 0.316 0.054 6 0.652 0.028 1 1.125 1.37 0.069
1.35 1.06 0.194 0.588 0.588 0.194 1.06 1.35
J9 = 39.55

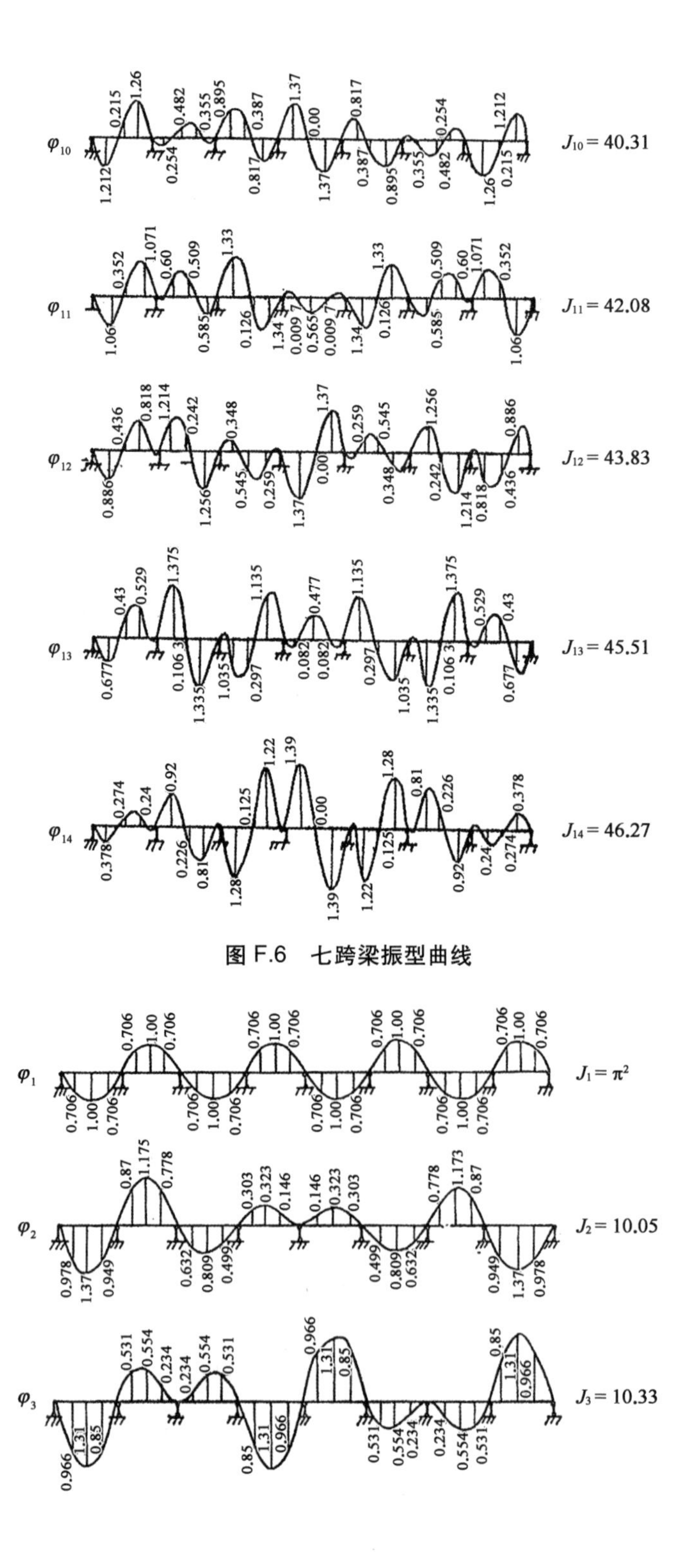

图 F.6　七跨梁振型曲线

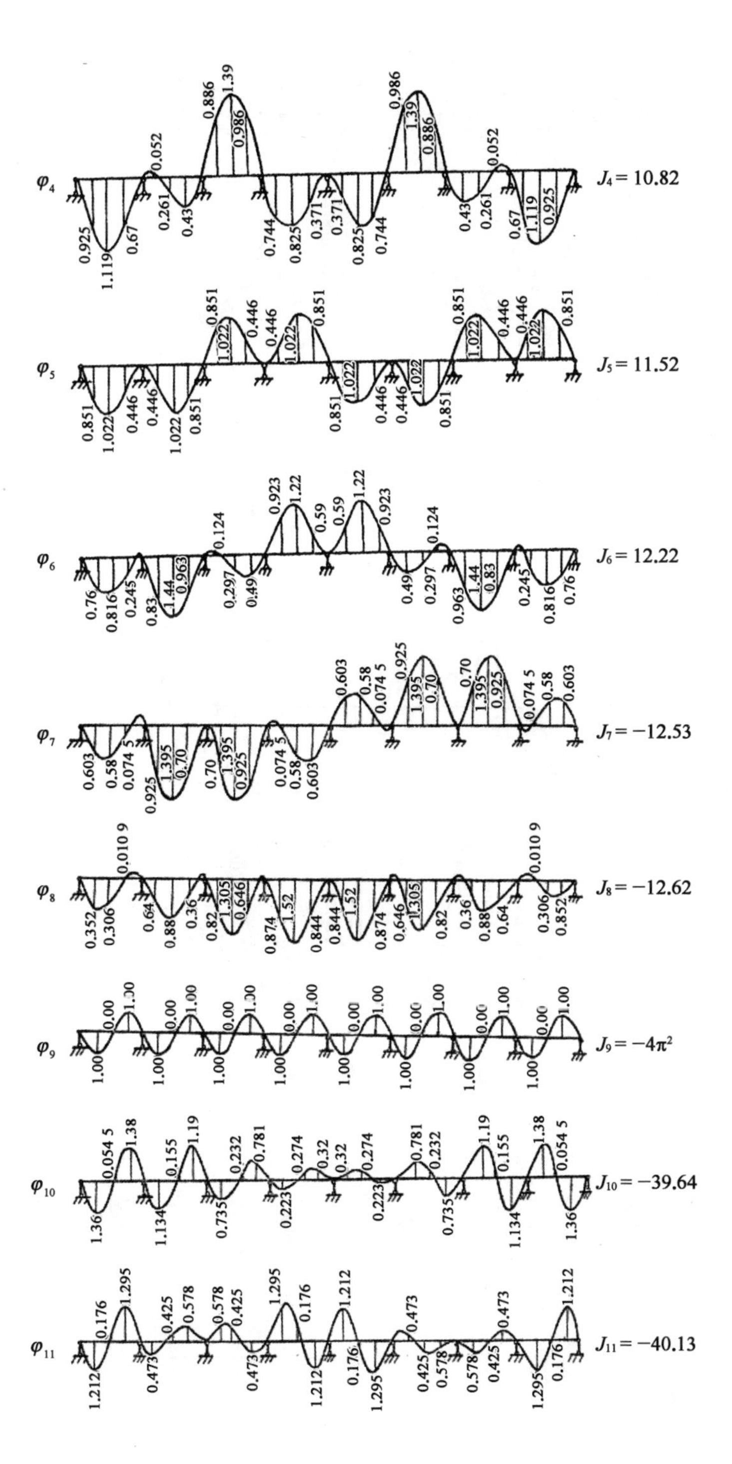

φ_4
0.886 1.39 0.986 0.052 0.986 1.39 0.886 0.052
0.925 1.119 0.67 0.261 0.43 0.744 0.825 0.371 0.371 0.825 0.744 0.43 0.261 0.67 1.119 0.925
$J_4 = 10.82$
φ_5
0.851 1.022 0.446 0.446 1.022 0.851 0.851 1.022 0.446 0.446 1.022 0.851
0.851 1.022 0.446 0.446 1.022 0.851 0.851 1.022 0.446 0.446 1.022 0.851
$J_5 = 11.52$
φ_6
0.124 0.923 1.22 0.59 0.59 1.22 0.923 0.124
0.76 0.816 0.245 0.83 1.44 0.963 0.297 0.49 0.49 0.297 0.963 1.44 0.83 0.245 0.816 0.76
$J_6 = 12.22$
φ_7
0.603 0.58 0.074 5 0.925 1.395 0.70 0.70 1.395 0.925 0.074 5 0.58 0.603
0.603 0.58 0.074 5 0.925 1.395 0.70 0.70 1.395 0.925 0.074 5 0.58 0.603
$J_7 = -12.53$
φ_8
0.010 9 0.010 9
0.352 0.306 0.64 0.88 0.36 0.82 1.305 0.646 0.874 1.52 0.844 0.844 1.52 0.874 0.646 1.305 0.82 0.36 0.88 0.64 0.306 0.852
$J_8 = -12.62$
φ_9
0.00 1.00 0.00 1.00 0.00 1.00 0.00 1.00 0.00 1.00 0.00 1.00 0.00 1.00 0.00 1.00
1.00 1.00 1.00 1.00 1.00 1.00 1.00 1.00
$J_9 = -4\pi^2$
φ_{10}
0.054 5 1.38 0.155 1.19 0.232 0.781 0.274 0.32 0.32 0.274 0.781 0.232 1.19 0.155 1.38 0.054 5
1.36 1.134 0.735 0.223 0.223 0.735 1.134 1.36
$J_{10} = -39.64$
φ_{11}
0.176 1.295 0.425 0.578 0.578 0.425 1.295 0.176 1.212 0.473 0.473 1.212
1.212 0.473 0.473 1.212 0.176 1.295 0.425 0.578 0.578 0.425 1.295 0.176
$J_{11} = -40.13$

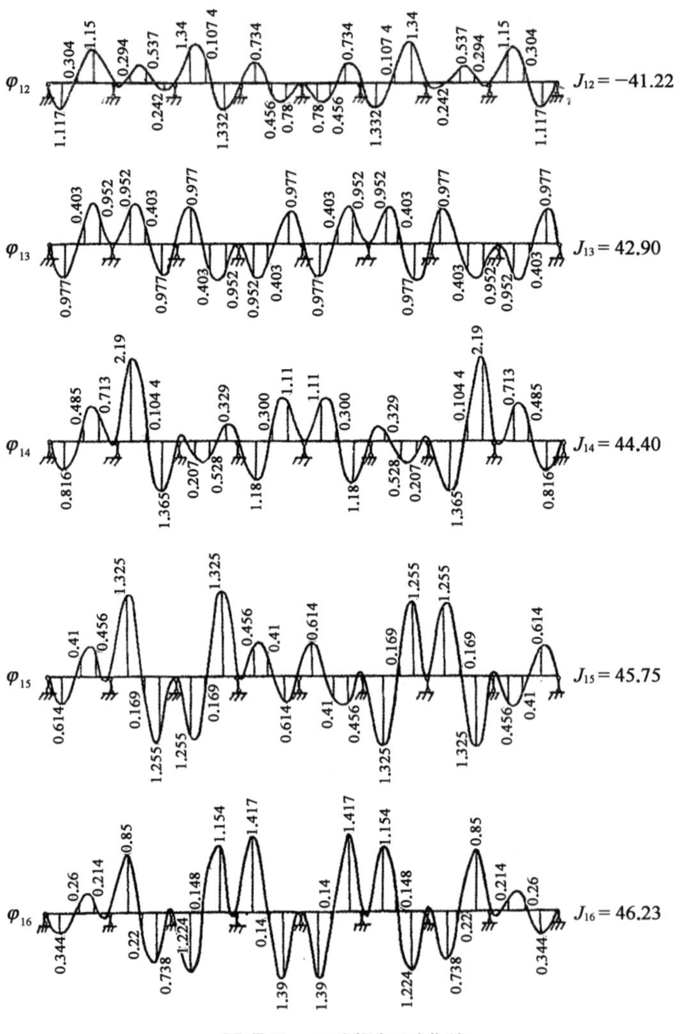

图 F.7 八跨梁振型曲线

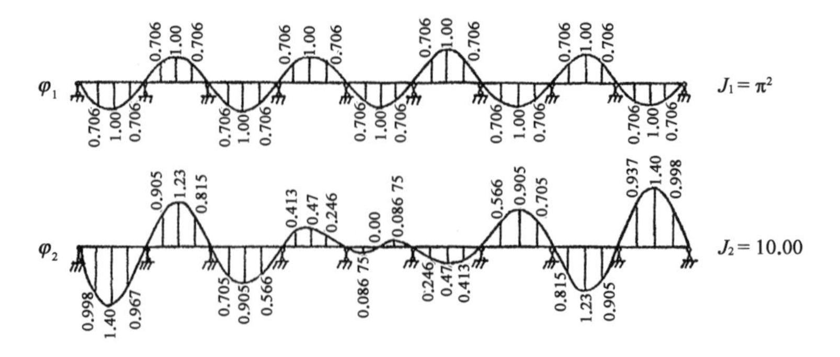

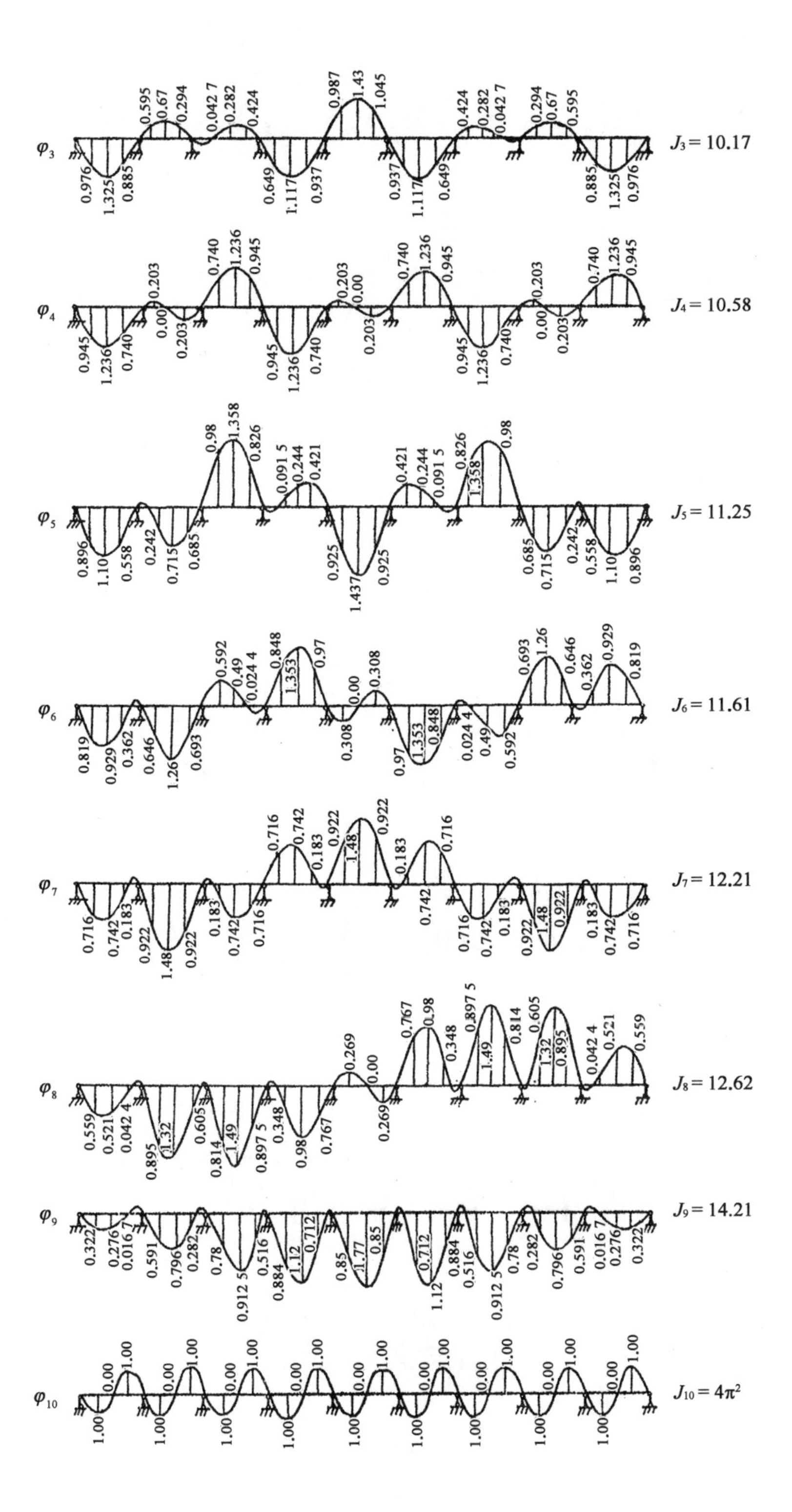

φ_3
0.595 0.67 0.294 0.042 7 0.282 0.424 0.987 1.43 1.045 0.424 0.282 0.042 7 0.294 0.67 0.595
0.976 1.325 0.885 0.649 1.117 0.937 0.937 1.117 0.649 0.885 1.325 0.976
$J_3 = 10.17$
φ_4
0.203 0.740 1.236 0.945 0.203 0.00 0.740 1.236 0.945 0.203 0.740 1.236 0.945
0.945 1.236 0.740 0.00 0.203 0.945 1.236 0.740 0.203 0.945 1.236 0.740 0.00 0.203
$J_4 = 10.58$
φ_5
0.98 1.358 0.826 0.091 5 0.244 0.421 0.421 0.244 0.091 5 0.826 1.358 0.98
0.896 1.10 0.558 0.242 0.715 0.685 0.925 1.437 0.925 0.685 0.715 0.242 0.558 1.10 0.896
$J_5 = 11.25$
φ_6
0.592 0.49 0.024 4 0.848 1.353 0.97 0.00 0.308 0.693 1.26 0.646 0.362 0.929 0.819
0.819 0.929 0.362 0.646 1.26 0.693 0.308 0.97 1.353 0.848 0.024 4 0.49 0.592
$J_6 = 11.61$
φ_7
0.716 0.742 0.183 0.922 1.48 0.922 0.183 0.716
0.716 0.742 0.183 0.922 1.48 0.922 0.183 0.742 0.716 0.742 0.716 0.742 0.183 0.922 1.48 0.922 0.183 0.742 0.716
$J_7 = 12.21$
φ_8
0.269 0.00 0.767 0.98 0.348 0.897 5 1.49 0.814 0.605 1.32 0.895 0.042 4 0.521 0.559
0.559 0.521 0.042 4 0.895 1.32 0.605 0.814 1.49 0.897 5 0.348 0.98 0.767 0.269
$J_8 = 12.62$
φ_9
0.322 0.276 0.016 7 0.591 0.796 0.282 0.78 0.912 5 0.516 0.884 1.12 0.712 0.85 1.77 0.85 0.712 1.12 0.884 0.516 0.912 5 0.78 0.282 0.796 0.591 0.016 7 0.276 0.322
$J_9 = 14.21$
φ_{10}
0.00 1.00 0.00 1.00 0.00 1.00 0.00 1.00 0.00 1.00 0.00 1.00 0.00 1.00 0.00 1.00 0.00 1.00
1.00 1.00 1.00 1.00 1.00 1.00 1.00 1.00 1.00
$J_{10} = 4\pi^2$

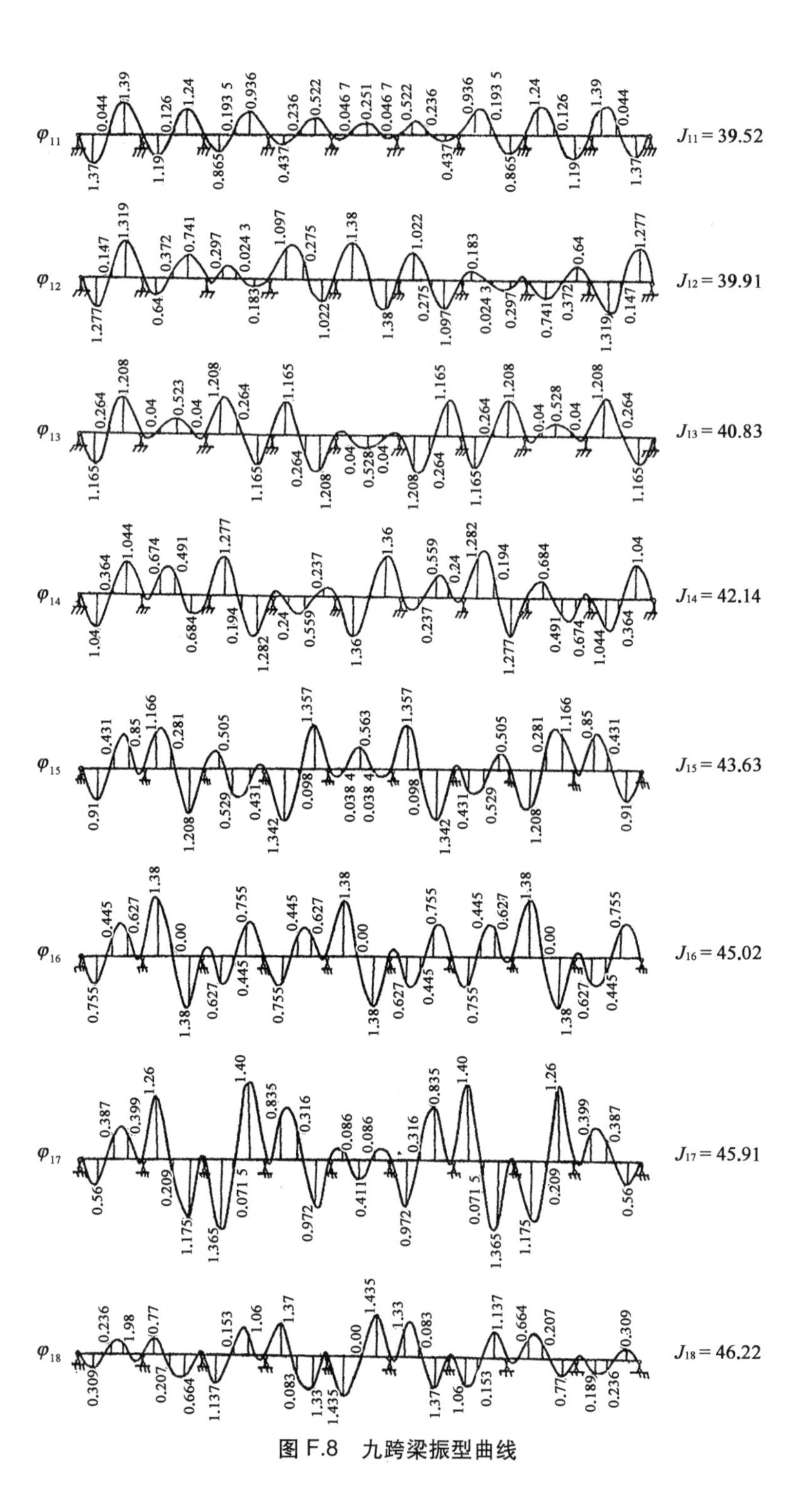

φ_{11}
$J_{11}=39.52$
φ_{12}
$J_{12}=39.91$
φ_{13}
$J_{13}=40.83$
φ_{14}
$J_{14}=42.14$
φ_{15}
$J_{15}=43.63$
φ_{16}
$J_{16}=45.02$
φ_{17}
$J_{17}=45.91$
φ_{18}
$J_{18}=46.22$

图 F.8　九跨梁振型曲线

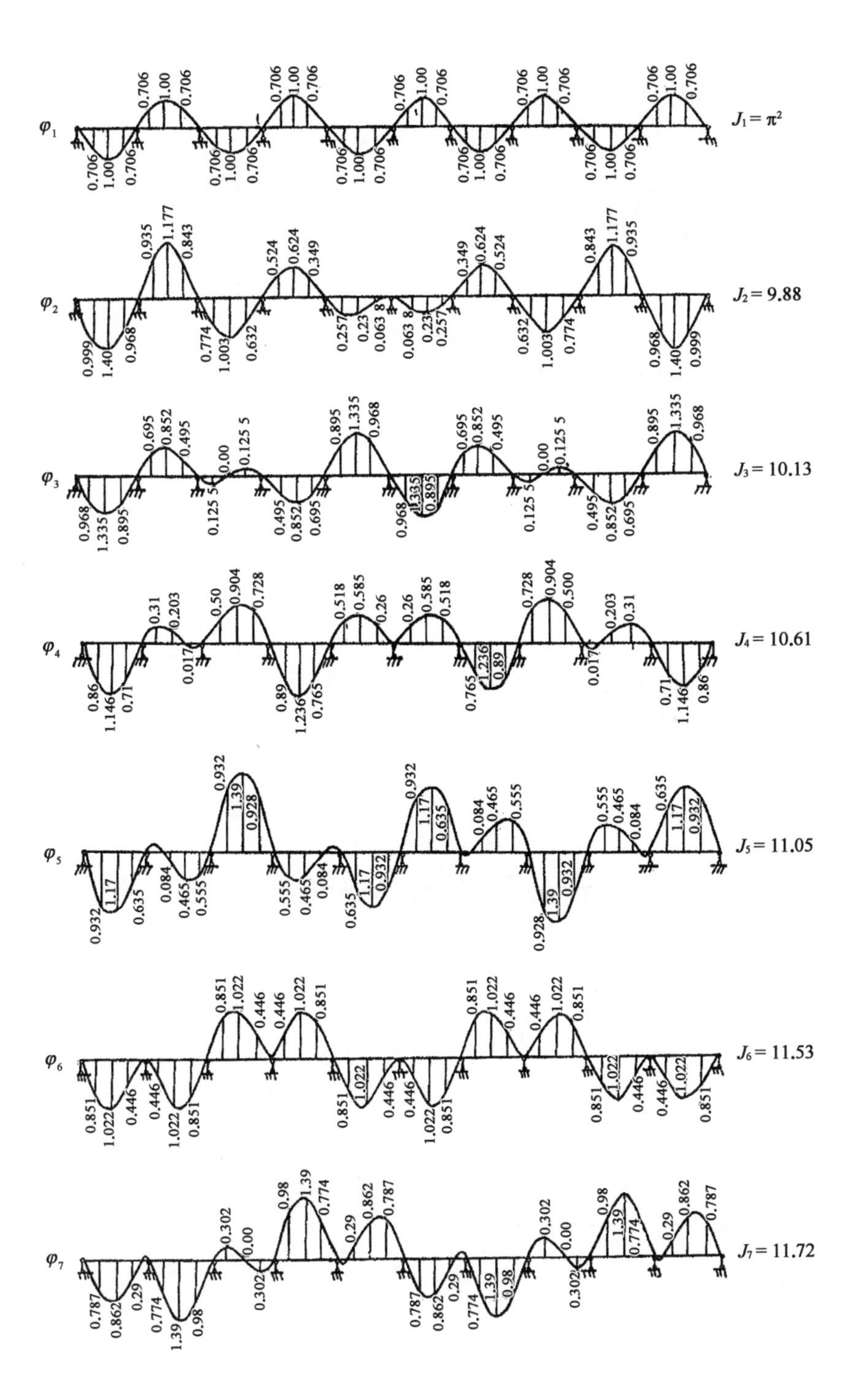
φ_1
$J_1=\pi^2$
φ_2
$J_2=9.88$
φ_3
$J_3=10.13$
φ_4
$J_4=10.61$
φ_5
$J_5=11.05$
φ_6
$J_6=11.53$
φ_7
$J_7=11.72$

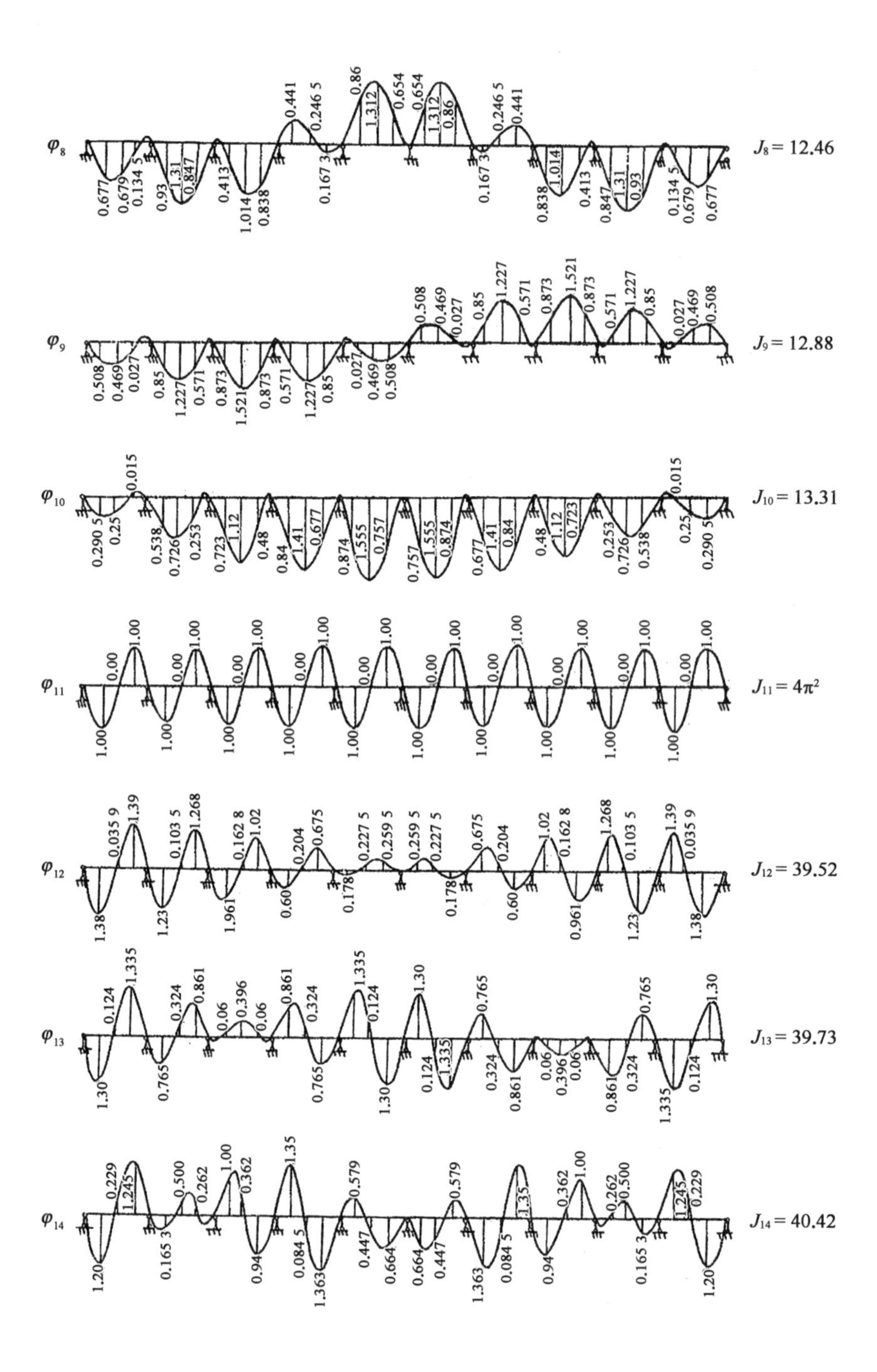

φ_8
0.441 0.246 5 0.86 1.312 0.654 0.654 1.312 0.86 0.246 5 0.441
0.677 0.679 0.134 5 0.93 1.31 0.847 0.413 1.014 0.838 0.167 3 0.167 3 0.838 1.014 0.413 0.847 1.31 0.93 0.134 5 0.679 0.677
$J_8 = 12.46$
φ_9
0.508 0.469 0.027 0.85 1.227 0.571 0.873 1.521 0.873 0.571 1.227 0.85 0.027 0.469 0.508
0.508 0.469 0.027 0.85 1.227 0.571 0.873 1.521 0.873 0.571 1.227 0.85 0.027 0.469 0.508
$J_9 = 12.88$
φ_{10}
0.015 0.015
0.290 5 0.25 0.538 0.726 0.253 0.723 1.12 0.48 0.84 1.41 0.677 0.874 1.555 0.757 0.757 1.555 0.874 0.677 1.41 0.84 0.48 1.12 0.723 0.253 0.726 0.538 0.25 0.290 5
$J_{10} = 13.31$
φ_{11}
0.00 1.00 0.00 1.00 0.00 1.00 0.00 1.00 0.00 1.00 0.00 1.00 0.00 1.00 0.00 1.00 0.00 1.00 0.00 1.00
1.00 1.00 1.00 1.00 1.00 1.00 1.00 1.00 1.00 1.00
$J_{11} = 4\pi^2$
φ_{12}
0.035 9 1.39 0.103 5 1.268 0.162 8 1.02 0.204 0.675 0.227 5 0.259 5 0.259 5 0.227 5 0.675 0.204 1.02 0.162 8 1.268 0.103 5 1.39 0.035 9
1.38 1.23 1.961 0.60 0.178 0.178 0.60 0.961 1.23 1.38
$J_{12} = 39.52$
φ_{13}
0.124 1.335 0.324 0.861 0.06 0.396 0.06 0.861 0.324 1.335 0.124 1.30 0.765 0.765 1.30
1.30 0.765 0.765 1.30 0.124 1.335 0.324 0.861 0.06 0.396 0.06 0.861 0.324 1.335 0.124
$J_{13} = 39.73$
φ_{14}
0.229 1.245 0.500 0.262 1.00 0.362 1.35 0.579 0.579 1.35 0.362 1.00 0.262 0.500 1.245 0.229
1.20 0.165 3 0.94 0.084 5 1.363 0.447 0.664 0.664 0.447 1.363 0.084 5 0.94 0.165 3 1.20
$J_{14} = 40.42$

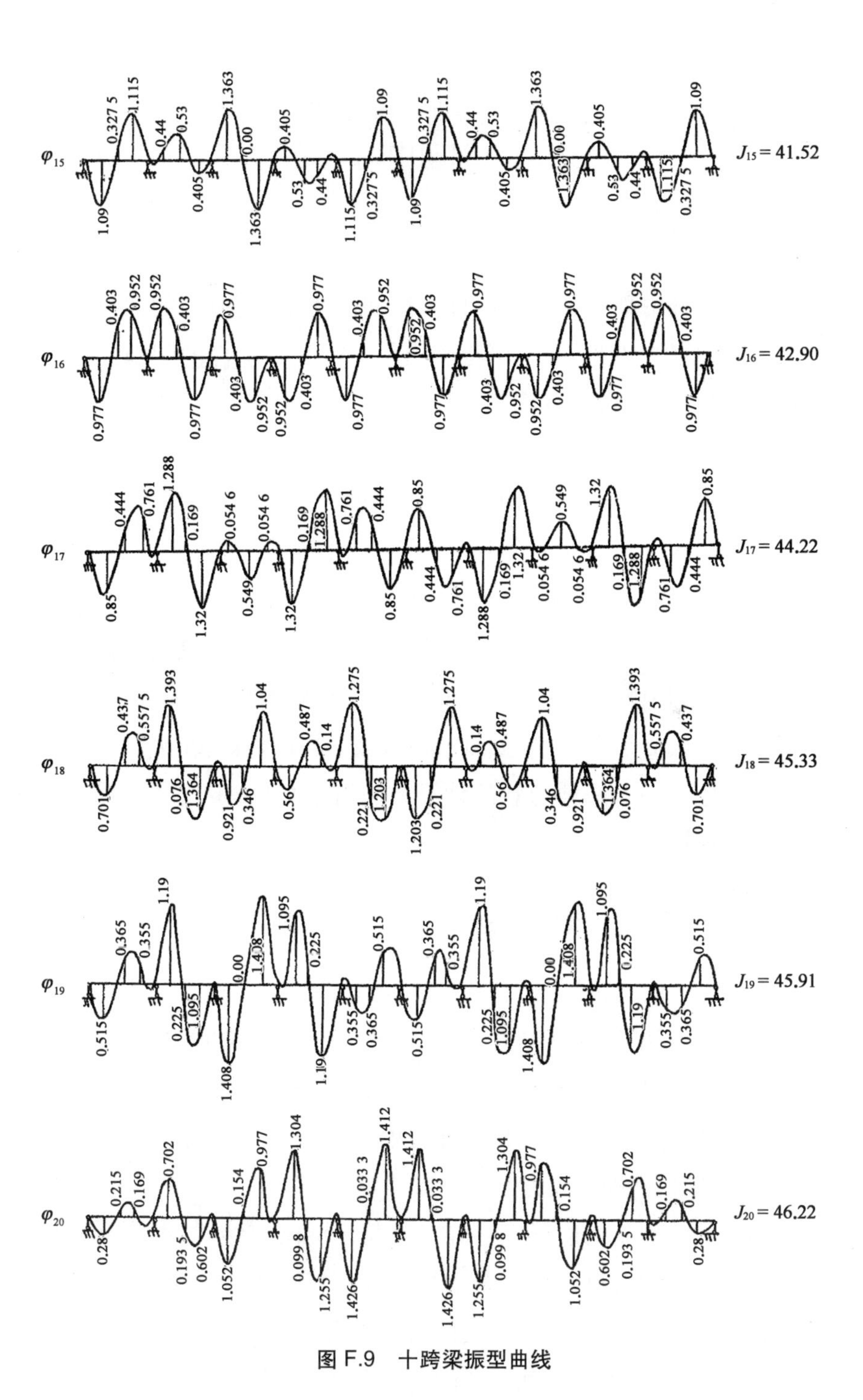

φ15
0.327 5
1.115
0.44
0.53
1.363
0.00
0.405
1.09
0.327 5
1.115
0.44
0.53
1.363
0.00
0.405
1.09
1.09
0.405
1.363
0.53
0.44
1.115
0.327 5
1.09
0.405
1.363
0.53
0.44
1.115
0.327 5
J15 = 41.52
φ16
0.403
0.952
0.952
0.403
0.977
0.977
0.403
0.952
0.952
0.403
0.977
0.977
0.403
0.952
0.952
0.403
0.977
0.977
0.403
0.952
0.952
0.403
0.977
0.977
0.403
0.952
0.952
0.403
0.977
0.977
J16 = 42.90
φ17
0.444
0.761
1.288
0.169
0.054 6
0.054 6
0.169
1.288
0.761
0.444
0.85
0.549
1.32
0.85
0.85
1.32
0.549
1.32
0.85
0.444
0.761
1.288
0.169
1.32
0.054 6
0.054 6
0.169
1.288
0.761
0.444
J17 = 44.22
φ18
0.437
0.557 5
1.393
1.04
0.487
0.14
1.275
1.275
0.14
0.487
1.04
1.393
0.557 5
0.437
0.701
0.076
1.364
0.921
0.346
0.56
0.221
1.203
1.203
0.221
0.56
0.346
0.921
1.364
0.076
0.701
J18 = 45.33
φ19
0.365
0.355
1.19
0.00
1.408
1.095
0.225
0.515
0.365
0.355
1.19
0.00
1.408
1.095
0.225
0.515
0.515
0.225
1.095
1.408
1.19
0.355
0.365
0.515
0.225
1.095
1.408
1.19
0.355
0.365
J19 = 45.91
φ20
0.215
0.169
0.702
0.154
0.977
1.304
0.033 3
1.412
1.412
0.033 3
1.304
0.977
0.154
0.702
0.169
0.215
0.28
0.193 5
0.602
1.052
0.099 8
1.255
1.426
1.426
1.255
0.099 8
1.052
0.602
0.193 5
0.28
J20 = 46.22

图 F.9　十跨梁振型曲线

附录 G　模态叠加法解间隙非线性动力问题中的应用

G.1　问题的提出

核电厂系统中某些管系或部件采用间隙支承件,典型的如反应堆堆内构件、燃料组件、传热管、主蒸汽管道等。这类支承件的间隙与结构尺寸相比是非常小的,当管系或部件振动时,与间隙支承之间会发生碰撞,这种从非接触到接触过程使间隙支承的刚度从零突变到非常之大,其刚度往往比结构本身变形(如弯曲、扭转)刚度高得多。在地震反应分析时动力方程中的刚度矩阵往往会出现奇异点,对求解方程带来一定的困难。特别当应用“时间历程直接积分法”求解时,会出现这样的现象,结构运动与间隙接触时,由于碰撞接触力作用的时间往往十分短,其间隙接触刚度愈大作用力时间愈短(几毫秒),当对碰撞力和碰撞过程需要精确求解时,其积分时间步长必须足够小(如百或微秒级)才能确保有足够精度的收敛解。为此希望能寻求一种巧妙的计算方法,在确保一定精度下提升解题速度是十分关键的。

G.2　求解间隙非线性动力问题的模态叠加基本方程

在 5.4 节所述应用模态叠加原理求解非线性多自由度动力问题是一种十分有效的方法,因为其动力方程中的质量、刚度和阻尼矩阵完全有秩的常数矩阵元,它可通过模态振型正则化转化为互为独立的 N 个单自由度振动方程式,这时求解将变得十分简单,其求解速度与采用时间历程直接积分方法相比要快得多。

但当这类线性结构边界上存在某种特定的间隙结构时,将会使原有线性结构动力方程变得十分复杂。如结构在间隙 Δ 距离之外运动时,基本上是自由无接触状态,不会产生任何接触力;但当结构运动使间隙距离突然变为零时,由于间隙之间瞬时的撞击会产生高峰值的瞬态力。

由于这类间隙元的间隙刚度与碰撞作用力之间的关系是强非线性的，图 G.1 为该间隙元碰撞作用力 $\{F_G\}$ 与间隙距离 Δ 两端的相对位移 $\{y_A - y_B\}$ 的关系图，可表示为

$$\{F_G\} = \boldsymbol{K}_G\{y_A - y_B\} \tag{G.1}$$

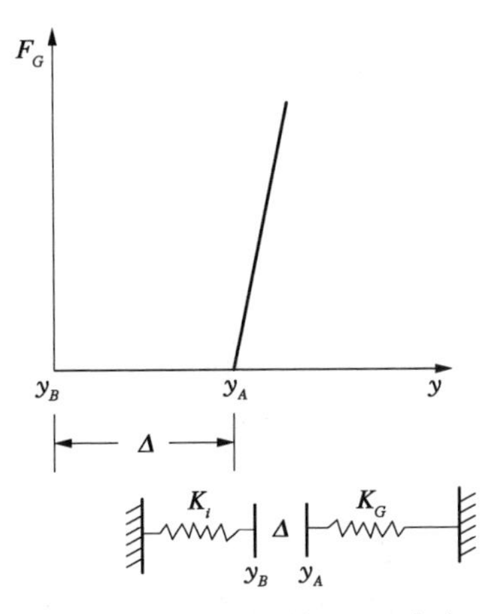

图 G.1　碰撞力 $\{F_G\}$ 与位移 $\{y\}$ 之间的非线性刚度关系

式中，$\boldsymbol{K}_G$ 为间隙元上的刚度阵。

$$\boldsymbol{K}_G = \begin{cases}[\text{大数}] & \text{当}\{y_A\}\text{与}\{y_B\}\text{接触时} \\ [0] & \text{当}\{y_A\}\text{与}\{y_B\}\text{不接触时}\end{cases} \tag{G.2}$$

解具有间隙元这类刚度强非线性动力问题时，由于刚度矩阵中单元刚度值差距十分大，用直接积分法求解动力方程时可能会出现奇异性，或者必须用十分小的时间步长 Δt 来多次迭代达到收敛。为此文献[1]曾提出将间隙刚度矩阵 $\boldsymbol{K}_G$ 与对应的间隙碰撞力 $\{F_G\}$ 移至方程右边，即表示为

$$\boldsymbol{M}\{\ddot{y}\} + \boldsymbol{C}\{\dot{y}\} + \boldsymbol{K}\{y\} = \{F\} - \{F_G\} \tag{G.3}$$

式中，$\boldsymbol{M}$, $\boldsymbol{C}$, $\boldsymbol{K}$ 分别为结构的质量、阻尼和刚度矩阵，均为常数；$\{F\}$ 为外载荷列阵；$\{F_G\}$ 为式(G.1)所示的间隙碰撞力列阵。

$\{\ddot{y}\}$，$\{\dot{y}\}$ 和 $\{y\}$ 分别为结构单元节点上的加速度、速度和位移列阵，对于方程式(G.3)可以作一个时间步长上的假设，设方程右端中 $\{F_G\}$ 项有关间隙刚度上的位移差 $\{y_A - y_B\}$ 与方程左端上结构位移 $\{y\}$ 导前一个时间间隔 Δt 时，则间隙碰撞力 $\{F_G\}$ 可视为动力方程中作用在结构上的动态外力，其含义是当结构在计算大时刻结构反应时 $y(t)$，将间隙元处的 $\{y_A\}$ 和 $\{y_B\}$ 设为 $\{y_A(t - \Delta t)\}$ 和 $\{y_B(t - \Delta t)\}$ 代入碰撞力 $\{F_G(t - \Delta t)\}$ 中，如果取的 Δt 足够小的话，$\{F_G(t - \Delta t)\}$ 与 $\{F_G(t)\}$ 之差与 $\{F_G(t)\}$ 的比值在误差允许范围内时则可认为其解仍是收敛的。这时方程式(G.3)可转化为一个线性的动力方程。

方程式(G.3)按式(5.3.14)将位移 $\{y\}$ 采用模态振型展开方法将线性动力方程得到与式(5.4.6)相同的具有 N 个独立的单自由度模态振动方程,即

$$\ddot{q}_j + 2\xi_j\omega_j\dot{q}_j + \omega_j^2 q_j = f_j \quad (j = 1,\ 2,\ \cdots,\ N) \tag{G.4}$$

式中, q_j, ω_j^2 和 ξ_j 定义与5.4节中相同。

f_j 为广义模态力,这里可演化为

$$f_j = [\varphi_j]^{\mathrm{T}}\{F(t) - F_G(t - \Delta t)\} \tag{G.5}$$

如果地震加速度在结构的基础上输入时,按图5.4.1中的等效原则,可将式(G.5)的 f_j 转化为

$$f_j = [\varphi_j]^{\mathrm{T}}\{-\ddot{x}(t) + F_G(t - \Delta t)\} \tag{G.6}$$

式中, $[\varphi_j]$ 是按式(5.4.3)和式(5.4.4)中用了模态质量归一化后第 j 阶模态振型。

G.3 方程之解

由第 j 阶单自由度模态振动方程式(G.4),按式(5.4.11)可得到如下的解。

$$\begin{cases} q_{yj} = C_j \mathrm{e}^{-\xi_j\omega_j t}\sin(p_j t + \phi_j) + \dfrac{1}{p}\displaystyle\int_0^t f_j(\tau)\mathrm{e}^{-\xi_j\omega_j(t-\tau)}\sin p_j(t-\tau)\mathrm{d}\tau \\ \dot{q}_{yj} = C_j\omega_j \mathrm{e}^{-\xi_j\omega_j t}\cos(p_j t + \phi_j + \theta_j) + \\ \qquad \dfrac{1}{\sqrt{1-\xi_j^2}}\displaystyle\int_0^t f_j(\tau)\mathrm{e}^{-\xi_j\omega_j(t-\tau)}\cos[p_j(t-\tau) + \theta_j]\mathrm{d}\tau \\ \ddot{q}_{zj} = -C_j\omega_j^2 \mathrm{e}^{-\xi_j\omega_j t}\sin(p_j t + \phi_j + 2\theta_j) + \\ \qquad \dfrac{\omega_j}{\sqrt{1-\xi_j^2}}\displaystyle\int_0^t f_j(\tau)\mathrm{e}^{-\xi_j\omega_j(t-\tau)}\sin[p_j(t-\tau) + 2\theta_j]\mathrm{d}\tau \end{cases} \tag{G.7}$$

求解每阶 j 的 q_{yj}, $\dot{q}_{yj}$ 和 $\ddot{q}_{zj}$ 后可由式(5.4.16)求得多自由度节点 i 上

的整体相对位移 y_i、相对速度 $\dot{y}_i$ 和绝对加速度 $\ddot{z}_i$。

在求解式(G.7)和式(5.4.16)时,为了得到前一步 $\{F_G(t-\Delta t)\}$ 的收敛解,选取足够小的时间步长 Δt,那么可以使每阶 j 个独立模态方程解 $q_{yj}(t)$ 趋向收敛,其收敛判断的条件可满足误差迭代表达式:

$$\frac{q_j(t)-q_j(t-\Delta t)}{q_j(t)} \leqslant \varepsilon \tag{G.8}$$

那么可认为间隙元上的碰撞力 $\{F_G(t)\}$ 用导前的 $\{F_G(t-\Delta t)\}$ 替代是可信的。

G.4 例

G.4.1 参数

一端固定的悬臂梁,上部自由端处有一个单向间隙元(见图 G.2),间隙元刚度为 K_G,梁上与间隙元之间接触处的碰撞刚度为 K_i,其参数如表 G.1 所示。

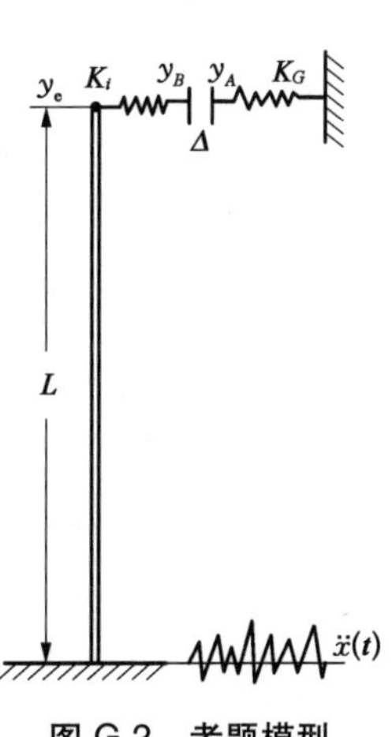

图 G.2 考题模型

表 G.1 参 数 表

符 号	定 义	单 位	数 值
L	梁长	m	1
b	梁宽	m	3×10^{-2}
h	梁高	m	1×10^{-2}
$I=\frac{1}{12}bh^3$	惯性矩	m^4	0.25×10^{-8}
$A=bh$	截面积	m^2	3×10^{-4}
E	弹性模量	N/m^2	2×10^{11}
ρ	质量密度	kg/m^3	7.8×10^{3}
Δ	间隙	mm	1
K_i	梁接触处刚度	N/m	1.2×10^{5}
K_G	间隙元刚度	N/m	1×10^{7}

作用在梁基础固定处的地震水平加速度时程设为一个正弦脉冲时程 $\ddot{x}(t)$ 为

$$\ddot{x}(t)=\begin{cases}a_0\sin\left(\dfrac{\pi t}{t_0}\right) & 0\leqslant t\leqslant t_0\\ 0 & t\geqslant t_0\end{cases} \tag{G.9}$$

梁的初始 $t=0$ 时 $y_0=\dot{y}_0=0$

$$\begin{cases}a_0=2.596\,6(\mathrm{m/s^2})\\ t_0=0.124\,4(\mathrm{s})\end{cases}$$

G.4.2　模态特征值

梁的固有圆频率 ω_j 与振型函数 φ_j 可查表 5.5.2 中一端固定一端自由边界条件的数据。其梁的固有圆频率 ω_j 和固有频率 f_j 为

$$\begin{cases}\omega_j=\dfrac{(\lambda_j l)^2}{l^2}\sqrt{\dfrac{EI}{\rho A}}=\dfrac{(\lambda_j l)^2}{l^2}\sqrt{\dfrac{Ebh^3}{12\rho bh}}=\dfrac{(\lambda_j l)^2h}{l^2}\sqrt{\dfrac{E}{12\rho}}\\ f_j=\dfrac{\omega_j}{2\pi}\end{cases} \tag{G.10}$$

其梁的模态振型为

$$\varphi_j=B_j\sin\lambda_j x+C_j\cos\lambda_j x+D_j\mathrm{sh}\lambda_j x+E\mathrm{ch}\lambda_j x \tag{G.11}$$

将表 G.1 所列梁的参数代入式(G.10)和式(G.11),并参照表 5.5.2 计算前 4 阶振型的结果如表 G.2 所示。

表 G.2　梁的特征值与振型常数值

阶数 j	$(\lambda_j l)$	ω_j (1/s)	f_j (Hz)	B_j	C_j	D_j	E_j
1	1.875 1	51.39	8.18	0.519 1	−0.707 1	−0.519 1	0.707 1
2	4.694 1	322.09	51.26	0.720 2	−0.707 1	−0.720 2	0.707 1
3	7.854 8	901.87	143.54	0.706 6	−0.707 1	−0.706 6	0.707 1
4	10.995 5	1 767.28	281.27	0.707 1	−0.707 1	−0.707 1	0.707 1

G.4.3　模态叠加法计算结果

为了比较模态叠加法与直接积分法的计算结果，该考题应用 ANSYS 大型结构分析程序中梁单元和碰撞间隙单元进行计算。其参数均用表 G.1 所列数据代入，模态叠加法所计算的固有频率与振型均与表 G.2 所列理论解析解十分接近。两种方法采用时间积分步长 Δt 取 10^{-6} s，模态截止频率取 400 Hz 时可满足式(G.8)的收敛条件。

两种方法的最大位移和间隙处碰撞力最大峰值如表 G.3 所示。

表 G.3　两种方法计算结果比较

参　数		模态叠加法		直接积分法	
		min	max	min	max
自由端水平位移	y_e/mm	−0.245	2.452	−0.158	2.624
K_i单元水平位移	y_B/mm	−0.016 9	2.459	−0.018	2.624
间隙碰撞力	F_G/N	0	1.679×10^4	0	1.678×10^4
CPU 时间	s	91		755	

梁自由端水平位移 $\dot{y}_e$、速度 y_i和间隙处碰撞力 F_G的时间历程曲线图分别如图 G.3~图 G.5 所示。

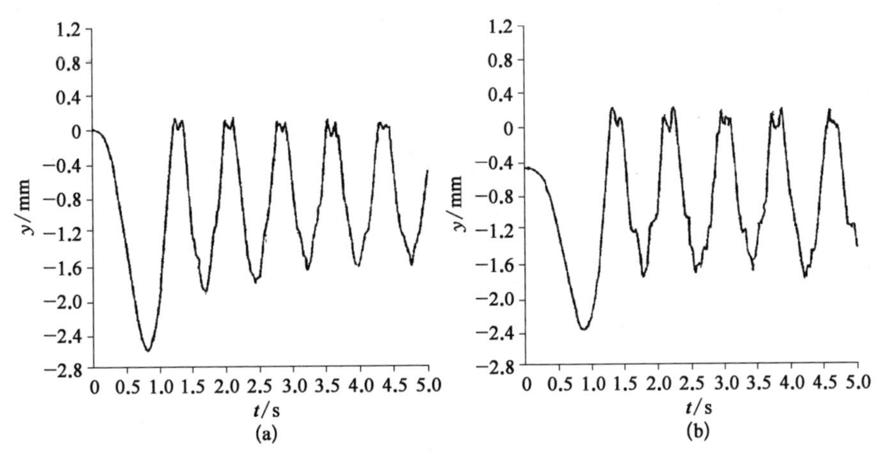

图 G.3　梁自由端处位移 $y(t)$

(a) 模态叠加法；(b) 时间历程法

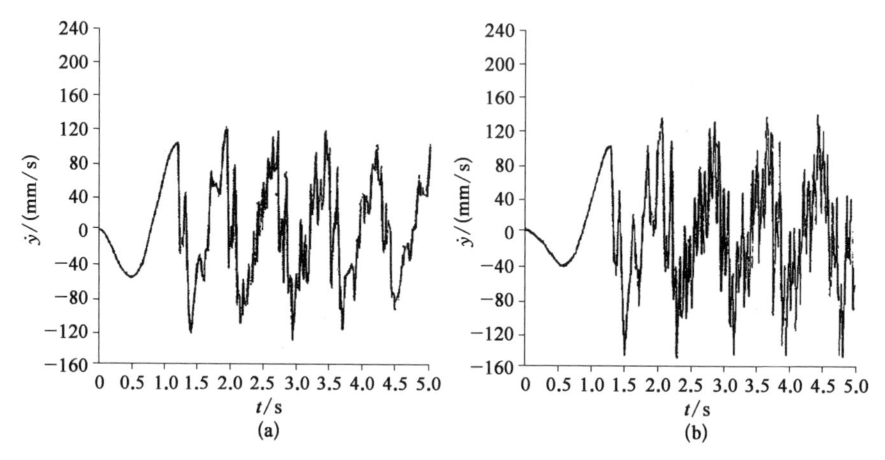

图 G.4 梁自由端处的速度 $\dot{y}(t)$

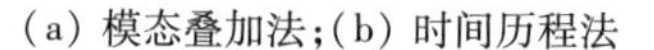

(a) 模态叠加法;(b) 时间历程法

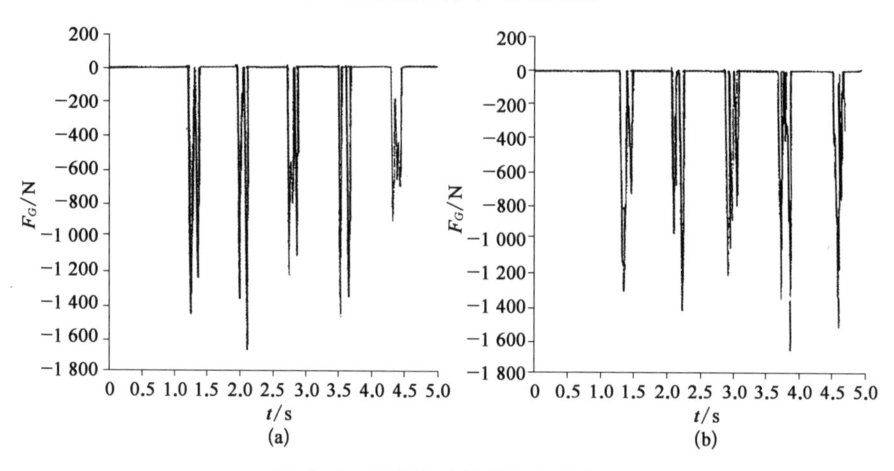

图 G.5 间隙元处的碰撞力 $F_G(t)$

(a) 模态叠加法;(b) 时间历程法

从表 G.3 和图 G.3~图 G.5 所示曲线可清楚看出:

(1) 两种方法计算结果的规律和数值十分相近。

(2) 梁自由端处由于单向间隙元的刚度十分大,在间隙元方向上的运动受阻使其位移量十分小,而反方向由于无阻碍为自由运动,造成梁自由端水平位移基本上为单向运动波形。

(3) 由于间隙元处的碰撞刚度 K_G 十分大,同时梁自由端位移运动受阻而产生一个高频多次接触回弹的脉冲撞击力波形。

(4) 从两种方法所耗时 CPU 运算时间可看出,其模态叠加法比直接积分法的总运算时间要少一个量级。

G.5　小结

(1) 从该例题计算可充分说明采用模态叠加法来解具有间隙碰撞非线性动力问题是行之有效的。

(2) 只要取合理的积分时间步长 Δt 和合适的模态阶数 N(即截止频率)是可以得到与直接积分法接近的解的。其最大优点是 CPU 计算时间可大大缩短。

(3) 从模态叠加法中分解为单自由度模态振动方程式(G.7)特解的杜哈梅积分式中可清楚看出,当间隙处碰撞刚度愈大时所得到碰撞力 F_G 的碰撞时间脉宽愈小,峰值愈大,则反应的积分值愈趋近于脉冲反应函数 $h(t)$,解的稳定性就愈高。也说明了为何对于这类碰撞刚度大于结构单元刚度条件下,其计算收敛解的时间远比直接积分法短的原因。

参考文献

[1] Riead H D. Nonliear response using normal modes. AIAA 12th Aerospace Sciences Meeting, Paper No. 74~138, Jan, 1974.

[2] 谷口修[日].振动工程大全.尹家,译.北京:机械工业出版社,1983.

[3] ASME BPVC. Section Ⅲ, rules for construction of nuclear facility components. Appendix N. New York: ASME Press, 2015.

[4] 姚伟达,谢永诚.模态叠加法在解间隙动力问题中的应用//第 10 届全国反应堆结构力学会议论文专辑.北京:中国原子能出版社出版,1998:398-402.

附录 H　在傅里叶变换中功率谱密度函数不同格式的解析

H.1　前言

功率谱密度函数(PSD)是表征随机信号 $x(t)$ 在单位频率上一种能量

密度的函数，他与相关函数之间存在傅里叶变换的关系。傅里叶变换传统理论的数学原理是研究时间历程函数中的频率分量（或成分）的相对大小，也就是说任何一个时间历程上某一点都包含着某些特定频率成分的信息，反之在频率域历程上某一点也都包含着某些特定时间成分的信息，这就是时间-频率之间相互关联的“全息”论点。

由于数学上傅里叶变换的基本格式存在系数上的差别，在随机振动研究中，PSD 与自相关函数 $R(\tau)$ 的傅里叶变换关系也存在不同格式。

由 3 种不同的变换格式将会获得 3 种不同的 PSD 估计结果，但经过论证证实无论采用何种傅里叶变换格式，PSD 函数与自相关函数之间的变换关系应是唯一的。

由于随机过程 $x(t)$ 时程与 $X(\omega)$ 之间对应的傅里叶变换基本格式也有三种，因此频域 $X(\omega)$ 所表征的 PSD 会出现不同的表达式，但对于时程 $x(t)$ 所表征的 PSD 恰是唯一的。

H.2 傅里叶变换基本格式的推导

傅里叶变换的原始概念是从周期性函数展开为三角级数演变而来，如果一个以 T 为周期的函数 $x(t)$ 在 $\left(-\frac{T}{2}, \frac{T}{2}\right)$ 上满足狄利克雷条件，即

（1）除去有限个第一类间断点处，处处连续。

（2）分段是单调，且单调区间的个数有限。

则 $x(t)$ 的傅里叶级数可用近似表达式记为

$$x_T(t) \approx \frac{a_0}{2} + \sum_{k=1}^{\infty} (a_k \cos \omega_k t + b_k \sin \omega_k t) \tag{H.1}$$

若在 $\left(-\frac{T}{2}, \frac{T}{2}\right)$ 上处处收敛，且在 $x_T(t)$ 的连续点处级数式（H.1）收敛于 $x(t)$，其中

$$\begin{cases}\omega_k = k\omega & (k = 1,\ 2,\ 3,\ \cdots) \\ \omega = 2\pi/T & \text{区间周期 } T \text{ 对应的圆频率}\end{cases} \tag{H.2}$$

$$\begin{cases}a_0 = \dfrac{2}{T}\displaystyle\int_{-\frac{T}{2}}^{\frac{T}{2}} x_T(t)\,\mathrm{d}t \\ a_k = \dfrac{2}{T}\displaystyle\int_{-\frac{T}{2}}^{\frac{T}{2}} x_T(t)\cos\omega_k t\,\mathrm{d}t \\ b_k = \dfrac{2}{T}\displaystyle\int_{-\frac{T}{2}}^{\frac{T}{2}} x_T(t)\sin\omega_k t\,\mathrm{d}t\end{cases} \tag{H.3}$$

设 $x_T(t)$ 在时程 t 上均值为零时,则式(H.3)中 $a_0 \equiv 0$。为了求解方便,常利用欧拉公式:

$$\begin{cases}\cos\theta = (\mathrm{e}^{\mathrm{j}\theta} + \mathrm{e}^{-\mathrm{j}\theta})/2 \\ \sin\theta = (\mathrm{e}^{\mathrm{j}\theta} - \mathrm{e}^{-\mathrm{j}\theta})/2\end{cases} \tag{H.4}$$

将 $x_T(t)$ 的傅里叶级数改写为复数形式,将式(H.4)代入式(H.3)后,则式(H.1)式的 $x_T(t)$ 变为

$$\begin{aligned} x_T(t) &= \sum_{k=1}^{\infty} (a_k\cos\omega_k t + b_k\sin\omega_k t) \\ &= \sum_{k=1}^{\infty} \left[\left(\frac{a_k - \mathrm{j}b_k}{2}\right)\mathrm{e}^{\mathrm{j}\omega_k t} + \left(\frac{a_k + \mathrm{j}b_k}{2}\right)\mathrm{e}^{\mathrm{j}\omega_k t}\right] \end{aligned} \tag{H.5}$$

$$\text{记}\begin{cases}C_k = \dfrac{a_k - \mathrm{j}b_k}{2} \\ C_{-k} = \dfrac{a_k + \mathrm{j}b_k}{2}\end{cases} \quad (k = 1,\ 2,\ 3,\ \cdots) \tag{H.6}$$

则得到 $x_T(t)$ 可用傅里叶级数的指数形式表示为

$$x_T(t) = \sum_{k=1}^{\infty} [C_k\mathrm{e}^{\mathrm{j}\omega_k t} + C_{-k}\mathrm{e}^{\mathrm{j}\omega_k t}] = \sum_{k=-\infty}^{\infty} C_k\mathrm{e}^{\mathrm{j}\omega_k t} \tag{H.7}$$

这里系数 C_k对应 a_k和 b_k用(H.3)代入得

$$\begin{cases} C_k = \dfrac{a_k - \mathrm{j}b_k}{2} = \left(\dfrac{1}{2}\right)\left(\dfrac{2}{T}\right)\left[\int_{-\frac{T}{2}}^{\frac{T}{2}} x_T(t)\cos\omega_k t\mathrm{d}t - \mathrm{j}\dfrac{2}{T}\int_{-\frac{T}{2}}^{\frac{T}{2}} x_T(t)\sin\omega_k t\mathrm{d}t\right] \\ \quad = \dfrac{1}{T}\int_{-\frac{T}{2}}^{\frac{T}{2}} x_T(t)(\cos\omega_k t - \mathrm{j}\sin\omega_k t)\mathrm{d}t \\ \quad = \dfrac{1}{T}\int_{-\frac{T}{2}}^{\frac{T}{2}} x_T(t)\mathrm{e}^{-\mathrm{j}\omega_k t}\mathrm{d}t \\ C_{-k} = \dfrac{1}{T}\int_{-\frac{T}{2}}^{\frac{T}{2}} x_T(t)\mathrm{e}^{\mathrm{j}\omega_k t}\mathrm{d}t \quad (k = 1,\ 2,\ 3,\ \cdots) \end{cases} \tag{H.8}$$

可以合成为一个表达式为

$$C_k = \frac{1}{T}\int_{-\frac{T}{2}}^{\frac{T}{2}} x_T(t)\mathrm{e}^{-\mathrm{j}\omega_k t}\mathrm{d}t \quad (k = \pm 1,\ \pm 2,\ \pm 3,\ \cdots) \tag{H.9}$$

将式(H.9)代入式(H.7)后得

$$x_T(t) = \frac{1}{T}\sum_{k=-\infty}^{\infty}\left[\int_{-\frac{T}{2}}^{\frac{T}{2}} x_T(t)\mathrm{e}^{-\mathrm{j}\omega_k t}\mathrm{d}t\right]\mathrm{e}^{\mathrm{j}\omega_k t} \tag{H.10}$$

如设函数 $x(t)$ 在实轴上处处有定义,如 $x(t)$ 在 $\left(-\dfrac{T}{2},\ \dfrac{T}{2}\right)$ 区间的一部分独立出来,并按周期 T 向左和向右拓展所获得的 $x(t)$ 如图 H.1 所示,如记 $x(t)$ 所形成的周期函数为 $x_T(t)$。当 T 越大,则 $x_T(t)$ 与 $x(t)$ 相等的范围则越大。当 $T \to \infty$ 时,则以 T 为周期的函数 $x_T(t)$ 的极限值转化为 $x(t)$, 即

$$\lim_{T\to\infty} x_T(t) = x(t) \tag{H.11}$$

也说明任何一个非周期函数 $x(t)$ 均可看成以 T 为周期的函数 $x_T(t)$ 时,取 $T \to \infty$ 条件下转化而来的。利用式(H.10)和式(H.11),得

$$x(t) = \lim_{T\to\infty}\frac{1}{T}\sum_{k=-\infty}^{\infty}\left[\int_{-\frac{T}{2}}^{\frac{T}{2}} x_T(t)\mathrm{e}^{-\mathrm{j}\omega_k t}\mathrm{d}t\right]\mathrm{e}^{\mathrm{j}\omega_k t} \tag{H.12}$$

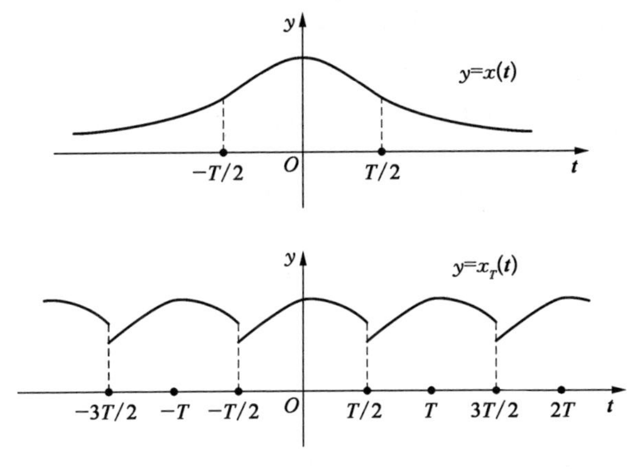

图 H.1 $x_T(t)$ 与 $x(t)$ 函数之间的关系

如果记 $X_T(\omega_k)=\int_{-\frac{T}{2}}^{\frac{T}{2}}x_T(t)\mathrm{e}^{-\mathrm{j}\omega_k t}\mathrm{d}t$

则式(H.12)变为

$$x(t)=\lim_{T\to\infty}\frac{1}{T}\sum_{k=-\infty}^{\infty}X_T(\omega_k)\mathrm{e}^{\mathrm{j}\omega_k t} \tag{H.13}$$

式(H.13)中,当 k 取正整数时, ω_k 所对应的点认为均匀分布在整个频率轴 ω 上,如图 H.2 所示。

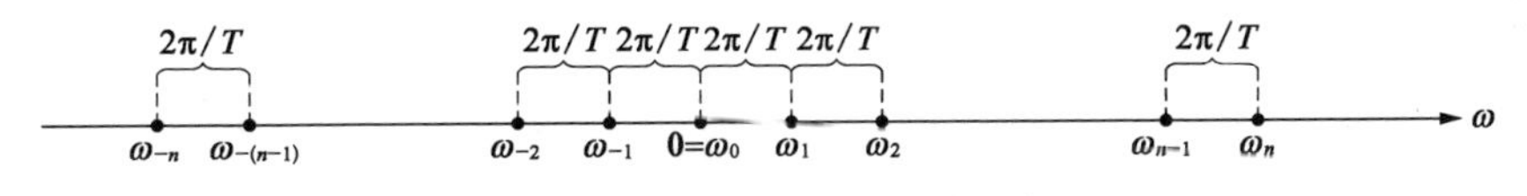

图 H.2 频率域 ω 上的频率分割

若频率域 ω 上相邻两个点之间的距离以 $\Delta\omega_k$ 表示,即

$$\Delta\omega_k=\omega_k-\omega_{k-1}=k\omega-(k-1)\omega=\omega=2\pi/T \tag{H.14}$$

将 $T=2\pi/\Delta\omega_k$ 代入式(H.13),则

$$x(t)=\lim_{T\to\infty}\frac{1}{2\pi}\sum_{k=-\infty}^{\infty}|X_T(\omega_k)\mathrm{e}^{\mathrm{j}\omega_k t}|\Delta\omega_k \tag{H.15}$$

当 T 越大时, $\Delta\omega_k$ 就越小,当 $T\to\infty$ 时, $\Delta\omega_k\to0$, 这时可以在 ω 轴上

直接用连续变量 ω 来代替离散变量 $\Delta\omega_k$，记 $X(\omega)$ 为

$$X(\omega)=\lim_{T\to\infty}X_T(\omega)=\lim_{T\to\infty}\int_{-\frac{T}{2}}^{\frac{T}{2}}x_T(t)\mathrm{e}^{-\mathrm{j}\omega_k t}\mathrm{d}t \tag{H.16}$$

将式(H.16)代入式(H.15)，则可转换成在整个频域[$-\infty$，∞]上的广义积分，记为

$$\begin{cases}X(\omega)=\int_{-\infty}^{\infty}x(t)\mathrm{e}^{-\mathrm{j}\omega t}\mathrm{d}t\\ x(t)=\dfrac{1}{2\pi}\int_{-\infty}^{\infty}X(\omega)\mathrm{e}^{\mathrm{j}\omega t}\mathrm{d}\omega\end{cases} \tag{H.17}$$

记式(H.17)为傅里叶变换的基本格式时，$X(\omega)$ 称为 $x(t)$ 的傅里叶正变换，式(H.17)中的 $x(t)$ 则称为 $X(\omega)$ 的傅里叶逆变换。

如将式(H.17)的变换记为第二种格式时可以表示为

$$\begin{cases}X_2(\omega)=\int_{-\infty}^{\infty}x(t)\mathrm{e}^{-\mathrm{j}\omega t}\mathrm{d}t\\ x(t)=\dfrac{1}{2\pi}\int_{-\infty}^{\infty}X_2(\omega)\mathrm{e}^{\mathrm{j}\omega t}\mathrm{d}\omega\end{cases} \tag{H.18}$$

则按同样的方法，可推出其他两种常见的(第一种和第三种)傅里叶格式为

$$\begin{cases}X_1(\omega)=\dfrac{1}{2\pi}\int_{-\infty}^{\infty}x(t)\mathrm{e}^{-\mathrm{j}\omega t}\mathrm{d}t\\ x(t)=\int_{-\infty}^{\infty}X_1(\omega)\mathrm{e}^{\mathrm{j}\omega t}\mathrm{d}\omega\end{cases} \tag{H.19}$$

$$\begin{cases}X_3(\omega)=\dfrac{1}{\sqrt{2\pi}}\int_{-\infty}^{\infty}x(t)\mathrm{e}^{-\mathrm{j}\omega t}\mathrm{d}t\\ x(t)=\dfrac{1}{\sqrt{2\pi}}\int_{-\infty}^{\infty}X_3(\omega)\mathrm{e}^{\mathrm{j}\omega t}\mathrm{d}\omega\end{cases} \tag{H.20}$$

可清楚地看出对于一种时程 $x(t)$，可以得到 3 种不同的傅里叶变换格式 $X(\omega)$，对 $X_1(\omega)$，$X_2(\omega)$ 和 $X_3(\omega)$ 表达式之间的数值关系为

$$X_1(\omega)=X_2(\omega)/2\pi=X_3(\omega)/\sqrt{2\pi} \tag{H.21}$$

式(H.18)~式(H.20)是傅里叶变换的 3 种基本格式,对数学上应用也许不存在什么问题,但是应用到振动或地震分析领域中,将会引起随机过程中的 PSD 估计产生非唯一性问题,出现此现象可作如下的解析。

H.3 PSD 非参数估计的不同计算公式与解析

H.3.1 随机振动过程 PSD 定义的不同格式

随机振动过程的 PSD 在数学上定义为自相关函数的傅里叶变换,因此对给定的随机振动过程在应用不同的傅里叶变换格式时,能获得不同的 PSD 估计公式。对应式(H.18)~式(H.20)格式,所得到 PSD 与自相关函数 $R(\tau)$ 之间的关系分别定义为下列的 3 种不同的格式:

$$\begin{cases} S_1(\omega)=\dfrac{1}{2\pi}\displaystyle\int_{-\infty}^{\infty}R(\tau)\mathrm{e}^{-\mathrm{j}\omega\tau}\mathrm{d}\tau \\ S_2(\omega)=\displaystyle\int_{-\infty}^{\infty}R(\tau)\mathrm{e}^{-\mathrm{j}\omega\tau}\mathrm{d}\tau \\ S_3(\omega)=\dfrac{1}{\sqrt{2\pi}}\displaystyle\int_{-\infty}^{\infty}R(\tau)\mathrm{e}^{-\mathrm{j}\omega\tau}\mathrm{d}\tau \end{cases} \tag{H.22}$$

其傅里叶反变换得到 $R(\tau)$ 为

$$\begin{aligned} R(\tau) &= \int_{-\infty}^{\infty}S_1(\omega)\mathrm{e}^{\mathrm{j}\omega\tau}\mathrm{d}\omega=\frac{1}{2\pi}\int_{-\infty}^{\infty}S_2(\omega)\mathrm{e}^{\mathrm{j}\omega\tau}\mathrm{d}\omega \\ &= \frac{1}{\sqrt{2\pi}}\int_{-\infty}^{\infty}S_3(\omega)\mathrm{e}^{\mathrm{j}\omega t}\mathrm{d}\omega \end{aligned} \tag{H.23}$$

式中,$S(\omega)$ 为双边功率谱密度函数;ω 为圆频率;$R(\tau)=E[x(t)x(t+\tau)]$ 为随机函数 $x(t)$ 的自相关函数,$E[x(t)x(t+\tau)]$ 为 $x(t)x(t+\tau)$ 的期望值,$E[x(t)x(t+\tau)]=\lim\limits_{T\to\infty}\dfrac{1}{T}\displaystyle\int_{-\infty}^{\infty}x(t)x(t+\tau)\mathrm{d}t$。

对于离散化数据处理方法,PSD 的估计公式也有典型的不同形式离散公式：

$$\begin{cases} S_1(k) = \dfrac{1}{N}\left|\sum_{r=0}^{N-1} x_r \mathrm{e}^{(-\mathrm{j}2\pi kr/N)}\right|^2 \\ S_2(k) = \left|\sum_{r=0}^{N-1} x_r \mathrm{e}^{(-\mathrm{j}2\pi kr/N)}\right|^2 \end{cases} \quad (k = 0,\ 1,\ 2,\ \cdots,\ N-1) \tag{H.24}$$

式中，k，r 分别为频域和时域上的离散数，x_r 为时程 $x(t)$ 用离散时间 r 表征的幅值。

可见，不同的傅里叶变换格式会产生不统一的双边功率谱密度函数 $S(\omega)$ 估计结果，在核电厂抗震设计与振动分析中，PSD 作为描述随机过程强度的统计参数之一，会造成分析结果出现严重的偏差。

H.3.2　随机振动中 PSD 的物理定义

从国内外有关资料或标准可知，在随机振动领域中 PSD 的物理定义正如 2.4.4 节中所述，单边自功率谱函数 $G(f)$ 定义为随机信号数据 $x(t)$ 通过中心频率为 f、带宽为 Δf 的窄带滤波器后，获得时间历程 $x(t, f, \Delta f)$ 的均方值，当带宽 Δf 趋向于零，平均周期 T 趋向无穷大时，其均方值 $\psi^2(f, \Delta f)$ 的极限称为随机信号 $x(t)$ 的单边功率谱密度函数（PSD），其数学表达式为

$$G(f) = \lim_{\Delta f \to 0} \frac{\psi^2(f,\ \Delta f)}{\Delta f} = \lim_{\Delta f \to 0} \frac{1}{\Delta f}\left[\lim_{T \to \infty} \frac{1}{T}\int_0^T x^2(t,\ f,\ \Delta f)\,\mathrm{d}t\right] \tag{H.25}$$

$G(f)$ 为单边功率谱密度函数，对应式（H.22）中的双边功率谱密度函数 $S(\omega)$ 存在关系：

$$\begin{cases} G(f) = 2\pi G(\omega) = 4\pi S(\omega) = 2S(f) \\ S(f) = 2\pi S(\omega) \end{cases} \tag{H.26}$$

式中，$\omega = 2\pi f$。

H.3.3　PSD 不同计算格式与相关函数 $R(\tau)$ 之间关系的解析

对于任意实随机信号函数 $x(t)$，在有限周期 T 范围内的平均功率，（即 $x(t)$ 的均方值 ψ^2）可表示为

$$\psi^2 = \lim_{T\to\infty}\frac{1}{T}\int_{-\frac{T}{2}}^{\frac{T}{2}} | x(t) |^2 \mathrm{d}t = \int_{-\infty}^{\infty} S(\omega)\mathrm{d}\omega \tag{H.27}$$

（1）若 $x(t)$ 的傅里叶变换式设为 $X(\omega)$，由于 $X(\omega)$ 有不同的变换格式,取式(H.18)格式代入式(H.27)进行分析。

$$\begin{aligned}\int_{-\infty}^{\infty} S(\omega)\mathrm{d}\omega &= \lim_{T\to\infty}\frac{1}{T}\int_{-\frac{T}{2}}^{\frac{T}{2}} x(t)x(t)\mathrm{d}t \\ &= \lim_{T\to\infty}\frac{1}{T}\int_{-\frac{T}{2}}^{\frac{T}{2}} x(t)\left[\frac{1}{2\pi}\int_{-\infty}^{\infty} X_2(\omega)\mathrm{e}^{\mathrm{j}\omega t}\mathrm{d}\omega\right]\mathrm{d}t\end{aligned} \tag{H.28}$$

应用傅里叶变换的时移定理性质可知

$$X_2(\omega)\mathrm{e}^{\mathrm{j}\omega t} = \int_{-\infty}^{\infty} x(t+\tau)\mathrm{e}^{-\mathrm{j}\omega\tau}\mathrm{d}\tau \tag{H.29}$$

代入式(H.28)后可得

$$\begin{aligned}\int_{-\infty}^{\infty} S(\omega)\mathrm{d}\omega &= \frac{1}{2\pi}\lim_{T\to\infty}\frac{1}{T}\left[\int_{-\frac{T}{2}}^{\frac{T}{2}} x(t)\int_{-\infty}^{\infty}\int_{-\infty}^{\infty} x(t+\tau)\mathrm{e}^{-\mathrm{j}\omega\tau}\mathrm{d}\tau\mathrm{d}\omega\right]\mathrm{d}t \\ &= \frac{1}{2\pi}\int_{-\infty}^{\infty}\int_{-\infty}^{\infty}\left[\lim_{T\to\infty}\frac{1}{T}\int_{-\frac{T}{2}}^{\frac{T}{2}} x(t)x(t+\tau)\mathrm{d}t\right]\mathrm{e}^{-\mathrm{j}\omega\tau}\mathrm{d}\tau\mathrm{d}\omega \\ &= \int_{-\infty}^{\infty}\frac{1}{2\pi}\int_{-\infty}^{\infty} R(\tau)\mathrm{e}^{-\mathrm{j}\omega\tau}\mathrm{d}\tau\mathrm{d}\omega\end{aligned} \tag{H.30}$$

（2）同理,取式(H.19)格式代入式(H.27)进行分析。

$$\int_{-\infty}^{\infty} S(\omega)\mathrm{d}\omega = \lim_{T\to\infty}\frac{1}{T}\int_{-\frac{T}{2}}^{\frac{T}{2}} x(t)x(t)\mathrm{d}t = \lim_{T\to\infty}\frac{1}{T}\int_{-\frac{T}{2}}^{\frac{T}{2}} x(t)\left[\int_{-\infty}^{\infty} X_2(\omega)\mathrm{e}^{\mathrm{j}\omega\tau}\mathrm{d}\omega\right]\mathrm{d}t \tag{H.31}$$

而时移定理形式变为

$$X_2(\omega)\mathrm{e}^{\mathrm{j}\omega t} = \frac{1}{2\pi}\int_{-\infty}^{\infty} x(t+\tau)\mathrm{e}^{-\mathrm{j}\omega\tau}\mathrm{d}\tau \tag{H.32}$$

代入式(H.31)后可得到

$$\int_{-\infty}^{\infty} S(\omega)\mathrm{d}\omega = \frac{1}{2\pi}\int_{-\infty}^{\infty}\int_{-\infty}^{\infty}\left[\lim_{T\to\infty}\frac{1}{T}\int_{-\frac{T}{2}}^{\frac{T}{2}} x(t)x(t+\tau)\mathrm{d}t\right]\mathrm{e}^{-\mathrm{j}\omega\tau}\mathrm{d}\tau\mathrm{d}\omega$$

$$= \int_{-\infty}^{\infty}\frac{1}{2\pi}\int_{-\infty}^{\infty} R(\tau)\mathrm{e}^{-\mathrm{j}\omega\tau}\mathrm{d}\tau\mathrm{d}\omega \tag{H.33}$$

(3) 同理,取式(H.20)格式代入式(H.27)进行分析。

$$\int_{-\infty}^{\infty} S(\omega)\mathrm{d}\omega = \lim_{T\to\infty}\frac{1}{T}\int_{-\frac{T}{2}}^{\frac{T}{2}} x(t)x(t)\mathrm{d}t$$

$$= \lim_{T\to\infty}\frac{1}{T}\int_{-\frac{T}{2}}^{\frac{T}{2}} x(t)\left[\frac{1}{\sqrt{2\pi}}\int_{-\infty}^{\infty} X_3(\omega)\mathrm{e}^{\mathrm{j}\omega\tau}\mathrm{d}\omega\right]\mathrm{d}t \tag{H.34}$$

而时移定理形式变为

$$X_3(\omega)\mathrm{e}^{\mathrm{j}\omega t} = \frac{1}{\sqrt{2\pi}}\int_{-\infty}^{\infty} x(t+\tau)\mathrm{e}^{-\mathrm{j}\omega\tau}\mathrm{d}\tau \tag{H.35}$$

代入式(H.35)后可得

$$\int_{-\infty}^{\infty} S(\omega)\mathrm{d}\omega = \frac{1}{2\pi}\int_{-\infty}^{\infty}\int_{-\infty}^{\infty}\left[\lim_{T\to\infty}\frac{1}{T}\int_{-\frac{T}{2}}^{\frac{T}{2}} x(t)x(t+\tau)\mathrm{d}t\right]\mathrm{e}^{-\mathrm{j}\omega\tau}\mathrm{d}\tau\mathrm{d}\omega$$

$$= \int_{-\infty}^{\infty}\frac{1}{2\pi}\int_{-\infty}^{\infty} R(\tau)\mathrm{e}^{-\mathrm{j}\omega\tau}\mathrm{d}\tau\mathrm{d}\omega \tag{H.36}$$

(4) 对傅里叶变换 3 种不同格式作比较后得到结果式(H.30)、式(H.33)和式(H.36)3 个等式,可清楚看出,分别比较等式两边后均可得到下述关系式:

$$S(\omega) = \frac{1}{2\pi}\int_{-\infty}^{\infty} R(\tau)\mathrm{e}^{-\mathrm{j}\omega\tau}\mathrm{d}\tau \tag{H.37}$$

应用式(H.26)关系式,对应单边功率谱密度函数 $G(f)$ 可表示为

$$G(f) = 2\int_{-\infty}^{\infty} R(\tau)\mathrm{e}^{-\mathrm{j}2\pi f t}\mathrm{d}\tau \tag{H.38}$$

也就是说,无论采用哪种傅里叶变换格式,对应功率谱密度函数

$S(\omega)$[或 $G(f)$]与相关函数 $R(\tau)$之间的傅里叶变换关系是唯一的。

(5) 如果假定傅里叶变换的基本格式的通用形式与时移定理形式可表示为

$$\begin{cases} X(\omega) = m\int_{-\infty}^{\infty} x(t)\mathrm{e}^{-\mathrm{j}\omega t}\mathrm{d}t \\ x(t) = \dfrac{1}{2\pi m}\int_{-\infty}^{\infty} X(\omega)\mathrm{e}^{\mathrm{j}\omega t}\mathrm{d}\omega \\ X(\omega)\mathrm{e}^{\mathrm{j}\omega t} = m\int_{-\infty}^{\infty} x(t+\tau)\mathrm{e}^{-\mathrm{j}\omega\tau}\mathrm{d}\tau \end{cases} \tag{H.39}$$

当 m 分别取 1,$\dfrac{1}{2\pi}$ 和 $\dfrac{1}{\sqrt{2\pi}}$ 时,可与式(H.18)~式(H.20)3 种变换格式相对应。

将式(H.39)代入式(H.28)后,得

$$\begin{aligned} \int_{-\infty}^{\infty} S(\omega)\mathrm{d}\omega &= \lim_{T\to\infty}\frac{1}{T}\int_{-\frac{T}{2}}^{\frac{T}{2}} x(t)x(t)\mathrm{d}t \\ &= \lim_{T\to\infty}\frac{1}{T}\int_{-\frac{T}{2}}^{\frac{T}{2}} x(t)\left[\frac{1}{2\pi m}\int_{-\infty}^{\infty} X(\omega)\mathrm{e}^{\mathrm{j}\omega t}\mathrm{d}\omega\right]\mathrm{d}t \\ &= \lim_{T\to\infty}\frac{1}{T}\int_{-\frac{T}{2}}^{\frac{T}{2}} x(t)\left[\frac{1}{2\pi m}\int_{-\infty}^{\infty} m\int_{-\infty}^{\infty} x(t+\tau)\mathrm{e}^{-\mathrm{j}\omega\tau}\mathrm{d}\tau\mathrm{d}\omega\right]\mathrm{d}t \\ &= \int_{-\infty}^{\infty}\left[\frac{1}{2\pi}\lim_{T\to\infty}\frac{1}{T}\int_{-\infty}^{\infty} x(t)x(t+\tau)\mathrm{d}t\right]\mathrm{e}^{-\mathrm{j}\omega\tau}\mathrm{d}\tau\mathrm{d}\omega \\ &= \int_{-\infty}^{\infty}\left[\frac{1}{2\pi}\int_{-\infty}^{\infty} R(\tau)\mathrm{e}^{-\mathrm{j}\omega\tau}\mathrm{d}\tau\right]\mathrm{d}\omega \end{aligned} \tag{H.40}$$

由此可见,同样可获得式(H.37)和式(H.38)的结果,也就是说,无论采用何种傅里叶变换格式,PSD 函数与自相关函数 $R(\tau)$ 之间的关系是唯一的。说明在式(H.22)中第一个表达式 $S(\omega) = \dfrac{1}{2\pi}\int_{-\infty}^{\infty} R(\tau)\mathrm{e}^{-\mathrm{j}\omega t}\mathrm{d}\tau$ 才是正确无误的。

H.3.4 PSD 不同计算格式与随机信号 $x(t)$ 之间关系的解析

同理,将式(H.39)代入式(H.28)后可得

$$\begin{aligned}\int_{-\infty}^{\infty} S(\omega)\,\mathrm{d}\omega &= \lim_{T\to\infty}\frac{1}{T}\int_{-\frac{T}{2}}^{\frac{T}{2}} x(t)x(t)\,\mathrm{d}t \\ &= \lim_{T\to\infty}\frac{1}{T}\int_{-\frac{T}{2}}^{\frac{T}{2}} x(t)\left(\frac{1}{2\pi m}\right)\left[\int_{-\infty}^{\infty} X(\omega)\mathrm{e}^{\mathrm{j}\omega t}\mathrm{d}\omega\right]\mathrm{d}t \\ &= \lim_{T\to\infty}\left(\frac{1}{2\pi Tm}\right)\int_{-\frac{T}{2}}^{\frac{T}{2}}\left[\int_{-\infty}^{\infty} x(t)\mathrm{e}^{\mathrm{j}\omega t}\mathrm{d}t\right]X(\omega)\,\mathrm{d}\omega \\ &= \lim_{T\to\infty}\left(\frac{1}{2\pi Tm^2}\right)\int_{-\infty}^{\infty} X^*(\omega)X(\omega)\,\mathrm{d}\omega \end{aligned} \tag{H.41}$$

比较两边并再利用(H.39)中反变换可得到 $S(\omega)$:

$$S(\omega) = \lim_{T\to 0}\left(\frac{1}{2\pi Tm^2}\right)\mid X(\omega)\mid^2 = \lim_{T\to\infty}\left(\frac{1}{2\pi T}\right)\left|\int_{-\infty}^{\infty} x(t)\mathrm{e}^{-\mathrm{j}\omega t}\mathrm{d}t\right|^2 \tag{H.42}$$

从式(H.42)也可清楚看出,无论采用哪一种傅里叶变换格式,其得到的 PSD 与信号 $x(t)$ 之间关系的结果也是唯一的。但要特别引起注意的是,因 $x(t)$ 与 $X(\omega)$ 之间傅里叶变换格式并不是唯一的,则 $S(\omega)$ 与 $X(\omega)$ 的关系也存在 3 种不同的表达式。

对于 $G(f)$ 的离散形式应为

$$G(k) = \frac{2}{Nh}\left|\sum_{r=0}^{N-1} x_r \mathrm{e}^{(-\mathrm{j}2\pi kr/N)}\right|^2 \quad (k = 0,\ 1,\ 2,\ \cdots,\ N-1) \tag{H.43}$$

式中,h 为信号 $x(t)$ 的离散后等时间间隔。

H.4 结论

通过上述的论证可清楚看出:

(1) 双边功率谱密度函数 $S(\omega)$ 与单边功率谱密度函数 $G(f)$ 之间的关系为

$$\begin{cases} G(f) = 2\pi G(\omega) = 4\pi S(\omega) = 2S(f) \\ S(f) = 2\pi S(\omega) \\ \omega = 2\pi f \end{cases} \tag{H.44}$$

（2）由于傅里叶变换在数学上存在 3 种不同的基本格式，造成随机过程中的时域 $x(t)$ 与频域 $X(\omega)$ 之间也有 3 种不同格式，同时也造成功率谱密度函数 $S(\omega)$ 有 3 种不同表示形式：

$$S(\omega) = \frac{|X(\omega)|^2}{2\pi T m^2} \quad \left(m = 1,\ \frac{1}{2\pi},\ \frac{1}{\sqrt{2\pi}}\right) \tag{H.45}$$

式中，$X(\omega) = m\int_{-\infty}^{\infty} x(t)\mathrm{e}^{-\mathrm{j}\omega t}\mathrm{d}t$。

（3）在定义功率谱密度函数 $S(\omega)$ 与相关函数 $R(\tau)$ 之间的傅里叶变换关系上也存在 3 种不同基本格式：

$$S(\omega) = m\int_{-\infty}^{\infty} R(\tau)\mathrm{e}^{-\mathrm{j}\omega\tau}\mathrm{d}\tau \quad \left(m = 1,\ \frac{1}{2\pi},\ \frac{1}{\sqrt{2\pi}}\right) \tag{H.46}$$

但可以证明 $S(\omega)$ 与 $R(\tau)$ 之间的关系是唯一的，即可表示为

$$S(\omega) = \frac{1}{2\pi}\int_{-\infty}^{\infty} R(\tau)\mathrm{e}^{-\mathrm{j}\omega\tau}\mathrm{d}\tau \tag{H.47}$$

功率密度 $S(\omega)$ 与时间历程 $x(t)$ 之间的关系也是唯一的，即可表示为

$$S(\omega) = \frac{1}{2\pi T}\left|\int_{-\infty}^{\infty} x(t)\mathrm{e}^{-\mathrm{j}\omega t}\mathrm{d}t\right|^2 \tag{H.48}$$

（4）对于各种随机振动文献中出现的 PSD 估计公式，或者信号处理软件中有关 PSD 计算式，为防止 PSD 估计值的混淆，特别要注意在使用之前应校验 PSD 估计公式的正确性，最简单的方法可用一个随机信号的标准考题 $x(t)$ 求得 $S(\omega)$［或 $G(f)$］后，再分别用以下两式计算均方值 $\psi^2(x)$：

$$\begin{cases} \psi^2(x) = \dfrac{1}{T}\displaystyle\int_0^T x^2(t)\,\mathrm{d}t \\ \psi^2(x) = \displaystyle\int_{-\infty}^{\infty} S(\omega)\,\mathrm{d}\omega = \int_0^{\infty} G(f)\,\mathrm{d}f \end{cases} \tag{H.49}$$

如果发现这两个计算值不等时,说明 PSD 计算式(H.45)中的系数往往存在一定的问题。

参考文献

[1] 星谷胜[日].随机振动分析.常宝琦,译.北京:地震出版社,1977.
[2] 大崎顺彦[日].地震动的谱分析入门.田琪,译.北京:地震出版社,2008.
[3] 朱学旺.Fourier 变换的基本格式与 PSD 非参数估计.航天器环境工程,2009,26(4):370-373.
[4] 包革军,等.复变函数与积分变换.北京:科学出版社,2001.

附录 I　功率谱密度函数的谱参数

I.1　引言

核电厂 SSC 抗震分析的最终目的是要求在统计概率上进行结构安全度的定量评价,通常称为动力可靠性,从安全度的基本理论可计算出一次偏移概率。

在分析动力可靠性时,若将随机过程 $x(t)$ 转换成功率谱密度函数(PSD)后,应用谱参数性质分析随机振动过程是十分方便的。

I.2　平稳随机过程的谱参数

设一随机时程 $x(t)$ 的平均值为零,且是平稳的随机过程,在第 2 章中所定义的双边功率谱密度(PSD)函数为 $S(\omega)$,与对应的自相关函数之间成傅里叶变换与反变换关系。

$$\begin{cases} S(\omega)=\dfrac{1}{2\pi}\displaystyle\int_{-\infty}^{\infty}R(\tau)\,\mathrm{e}^{-\mathrm{j}\omega\tau}\mathrm{d}\tau=\dfrac{1}{\pi}\displaystyle\int_{0}^{\infty}R(\tau)\cos 2\pi f\tau\mathrm{d}\tau \\ R(\tau)=\displaystyle\int_{-\infty}^{\infty}S(\omega)\,\mathrm{e}^{\mathrm{j}\omega\tau}\mathrm{d}\omega=2\displaystyle\int_{0}^{\infty}S(\omega)\cos\omega\tau\mathrm{d}\omega \end{cases} \tag{I.1}$$

通常采用定义为正域 $(\omega\geqslant 0)$ 内的单边 PSD 函数 $G(\omega)$,把 $G(\omega)=$

$2S(\omega)$ 关系代入式(I.1)得

$$\begin{cases} G(\omega) = \dfrac{2}{\pi}\displaystyle\int_0^\infty R(\tau)\cos\omega\tau\mathrm{d}\tau \\ R(\omega) = \displaystyle\int_0^\infty G(\omega)\cos\omega\tau\mathrm{d}\omega \end{cases} \tag{I.2}$$

式(I.2)中自相关函数 $R(\tau)$ 取 $\tau = 0$,则等于 $x(t)$ 的均方值。

$$R(0) = \psi^2[x(t)] = \int_0^\infty G(\omega)\mathrm{d}\omega \tag{I.3}$$

为此,定义 $G(\omega)$ 的积矩为

$$\lambda_k = \int_0^\infty \omega^k G(\omega)\mathrm{d}\omega \quad (k = 0,\ 1,\ 2,\ \cdots) \tag{I.4}$$

当取 $k = 0$, 1 和 2 时分别为

$$\begin{cases} \lambda_0 = \displaystyle\int_0^\infty G(\omega)\mathrm{d}\omega = \psi^2[x(t)] \\ \omega_1 = \lambda_1/\lambda_0 = \displaystyle\int_0^\infty \omega G(\omega)\mathrm{d}\omega \Big/ \int_0^\infty G(\omega)\mathrm{d}\omega \\ \omega_2 = (\lambda_2/\lambda_0)^{1/2} = \left[\displaystyle\int_0^\infty \omega^2 G(\omega)\mathrm{d}\omega \Big/ \int_0^\infty G(\omega)\mathrm{d}\omega\right]^{1/2} \end{cases} \tag{I.5}$$

λ_0 是表示 $G(\omega)$ 所包含的全部面积,等于 $x(t)$ 的均方值 $\psi^2[x(t)]$, ω_1 则是 $G(\omega)$ 的面积距离原点 $\omega = 0$ 处的重心矩, ω_2 为 $G(\omega)$ 的面积对于原点 $\omega = 0$ 的回转半径。

再引入表征 $G(\omega)$ 形状扩展程度的无量纲参数:

$$q = \left(1 - \frac{\lambda_1^2}{\lambda_0\lambda_2}\right)^{1/2} \tag{I.6}$$

对每一个谱矩存在一个特征频率 ω_k,表征为

$$\omega_k = \left(\frac{\lambda_k}{\lambda_0}\right)^{1/k} \tag{I.7}$$

这些特征频率形成一个有序的数列 $\omega_k \leqslant \omega_{k+1}(k=0, 1, 2, \cdots)$，表征其特征时，将 ω_1 称为平均频率，ω_2 称为均方根频率，而 ω_s 称为标准差频率，定义为

$$\omega_s = \sqrt{\omega_2^2 - \omega_1^2} \tag{I.8}$$

式(I.6)则可表示为

$$q = \frac{\omega_s}{\omega_2} = \left(1 - \frac{\lambda_1^2}{\lambda_0 \lambda_2}\right)^{1/2} \tag{I.9}$$

根据施瓦兹不等式可知

$$0 \leqslant \frac{\lambda_1^2}{\lambda_0 \lambda_2} = \left[\int_0^{\infty} \omega G(\omega) \mathrm{d}\omega\right]^2 \Big/ \left[\int_0^{\infty} G(\omega) \mathrm{d}\omega \int_0^{\infty} \omega^2 G(\omega) \mathrm{d}\omega\right] \leqslant 1 \tag{I.10}$$

即满足 $0 \leqslant q \leqslant 1$。

这里参数 q 的物理意义为：如果 $G(\omega)$ 只在1个圆频率 ω_0 处有峰值，而在其他圆频率 ω 处为0时，即表征为一个正弦波，则 $G(\omega)=\delta(\omega-\omega_0)$，式(I.10)变为 $\frac{\lambda_1^2}{\lambda_0\lambda_2}=1$，代入式(I.9)得 $q=0$。由此可看出，当 q 取小值接近于0时，$x(t)$ 表征为一个窄带噪声的随机过程，反之取 $q=0.35 \sim 1$ 较大值时，$x(t)$ 变为一个宽带噪声的随机过程，所以通常将 q 称为PSD的形状系数。将式(I.9)变为

$$q = \left[\frac{(\lambda_2/\lambda_0) - (\lambda_1/\lambda_0)^2}{(\lambda_2/\lambda_0)}\right]^{1/2} = \left[\frac{\omega_2^2 - \omega_1^2}{\omega_2^2}\right] = \frac{\omega_s}{\omega_2} \tag{I.11}$$

如果将 $G(\omega)$ 用面积作 $G(\omega) \Big/ \int_0^{\infty} G(\omega, t) \mathrm{d}\omega$ 归一化处理，且将 $G(\omega)/\lambda_0$ 模拟为 ω 的概率密度函数时，则 ω_s 可视为是 ω 的标准偏差比。同理，由图I.1所示，ω_1 可视为 $G(\omega)$ 在频域 ω 上的平均值，ω_2^2 可视为是 $G(\omega)$ 在频域上的均方值，ω_s 则可认为是 $G(\omega)$ 对于 ω_1 的回转半径。

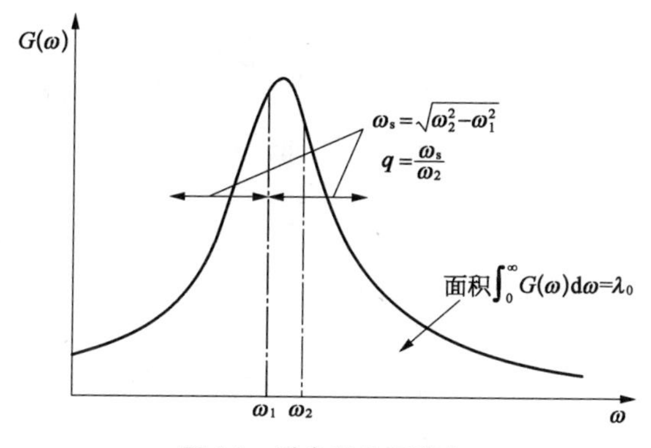

图 I.1 谱参数物理意义

而 $$\frac{\omega_1}{\omega_2}=(1-q^2)^{1/2} \tag{I.12}$$

$$\frac{\omega_s}{\omega_1}=q/(1-q)^{1/2} \tag{I.13}$$

也可视为 $G(\omega)$ 的形状参数，ω_s/ω_1 为 $G(\omega)/\lambda_0$ 的变化系数。上述参数作为时间域内的物理意义又有以下关系。

(1) $\lambda_0=\psi^2[x(t)]$，即 $x(t)$ 平均值为 0 的均方差值。

(2) $\lambda_2=\int_0^\infty \omega^2 G(\omega)\mathrm{d}\omega=\psi^2[\dot{x}(t)]$，即 $\dot{x}(t)$ 平均值为 0 的均方差值。

(3) $\omega_2=\left(\frac{\lambda_2}{\lambda_0}\right)^{1/2}=\{\psi^2[\dot{x}(t)]/\psi^2[x(t)]\}^{1/2}$，即 $\dot{x}(t)$ 和 $x(t)$ 的标准偏差比值。

I.3 非平稳随机过程的谱参数

设 $x(t)$ 是平均值为 0 的非平稳随机过程，则自相关函数是时间 t_1 和 t_2 的函数。

$$R(t_1,t_2)=E[x(t_1)x(t_2)] \tag{I.14}$$

也可认为是时间 t、时间差 $\tau=(t_2-t_1)$ 的函数，则式(I.14)变为

$$R(t_1,\tau)=E[x(t)x(\tau)] \tag{I.15}$$

$$E[x(t_1)x(t_2)] = \lim_{n\to\infty}\frac{1}{n}\sum_{k=1}^{n}x_k(t_1)x_k(t_2) \tag{I.16}$$

与平稳随机过程式(I.3)相对应,非平稳随机过程的功率谱密度函数为

$$\int_0^\infty G(\omega,\ t)\mathrm{d}\omega = \psi^2(t) \tag{I.17}$$

即表示 $G(\omega, t)$ 的面积等于 $x(t)$ 的均方值,但是随时间 t 变化的函数。对应式(I.2)的傅里叶变换式同样成立如下关系

$$\begin{cases} G(\omega,\ t) = \dfrac{2}{\pi}\displaystyle\int_0^\infty R(t,\ \tau)\cos\omega\tau\mathrm{d}\tau \\ R(t,\ \tau) = \displaystyle\int_0^\infty G(t,\ \tau)\cos\omega\tau\mathrm{d}\omega \end{cases} \tag{I.18}$$

对非平稳随机过程 $G(\omega, t)$ 的各种参数为

$$\lambda_k(t) = \int_0^\infty \omega^k G(\omega,\ t)\mathrm{d}\omega \quad (k = 0,\ 1,\ 2,\ \cdots) \tag{I.19}$$

对应式(I.5)的主要参数为

$$\begin{cases} \lambda_0(t) = \displaystyle\int_0^\infty G(\omega,\ t)\mathrm{d}\omega = \psi^2[x(t),\ t] \\ \omega_1(t) = \lambda_1(t)/\lambda_0(t) \\ \omega_2(t) = [\lambda_2(t)/\lambda_0(t)]^{1/2} \end{cases} \tag{I.20}$$

同理,与式(I.6)相对应,得到

$$q(t) = \left(1 - \frac{\lambda_1^2(t)}{\lambda_0(t)\lambda_2(t)}\right)^{1/2} \tag{I.21}$$

I.4 单自由度系统过渡过程中非平稳 $G(\omega, t)$ 的参数

I.4.1 平稳随机过程的相关函数与功率谱密度函数的解

3.4 节阐述了地震作为随机过程的振动反应,并详细推导了地面输入

为随机白噪声 S_0时单自由度平稳过程的解,其结果如下:

(1) 输出相对位移 $y(t)$、相对速度 $\dot{y}(t)$ 和绝对加速度 $\ddot{z}(t)$ 的相关函数的解为

$$\begin{cases} R_{yy}(\tau) = \dfrac{\pi S_0}{2\xi\omega_0^3} e^{-\xi\omega_0\tau}\left(\cos p\tau + \dfrac{\xi}{\sqrt{1-\xi^2}}\sin pt\right) \\ \quad = \dfrac{\pi S_0}{2\xi\sqrt{1-\xi^2}\,\omega_0^3} e^{-\xi\omega_0\tau}\cos(p\tau - \theta) \\ R_{\dot{y}\dot{y}}(\tau) = -\dfrac{d^2 R_{yy}}{d\tau^2} = \dfrac{\pi S_0}{2\xi\omega_0} e^{-\xi\omega_0\tau}\left(\cos p\tau - \dfrac{\xi}{\sqrt{1-\xi^2}}\sin pt\right) \\ \quad = \dfrac{\pi S_0}{2\xi\sqrt{1-\xi^2}\,\omega_0} e^{-\xi\omega_0\tau}\cos(p\tau + \theta) \\ R_{y\dot{y}}(\tau) = -\dfrac{dR_{yy}}{d\tau} = -\dfrac{\pi S_0}{2\xi\sqrt{1-\xi^2}\,\omega_0^2} e^{-\xi\omega_0\tau}\sin pt \end{cases} \tag{I.22}$$

$$\begin{aligned} R_{\ddot{z}\ddot{z}}(\tau) &= \frac{\pi S_0\omega_0}{2\xi} e^{-\xi\omega_0\tau}\left[(1+4\xi^2)\cos p\tau + \frac{\xi}{\sqrt{1-\xi^2}}(1-4\xi^2)\sin pt\right] \\ &= \frac{\pi S_0\omega_0}{2\xi\sqrt{1-\xi^2}} e^{-\xi\omega_0\tau}\left[4\xi^2\cos(p\tau+\theta) + \cos(pt-\theta)\right] \end{aligned} \tag{I.23}$$

式中,ω_0,ξ 分别为单自由度系统的固有圆频率和阻尼比。

$$\begin{cases} p = \sqrt{1-\xi^2}\,\omega_0 \\ \sin\theta = \xi \\ \cos\theta = \sqrt{1-\xi^2} \\ \tan\theta = \dfrac{\xi}{\sqrt{1-\xi^2}} \end{cases} \tag{I.24}$$

(2) 输出对应的均方值。

将 $\tau=0$ 代入 $R_{yy}(\tau)$,$R_{\dot{y}\dot{y}}(\tau)$ 与 $R_{\ddot{z}\ddot{z}}(\tau)$ 可得到相对位移 $y(t)$、相对

速度 $\dot{y}(t)$ 与绝对加速度 $\ddot{z}(t)$ 的均方值。

$$\begin{cases} \psi^2[y(t)] = \dfrac{\pi S_0}{2\xi\omega_0^3} \\ \psi^2[\dot{y}(t)] = \dfrac{\pi S_0}{2\xi\omega_0} \\ \psi^2[\ddot{z}(t)] = \dfrac{\pi S_0\omega_0}{2\xi}(1+4\xi^2) \end{cases} \tag{I.25}$$

(3) 输出相对位移 $y(t)$ 和绝对加速度 $\ddot{z}(t)$ 的功率谱密度函数 $S_{yy}(\omega)$ 与 $S_{\ddot{x}\ddot{x}}(\omega)$ 为

$$\begin{cases} S_{yy}(\omega) = \dfrac{S_{\ddot{x}\ddot{x}}(\omega)}{(\omega_0^2-\omega^2+\mathrm{j}2\xi\omega_0\omega)(\omega_0^2-\omega^2-\mathrm{j}2\xi\omega_0\omega)} \\ \qquad\quad = \dfrac{S_{\ddot{x}\ddot{x}}(\omega)}{[(\omega_0^2-\omega^2)^2+4\xi^2\omega_0^2\omega^2]} \\ S_{\ddot{z}\ddot{z}}(\omega) = (\omega_0^2+4\xi^2\omega^2)\omega_0^2 S_{yy}(\omega) \\ \qquad\quad = \dfrac{(\omega_0^2+4\xi^2\omega^2)\omega_0^2}{[(\omega_0^2-\omega^2)^2+4\xi^2\omega_0^2\omega^2]}S_{\ddot{x}\ddot{x}}(\omega) \end{cases} \tag{I.26}$$

式中，ω_0 为单自由度系统的固有圆频率，ω 为圆频率成分，ξ 为单自由度系统的阻尼比，$S_{\ddot{x}\ddot{x}}(\omega)$ 为单自由度系统基础输入加速度功率谱密度函数。

I.4.2 平稳随机过程的谱参数求解

设式(I.26)中 $S_{\ddot{x}\ddot{x}}(\omega)$ 为平稳随机过程白噪声功率谱密度函数，将(I.26)的输出相对位移 $y(t)$ 的功率谱密度函数 $S_{yy}(\omega)$ 代入式(I.5)后得

$$\lambda_1 = \int_0^\infty \omega G_{yy}(\omega)\,\mathrm{d}\omega = \int_0^\infty \frac{\omega G_{\ddot{x}\ddot{x}}(\omega)}{(\omega_0^2-\omega^2)^2+4\xi^2\omega_0^2\omega^2}\mathrm{d}\omega \tag{I.27}$$

令无量纲 $u=\omega/\omega_0$，代入式(I.27)得

$$\lambda_1 = \frac{G_{\ddot{x}\ddot{x}}(\omega_0)}{\omega_0^2}\int_0^\infty \frac{u\,\mathrm{d}u}{(1-u^2)^2+4\xi^2u^2} \tag{I.28}$$

设

$$\begin{cases} X_1 = u^2 - 2\sqrt{1-\xi^2}u + 1 \\ X_2 = u^2 + 2\sqrt{1-\xi^2}u + 1 \\ X_1 \cdot X_2 = (1-u^2)^2 + 4\xi^2 u^2 \end{cases} \tag{I.29}$$

将式(I.29)代入式(I.28)得

$$\begin{aligned} \lambda_1 &= \frac{G_{\ddot{x}\ddot{x}}(\omega_0)}{\omega_0^2}\int_0^{\infty}\frac{u\mathrm{d}u}{X_1 \cdot X_2} = \frac{G_{\ddot{x}\ddot{x}}(\omega_0)}{4\sqrt{1-\xi^2}\omega_0^2}\int_0^{\infty}\left(\frac{1}{X_1} - \frac{1}{X_2}\right)\mathrm{d}u \\ &= \frac{\pi G_{\ddot{x}\ddot{x}}(\omega_0)}{4\xi\sqrt{1-\xi^2}\omega_0^2}\left[1 - \frac{1}{\pi}\arctan\left(\frac{2\xi\sqrt{1-\xi^2}}{1-2\xi^2}\right)\right] \end{aligned} \tag{I.30}$$

另外可明显得到 λ_0 和 λ_2 为

$$\begin{cases} \lambda_0 = \int_0^{\infty} G_{yy}(\omega)\mathrm{d}\omega = \psi^2[y(t)] = \dfrac{\pi G_{\ddot{x}\ddot{x}}(\omega_0)}{4\xi\omega_0^3} \\ \lambda_2 = \int_0^{\infty} \omega^2 G_{yy}(\omega)\mathrm{d}\omega = \psi^2[\dot{y}(t)] = \dfrac{\pi G_{\ddot{x}\ddot{x}}(\omega_0)}{4\xi\omega_0} \end{cases} \tag{I.31}$$

将 λ_0, λ_1 和 λ_2 代入式(I.11)得形状系数 q 为

$$q = \left(1 - \frac{\lambda_1^2}{\lambda_0\lambda_2}\right)^{1/2} = \left\{1 - \frac{1}{(1-\xi^2)}\left[1 - \frac{1}{\pi}\arctan\left(\frac{2\xi\sqrt{1-\xi^2}}{1-2\xi^2}\right)\right]^2\right\}^{1/2} \tag{I.32}$$

当 ξ 很小时可近似得到 q 与 $\sqrt{\xi}$ 成正比的参数。

$$q \approx \begin{cases} 2\sqrt{\dfrac{\xi}{\pi}\left(1 - \dfrac{\xi}{\pi}\right)} & (\xi \leqslant 0.2) \\ 2\sqrt{\dfrac{\xi}{\pi}} & (\xi \leqslant 0.1) \end{cases} \tag{I.33}$$

I.4.3 非平稳随机过程的相关函数与功率谱密度函数的解

仍设输入 $\ddot{x}(t)$ 在 $t=0$ 时突加一个白噪声 S_0 的阶跃函数，非平稳随机过程反应 $y(t)$ 自相关函数的解为

$$R_{yy}(t_1,t_2)=R_{yy}(\tau)-\frac{\pi S_0}{2\xi\omega_0^3}\mathrm{e}^{-\xi\omega_0(t_1+t_2)}\left[\cos\omega_0(t_1-t_2)+\frac{\xi}{\sqrt{1-\xi^2}}\sin p(t_1+t_2)+2\left(\frac{\xi}{\sqrt{1-\xi^2}}\right)^2\sin pt_1\sin pt_2\right]\quad(t_1\geqslant t_2\quad \tau=t_1-t_2)\tag{I.34}$$

式中，t_1，t_2是非平稳随机过程中两个时间点，$p=\sqrt{1-\xi^2}\,\omega_0$，$R_{yy}(\tau)$ 是由式(I.22)中给出的平稳随机过程反应 $y(t)$ 的自相关函数，同理可得

$$\begin{cases}R_{y\dot{y}}(t_1,t_2)=R_{y\dot{y}}(\tau)+\dfrac{\pi S_0}{2\xi\sqrt{1-\xi^2}\,\omega_0^2}\mathrm{e}^{-\xi\omega_0(t_1+t_2)}\left[\sin p(t_1-t_2)+\dfrac{2\xi}{\sqrt{1-\xi^2}}\sin pt_1\sin pt_2\right]\\ R_{\dot{y}\dot{y}}(t_1,t_2)=R_{\dot{y}\dot{y}}(\tau)-\dfrac{\pi S_0}{2\xi\omega_0}\mathrm{e}^{-\beta\omega_0(t_1+t_2)}\left[\cos p(t_1-t_2)-\dfrac{\xi}{\sqrt{1-\xi^2}}\sin p(t_1+t_2)+2\left(\dfrac{\xi}{\sqrt{1-\xi^2}}\right)^2\sin pt_1\sin pt_2\right]\end{cases}\tag{I.35}$$

根据上式，也可得到 $y(t)$ 和 $\dot{y}(t)$ 均方差为

$$\begin{cases}\psi^2[y(t),t]=R_{yy}(0)\left\{1-\mathrm{e}^{-2\xi\omega_0t}\left[1+\dfrac{\xi}{\sqrt{1-\xi^2}}\sin 2pt+2\left(\dfrac{\xi}{\sqrt{1-\xi^2}}\right)^2\sin^2pt\right]\right\}\\ \psi^2[\dot{y}(t),t]=R_{\dot{y}\dot{y}}(0)\left\{1-\mathrm{e}^{-2\xi\omega_0t}\left[1-\dfrac{\xi}{\sqrt{1-\xi^2}}\sin 2pt+2\left(\dfrac{\xi}{\sqrt{1-\xi^2}}\right)^2\sin^2pt\right]\right\}\end{cases}\tag{I.36}$$

式中，

$$\begin{cases}R_{yy}(0)=\dfrac{\pi S_0}{2\xi\omega_0^3}=\dfrac{\pi G_0}{4\xi\omega_0^3}\\ R_{\dot{y}\dot{y}}(0)=\dfrac{\pi S_0}{2\xi\omega_0}=\dfrac{\pi G_0}{4\xi\omega_0}\end{cases}\tag{I.37}$$

该两值是平稳随机过程输出 $y(t)$ 和 $\dot{y}(t)$ 的均方值。从式(I.34)、式(I.35)可清楚看出,当 t_1, $t_2 \to \infty$ 时,其相关函数的反应趋向于平稳随机过程的解。

图 I.2 是以 $\omega_0 t$ 为无因次横坐标画出无因次反应 $y(t)$ 对应不同阻尼比的方差值 $\psi^2[y(t), t]$ 之间的关系曲线,从图中可清楚看出,从非平稳过渡振动转移到平稳反应时,阻尼比 ξ 越大,其过渡时间越快趋近于平稳随机过程。

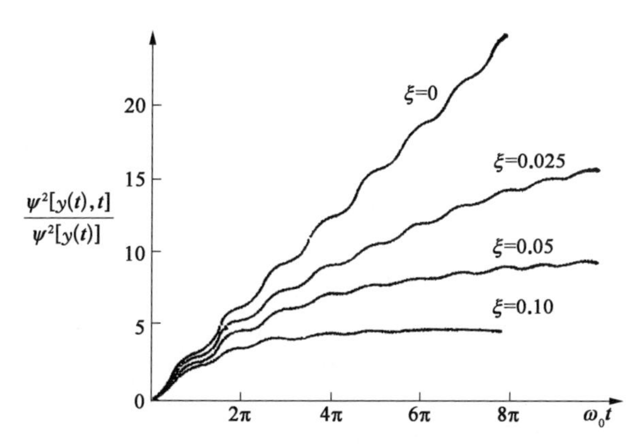

图 I.2 单自由度系统对白噪声激励的位移反应均方差

将式(I.34) $R_{yy}(t_1, t_2)$ 代入式(I.18)并积分后可得到反应功率谱密度函数 $G_{yy}(\omega, t)$ 为

$$G_{yy}(\omega, t) = G_{\ddot{x}\ddot{x}}(\omega) | H(j\omega) |^2 \left(1 + e^{-2\xi\omega_0 t}\left(1 + \frac{2\xi}{\sqrt{1-\xi^2}} \cdot \sin pt \cos pt - \right.\right.$$

$$2e^{\xi\omega_0 t}\left(\left(\cos pt + \frac{\xi}{\sqrt{1-\xi^2}}\sin pt\right)\cos\omega t + \frac{1}{\sqrt{1-\xi^2}}\left(\frac{\omega}{\omega_0}\right)\sin pt \sin\omega t\right) +$$

$$\left.\left.\frac{\omega^2 - \omega_0^2(1-\xi^2)}{2\omega_0^2}\sin^2\omega_t\right)\right) \tag{I.38}$$

式中, $p = \sqrt{1-\xi^2}\,\omega_0$, ω_0 和 ξ 为单自由度系统固有圆频率与阻尼比, ω 为

功率谱密度 $G_{yy}(\omega)$，$G_{\ddot{x}\ddot{x}}(\omega)$ 的频率成分，$H(\mathrm{j}\omega)$ 为单自由度系统的传递函数。

$$|H(\mathrm{j}\omega)|^2=\frac{1}{(\omega_0^2-\omega^2)^2+4\xi^2\omega_0^2\omega^2} \tag{I.39}$$

$$G_{\ddot{x}\ddot{x}}(\omega)=2S_{\ddot{x}\ddot{x}}(\omega)=2S_0 \tag{I.40}$$

I.4.4 非平稳随机过程的谱参数求解

利用式(I.38)代入式(I.20)对 ω 积分后求得 $\lambda_0(t)$ 为

$$\begin{aligned}\lambda_0(t)&=\int_0^{\infty}G_{yy}(\omega,\ t)\mathrm{d}\omega\\&=\frac{\pi G_{\ddot{x}\ddot{x}}(\omega_0)}{4\xi\omega_0^3}\left\{1-\mathrm{e}^{-2\xi\omega_0 t}\left[1+\frac{\xi}{\sqrt{1-\xi^2}}\sin 2pt+2\left(\frac{\xi}{\sqrt{1-\xi^2}}\right)^2\sin^2 pt\right]\right\}\end{aligned} \tag{I.41}$$

这与式(I.36)的 $\psi^2[y(t),\ t]$ 的结果相对应，当系统阻尼比很小 $\xi\leqslant 0.10$ 时，式(I.41)可近似变为

$$\lambda_0(t)\approx\frac{\pi G_{\ddot{x}\ddot{x}}(\omega_0)}{4\xi\omega_0^3}(1-\mathrm{e}^{-2\xi\omega_0 t}) \tag{I.42}$$

同理可求得近似解为

$$\begin{cases}\lambda_1(t)\approx\dfrac{\pi G_{\ddot{x}\ddot{x}}(\omega_0)}{4\xi\omega_0^2}\left[\left(1-\dfrac{2\xi}{\pi}\right)(1-\mathrm{e}^{-2\xi\omega_0 t})-\dfrac{4\xi}{\pi}\mathrm{e}^{-2\xi\omega_0 t}+\right.\\ \qquad\left.\dfrac{4\xi}{(1-\xi^2)\pi}\mathrm{e}^{-2\xi\omega_0 t}\ln\left(\dfrac{\omega_u}{\omega_0}\right)\sin^2 pt\right]\\ \lambda_2(t)\approx\dfrac{\pi G_{\ddot{x}\ddot{x}}(\omega_0)}{4\xi\omega_0}\left[(1-\mathrm{e}^{-2\xi\omega_0 t})+\dfrac{4\xi}{(1-\xi^2)\pi}\mathrm{e}^{-2\xi\omega_0 t}\ln\left(\dfrac{\omega_u}{\omega_0}\right)\sin^2 pt\right]\end{cases} \tag{I.43}$$

式中，ω_u 为输入 $G_{\ddot{x}\ddot{x}}(\omega)$ 函数中圆频率 ω 成分的上限值。

去除式中发散项后的结果可表示为

$$\begin{cases}\lambda_0(t) \approx \dfrac{\pi G_{\ddot{x}\ddot{x}}(\omega_0)}{4\xi\omega_0^3}(1 - e^{-2\xi\omega_0 t}) \\ \lambda_1(t) \approx \left(1 - \dfrac{2\xi}{\pi}\right)\omega_0\lambda_0(t) - \dfrac{G_{\ddot{x}\ddot{x}}(\omega_0)}{\omega_0^2}e^{-2\xi\omega_0 t} \\ \lambda_2(t) \approx \omega_0^2\lambda_0(t)\end{cases} \quad (\xi \leqslant 0.10) \quad (\text{I}.44)$$

将式(I.44)代入式(I.8)后得到非平稳随机过程下功率谱密度函数的形状扩展系数为

$$q(t) = 2\left[\frac{\xi(1 + 2e^{-\xi\omega_0 t} - e^{-2\xi\omega_0 t})}{\pi(1 - e^{-2\xi\omega_0 t})}\right]^{1/2} \quad (\text{I}.45)$$

由式(I.45)可清楚看出形状扩展系数 $q(t)$ 是 ω_0 和阻尼比 ξ 的函数,图 I.3 显示,不同阻尼比 $\xi = 0.10, 0.01, 0.001$ 时,$q(t)$ 随着 $\omega_0 t$ 的增大而同步减小,也就说明反应 $y(t)$(或 $\ddot{z}(t)$)从宽频带随机过程逐步转变为窄频带随机过程,即逐步变成为接近固有圆频率 ω_0 的窄带共振过程。

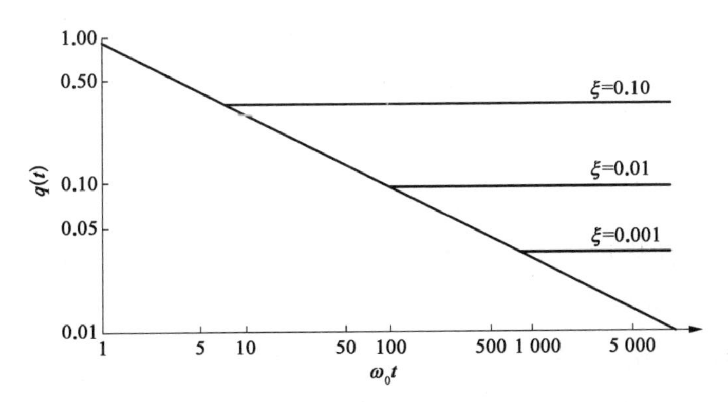

图 I.3 反应 $y(t)$ 的 $G_{yy}(\omega, t)$ 形状扩展系数 $q(t)$ 变化

当时间 $t \to \infty$ 时,式(I.44)和式(I.45)得到的是平稳随机过程下的功率谱参数 λ_0, λ_1, λ_2 和 q。

$$\begin{cases}\lambda_0(t)=\dfrac{\pi G_{\ddot{x}\ddot{x}}(\omega_0)}{4\xi\omega_0^3}(1-e^{-2\xi\omega_0 t})=\psi^2[y(t)]\\ \lambda_1(t)=\left(1-\dfrac{2\xi}{\pi}\right)\omega_0\lambda_0=\dfrac{\pi G_{\ddot{x}\ddot{x}}(\omega_0)}{4\pi\omega_0^2}\left(1-\dfrac{2\xi}{\pi}\right)\\ \lambda_2(t)\approx\omega_0^2\lambda_0=\dfrac{\pi G_{\ddot{x}\ddot{x}}(\omega_0)}{4\pi\omega_0}=\psi^2[\dot{y}(t)]\end{cases} \tag{I.46}$$

$$q=\left(1-\frac{\lambda_1^2}{\lambda_0\lambda_2}\right)^{1/2}=\left[1-\left(1-\frac{2\xi}{\pi}\right)^2\right]^{1/2}=2\sqrt{\frac{\xi}{\pi}}\sqrt{1-\frac{\xi}{\pi}} \tag{I.47}$$

参考文献

[1] 星谷胜[日].随机振动分析.常宝琦,译.北京：地震出版社,1977.

[2] 朱位秋.随机振动.北京：科学出版社,1992.

[3] Vanmarcke E H. Parameters of the spectral density function: Their significance in the time and frequency domains. MIT Civil Eng. Tech. Report. R. 1970.

[4] Corotis R B, Vanmarcke E H, Cornell C A. First passage of nonstationary random processes. EM. Div. ASCE. 1972.

附录 J　安全级金属封闭式开关柜抗震鉴定试验的通用反应谱

J.1　总述

图 J.1 与表 J.1 给出了 3 种开关柜抗震鉴定所用的通用反应谱(GRS Ⅰ,GRS Ⅱ,GRS Ⅲ)。这些反应谱作为提供一系列标准开关柜的抗震级别的选择,以满足大多数抗震应用的要求。经验表明,大多数要求反应谱(RRS)的峰值处于 3~12 Hz 之间。为了规定试验数据分析的实际值,在 3.2 Hz 和 12.8 Hz 之间使用 1/3 倍频程。为了能更准确地表示典型的反应谱,该较宽的频率范围被分成了 3 个较窄的部分,这 3 个部分可以各自独立或组合来使用:

GRS Ⅰ用于要求反应谱峰值在 3.2~5 Hz 之间。

GRS Ⅱ用于要求反应谱峰值在 5~8 Hz 之间。

GRS Ⅲ用于要求反应谱峰值在 8~12.8 Hz 之间。

表 J.1　开关柜抗震试验的通用反应谱，阻尼比 5%（用于安全停堆地震）

频率/Hz	GRS 幅值/g						
	Ⅰ	Ⅱ	Ⅲ	频率/Hz	Ⅰ	Ⅱ	Ⅲ
1.0	0.5	0.5	0.5	8.0	2.3	3.8	3.8
1.3	0.7	0.7	0.7	10.0	1.9	3.3	3.8
1.6	0.9	0.9	0.9	12.8	1.9	2.3	3.8
2.0	1.5	1.5	1.5	16.0	1.9	1.9	3.3
2.5	2.3	1.7	1.7	20.0	1.8	1.8	2.3
3.2	3.8	1.9	1.9	25.6	1.6	1.6	1.8
4.0	3.8	2.3	1.9	32.0	1.3	1.3	1.3
5.0	3.8	3.8	1.9	ZPA	1.0	1.0	1.0
6.4	3.3	3.8	2.3				

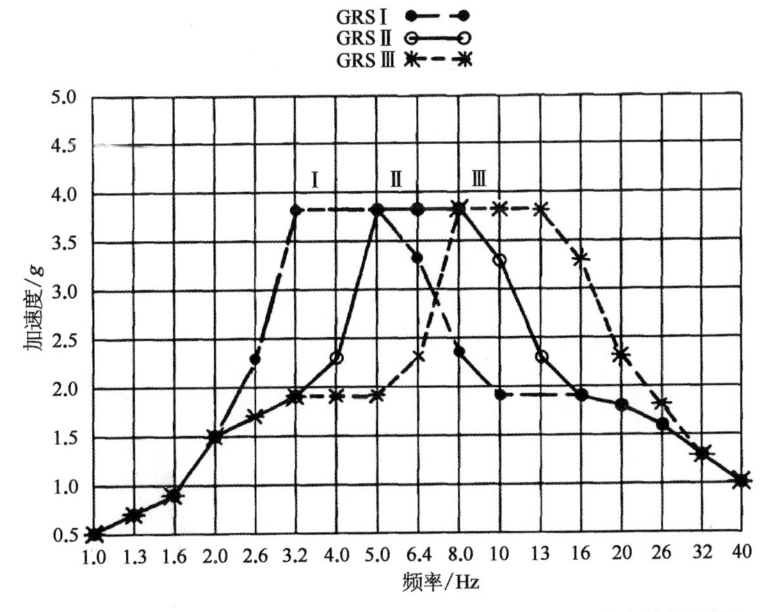

图 J.1　开关柜抗震试验的通用反应谱，阻尼比 5%（用于安全停堆地震）

J.2 通用反应谱的使用

如果某一设备的抗震能力不能用这 3 种 GRS 准确表示时,则可采用比例系数 G_1, G_2 和 G_3 在整个频率范围对 GRS Ⅰ,GRS Ⅱ和 GRS Ⅲ放大或缩小。例如:GRS 等级分别为 $G_1 = 0.5$, $G_2 = 1.0$, $G_3 = 1.0$,表明该设备鉴定采用图 J.1 中 GRS Ⅱ和 GRS Ⅲ的完整水平,由于试验机或设备能力的限制,仅采用 GRS Ⅰ的 0.5 倍水平进行鉴定。

一个或多个通用反应谱(Ⅰ,Ⅱ或Ⅲ)应同时包络水平和垂直方向的要求反应谱。如果通用反应谱不能同时包络垂直和水平方向的要求反应谱,则必须开展特殊的鉴定试验。

J.3 其他要求

如果以上通用反应谱均不适用时,则用户应提供完整和特定的抗震要求反应谱。

参考文献

NB/T 20337—2015,核电厂安全级金属封闭式开关柜抗震鉴定.国家能源局,2015 年 4 月 2 日.

常用术语

常规振动的术语

振动(oscillation,vibration)　与某个坐标系统有关的量,围绕某平均值或基准值从大变小,又从小变大,如此交变重复变化。

反应(response)　振动系统的输出量。

传递函数(transfer function)　系统的输出与输入之间的数学关系表达式。

振幅(amplitude)　正弦量或其他时程曲线上的最大值。

频率(frequency)　单位时间的循环次数。

圆频率(circular frequency)　频率的 2π 倍。

周期(period)　频率的倒数。

功率谱(power spectrum)　将时间或空间变化量的均方值表示为随频率成分的分布函数。

振动模态(mode of vibration)　振动系统上各点以特定的频率做简谐振动(线性系统而言)时,表示波节和波腹的振动形态或其相当的衰减振动形态。

固有模态(natural of vibration)　自由振动系统的振动模态。

基本固有模态(fundamental natural of vibration)　具有最低固有频率的模态。

振型(mode shape)　振动系统里中性面(或中心轴)上的点偏离平均值位置所给出的形状。

正则模态(normal mode)　无阻尼振动系统的固有模态。

共振(resonance)　在做强迫振动的系统中,当激振频率从任一方向稍微变化,其反应就减小所对应的振动状态或现象。

共振频率(resonance frequency)　共振时的频率,注意与用位移、速度或加速度测量反应所得到的共振频率有一定的差别。

无阻尼固有频率(undamped natural frequency)　仅由振动系统的惯性力和弹性力所引起的自由振动频率值。

有阻尼固有频率(damped natural frequency)　有阻尼条件下线性系统的自由振动频率值。

阻尼(damping)　振动系统中的一个元素或某一部分分量,对运动产生阻尼力,从而耗散系统的能量。

黏性阻尼(viscous damping)　振动系统中的元素或其一部分,其大小与元素的速度成正比,是与阻尼力方向相反而产生的能量耗散。

阻尼比(damping ratio)　实际的阻尼系数与临界阻尼系数之比,可表示为临界阻尼的百分比。

自由振动(free vibration)　去除激励之后所引起的振动。

强迫振动(forced vibration)　由周期性激励或随机性激励时所产生的稳态振动。

稳态振动(steady vibration)　持续的周期性或随机振动。

瞬态振动(transient vibration)　相对于稳态振动而言的非稳态振动。

地震分析或试验中的常用术语

宽带反应谱(broadband response spectrum)　描述在宽的频率范围内所产生放大反应运动的反应谱。

相干函数(coherence function)　规定了两个时程之间的比较关系,也给出了两个运动的相关程度的一个统计量,为频率的函数,其数值范围从不相关的零值到全相关的1.0值。

相关系数函数(correlation coefficient function)　规定了两个时程直接的比较关系,也给出了两个运动的相关程度的一个统计量,为相关时间的函数,其数值范围从不相关的零值到全相关的1.0值。

截止频率(cutoff frequency)　零周期加速度渐近线为起始反应谱所对应的频率值,当超出该频率值时,单自由度振子的运动将不再被放大,表明了所分析波形频率的上限。

阻尼(damping)　一种在共振区域中减少放大量的拓宽振动反应的能量消耗机理。阻尼通常以临界阻尼的百分数来表示,临界阻尼定义为单自由度系统在初始扰动后未经振荡恢复到原始位置的最低黏性阻尼值。

地震经验谱(earthquake experience spectrum)　根据地震经验数据所规定参考设备抗震能力的反应谱。

柔性设备(flexile equipment)　其最低共振频率低于反应谱上截止频率的设备,构筑物和部件。

楼面加速度(floor acceleration)　由已知地震运动产生的特定构筑物的楼面(或设备基础)上的加速度。最大楼面加速度等于楼面反应谱上的零周期加速度(ZPA)。

傅里叶谱(Fourier spectrum)　以时域波形用频率函数所表示的提供幅值和相位信息的一种复变函数。

地面加速度(ground acceleration)　由已知地震运动产生的,最大地面加速度是地面反应谱的零周期加速度(ZPA)。

自振频率(natural frequency)　物体在特定的方向上受到一个变形后释放时,由于本身的物理特性(质量与刚度)使物体发生自由振动的频率。

运行基准地震(operation basis earthquake)　由电厂正常运行寿期内,考虑到地区和当地的地质和地震状况以及当地地层材料的具体特性,能合理预期在厂址会发生的地震。对于该地震所产生的地震动,那些需继续运行而不对公众健康与安全产生过度风险的核电厂设施,要设计得仍能保持其动能。

功率谱密度(power spectral density)　一个波形中每单位频率(Hz)的均方幅值,一般用幅值 g^2/Hz 与加速度波形对应的频率关系曲线来表示。

要求反应谱(required response spectrum)　由用户或其代理人给出作为鉴定技术所要求的一部分或人工生成覆盖将来应用条件的反应谱,要求反应谱构成了设备所要满足的抗震要求。

共振频率(resonant frequency)　在受到强迫振动的系统中反应峰值发生处的频率。该频率下反应相对于激励有一个相位差。

反应谱(response spectrum)　一组单自由度(SDOF)有阻尼振子在受相同基础或支承处有特定的激励情况下,其最大反应与振子固有频率的关系曲线。

刚性设备(right equipment)　最低共振频率大于反应谱上截止频率的设备、构筑物和部件。

安全停堆地震(safe shutdown earthquake)　考虑到地区和当地地质和地震情况以及当地地层材料的具体特性,对可能的最大地震作出评估所确定的一个地震。在安全停堆地震产生的最大地震下,一些 SSC 要设计成能保持其功能。这些 SSC 对确保下列要求是必需的:

(1) 反应堆冷却剂压力边界的完整性。

(2) 使反应堆停堆并维持反应堆在安全停堆状态的能力。

(3) 防止或减轻会导致与辐照安全导则和类似的可能引起厂外辐射事件后果的能力。

试验反应谱(test response spectrum)　从地震试验台面运动的实际时程所得到的反应谱。

经验反应谱(test experience spectrum)　规定参考设备类似具备抗震能力的基于试验的反应谱。

传递函数(transfer function)　用来确定常系数线性系统动态特性的一个复频反应函数。对于一个理想系统,传递函数为输出与输入的傅里叶变换之比。

零周期加速度(zero period acceleration)　反应谱高频没有放大部分的加

速度水平,该加速度相应于用来导出反应谱时程的最大峰值加速度。

地震等级(magnitude of an earthquake)　地震大小的量度值,并与地震波形式释放的能量有关。通常,地震等级是指里氏(Richter)震级的数值。

地震烈度(intensity of an earthquake)　地震对人、构筑物以及特定场所地表造成影响的量度,烈度用修正的莫式(Mercalli)烈度的数值计算。

设计地面(或楼面)反应谱(design ground response spectrum)　通过分析、计算及统计综合许多单个反应谱(由已有的重大地震记录中获取)经过修正所获得的平滑反应谱。

最大(峰值)地面加速度(对于给定厂址)(maximum(peak)ground acceleration)　相应于该厂址设计反应谱中零周期处的加速度值。在零周期处设计反应谱加速度对所有阻尼值都是相同的,并且等于该厂址规定的最大(峰值)地面加速度。

抗震系统(seismic systems)　对于地震产生的载荷要考虑的所有构筑物。

耦合的构筑物和电厂设备(couple structure and plant equipment)　包括这样一些构筑物和电厂设备,由于它们的质量和刚度特性,对应相互间的动态反应有明显的影响,因而在动力分析中应统一加以考虑。

非耦合的构筑物和电厂设备(uncoupled structure and plant equipment)　包括这样一些构筑物和电厂设备,由于它们的质量和刚度特性,对于相互间的动态反应无明显的影响,因而在动力分析中可以分别加以考虑。

正则模态-时程法(normal mode-time history methods)　采用正则模态理论和输入运动的时程。当采用该正则理论模态理论时,最大反应是由特定时刻得到的所有独立模态的组合反应加以确定的。

直接积分-时程法(direct integration-time history methods)　采用对输入运动时程的运动方程逐步数值积分的方法。

等效静力法(equivalent statical methods)　采用一个静力载荷系数,而该系数给出其反应的上限。

刚性范围(rigid range)　描述 SSC 的一种频率范围,当它们的固有频率大于某数值时,动态反应加速度基本上与激励的加速度相等,即在地震楼面设计反应谱中在 33 Hz 以上的反应加速度放大系数为 1。

索　引